U0225411

泵站机电技术项目式教程

技术基础篇 初级

韩晋国 主编

黄河水利出版社

郑 州

内 容 提 要

　　本书依据泵站运行工职业技能标准和泵站工程相关规程规范,结合泵站现场设备,按照项目式教学内容组织编写。本书分为技术基础篇(初级)、运行维护篇(中级)和检修管理篇(高级)三部分,以适应不同层次人员需求。技术基础篇侧重于机电设备的结构原理、基本操作和安全用电常识等方面;运行维护篇侧重于机电设备的运行维护、控制保护及预防试验等方面;检修管理篇侧重于泵站机电设备检修、故障分析处理及综合管理等方面。

　　本书可供泵站技术人员和管理人员职业知识技能培训、岗位技术比武及职业技能鉴定使用。

图书在版编目(CIP)数据

　　泵站机电技术项目式教程:初级:技术基础篇/韩晋国
主编. —郑州:黄河水利出版社,2021.6
　　ISBN 978-7-5509-2750-6

　　Ⅰ.①泵…　Ⅱ.①韩…　Ⅲ.①泵站-机电设备-教材
Ⅳ.①TV675

　　中国版本图书馆 CIP 数据核字(2020)第 135006 号

组稿编辑:简群　　电话:0371-66026749　　E-mail:931945687@ qq. com

出　版　社:黄河水利出版社　　　　　　　　　　　　网址:www. yrcp. com
　　　　　地址:河南省郑州市顺河路黄委会综合楼 14 层　　邮政编码:450003
发行单位:黄河水利出版社
　　　　　发行部电话:0371-66026940、66020550、66028024、66022620(传真)
　　　　　E-mail:hhslcbs@ 126. com
承印单位:河南瑞之光印刷股份有限公司
开本:787 mm×1 092 mm　　1/16
印张:29
字数:670 千字
版次:2021 年 6 月第 1 版　　　　　　　　　印次:2021 年 6 月第 1 次印刷
定价:138. 00 元(全三册)

《泵站机电技术项目式教程》
编 委 会

主　编　韩晋国
　　　　（北京京水建设集团有限公司）
副主编　刘剑琼
　　　　（北京市南水北调团城湖管理处）
　　　　杨　栗
　　　　（北京京水建设集团有限公司）
　　　　程　杰
　　　　（湖北省樊口电排站管理处）
参　编　刘秋生　化全利　张志勇　赵　岳　田　葛
　　　　（北京市南水北调团城湖管理处）
　　　　卢长海　王学文　赵小山　王申广　李春利
　　　　（北京京水建设集团有限公司）
　　　　钟　山　甘先锋　许　浩　周　琳
　　　　（湖北省樊口电排站管理处）
　　　　余海明
　　　　（湖北水利水电职业技术学院）

前 言

技术提升与规范操作是泵站运行维护标准化管理的重要环节。在市场竞争日益激烈的今天,引导员工持续学习、提升运维水平、推动工作规范化进程、提高运维的核心竞争力具有极其重要的意义。

2019 年,北京市南水北调团城湖管理处组织北京京水建设集团有限公司联合湖北省樊口电排站管理处和湖北水利水电职业技术学院,编写了《泵站机电技术项目式教程》。本书共分为 3 册:"技术基础篇·初级"主要介绍水力机械、电工电子技术基础、工程识图、水泵技术等相关基础知识;"运行维护篇·中级"主要介绍水泵机组运行维护、电气设备运行维护、电动机运行维护、辅助设备运行维护等相关知识;"检修管理篇·高级"主要讲述水泵故障与处理、电气设备故障与处理、水泵机组的检修、电动机的检修等相关知识。该 3 册书通俗易懂、相辅相成、循序渐近,适合不同阶段的泵站运维人员学习,经过实际工作的检验,对于泵站的运行、维护、管理工作有一定的指导意义。

该教程中所涉及的专业技术知识案例来源于北京市南水北调密云水库调蓄工程梯级泵站运行维护工作中的具体实践,该工程是北京市内配套工程的一个重要组成部分,对于消纳南水北调来水、实现北京水资源优化配置具有重要作用。工程中泵站应用高新技术多、涉及专业广、站前调蓄能力弱、调度频繁,对维护人员专业化、规范化程度要求很高。为提高泵站运行、维护、管理水平,编者将泵站运行维护工作中的具体实践及宝贵经验,经反复提炼升华而形成本书。相信通过本书的学习及实践应用,将进一步提高泵站运行维护人员的技术水平,降低故障率,确保泵站运行安全。

在本书组织编写的过程中,北京市南水北调团城湖管理处充分发挥了运行单位的作用,北京京水建设集团有限公司管理人员、技术骨干、一线职工在调查掌握泵站设备性能及操作的基础上,提供了原始素材,并由专业技术人员进行编辑整理。该教程编写完成后,经专家组进行全面审核,且进行了不断修改、完善,最终得以出版。

希望通过本书的出版,为泵站运行、维护、管理工作提供一套实用性强、规范化程度高的书籍,以供其他类似泵站参考,互相学习借鉴,取长补短,共同进步。

鉴于本书编写时间较为紧迫,资料素材有一定的局限性,各位专业人士在阅读时,如发现错漏,请予以批评指正。最后,在此向帮助本书出版的专家、技术人员表示由衷的感谢!

编 者
2021 年 1 月

本教程在文中适当位置配有丰富的图片和视频等资料,可通过扫二维码实现数字立体化阅读。

泵站开机巡视
停机操作流程

资源总码

目　录

检修管理篇 高级

项目一
水力机械

任务一　水力学基础

一、水的主要物理性质

密度（比重）$\rho = 1\,000$ kg/m³，容重 $\gamma = 9\,800$ N/m³。

二、大气压

绝对压强：相对于真空的压强。

相对压强：以大气压强为基准点计算的压强。

1 个标准大气压 $= 10.339$ mH$_2$O $= 760$ mmHg

1 个工程大气压 $= 10$ mH$_2$O $= 1$ kg/cm² $= 9.8$ N/cm² $= 9.8 \times 10^4$ N/m² $= 0.1$ MPa

1 mH$_2$O $= 0.01$ MPa $= 0.1$ kg/cm²

三、真空

真空：当某处的绝对压力小于一个大气压力时，即认为该处存在真空。

$$真空值\ P_v = P_a - P$$

$$真空度 = P_v / P_a \times 100\%$$

四、水压

（1）静水压强：方向与受力面垂直，大小与该点坐标有关，与受力面方向无关。

（2）绝对压强与相对压强：正压、负压（真空度）。

五、水能

$$水能 = 位能 + 压能 + 动能$$

六、水能（水头）损失

$$水头损失 = 局部水头损失 + 沿程水头损失$$

任务二　机械基础

一、泵站工程常用金属材料的种类、性能

工业中常用的金属材料，一般分为黑色金属和有色金属两大类。黑色金属是指以钢铁为基础形成的合金，通常指钢和生铁，主要包括灰铸铁、球墨铸铁、铸钢、碳素结构钢、优质碳素结构钢、合金结构钢等；有色金属是指不以铁为基础的各种金属和合金。

（一）黑色金属

钢和铁的区分主要是根据含碳量的高低，生铁含碳量为 1.7%～4.5%，其中硅、锰、硫、磷等杂质含量也比钢多，铁的性质脆、韧性低，不能锻打、轧制，但有一定的机械强度，其熔点较低（1 100～1 250 ℃），可以铸造。钢的含碳量一般在 1.7% 以下，所含杂质控制在一定范围之内。钢在凝固以后，具有高韧性和延展性，其熔点较高（1 400～1 500 ℃），可锻、可铸，同时通过热处理，还可以改善和提高其机械性能。在碳钢中增加各种合金元素的含量，又可以炼制成各种特殊性能的合金钢。几种典型金属材料的牌号和用途如表 1-1 所示。

表 1-1　几种典型金属材料的牌号和用途

种类	灰铸铁	球墨铸铁	铸钢	碳素结构钢	优质碳素结构钢	合金结构钢
牌号	HT100	QT400-17	ZG25	Q195	45	18Gr8Ni3Mo
用途	泵壳	泵壳	泵壳	闸门	主轴	叶轮

（二）有色金属

有色金属通常以合金的方式制造零件，常用的有色金属合金有以下几种。

1. 铜合金

铜和锌（有时加入其他元素）的合金称为黄铜；铜和锡（有时加入其他元素）的合金称为锡青铜；铜和铝、锰、铍、铅（二元或多元）的合金称为无锡青铜。铜合金具有耐磨损、耐腐蚀的特点，主要用于制造耐磨损的零部件，如过流部件、轴瓦等。在腐蚀介质中工作的零部件也常常使用铜合金。

2. 铝合金

铝合金的优异特点是具有很高的强重比，在同样强度条件下，铝合金制成的零件的重量就轻得多，对减轻重量具有很大作用，在泵站应用日益广泛。

3. 轴承合金

轴承合金通称巴氏合金，可以分为两大类：一类是以锡为基本成分加以适量的锑（4%～14%）和铜（3%～8%）而制成，叫作锡基轴承合金；另一类是以铅为基本成分加以适量的锑（10%～15%）和锡（最多达 20%）而制成，叫作铅基轴承合金。这两类材料相比，锡基轴承合金的抗腐蚀能力高，边界摩擦时抗咬焊能力强，与钢背结合得比较牢固，但是成本比较高；铅基轴承合金的抗腐蚀能力较差，故宜用不引起腐蚀作用的润滑油作润滑剂，以免导致轴承的腐蚀，一般用在轻负荷、低转速的轴承上。轴承合金元素的熔点大都比较低，所以只适用于在 150 ℃ 以下工作。

二、泵站工程常用非金属材料的种类、性能与应用

（一）非金属材料

泵站工程常用的非金属材料有各类工程塑料、橡胶制品、木材等。

橡胶制品主要用来制造各种橡胶轴承、密封元件、传动带、传送带等。橡胶轴承结构简单，制造方便，耐磨性好，具有弹性，能够吸收和消除水泵运行中可能产生的小振动；橡胶内衬表面开有轴向槽道，能使润滑油进入轴承中起到润滑和冷却作用。

低载荷的轴承可以用尼龙导轴承代替橡胶导轴承,其磨损速度慢,不需外加润滑剂也可工作,制造方便,成本低。但是,随着温度的变化,其塑性会发生变化,且容易老化。尼龙中加入石墨或二氧化钼可以改善工作性能。

(二)润滑材料

润滑是解决零件摩擦与磨损的最有效办法,在摩擦副之间加入某种物质(以油料为主),这样金属表面被一层油膜隔开,就可以减小摩擦力,防止烧结和磨损,减少动力消耗,提高效率,流动的油液还可起到冷却和降温作用。有了可靠的润滑保障,才能保证设备的使用寿命,润滑也是设备正常运转的关键所在。

凡是降低摩擦阻力的介质均可作为润滑材料,目前常用的润滑剂有液体润滑剂、润滑油脂、固体润滑剂、气体润滑剂等4种。

从使用条件来看,固体润滑剂能适用于高温、高压、低速、高真空、强辐射等特殊情况,但是摩擦系数大,冷却散热差,且使用过程损耗补充困难;气体润滑剂的支承制造精度高,材质要求严。这两种润滑剂泵站工程很少使用。润滑油脂是由基础油液、稠化剂、添加剂在高温下混合而成的,除有抗磨、减磨和润滑作用外,还有密封、减振、防锈等作用,润滑系统比较简单、维护保养方便,主要用在各种轴承、齿轮、弹簧、绞车、钢丝绳等地方。但润滑油脂也存在流动性差、散热不好、在高温时易产生相变和分解等问题,特别是立式布置,发热时油脂在重力下流失,会引起供油不足。液体润滑剂是目前用量最大、品种最多的润滑剂,它具有很多的优点,使用时还可加入一些添加剂,改善物体化学性能,赋予其新的功能,满足更高的要求,得到广泛的应用。

(三)润滑油的主要质量指标

1. 黏度

黏度是指油品分子在外力作用下,分子之间发生相对运动时所产生的内摩擦阻力,黏度表示润滑油的黏稠程度,其大小由油品分子内聚力决定。黏度有两种表示方法:

(1)动力黏度:液体中面积各为 1 cm^2、相距 1 cm 的两层油液,相对移动速度为 1 cm/s 时所产生的阻力,叫作动力黏度。

(2)运动黏度:在同一温度下液体的动力黏度与其密度的比值,叫作运动黏度。

黏度是润滑油的重要指标,根据设备的速度、间隙、负荷、温度、功率等来选择。黏度过小,会形成半液体润滑或边界润滑,而加速运动副磨损,同时也易漏油;黏度过大,流动性差,渗透性差,散热性差,内摩擦阻力大,给循环润滑带来困难,增加齿轮运动的搅拌阻力,以致发热而造成动力损失,消耗功率大;同时还由于流动性差,被挤压的油膜及时自动补偿修复较慢而加速运动副磨损。油品的黏度选择,是设备得到充分润滑的保证。试验表明,当温度增加时,液体振动速度增加,容易克服保持它们位置的束缚,增加了流动性,黏度就变小,反之变大。

2. 酸值

酸值是指中和 1 g 润滑油中所含的有机酸所需氢氧化钾(KOH)的质量(mg),用 mgKOH/g 来表示。酸值在使用上有如下意义:

(1)对含添加剂的新润滑油,酸值可以衡量添加剂的含量。这是由于在使用过程中,添加剂不断消耗,酸值先下降,而后添加剂用完,酸值又慢慢上升,测量酸值含量就可判断添加剂是否足够。

（2）酸值是保证零件不受腐蚀和控制油品精制程度的主要指标。

（3）酸值的大小和变化可以判断油品在使用过程中的氧化变质程度，在使用过程中，由于氧化分解作用，酸值不断增加，达到一定限度，就应该立即换油。换油时，必须把旧油底清洗干净，否则会加速新油品氧化。实践证明，在新油中只要混入体积百分数为 1% 的废旧油，就会使新油的使用寿命缩短 75%。润滑工清洗换油时，对油箱的彻底清洗工作是十分重要的。

3. 水分

水分表示油品中的含水量，以水占油的质量百分数来计算。水分在使用上的意义如下：

（1）水分会促使油品乳化，降低油品的黏度和油膜强度，破坏润滑性能。

（2）水分能促使润滑油氧化变质，增加油泥，促进含酸油品对零件的腐蚀，降低油的绝缘性能。

（3）水分能使油品中的添加剂分解沉淀，使添加剂丧失作用。

新油是不允许水分存在的，润滑油中含有水分是贮存、运输不当，使用中密封不严等原因造成的，故必须严防水分进入。在使用中水分超过一定量时，应及时更换新油。

4. 机械杂质

悬浮或沉淀在润滑油中的不溶物质，如尘土、泥沙、金属粉末、砂轮粉末等，统称机械杂质，它是衡量润滑油质量的重要指标之一，在使用上的意义如下：

（1）杂质的存在会破坏油膜，加速运动副的磨损，甚至直接研损零件，造成抱轴。还会堵塞油路及过滤器，引起润滑故障。

（2）机械杂质会降低绝缘性能。

（3）油品中的机械杂质超过一定量（质量百分数大于 0.2%）时，就应该立即更换新油。

5. 闪点

在规定的条件下，将润滑油加热，蒸发出的油蒸气在油液面上与空气混合，在有火焰接触时产生短暂闪火的最低温度，叫作闪点。闪点在使用上的意义如下：

（1）闪点的高低表示油品含轻质组分的多少，以确定其适宜的使用温度。

（2）闪点是安全使用、贮运的重要指标。使用、贮运温度一般应低于闪点 20~30 ℃。闪点在 45 ℃ 以上为可燃品，在 45 ℃ 以下为易燃品。

（3）闪点的高低还表示油受热挥发性的大小，闪点高的油品挥发性低。

（4）使用中的油品，闪点下降程度可以判断混入轻质油的含量。汽轮机油、变压器油闪点下降（一般下降 5~8 ℃），表明油品氧化严重，应该立即更换新油。

6. 无卡咬负荷

在规定的条件下，用四球机（测定油品摩擦、磨损、润滑的试验机械）测定润滑油的油膜在破坏前的最大承受能力，称为无卡咬负荷，以 P_B 值来表示，单位是 kgf。其在使用上的意义如下：

（1）无卡咬负荷 P_B 值高说明该油品的润滑性能好，形成油膜的强度高；反之，则说明其润滑性能差,形成油膜的强度低。

(2)油膜强度低(无卡咬负荷值小)的油品,在高压、冲击、剪切等负荷的运动副中,油膜容易破裂造成干摩擦或边界摩擦,引起剧烈磨损。

(3)对于要求润滑性能好的油品,可以加入一些油性添加剂、极压添加剂来提高油品油膜强度。这些添加剂能够降低油液与金属表面的张力,使油液很快渗透到摩擦面,形成吸附膜,避免金属表面的直接接触,达到减少磨损的目的。

思考题

1. 标准大气压是多少米水柱?多少米汞柱?
2. 什么叫静水压强?什么叫水头损失?水头损失包括哪两种?
3. 金属分为哪两种?
4. 润滑油的主要质量指标有哪些?

项目二
电工电子技术基础

任务一　直流电路

一、电路的组成及基本物理量

(一)直流电路

直流电路如图 2-1 所示。

直流电——大小和方向不随时间变化的电压或电流。

交流电——大小和方向都随时间变化的电压或电流(正弦)。

(二)物理量

1. 电流

电流用单位时间内通过导体截面的电量 Q 来表示,即

$$I = \frac{Q}{t} \tag{2-1}$$

单位为 A(安[培])。

$$1\ \text{kA} = 10^3\ \text{A},\ 1\ \text{mA} = 10^{-3}\ \text{A},\ 1\ \mu\text{A} = 10^{-6}\ \text{A}$$

2. 电位

在生产实践中,把地球作为零电位点,凡是机壳接地的设备,接地符号是"⊥",机壳电位即为零电位。电路中,凡是比参考点电位高的各点电位是正电位,比参考点电位低的各点电位是负电位。

如图 2-2 所示,以 c 点为参考点,则 a、b、c 三点的电位分别是 $V_a = 9\ \text{V}$,$V_b = 6\ \text{V}$,$V_c = 0\ \text{V}$。

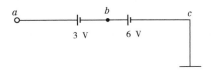

图 2-2

3. 电压

电路中两点的电位差称为电压。如电路中 a、b 两点的电位分别为 V_a、V_b,则 a、b 两点间的电压记为 U_{ab}。电压的单位为 V(伏[特])。

电压的实际方向规定为从高电位点指向低电位点,即由"+"极指向"-"极。因此,在电压的方向上电位是逐渐降低的。

4. 电功率

把单位时间内电场力所做的功称为电功率 P,在直流电路中,$P = UI$。功率的单位是瓦特(W)或千瓦(kW)。

（图右上）图 2-1　直流电路

例：图 2-3 中，若电流为 2 A，$U_1 = 1$ V，求该元件消耗的功率。

解：该元件消耗的功率为 $P = U_1 I = 1 \times 2 = 29(\text{W})$。

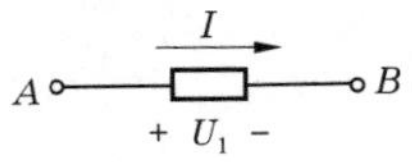

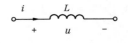

图 2-3

5. 电能(电功)

用电设备功率为 P，使用时间为 t，则消耗的电能(电功)为

$$W = Pt = UIt \tag{2-2}$$

单位为 J(焦[耳])。

$$1 \text{ 度} = 1 \text{ kW·h} = 1\,000 \text{ W} \times 3\,600 \text{ s} = 3\,600\,000 \text{ J} = 3.6 \times 10^6 \text{J}$$

二、电路元件

(一)电阻(R)

电阻元件是一种消耗电能的元件，单位为欧[姆](Ω)。

$$1 \text{ 兆欧}(\text{M}\Omega) = 10^3 \text{ 千欧}(\text{k}\Omega) = 10^6 \text{ 欧}(\Omega)$$

欧姆定律

$$U = IR \tag{2-3}$$

在直流电路中，电阻所吸收并消耗的电功率为

$$P = UI = RI^2 = U^2/R \tag{2-4}$$

电阻消耗的电能

$$W = UIt = RI^2 t = U^2 t/R \tag{2-5}$$

电能的常用单位是 kW·h(千瓦时)。通常把 1 kW·h 称为 1 度电。

焦耳定律：电流通过导体产生的热量跟电流的二次方成正比，跟导体的电阻成正比，跟通电的时间成正比。

$$Q = I^2 Rt \tag{2-6}$$

$$Q = W = Pt = UIt = (U^2/R)t \tag{2-7}$$

(二)电感(L)

电感元件是一种能够储存磁场能量的元件，如图 2-4 所示，单位是亨[利](H)。

图 2-4　电感元件

电感元件中电流发生变化时，两端产生感应电压，设电压与电流关联时

$$u_{\text{L}} = L \frac{\mathrm{d}i}{\mathrm{d}t} \tag{2-8}$$

上式表示线性电感的电压 u_{L} 与电流 i 对时间 t 的变化率 $\dfrac{\mathrm{d}i}{\mathrm{d}t}$ 成正比。

在一定的时间内，电流变化越快，感应电压越大；电流变化越慢，感应电压越小；若电流变化为零时(即直流电流)，则感应电压为零，电感元件相当于短路，故电感元件在直流电路中相当于短路，具有阻碍电流变化的性质。

只有电感上的电流变化时，电感两端才有感应电压。在直流电路中，电感上即使有电流通过，但 $u = 0$，相当于短路。

电感是一种储能元件。当通过电感的电流增加时，电感元件就将电能转换为磁能并

储存在磁场中;当通过电感的电流减小时,电感元件就将储存的磁能转换为电能释放给电源。因此,在电感中的电流发生变化时,它能够进行电能与磁能的互换,如果忽略线圈导线中电阻的影响,那么电感本身是不消耗电能的。因此,电感储存的能量可由以下公式计算

$$W_L = \int_0^t ui\mathrm{d}t = \int_0^i Li\mathrm{d}i = \frac{1}{2}LI^2 \tag{2-9}$$

可见,电感储能的大小与电感量及电流的平方成正比。

(三)电容元件(C)

电容元件是用于反映带电导体周围存在电场,能够储存和释放电场能量的电路元件,简称为电容器,如图 2-5 所示。其单位为法[拉](F)或微法(μF)。

电容元件的特性方程为 $q = Cu$,电容的电荷量是随电容两端电压的变化而变化的,由于电荷的变化,电容中就产生了电流,则

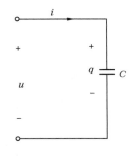

图 2-5　电容元件

$$i_C = C \frac{\mathrm{d}u}{\mathrm{d}t} \tag{2-10}$$

为关联参考方向时

$$i_C = C \frac{\mathrm{d}q}{\mathrm{d}t} \tag{2-11}$$

上式表示线性电容的电流与端电压对时间的变化率成正比。只有电容上的电压变化时,电容两端才有电流。在直流电路中,电容上即使有电压,但 $i = 0$,相当于开路,即电容具有隔直作用。

电容器也是一种储能元件。当两端的电压增加时,电容器就将电能储存在电场中;当电压减小时,电容器就将储存的能量释放给电源。因此,电容器通过加在两端电压的变化来进行能量转换。如果忽略它的电阻和引线电感的影响,则电容器本身是不消耗电能的。因此,电容器储存的能量可由以下公式计算

$$W_C = \frac{1}{2}CU^2 \tag{2-12}$$

可见,电容储能的大小与电容量及电压的平方成正比。

三、串联电路和并联电路

(一)电阻的串联

n 个电阻串联可等效为一个电阻,$R = R_1 + R_2 + \cdots + R_n$,如图 2-6 所示。

分压公式

$$u_k = R_k i = \frac{R_k}{R} u \tag{2-13}$$

各串联电阻的电压与其电阻值成正比。

两个电阻串联时

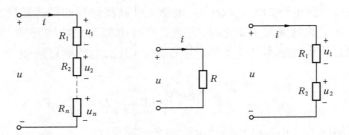

图 2-6　电阻的串联

$$u_1 = \frac{R_1}{R_1 + R_2}u, \quad u_2 = \frac{R_2}{R_1 + R_2}u \tag{2-14}$$

(二) 电阻的并联

n 个电阻并联可等效为一个电阻，$\dfrac{1}{R} = \dfrac{1}{R_1} + \dfrac{1}{R_2} + \cdots + \dfrac{1}{R_n}$，如图 2-7 所示。

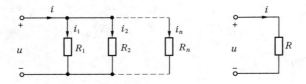

图 2-7　电阻的并联

两个电阻并联时

$$i_1 = \frac{R_2}{R_1 + R_2}i, \quad i_2 = \frac{R_1}{R_1 + R_2}i \tag{2-15}$$

四、直流电路的分析

(一) 欧姆定律

通过电阻的电流与电阻两端的电压成正比，即 $\dfrac{U}{I} = R$。电阻对电流起阻碍作用。

(二) 基尔霍夫定律

支路：电路中通过同一个电流的每一个分支。

节点：电路中三条或三条以上支路的连接点。如图 2-8 中，B、E 为两个节点。

回路：电路中的任一闭合路径。图 2-8 中的三个回路分别是 $ABEFA$、$BCDEB$、$ABCDEFA$。

1. 基尔霍夫电流定律 (KCL)

任一时刻，流入电路中任一节点的电流之和等于流出该节点的电流之和。基尔霍夫电流定律简称 KCL，反映了节点处各支路电流之间的关系。即

$$\sum i_{入} = \sum i_{出} \quad （所有电流均为正） \tag{2-16}$$

或在任一瞬时，通过任一节点电流的代数和恒等于零。即

$$\sum i = 0 \tag{2-17}$$

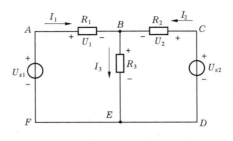

图 2-8

可假定流入节点的电流为正,流出节点的电流为负;也可以作相反的假定。

例:如图 2-9 所示电路,电流的参考方向已标明。若已知 $I_1 = 2$ A, $I_2 = -4$ A, $I_3 = -8$ A,试求 I_4。

解:根据 KCL 可得

$$I_1 - I_2 + I_3 - I_4 = 0$$

$$I_4 = I_1 - I_2 + I_3 = 2 - (-4) + (-8) = -2(\text{A})$$

2. 基尔霍夫电压定律(KVL)

在任一时刻,沿电路中任一闭合回路,各段电压的代数和恒等于零。即

$$\sum U = 0 \qquad (2\text{-}18)$$

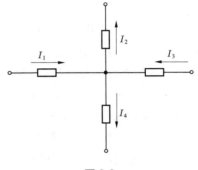

图 2-9

应用上式列电压方程时,首先假定回路的绕行方向,然后选择各部分电压的参考方向,凡参考方向与回路绕行方向一致者,该电压前取正号;凡参考方向与回路绕行方向相反者,该电压前取负号。

例:图 2-10 所示电路中,已知 $E_1 = 3$ V, $E_2 = 2$ V, $E_3 = 5$ V, $R_2 = 1$ Ω, $R_3 = 4$ Ω,求各支路电流。

解:首先选定各支路电流的参考方向,并用箭头标注在电路中。沿回路 $E_1 R_2 E_2$ 方向绕行一周,根据 KVL 列出方程

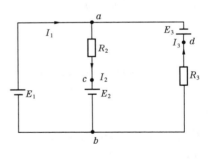

图 2-10

$$R_2 I_2 = E_1 - E_2$$

可得:$I_2 = 1$ A。

沿回路 $E_3 R_3 E_1$ 方向绕行一周,根据 KVL 列出方程

$$-R_3 I_3 = E_3 + E_1$$

可得:$I_3 = -2$ A。

根据 KCL 对 a 点可列方程

$$-I_1 + I_2 - I_3 = 0$$

可得:$I_1 = 3$ A。

任务二 交流电路

一、单相交流电路

其大小和方向都随时间作周期性变化的电动势、电压和电流统称为交流电。工程上应用的交流电,一般是随时间按正弦规律变化的,称为正弦交流电,简称交流电。正弦电压和正弦电流的表达式为

$$u = U_m\sin(\omega t + \phi_u) \tag{2-19}$$
$$i = I_m\sin(\omega t + \phi_i) \tag{2-20}$$

式中,i,u 表示正弦交流电的瞬时值;ω 表示正弦交流电变化的快慢,称为角速度;I_m,U_m 表示正弦交流电的最大值,称为幅值;ϕ_i,ϕ_u 表示正弦交流电的起始位置,称为初相位。幅值、角频率和初相位称为正弦量的三要素。

交流电每一时刻的值都不同,该值称为瞬时值。只有具体指出在哪一时刻,才能求出确切的数值和方向。瞬时值规定用小写字母表示。

正弦交流电波形图上的最大值便是交流电的幅值,例如 I_m、U_m 等。

正弦交流电的瞬时值是随时间变化的,交流电表的指示值和交流电器上标示的电流、电压数值一般都是有效值,常说的民用电 220 V 也为有效值。

有效值与幅值的关系为

$$U = \frac{U_m}{\sqrt{2}}, \qquad I = \frac{I_m}{\sqrt{2}} \tag{2-21}$$

角频率与周期及频率的关系为

$$\omega = \frac{2\pi}{T} = 2\pi f \tag{2-22}$$

例:已知 $i = 9\sqrt{2}\sin(\omega t)$（A）。当用电流表测此电流时,问应选用多大量程的电流表?

解:根据有效值与最大值的关系

$$I = I_m / \sqrt{2} = 9\sqrt{2} / \sqrt{2} = 9 \ (A)$$

选一只 0～10 A 的电流表即可。

二、电路元件

(一)纯电阻电路

纯电阻电路如图 2-11 所示。电阻两端电压 u_R 和电流 i_R 是两个同频率、同相位的正弦量。

(二)纯电感电路

纯电感电路如图 2-12 所示。

当线圈电压为定值时,ωL 越大则电流越小,所以

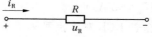

图 2-11

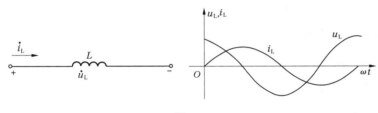

图 2-12

ωL 有阻碍电流的作用,称之为电感性电抗,简称感抗,用 X_L 表示,单位为欧(Ω),即感抗 $X_L = \omega L = 2\pi f L$,与频率成正比。

当 $f = 0$（直流）时,$X_L = 0$,说明电感元件在直流电路中相当于短路;而当 $f \to \infty$ 时, $X_L \to \infty$,说明电感元件在高频线路中相当于开路,也就是说,电感线圈具有"通低频、阻高频"的特性。

电压超前电流 $\dfrac{\pi}{2}$。

$$U = \omega L I \quad \text{或} \quad I = U/\omega L \tag{2-23}$$

（三）纯电容电路

纯电容电路如图 2-13 所示。

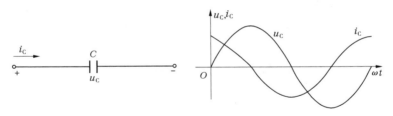

图 2-13

当线圈电压为定值时,$1/(\omega C)$ 越大,电容电路的电流越小,所以 $1/(\omega C)$ 有阻碍电流的作用,称为电容性电抗,简称容抗,用 X_C 表示,单位为欧(Ω),即

$$X_C = \frac{1}{\omega C} = \frac{1}{2\pi f C} \tag{2-24}$$

当 $f = 0$ 时,$X_C \to \infty$,说明电容元件在直流电路中相当于开路;而当 $f \to \infty$ 时,$X_C \to 0$, 说明电容元件在高频线路中相当于短路。也就是说,电容具有"隔直通交"的作用。

对电容来说,电流超前电压 $\dfrac{\pi}{2}$。

（四）电阻、电感、电容串联电路

R、L、C 三种元件组成的串联电路如图 2-14 所示。

$$U_R = IR, U_L = IX_L, U_C = IX_C \tag{2-25}$$

$$Z = Z_R + Z_L + Z_C = R + \mathrm{j}(X_L - X_C) = R + \mathrm{j}X \tag{2-26}$$

功率因数　　　　　　　　　　$\cos\varphi = P/S$ 　　　　　　　　　(2-27)

有功功率　　　　　　　　　　$P = UI\cos\varphi$ 　（kW）　　　　　　(2-28)

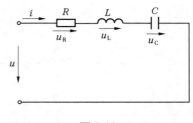

无功功率 $Q = UI\sin\varphi$ （kvar）　　（2-29）

$$S = \sqrt{P^2 + Q^2} \quad (\text{kVA}) \qquad (2\text{-}30)$$

$$\cos\varphi \uparrow \ \rightarrow \Delta U \downarrow \ \rightarrow \Delta P \downarrow$$

图 2-14

三、三相交流电路

三相交流电路就是由三个频率相同、最大值相等、相位上互差 120° 的正弦电动势组成的电路。这样的三个电动势称为三相对称电动势。

之所以广泛应用三相交流电路，是因为它具有以下优点：

（1）在相同体积下，三相发电机输出功率比单相发电机大。

（2）在输送功率相等、电压相同、输电距离和线路损耗都相同的情况下，三相输电比单相输电节省输电线材料，输电成本低。

（3）与单相电动机相比，三相电动机结构简单，价格低廉，性能良好，维护使用方便。

（一）三相电源的连接

1. 三相电源的星形（Y）接法

若将电源的三个绕组末端连在一点，而将三个首端作为输出端，如图 2-15 所示，则这种连接方式称为星形接法。

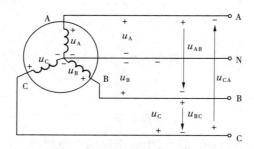

图 2-15　三相电源的星形连接

在星形接法中，末端的连接点称作中点，中点的引出线称为中线（或零线、地线），因低压系统的中性点通常接地。三绕组首端的引出线称作端线或相线（俗称火线）。这种从电源引出四根线的供电方式称为三相四线制，中性线不引出的方式称为三相三线制。

在三相四线制中，端线与中线之间的电压 u_A、u_B、u_C 称为相电压，任意两根相线之间的电压 u_{AB}、u_{BC}、u_{CA} 称为线电压。

大小关系：线电压为相电压有效值的 $\sqrt{3}$ 倍，即 $U_L = \sqrt{3}\,U_P$。

相位关系：各线电压分别超前于相应的相电压 30°。

我国低压供电线路的标准电压为相电压 220 V，故线电压等于 380 V。

2. 三相电源的三角形（△）接法

三相电源的三角形连接见图 2-16。

发电机绕组很少用三角形接法，三相变压器绕组星形和三角形两种接法都会用到。

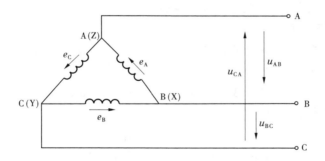

图 2-16　三相电源的三角形连接

(二)三相负载的连接

单相负载:照明灯、电视机、电冰箱等。

三相负载:三相异步电动机等。

1.三相负载的星形连接

在星形连接的三相四线制中,我们把每相负载中的电流叫相电流 I_P,每根相线(火线)上的电流叫线电流 I_L。

特点:

(1)各相负载承受的电压为对称电源的相电压。

(2)线电流 I_L 等于负载相电流 I_P。

2.三相负载的三角形连接

三相负载的三角形连接见图 2-17。

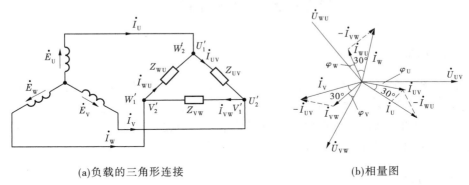

(a)负载的三角形连接　　　　　(b)相量图

图 2-17

特点:

(1)线电流 I_L 为相电流 I_P 的 $\sqrt{3}$ 倍,即 $I_L = \sqrt{3} I_P$。

(2)线电压与相电压相等,即 $U_{线} = U_{相}$。

3.中性线的作用

三相负载作星形连接时,若负载对称则中线电流为零,此时中线不起作用,可以去掉。当三相负载不对称时,各相电流的大小不一定相等,相位也不一定为 120°,这时中线上就有电流流过,中线在电路中起的作用就是使星形连接的不对称负载的相电压保持对称。

这时无论负载如何变化,各负载电压都比较稳定。

(三)三相电路的功率

在三相交流电路中,三相负载消耗的总功率为各相负载消耗功率之和,而在三相对称电路中,各相电压、电流的有效值相等,功率因数也相等。即

$$P = 3U_{相} I_{相} \cos\varphi = \sqrt{3} U_{线} I_{线} \cos\varphi \qquad (2\text{-}31)$$

三相负载消耗的无功功率为

$$Q = \sqrt{3} U_{线} I_{线} \sin\varphi \qquad (2\text{-}32)$$

例:工业用的电阻炉,常采用改变电阻丝的接法来控制功率大小,以达到调节炉内温度的目的。有一台三相电阻炉,每相电阻为 $R=5.78\ \Omega$,试求:①在 380 V 线电压下,接成三角形和星形时各从电网取用的功率。②在 220 V 线电压下,接成三角形所消耗的功率。

解:$(1)\ I_{线\Delta} = \sqrt{3} I_{相\Delta} = \sqrt{3} \times 380/5.78 = 114(A)$

$$P_{\Delta} = \sqrt{3} U_{线} I_{线} \cos\varphi = \sqrt{3} \times 380 \times 114 \times 1 = 75(kW)$$

$$I_{线 Y} = I_{相 Y} = 380/(\sqrt{3} \times 5.78) = 38(A)$$

$$P_{Y} = \sqrt{3} U_{线} I_{线} \cos\varphi = \sqrt{3} \times 380 \times 38 \times 1 = 2.5 \times 10^{4}(W) = 25\ kW$$

$(2)\ P_{\Delta} = \sqrt{3} U_{线} I_{线} \cos\varphi = \sqrt{3} \times 220 \times \sqrt{3} \times 220/5.78 \times 1 = 2.5 \times 10^{4}(W) = 25\ kW$

从上面的例题可以知道:在线电压不变时,负载三角形连接时的功率为作星形连接时功率的 3 倍;只要每相负载所承受的相电压相等,那么不管负载接成星形还是三角形,负载所消耗的功率均相等。

任务三   电磁感应

一、电磁感应

当导体对磁场作相对运动而切割磁力线,或者通过线圈的磁通量发生变化时,导体或线圈中就会产生电动势, 如果导体或线圈是闭合的,就会有电流通过。这两种不同条件却结果相同(都产生电动势)的现象称为电磁感应。由电磁感应而产生的电动势叫作感应电动势,由感应电动势而产生的电流称为感应电流。

二、自感与互感

(一)自感

如果线圈中通入变化的电流,它将会使线圈中产生变化的磁通,如图 2-18 所示。变化的磁通穿过本身线圈,必将使线圈感应出感应电动势,这个在自己本身线圈中而产生的感应电动势称为自感电动势,用 e_{L} 表示,对于空心线圈,有

$$e_{L} = -L \frac{\mathrm{d}i}{\mathrm{d}t} \qquad (2\text{-}33)$$

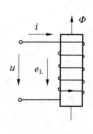

图 2-18

上式说明:线圈中感应电动势的大小与线圈的电感及线圈中的电流变化率成正比;而负号则表示自感电动势的方向与电流的变化率相反,其物理意义是 e_L 起着阻碍电流变化的作用。即当 i 增加时,e_L 与 i 方向相反,以阻碍电流的增大,而当电流减小时,e_L 则与 i 方向相同,以阻碍电流的减小。因此,电感线圈在电路中起着稳定电流的作用。

(二)互感

当紧靠的两个线圈,其中一个线圈流入变化的电流时,可以发现另一个线圈回路中电流表的指针发生偏转,说明该线圈两端产生了感应电动势,这一现象叫作互感现象。该感应电动势称为互感电动势,用符号 e_M 表示,而由互感电动势产生的电流称为互感电流,用符号 i_M 表示,如图 2-19 所示。接入变化电流的线圈 1 称为初级线圈(主线圈),而与电流表相连接的线圈 2 称为次级线圈(副线圈)。e_M 产生的原因是线圈 1 中通过变化的电流 i_1 后产生的变化磁通 Φ_1,由于两线圈紧靠,故有一部分磁通 Φ_{12} 穿过线圈 2,使线圈 2 感应出互感电动势 e_M,互感电动势的大小与线圈 2 的匝数和穿过线圈 2 的磁通变化率成正比。

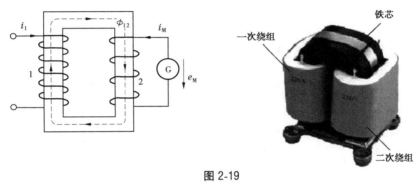

图 2-19

任务四　半导体器件

一、半导体二极管

二极管有两个电极,一个为阳极(正极),另一个为阴极(负极),符号如图 2-20 所示。

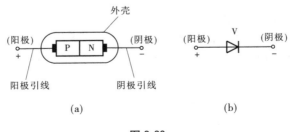

(a)　　　　　　　　(b)

图 2-20

(一)分类

按用途分:普通、整流、稳压、检波、发光、热敏、开关二极管等。

按材料分:硅二极管(工作温度高,击穿电压高,反向电流小)和锗二极管(工作在小信号时线性好,特别适合于检波电路)。

(二)特点

二极管特点:当阳极电位高于阴极电位时二极管正向导通,导通后,二极管的正向压降基本不变(0.3 V,锗二极管;0.7 V,硅二极管)。

正向导通时二极管电阻很小,对外呈现导通状态,在电路中相当于一个闭合的开关。

当二极管加反向电压,且反向电压小于击穿电压时,二极管呈现很高的电阻,在电路中相当于一个断开的开关。

(三)特殊二极管

1. 稳压二极管

正向特性和普通二极管一样。反向击穿状态下,稳压二极管两端的电压几乎不变,因而具有稳压作用。应用时电路中应串联一个具有适当阻值的限流电阻以避免热击穿。符号如图 2-21 所示。

2. 发光二极管

发光二极管与普通二极管一样,同样具有单向导电性,但在正向导通时能发光,所以它是一种把电能转换成光能的半导体器件。符号如图 2-22 所示。

3. 光电二极管

光电二极管工作在反偏状态,它的管壳上有一个玻璃窗口,以便接受光照。当受到光线照射时,反向电阻显著变化,如外接负载可得随光照强弱而变化的电信号。符号如图 2-23 所示。

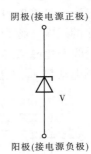

阴极(接电源正极)

阳极(接电源负极)

图 2-21 稳压二极管符号

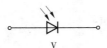

图 2-22 发光二极管符号

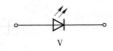

图 2-23 光电二极管符号

二、晶体三极管

晶体三极管有两种类型:NPN 型和 PNP型,有三个电极:发射极(E 极)、基极(B 极)和集电极(C 极),符号如图 2-24 所示。工作时各极电流如图所标。

$$I_E = I_B + I_C \text{ 且 } I_B < I_C < I_E \quad (2\text{-}34)$$

满足基尔霍夫电流定律,即流进管子的电流等于流出管子的电流。

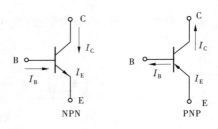

图 2-24 晶体三极管符号

三极管有三个工作状态:放大状态、饱和状态、截止状态。其中饱和状态和截止状态称为开关状态。在放大电路里三极管工作在放大状态,在数字电路里三极管工作在开关状态。

放大状态：对于 NPN 管，当 $U_C > U_B > U_E$ 时，对于 PNP 管，$U_C < U_B < U_E$ 时，三极管工作在放大状态，有 $I_C \propto I_B$。

截止状态：对于 NPN 管，$U_{BE} \leqslant 0$，$I_B = 0$，$I_C \approx 0$，三极管截止，C、E 之间相当于开关的断开。

饱和状态：对于 NPN 管，$U_{CE} < U_{BE}$。饱和状态时三极管的 C、E 间的电压接近于 0，C、E 间相当于开关的接通。

三、晶闸管

晶闸管是用硅材料制成的半导体器件，又称可控硅，是硅晶体闸流管的简称。晶闸管的主要用途有：

（1）可控整流。把交流电变换为大小可调的直流电称为可控整流。例如，直流电动机调压调速，可采用可控整流供电。

（2）有源逆变。有源逆变是指把直流电变换成与电网同频率的交流电，并将电能返送给交流电源。例如，目前采用的高压输电工程，将三相交流电先变换成高压直流电，再进行远距离的输送，到目的地后，再利用有源逆变技术把直流电变成与当地电网同频率的交流电供给用户。

（3）交流调压。交流调压是指把不变的交流电压变换成大小可调的交流电压。例如，用于灯光控制、温度控制及交流电动机的调压调速。

（4）变频器。把某一频率的交流电变换成另一频率的交流电的设备称为变频器。例如，晶闸管中频电源、停电电源（UPS）、异步电动机变频调速中均含有变频器。

（5）无触点功率开关。用晶闸管可组成无触点功率开关取代接触器、继电器，适用于操作频繁的场合。例如，可用于控制电动机的正反转和防爆、防火的场合。

普通晶闸管应用广泛，它有三种结构形式：螺栓式、平板式和塑料封装式。

晶闸管的结构及符号如图 2-25 所示，它有三个电极：阳极 A、阴极 K 和门极 G。螺栓式晶闸管的阳极是紧拴在铝制散热器上的，而平板式晶闸管则用两个彼此绝缘而形状相同的散热器把阳极与阴极紧紧夹住。

（一）晶闸管特点

（1）晶闸管导通必须同时具备两个条件：①承受正向阳极电压（$U_{AK} > 0$）；②承受正向门极电压（$U_{GK} > 0$）。

（2）晶闸管一旦导通，门极便失去控制作用。

（3）晶闸管导通后，使流过晶闸管的电流 i_A 减小到某数值时，晶闸管便会关断，这种维持晶闸管导通的电流称为维持电流。

（4）晶闸管关断时承受全部电源电压；导通后阳极与阴极间的管压降很小，只有 1 V 左右，电源电压主要降落在负载上。

（二）晶闸管的主要参数

1. 正向阻断峰值电压 U_{DRM}

在门极断开和晶闸管正向阻断的情况下，结温为额定值时，允许重复加到晶闸管阳极

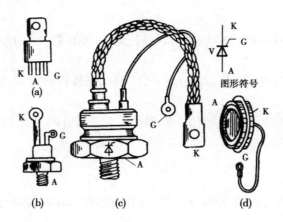

图 2-25 晶闸管结构及符号

与阴极之间的正向峰值电压,称为正向阻断峰值电压,用 U_{DRM} 表示。

2. 反向阻断峰值电压 U_{RRM}

在门极断开的情况下,结温为额定值时,允许重复加到晶闸管阳极与阴极之间的反向峰值电压,称为反向阻断峰值电压,用 U_{RRM} 表示。

3. 额定电压 U_{TN}

取 U_{DRM} 与 U_{RRM} 中较小者,按照相应的电压等级将其定义为元件的额定电压。在实际应用中,由于晶闸管的过电压、过电流能力差,所以在选择晶闸管额定电压值时,应考虑 2~3 倍的安全裕量。如在单相交流电路中有效值为 220 V 时,最大值为 311 V,则应选用晶闸管额定电压为 600 V、700 V 或者 800 V。

4. 额定电流 $I_T(AV)$

在环境温度为 40 ℃和标准散热条件下,按照相应的电流系列,将晶闸管的阳极与阴极之间允许通过的正弦半波电流的平均值定义为晶闸管的额定电流。

实际中晶闸管的过电流能力较差,选择额定电流时也应该考虑 1.5~2 倍的安全裕量。

5. 维持电流 I_H

在规定的环境温度和门极断开情况下,维持晶闸管持续导通所需要的最小阳极电流称为维持电流。当晶闸管的阳极电流小于维持电流时,晶闸管关断。

6. 通态平均电压 $U_T(AV)$

在规定的环境温度和标准散热条件下,元件通以额定电流时,阳极与阴极之间的管压降的平均值称为通态平均电压,用 $U_T(AV)$ 表示。$U_T(AV)$ 是有级别的,从 A 级到 I 级,A 级为 0.4 V,I 级为 1.2 V。

例如 KP200-9B 表示普通型晶闸管,额定电流为 200 A,额定电压为 9 级,即 900 V,通态平均电压为 B 级,即 0.5 V。

思考题

1. 电位、电势、电压、电流、电功率是如何定义的?

2. 什么是欧姆定律?

3. 基尔霍夫定律有哪些?

4. 电阻串联、并联如何计算?

5. 什么是正弦交流电的瞬时值、有效值、最大值?

6. 已知一个电炉电阻 $R = 20\ \Omega$,电源电压 $U = 220\ \text{V}$,使用时间 $t = 4\ \text{h}$,求电炉的耗电量。

7. 在单相 220 V 电源上,接入一个单相用电设备,工作电流 $I = 4.5\ \text{A}$,功率因素 $\cos\varphi = 0.85$,求该设备使用 8 h 所消耗的电能。

8. 有一三相星形连接对称负载,每相电阻 $R = 40\ \Omega$,感抗 $X_\text{L} = 30\ \Omega$,该负载接在线电压 $U = 380\ \text{V}$ 的三相电源上,求负载消耗的有功功率和无功功率、视在功率,各相电流和线电流。

项目三

工程识图

任务一　水工识图

一、水工图的分类

（1）平面图。建筑物的俯视图在水工图中称平面图。常见的平面图有枢纽布置图和单一建筑物的平面图。平面图主要用来表达水利工程的平面布置，建筑物水平投影的形状、大小及各组成部分的相互位置关系，剖视图和断面图的剖切位置、投影方向和削切面名称等。

（2）立面图。在与建筑物立面平行的投影面上所作建筑物的正投影图，称为建筑立面图，简称立面图。其中，比较显著地反映出建筑物外貌特征的那一面的立面图，称为正立面图，其余的立面图相应地称为背立面图和侧立面图。立面图也常常根据水流方向来命名，观察者顺水流方向观察建筑物所得到的视图，称为上游立面图；观察者逆水流方向观察建筑物所得到的视图，称为下游立面图。上、下游立面图均为水工图中常见的立面图，其主要表达建筑物的外部形状。

（3）剖视图、断面图。假想用一平行于投影面的平面（称为剖切面）在形体的适当位置将形体剖开，将处在观察者和剖切面之间的部分移去，将其余部分向投影面投影所得的图形称为剖视图。物体被剖切后仅将剖切面与物体接触部分向投影面投影所得的图形称为剖面图或断面图。剖切面沿着建筑物长度方向剖切得到的剖视图和剖面图称为纵剖视图和纵剖面图；削切面沿着建筑物宽度方向剖切得到的剖视图和剖面图称为横剖视图和横剖面图。剖视图主要用来表达建筑物的内部结构形状和各组成部分的相互位置关系，建筑物主要高程和主要水位、地形、地质和建筑材料及工作情况等。断面图主要是表达建筑物某一组成部分的断面形状、尺寸、构造及其所采用的材料。

（4）详图。将物体的部分结构用大于原图的比例画出的图样称为详图。其主要用来表达建筑物的某些细部结构形状、大小及所用材料。详图可以根据需要画成剖视图或断面图，它与放大部分的表达方式无关。详图一般应标注图名代号，其标注的形式为：把被放大部分在原图上用细实线小圆圈圈住，并标注字母，在相应的详图下面用相同字母标注图名、比例。

二、水工图特殊表达方法

（一）合成视图

对称或基本对称的图形，可将两个视向相反的视图或断面各画一半，并以对称线为界合成一个图形，这样形成的图形称为合成视图。图 3-1 中 $B—B$ 和 $C—C$ 是合成剖视图。

（二）拆卸画法

当视图、剖视图中所要表达的结构被另外的次要结构或填土遮挡时，可假想将其拆卸或掀掉，再进行投影，图 3-1 所示平面图中对称线后半部分桥面板及胸墙被假想拆卸或掀掉，所以可见弧形闸门的投影，岸墙下部虚线变成实线。

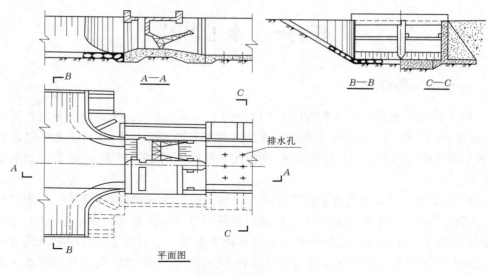

图 3-1　合成剖视图

（三）省略画法

省略画法就是通过省略重复投影、重复要素、重复图形等达到使图样简化的图示方法。水工图中常用的省略画法有：

（1）当图形对称时，可以只画对称的一半，但必须在对称线的两端画出对称符号。图形的对称符号应按图 3-2 所示用细实线绘制。

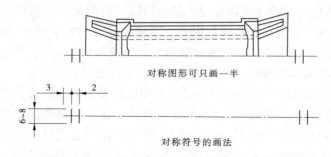

对称图形可只画一半

对称符号的画法

图 3-2　简化画法（一）　（单位：mm）

（2）对于图样中的一些小结构，当其成规律地分布时，可以简化绘制，如图 3-3 所示消力池底板的排水孔只画出 1 个圆孔，其余只画出中心线表示位置。

（四）不剖画法

对于构件支撑板、薄壁和实心的轴、柱、梁、杆等，当剖切平面平行其轴线或中心线时，这些结构按不剖绘制，用粗实线将它与其相邻部分分开，如图 3-4 中 A—A 剖视图中的闸墩和 B—B 断面图中的支撑板。

（五）缝线的画法

在绘制水工图时，为了清晰地表达建筑物中的各种缝线，如伸缩缝、沉陷缝、施工缝和材料分界缝等，无论缝的两边是否在同一平面内，这些缝线都用粗实线绘制，如图 3-5 所示。

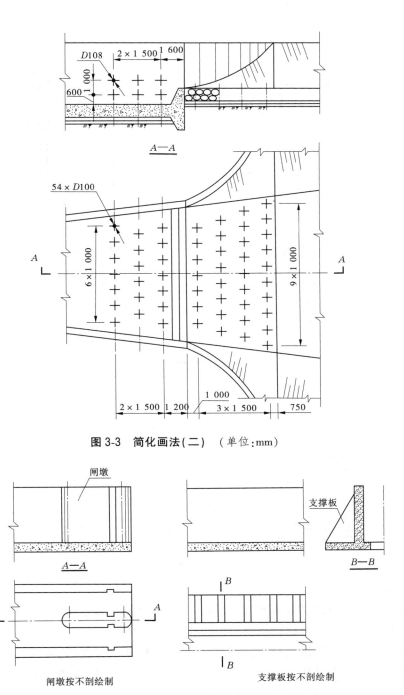

图 3-3 简化画法(二) (单位:mm)

图 3-4 不剖画法

(六)展开画法

当构件、建筑物的轴线(或中心线)为曲线时,可以将曲线展开成直线绘制成视图(剖

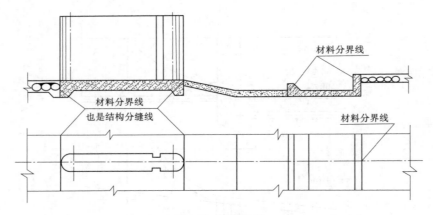

图 3-5　缝线画法

视图或断面图。这时应在图名后注写"展开"二字,或写成"展开图",如图 3-6 所示。

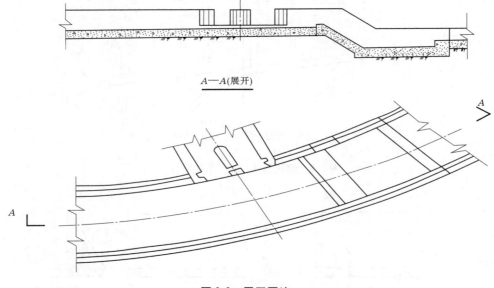

A—A(展开)

图 3-6　展开画法

(七) 连接画法

较长的图形允许将其分成两部分绘制,再用连接符号表示相连,并用大写字母编号,如图 3-7 所示。

当建筑物具有多层结构时,为清楚表达各层结构和节省视图,可以采用分层表示法,即在一个视图中按其结构层次分层绘制。画分层视图时,相邻层次用波浪线(或分缝线、分段线)作分界,并用文字注出各层的名称,如图 3-8 所示。

(八) 示意画法

当视图的比例较小而致使某些细部构造无法在图中表示清楚,或者某些附属设备另有图纸表示,不需要在图中详细画出时,可以在图中相应部位画出示意图,如图 3-9 所示。

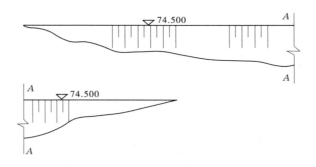

图 3-7　连接画法

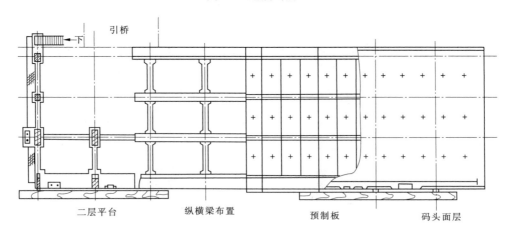

图 3-8　码头平面图的分层画法

三、水工图的尺寸标注

(一) 高度尺寸

1. 高度尺寸的标注方法

由于水工建筑物的体积大,在施工时常用水准测量确定建筑物的高度。在水工图中对于较大或重要的面要标注高程,其他高度以此为基准直接标注高度尺寸,如图 3-10 所示。

2. 高程的基准

高程的基准与测量的基准一致,采用统一规定的青岛市黄海平面。有时为了施工方便,也采用某工程临时控制点、建筑物的底面、较重要的面为基准或辅助基准。

(二) 水平尺寸

1. 水平尺寸的标注

对于长度和宽度差别不大的建筑物,选定水平方向的基准面后,可按组合体、剖视图、断面图的规定标注尺寸。对河道、渠道、隧洞堤坝等长形的建筑物,沿轴线的长度用"桩号"的方法标注水平尺寸,标注形式为:km±m,km 为千米数,m 为米数。例如:"0+043"表示该点距起点之后 43 m 的桩号,"0−500"表示该点在起点之前 500 m。0+000 为起点桩

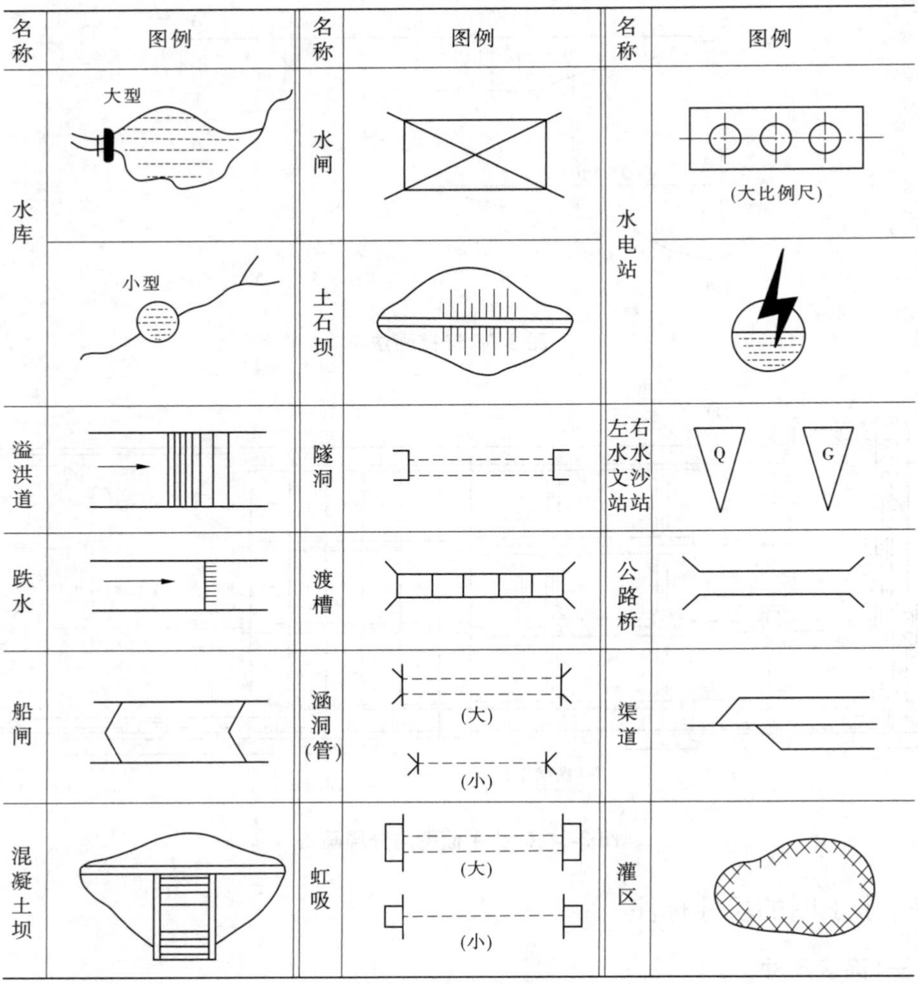

名称	图例	名称	图例	名称	图例
水库	大型 小型	水闸 土石坝		水电站	（大比例尺）
溢洪道		隧洞		左水文站 右水沙站	Q G
跌水		渡槽		公路桥	
船闸		涵洞(管)	（大） （小）	渠道	
混凝土坝		虹吸	（大） （小）	灌区	

图 3-9　示意画法

号。桩号数字一般垂直于轴线方向注写,且标注在轴线的同一侧,当轴线为折线时,转折点处的桩号数字应重复标注。当同一图中几种建筑物均采用"桩号"标注时,可在桩号数字之前加注文字以示区别。

2. 水平尺寸的基准

水平尺寸一般以建筑物对称线、轴线为基准,不对称时就以水平方向较重要的面为基准。河道、渠道、隧洞、堤坝等以建筑物的进口即轴线的始点为起点桩号。

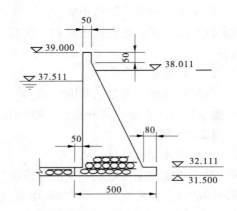

图 3-10　高度尺寸的标注　（长度单位:cm）

（三）曲线尺寸

1. 连接圆弧的标注

连接圆弧需标出圆心、半径、圆心角、切点、端点的尺寸，对于圆心、切点、端点，除标注尺寸外还应注上高程和桩号。

2. 非圆曲线尺寸的标注

非圆曲线尺寸的标注法一般是在图中给出曲线方程式，画出方程的坐标轴，并在图附近列表给出曲线上一系列点的坐标值。尺寸外还应注上高程和桩号。

在水工图中多层结构的尺寸一般用引出线加文字说明。其引出线必须垂直通过被引出的各层，并列表给出曲线上一系列点的坐标值。

四、水工图的识读

识读水工图的顺序一般是由枢纽布置图到建筑结构图，按先整体后局部，先看主要结构后看次要结构，先粗后细、逐步深入的方法进行。具体步骤如下。

（一）概括了解

（1）了解建筑物的名称、组成及作用。识读任何工程图样时都要从标题栏开始，从标题栏和图样上的有关说明中了解建筑物的名称、作用、比例、尺寸、单位等内容。

（2）了解视图表达方法。分析视图的基本表达方法、特殊表达方法，找出视图和断面图的剖切位置及表达细部结构详图的对应位置，明确各视图所表达的内容，建立起各视图与物的对应关系。

（二）形体分析

根据建筑物组成部分的特点和作用，将建筑物分成几个主要组成部分，可以沿水流方向将建筑物分为几段，也可沿高程方向将建筑物分为几层，还可以按地理位置或结构来划分。然后运用形体分析的方法，以特征明显的主要视图为主结合其他视图，根据投影规律找投影、想形体，想出各组成部分的空间形状。对较难想象的局部或者视图，可运用形体分析法和线面分析法相结合的方法进行识读。在分析过程中，结合有关尺寸和符号，看懂图样上每一个图线框及图线所表达空间物体的含义、每个符号的意义和作用，弄清建筑物各部分大小、材料、细部构造、位置和作用。

（三）综合想象整体

在形体分析的基础上，对照各组成部分的相互位置关系，综合想象出建筑物的整体形状。

整个读图过程应采用上述方法步骤，循序渐进，多次反复，逐步读懂整套图样上的内容，从而达到完整、正确地理解工程设计意图的目的。

任务二　机械识图

机器由零件装配而成，零件由原材料加工而成。机械图主要有零件图和装配图两种图样。零件图表达零件的形状、尺寸和技术要求，是加工零件的依据。

一、机械图样知识

机械图样是生产中最基本的技术文件,是设计、制造、检验、装配产品的依据,是进行科技交流的工程技术语言。它的主要内容包括一组用正投影法绘制的零件、机件视图,以及加工制造所需的尺寸和技术要求。

(一)图纸幅面和格式

图幅有 A0、A1、A2、A3、A4 号共五种。A0 号图幅的尺寸:长边为 1 189 mm,宽边为 841 mm。对折一次得到 A1 号图……对折四次则可得到 A4 号图幅。

(二)图线

国家标准中规定了粗实线、粗点画线、粗虚线、细实线、波浪线、双折线、细虚线、细点画线、粗双点画线、细双点画线等图线型式。图线的宽度分粗、细两种,线宽比为 2∶1。

(三)比例

机械图样通常是按一定比例来绘制的。所谓比例,是指图形与其实物的线性尺寸之比。比值为 1 的比例为原值比例,即 1∶1;比值大于 1 的比例为放大比例,如 2∶1;比值小于 1 的比例为缩小比例,如 1∶2。

(四)正投影和三视图

正投影:当投射线互相平行,并与投影面垂直时,物体在投影面上所得的投影称为正投影。

三视图:指物体在正投影面所得主视图、在水平投影面所得俯视图、在侧投影面所得左视图的总称。三视图投影原理见图 3-11。

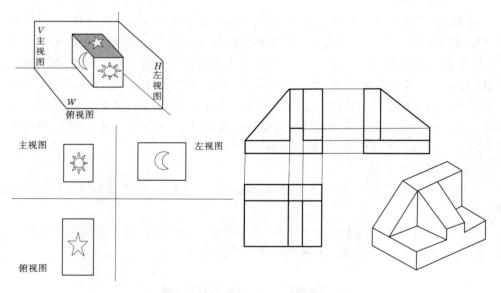

图 3-11　三视图投影原理

主视图:表示从物体的前方向后看的形状和长度、高度方向的尺寸,以及左右、上下方向的位置。

俯视图：表示从物体上方向下俯视的形状和长度、宽度方向的尺寸，以及左右、前后方向的位置。

左视图：表示从物体左方向右看的形状和宽度、高度方向的尺寸，以及前后、上下方向的位置。

三视图的投影规律：物体左、右之间的距离称为长，前、后之间的距离称为宽，上、下之间的距离称为高。主视图反映物体的长和高，俯视图反映物体的长和宽，左视图反映物体的高和宽。从而可以总结出三视图之间的投影规律为：主、俯视图长对正，主、左视图高平齐，俯、左视图宽相等，简称为"长对正、高平齐、宽相等"的三等规律。三视图画法见图3-12。

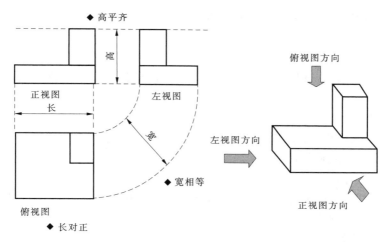

图3-12　三视图画法

（五）剖视图

当零件的内部结构比较复杂时，在视图中就会产生较多的虚线，这样既不利于标注尺寸也不利于识图。为清晰地表达零件的内部结构，常采用剖视的画法。

剖视图的形成。假想用剖切平面在零件的适当部位剖开，将处在观察者和剖切面之间的部分移走，而将留下的部分向相应投影面投射，并在剖切平面剖到的部分画上剖面符号，这样画出的图形称为剖视图。

识读剖视图时要注意：剖视图是一种假想将零件剖开的表达方法，在其他视图中零件仍应按完整的形状画出。应首先找到剖切线的位置，再由剖切线上标注的字母找到对应的剖视图。剖视图可根据剖面符号（剖面线）来区分零件某一部分是实体的还是空心的，凡画有剖面符号的为零件的实体部分，反之则为空心部分。剖视图中已表达清楚的结构，不论在剖视图还是其他视图中的虚线一般可省略不画，但必要的虚线仍可画出。

（六）剖面图

依据《机械制图　图样画法　剖视图和断面图》（GB/T 4458.6—2002），剖面图被改称为"断面图"。剖面一律改称断面，但剖视图名称不变。相对比较，断面能更为确切地表达出该视图所表达的对象是零件的横截面。

剖面和剖视的区别是：剖面只画出断面的真实形状，而剖视则还需画出断面后面所有能看到的零件的轮廓投影。从剖面图中能准确地了解到零件某处的断面形状,所以剖面图具有简单明了而又灵活方便的特点。

识读剖面图的注意点:剖面图一般都需标注,标注的内容与剖视图相同。所以,识读剖面图时,从削切位置及所标注的字母着手,就能找到相应的剖面图。画在剖切位置延长线上的对称剖面,规定可不加任何标注。不对称的剖面则必须用箭头表示其投影方向。

二、零件图

(一)零件图的内容

1. 一组视图

一组能表达零件结构形状的视图,如剖视图、剖面图等,能完整、清晰地表达出零件结构形状。

2. 全部尺寸

正确、完整、清晰、合理地标注出零件各部位结构形状大小及位置关系所需的全部尺寸。

3. 技术要求

用国标规定的代号、数字、符号和文字简明地表示出在制造和检验时所应达到的技术要求(如粗糙度、公差、热处理、检验要求)。

4. 标题栏

在零件图右下角,用标题栏写明单位名称、图样名称、图样代号、生产数量、材料、比例,以及设计、制图、校核人员等。

(二)识读零件图

(1)看零件图的基本要求:①了解零件的名称、材料和用途;②了解各零件组成部分的几何形状、相对位置和结构特点,想象出零件的整体形状;③分析零件的尺寸和技术要求。

(2)读零件图的方法和步骤:①读标题栏,了解零件的名称、材料、画图的比例、数量。②分析视图,想象结构形状;③找出主视图,分析各视图之间的投影关系及所采用的表达方法。

(3)看图步骤:①先看主要部分,后看次要部分;先看整体,后看细节。②先看容易看懂的部分,后看难懂的部分。按投影对应关系分析形体时,要兼顾零件的尺寸及其功用,以便帮助想象零件的形状。③分析尺寸,了解零件各部分的定形、定位尺寸和零件的总体尺寸,以及注写尺寸所用的基准。④看技术要求,分析技术要求,结合零件表面粗糙度、公差与配合等内容,以便弄清加工表面的尺寸和精度要求。⑤综合考虑,把读懂的结构形状、尺寸标注和技术要求等内容综合起来,就能比较全面地读懂这张零件图。

如图 3-13 所示,识图步骤如下:

一看标题栏,了解零件概况。从标题栏可知,该零件为齿轮轴。齿轮轴是用来传递动力和运动的,其材料为 45 钢,属于轴类零件。

二看视图,想象零件形状,分析表达方案和形体结构。表达方案由主视图和移出断面图组成,轮齿部分作了局部剖。主视图(结合尺寸)已将齿轮轴的主要结构表达清楚了,由几段不同直径的回转体组成,最大圆柱上制有轮齿,最右端圆柱上有一键槽,零件两端

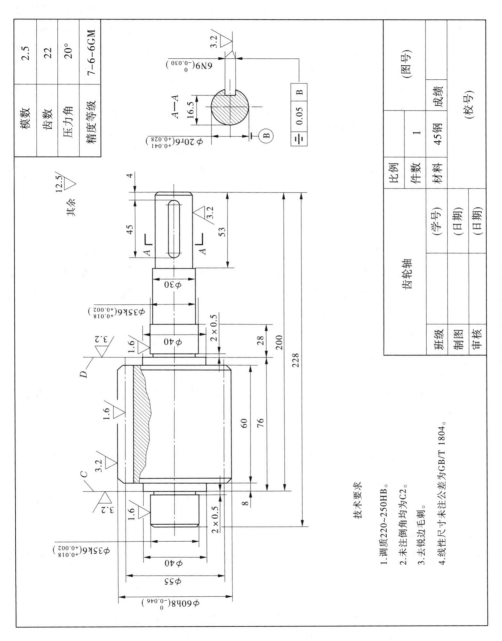

模数	2.5
齿数	22
压力角	20°
精度等级	7-6-6GM

齿轮轴

比例		（图号）
件数	1	
材料	45钢	（校号）
		成绩

班级		（学号）
制图		（日期）
审核		（日期）

技术要求

1. 调质220~250HB。
2. 未注倒角均为C2。
3. 去锐边毛刺。
4. 线性尺寸未注公差为GB/T 1804。

图 3-13 齿轮轴零件图

及轮齿两端有倒角，C、D 两端面处有砂轮越程槽。移出断面图用于表达键槽深度和进行有关标注。

三看尺寸标注，分析尺寸基准。齿轮轴中 $\phi35k6$ 轴段及 $\phi20r6$ 轴段用来安装滚动轴承及联轴器，径向尺寸的基准为齿轮轴的轴线。端面 C 用于安装挡油环及轴向定位，所以端面 C 为长度方向的主要尺寸基准，注出了尺寸 2、8、76 等。端面 D 为长度方向尺寸的第一辅助基准，注出了尺寸 2、28。齿轮轴的右端面为长度方向尺寸的另一辅助基准，注出了尺寸 4、53 等。键槽长度 45、齿轮宽度 60 等为轴向的重要尺寸，已直接注出。

四看技术要求，掌握关键质量。分析技术要求。两个 $\phi35$ 及 $\phi20$ 的轴颈处有配合要求，尺寸精度较高，均为 6 级公差，相应的表面粗糙度要求也较高，分别为 Ra1.6 和 Ra3.2。对键槽提出了对称度要求。对热处理、倒角、未注尺寸公差等提出了四项文字说明要求。

五归纳总结。通过上述看图分析，对齿轮轴的作用、结构形状、尺寸大小、主要加工方法及加工中的主要技术指标要求有了较清楚的认识。综合起来，即可得出齿轮轴的总体印象。

三、机械装配图

装配图是用来表达机器或部件的图样，它是机械工程中的重要技术文件。

在对现有机械设备的使用和维修过程中，常需要通过装配图来了解机器的结构和连接关系。装配图也常用来进行设计方案的论证和技术交流。因此，装配图是设计、安装、维修机器或进行技术交流的一项重要的技术资料。

（一）装配图的内容

一张完整的装配图应包括下列四项内容。

1. 一组视图

根据装配图的规定画法和表达方法所画出的一组视图，用来表达机器或部件的工作原理、结构形状、装配关系、连接情况及主要零件的结构形状等。

2. 几种尺寸

用来表示机器或部件的规格、性能、装配、检验、总体及安装时所需要的一些尺寸。

3. 技术要求

说明机器或部件的规格性能、装配调整、试验安装、检验维修，以及在包装运输、使用管理中所需要达到的技术要求和注意事项等。

4. 零件的编号、明细栏

在装配图中应对每种不同的零件编写序号，并依次填写明细栏。另外，标题栏中应填写部件或机器的名称、规格、比例、图号及设计、制图、校核人员等。

（二）读装配图

在进行新产品的设计、机器的装配、设备的维修、技术的交流等过程中，经常要读装配图，以了解机器的用途、工作原理和结构关系等。因此，必须掌握阅读装配图的方法。

1. 读图的方法步骤

1）大致了解

主要了解部件的名称、性能、作用、大小及装配体中零件的一般情况等。

从标题栏入手,了解部件的名称,再结合生产实际经验了解一下它的性能和作用。

明细表中列出了所有零件的名称、数量、材料、规格和标准代号等。还可以了解哪些是标准件,哪些是一般零件。

2)分析视图及表达方法

分析装配图中用了几个视图来表达,确定出主视图及各视图之间的投影关系。即确定每个视图的投影方向、剖切位置、表达方法,分析各视图所表达的主要内容。

3)工作原理及装配关系

了解机器或部件是怎样工作的,运动和动力是如何传递的。弄清楚各有关零件间的连接方式和装配关系,搞清部件的传动、支承、调整、润滑和密封等情况。

4)分析零件的结构形状

分析零件的目的是弄清每个零件的主要结构形状和作用,以及进一步了解各零件间的连接形式和装配关系。

首先从主要零件开始,区分不同零件的投影范围。即根据各视图的对应关系及同一零件在各个视图上的剖面线方向和间隔都相同的规则,区分出该零件在各个视图上的投影范围,按照相邻零件的作用和装配关系构思其结构,并依次逐个进行分析确定。

对于部件装配图中的标准件,可由明细表确定其规格、数量和标准代号,如螺柱、螺母、滚动轴承等的有关资料可从手册中查到。

5)分析尺寸和技术要求

分析装配图中所标注的尺寸,对弄清部件的规格、零件间的配合性质、安装连接关系和外形大小有着重要的作用。分析技术要求,可了解装配、调试、安装等注意事项。

图3-14所示的球阀,有两条装配线。从主视图看,一条是水平方向,另一条是垂直方向。其装配关系是:阀盖和阀体用四个双头螺柱和螺母连接,并用合适的调整垫调节阀芯与密封圈之间的松紧程度。阀体垂直方向上装配有阀杆,阀杆下部的凸块嵌入到阀芯上的凹槽内。为防止流体泄漏,在此处装有填料垫,填料后旋入填料压紧套可将填料压紧。

2. 由装配图拆画零件图

根据装配图画出零件图应在彻底看懂装配图后进行。拆画零件图的方法步骤如下:

(1)确定视图表达方案。

由于装配图着重于表达机器工作原理和装配关系,对各零件的结构并不能都完整地表达清楚。因此,在确定零件的视图表达方案之前,应对所画零件的结构作仔细分析,根据该零件的作用和它与周围零件的关系,补全在装配图中没有表达清楚的形状结构。

零件的视图表达方案,应根据零件的结构形状重新考虑,方案与装配图并不一定相同。

此外,装配图上由于采用简化画法,如零件上的圆角、倒角、退刀槽等工艺结构未画出,在画零件图时应作补充,详细画出。

(2)确定零件的尺寸。

分析零件间的装配关系和零件上各种结构的作用,合理地确定重要尺寸并选好尺寸基准。凡是装配图上注出的尺寸,一般零件图要与其保持一致,不能任意修改和变动。

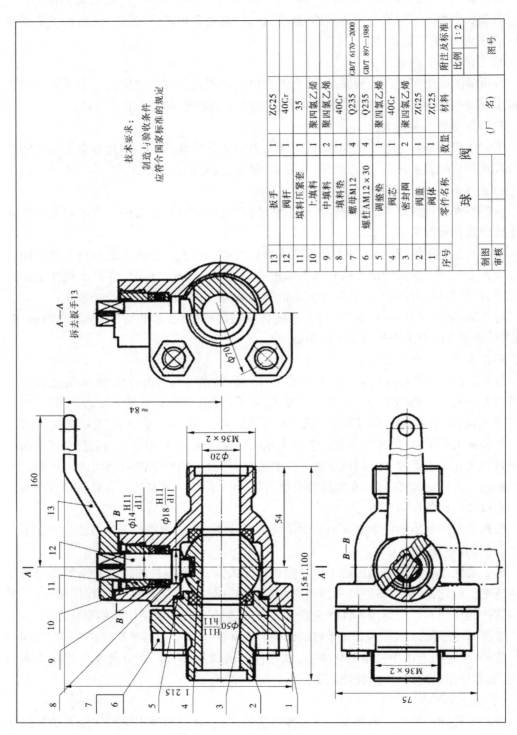

图 3-14 球阀装配图

13	扳手	1	ZG25	
12	阀杆	1	40Cr	
11	填料压紧套	1	35	
10	上填料	1	聚四氯乙烯	
9	中填料	2	聚四氯乙烯	
8	填料垫	1	40Cr	
7	螺母 M12	4	Q235	GB/T 6170—2000
6	螺柱 AM12×30	4	Q235	GB/T 897—1988
5	调整垫	1	聚四氯乙烯	
4	阀芯	1	40Cr	
3	密封圈	2	聚四氯乙烯	
2	阀盖	1	ZG25	
1	阀体	1	ZG25	
序号	零件名称	数量	材料	附注及标准
	球 阀			比例 1:2
	（厂 名）			图号
制图				
审核				

技术要求：
制造与验收条件
应符合国家标准的规定

对于装配图中与标准件有关的结构,如螺栓通孔的直径、螺纹直径、退刀槽等应查阅有关标准,采用标准件中规定的尺寸。

(3)确定技术要求。

任务三　电气识图

一、电气工程图基础知识

电气工程图是一类比较特殊的图。它通常是指用图形符号、带注释的框或简化外形表示设备中各组成部分之间相互关系及其连接的一种简图。

一般而言,电气工程图通常由以下几部分组成。

(一)目录和前言

目录包括序号、图样名称、编号、张数等;前言包括设计说明、图例、设备材料明细表、工程经费概预算等。其中,设计说明主要阐述电气工程设计的依据、基本指导思想与原则,图样中未能清楚表明的工程特点、安装方法、工艺要求、特殊设备的安装使用说明。图例即图形符号,通常只列出本套图涉及的一些特殊图例。

(二)电气系统图和框图

电气系统图和框图主要表示整个工程或其中某一项目的供电方式和电能输送的关系,亦可表示某一装置各主要组成部分的关系。例如,为了表示某一电动机的供电关系,则可采用图 3-15 所示的电气系统图。

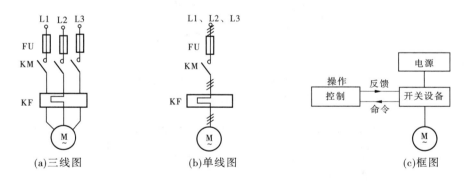

FU—熔断器;KM—交流接触器;KF—热继电器;M—电动机

图 3-15　某电动机供电电气系统图

(三)电路图

电路图主要是表示某一系统或装置的电气工作原理,又称为电气原理图。例如,为了描述图 3-15 所示的电动机的操作控制原理,还必须有图 3-16 所示的电路图。图 3-16 中,按下启动按钮 S1,交流接触器 KM 的电磁线圈与电源接通,交流接触器触点闭合,电机运转;按下停止按钮 S2 或热继电器 KF 动作,电机停转。

（四）接线图

接线图主要用于表示电气装置内部元件之间及其与外部其他装置之间的连接关系，又可具体分为单元接线图、互连接线图、端子接线图、电线电缆配置图等。图 3-16 所示的电路图仅仅表示了各元件之间的功能关系，图 3-17 所示的接线图则能清楚地表示各元件之间的实际位置和连接关系。

（五）电气平面图

电气平面图主要表示某一电气工程中电气设备、装置和线路的平面布置。它一般是在建筑平面图的基础上绘制出来的。常见的电气平面图有线路平面图、变电所平面图、电力平面图、照明平面图、弱电系统平面图、防雷与接地平面图等。如图 3-18 是某建筑物电气平面布置图。

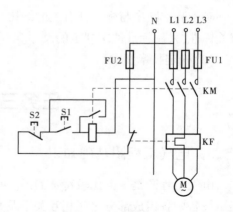

S1、S2—按钮；FU—熔断器；KM—交流接触器；KF—热继电器；M—电动机

图 3-16　电动机控制电路图

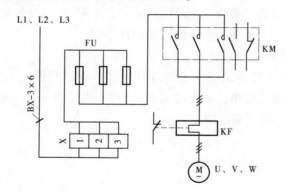

X—端子器；FU—熔断器；KM—接触器；KF—热继电器；M—电动机

图 3-17　电动机控制接线图

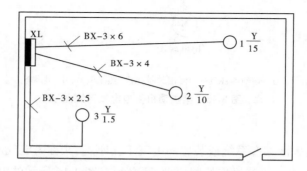

图 3-18　电气平面布置图示例

图 3-18 中的符号含义如下：

XL——动力配电箱

BX-3×6——铜芯橡皮绝缘线，3 根相线均为 6 mm^2；

BX-3×4——铜芯橡皮绝缘线，3 根相线均为 4 mm^2；

BX-3×2.5——铜芯橡皮绝缘线，3 根相线均为 2.5 mm^2；

$1\dfrac{Y}{15}$——1 号电动机，电动机型号为 Y 型，额定功率为 15 kW；

$2\dfrac{Y}{10}$——2 号电动机，电动机型号为 Y 型，额定功率为 10 kW；

$3\dfrac{Y}{1.5}$——3 号电动机，电动机型号为 Y 型，额定功率为 1.5 kW。

（六）设备元件和材料表

设备元件和材料表是把某一电气工程所需主要元件、材料和有关数据列成表格，表示其名称、符号、型号、规格、数量。这种表格是电气图的重要组成部分。它一般置于图的某一位置，也可单列成一页。

（七）设备布置图（结构图）

设备布置图主要表示各种电气设备和装置的布置形式、安装方式及相互间的尺寸关系，通常由平面图、立面图、断面图、剖面图等组成。这类图按三视图投影原理绘制，与一般机械图样没有大的区别。

（八）大样图

大样图主要表示电气工程某一部件、构件的结构，用于指导加工与安装，其中一部分大样图为国家标准图样。

（九）产品使用说明书用电气图

电气工程中选用的设备和装置，其生产厂家往往随产品使用说明书附上电气图。这些图也是电气工程图的组成部分。

（十）其他电气图

在电气工程图中，电气系统图、电路图、接线图、平面图是最主要的图。在某些较复杂的电气工程中，为了补充和详细说明某一方面，还需要有一些特殊的电气图，如功能图、逻辑图、印制板电路图、曲线图、表格等。

二、电气工程（设备）图的特点

（1）电气工程图的主要表述形式是简图。如图 3-19 所示是某 10 kV 变电所电气布置和电气系统简图。

（2）元件和连接线是电气图描述的主要内容。因为对元件和连接线描述方法不同，而构成了电气图的多样性。图 3-20 所示是 Y-△ 启动器的主电路图，图中分别采用多线、单线、混合三种表示方法。

（3）功能布局法和位置布局法是电气工程图两种基本的布局方法。

布局法是指电气图中元件符号的布置，是只考虑便于看出它们所表示的元件之间功能关系而不考虑实际位置的一种布局方法。如图 3-15、图 3-16 是按功能布局法绘制的图样，而图 3-17、图 3-18 是按位置布局法绘制的图样。

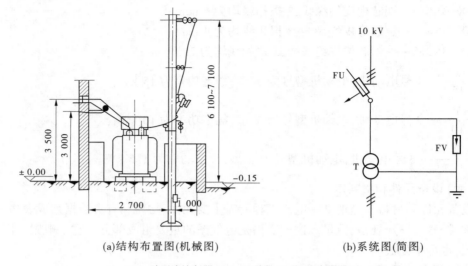

(a)结构布置图(机械图)　　　　　　(b)系统图(简图)

FU—跌开式熔断器;FV—避雷器;T—配电变压器

图 3-19　某 10 kV 变电所电气布置和电气系统简图　（尺寸单位:mm）

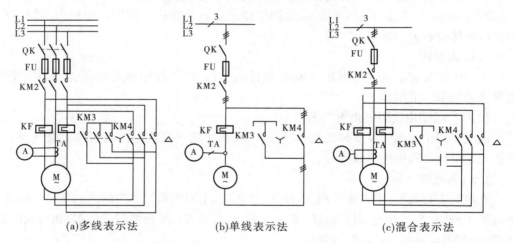

(a)多线表示法　　　　　(b)单线表示法　　　　　(c)混合表示法

QK—刀开关;FU—熔断器;KM2、KM3、KM4—交流接触器;KF—热继电器;TA—电流互感器;A—电流表;M—异步电动机

图 3-20　在电气图中连接线的表示方法

（4）图形符号、文字符号和项目代号是构成电气图的基本要素,如图 3-21 所示。

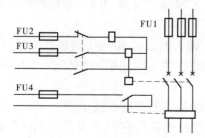

代号	名称	型号规格
FU1	垫料式熔断器	RT1-100/75 A
FU2	螺旋式熔断器	RL-15/15 A
FU3	螺旋式熔断器	RL-10/5 A
FU4	瓷插式熔断器	RC-5/3 A

图 3-21　图形符号、文字符号示例

（5）对能量流、信息流、逻辑流、功能流的不同描述方法构成了电气图的多样性,如图 3-22 所示。

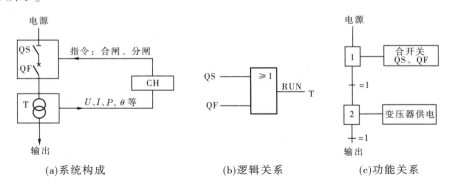

图 3-22

三、电气图形符号

(一)图形符号的构成

图形符号是用于电气图中表示一个设备(例如电动机、开关)或一个概念(例如接地、电磁效应)的图形、标记或字符。用于电气图的图形符号主要是一般符号和方框符号,在某些特殊情况下也用到电气设备用图形符号。

(二)图形符号的种类

20 世纪 80 年代,我国参照国际通用标准,颁布了一套新的电气图形符号,即《电气简图用图形符号》(GB/T 4728)。这一标准将电气图形符号分类如下:

（1）导线和连接器件。如电线电缆、接线端子、导线的连接和连接件等。

（2）无源元件。如电阻器、电容器、电感器等。

（3）半导体和电子管。如二极管、三极管、晶闸管、电子管等。

（4）电能的发生和转换器件。如绕组、发电机、电动机、变压器、变流器等。

（5）开关控制和保护装置。如开关、启动器、继电器、熔断器、避雷器等。

（6）测量仪表、灯和信号器件。如传感器、灯、音响电器等。

（7）电信传输交换和外围设备。

（8）电力、照明和电信布置。如发电站、变电所、开关、插座灯具安装和布置。

（9）二进制逻辑单元。如逻辑单元、计数器、存储器等。

（10）模拟单元。如放大器、函数器、电子开关等。

常用的一些符号要素、限定符号及其他符号见表 3-1。

四、电气技术中的文字符号

图形符号提供了一类设备或元件的共同符号,为了更好、明确地区分不同的设备、元件,尤其是区分同类设备或元件中不同功能的设备或元件,还必须在图形符号旁标注相应文字符号。

表 3-1 常用的一些符号要素、限定符号及其他符号

序号	名称	符号	序号	名称	符号
1	元件、装置功能单元		10	接机壳或接底板	或
2	外壳(容器)、管壳		11	等电位	
3	边界线		12	理想电流源	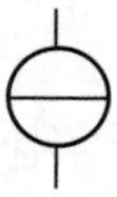
4	直流	或	13	理想电压源	
5	交流		14	电阻器	
6	交直流		15	电容器	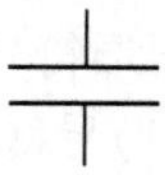
7	接地		16	电感	
8	无噪声接地		17	故障	
9	保护接地		18	绝缘击穿	

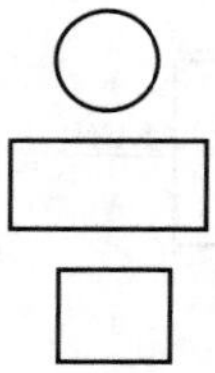

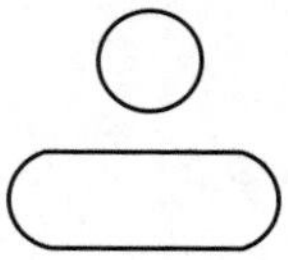

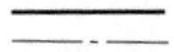

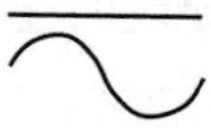

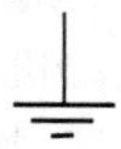

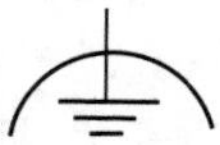

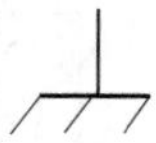

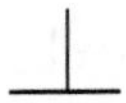

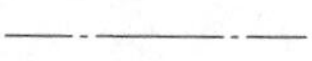

文字符号通常由基本符号、辅助符号和数字组成。

（一）基本文字符号

基本文字符号用以表示电气设备、装置和元件及线路的基本名称、特征。基本文字符号分为单字母和双字母符号,如表 3-2 所示。

表 3-2　常用单字母、双字母符号及其新旧符号对照

序号	名称	新符号		旧符号	序号	名称	新符号		旧符号
		单字母	双字母				单字母	双字母	
1	发电机	G		G	6	断路器	Q	QF	DL
	直流发电机	G	GD	ZF		隔离开关	Q	QS	GK
	交流发电机	G	GA	JF		自动开关	Q	QA	ZK
	同步发电机	G	GS	TF		转换开关	Q	QC	HK
	异步发电机	G	GA	YF		刀开关	Q	QK	DK
	永磁发电机	G	GM	TCF	7	控制开关	S	SA	KK
	水轮发电机	G	GH	SLF		行程开关	S	ST	CK
	汽轮发电机	G	GT	QLF		限位开关	S	SL	XK
	励磁机	G	GE	L		终点开关	S	SE	ZDK
2	电动机	M		D		微动开关	S	SS	WK
	直流电动机	M	MD	ZD		脚踏开关	S	SF	TK
	交流电动机	M	MA	JD		按钮开关	S	SB	AN
	同步电动机	M	MS	TD		接近开关	S	SP	JK
	异步电动机	M	MA	YD	8	继电器	K		J
	笼型电动机	M	MC	LD		电压继电器	K	KV	YJ
3	绕组	W		Q		电流继电器	K	KA	LJ
	电枢绕组	W	WA	SQ		时间继电器	K	KT	SJ
	定子绕组	W	WS	DQ		频率继电器	K	KF	PJ
	转子绕组	W	WR	ZQ		压力继电器	K	KP	YLJ
	励磁绕组	W	WE	LQ		控制继电器	K	KC	KJ
	控制绕组	W	WC	KQ		信号继电器	K	KS	XJ
4	变压器	T		B		接地继电器	K	KE	JDJ
	电力变压器	T	TM	LB		接触器	K	KM	C
	控制变压器	T	TC	KB	9	电磁铁	Y	YA	DT
	升压变压器	T	TU	SB		制动电磁铁	Y	YB	ZDT
	降压变压器	T	TD	JB		牵引电磁铁	Y	YT	QYT
	自耦变压器	T	TA	OB		起重电磁铁	Y	YL	QZT
	整流变压器	T	TR	ZB		电磁离合器	Y	YC	CLH
	电炉变压器	T	TF	LB	10	电阻器	R		R
	稳压器	T	TS	WY		变阻器	R		R
	互感器	T		H		电位器	R	RP	W
	电流互感器	T	TA	LH		启动电阻器	R	RS	QR
	电压互感器	T	TV	YH		制动电阻器	R	RB	ZDR
5	整流器	U		ZL		频敏电阻器	R	RF	PR
	变流器	U		BL		附加电阻器	R	RA	FR
	逆变器	U		NB					
	变频器	U		BP					

续表 3-2

序号	名称	新符号		旧符号	序号	名称	新符号		旧符号
		单字母	双字母				单字母	双字母	
11	电容器	C		C	18	调节器	A		T
						放大器	A		FD
12	电感器	L		L		晶体管放大器	A	AD	BF
	电抗器	L		DK		电子管放大器	A	AV	GF
	启动电抗器	L		QK		磁放大器	A	AM	CF
	感应线圈	L	LS	GQ	19	变换器	B		BH
13	电线	W		DX		压力变换器	B	BP	YB
	电缆	W		DL		位置变换器	B	BQ	WZB
	母线	W		M		温度变换器	B	BT	WDB
14	避雷器	F		BL		速度变换器	B	BV	SDB
	熔断器	F	FU	RD		自整角机	B		ZZJ
15	照明灯	E	EL	ZD		测速发电机	B	BR	CSF
	指示灯	H	HL	SD		送话器	B		S
						受话器	B		SH
						拾音器	B		SS
16	蓄电池	G	GB	XDC		扬声器	B		Y
	光电池	B		GDC		耳机	B		FJ
					20	天线	W		TX
17	晶体管	V		BG	21	接线柱	W		JX
	电子管	V	VE	G		连接片	W	XB	LP
						插头	W	XP	CT
						插座	W	XS	CZ
					22	测量仪表	P		CB

（二）辅助文字符号

辅助文字符号是用以表示电气设备、装置和元件及线路的功能、状态和特征的，通常是由英文单词的前一个或两个字母构成。例"RD"表示红色（Red），"F"表示快速（Fast）。电气工程图常用辅助文字符号及其新旧符号对照见表 3-3。

表 3-3　常用辅助文字符号及其新旧符号对照

序号	名称	新符号	旧符号	序号	名称	新符号	旧符号
1	高	H	G	5	主	M	Z
2	低	L	D	6	辅	AUX	F
3	升	U	S	7	中	M	Z
4	降	D	J	8	正	FW	Z

续表 3-3

序号	名称	新符号	旧符号	序号	名称	新符号	旧符号
9	反	R	F	20	闭合	ON	BH
10	红	RD	H	21	断开	OFF	DK
11	绿	GN	L	22	附加	ADD	F
12	黄	YE	U	23	异步	ASY	Y
13	白	WH	B	24	同步	SYN	T
14	蓝	BL	A	25	自动	A,AUT	Z
15	直流	DC	ZL	26	手动	M,MAN	S
16	交流	AC	JL	27	启动	ST	Q
17	电压	V	Y	28	停止	STP	T
18	电流	A	L	29	控制	C	K
19	时间	T	S	30	信号	S	X

（三）文字符号组合

新的文字符号组合形式一般为:基本符号+辅助符号+数字符号。

（四）特殊用途文字符号

在电气工程图中,一些特殊用途的接线端子、导线等,通常采用一些专用文字符号。常用的一些特殊用途文字符号见表 3-4。

表 3-4 常用的一些特殊用途文字符号

序号	名称	文字符号	备注（旧）	序号	名称	文字符号	备注（旧）
1	交流系统电源第 1 相	L1	A	11	接地	E	D
2	交流系统电源第 2 相	L2	B	12	保护接地	PE	
3	交流系统电源第 3 相	L3	C	13	不接地保护	PU	
4	中性线	N	0	14	保护接地线和中性线共用	PEN	
5	交流系统电源第 1 相	U	A	15	无噪声接地	TE	
6	交流系统电源第 2 相	V	B	16	机壳和机架	MM	
7	交流系统电源第 3 相	W	C	17	等电位	CC	
8	直流系统电源正极	L+		18	交流电	AC	JL
9	直流系统电源负极	L−		19	直流电	DC	DL
10	直流系统电源中间线	M	Z				

五、电气工程图的分类

使用国家颁发的统一的电工图形、符号,按照国家颁布的相关电气技术标准绘制的,表示电气装置中的各元件及其相互联系的线路,称为电气线路图。按其在系统中的作用,可分为一次接线图和二次接线图。

电力系统中的电气设备按作用不同可分为一次设备和二次设备。一次设备是指直接进行电能的生产、输送、分配的电气设备,包括发电机、变压器、母线、架空线路、电力电缆、断路器、隔离开关、电流互感器、电压互感器、避雷器等。二次设备对一次设备起检测、控制、调节和保护的作用,包括各种测量仪表、控制和信号器具、继电保护和安全装置等。

由一次设备连接组成的电路称为一次接线或主接线。描述一次接线的图纸就称为一次接线图或主接线图,通常用单线表示。泵站系统中与一次主接线相连的设备有电动机、断路器、隔离开关、母线、变压器及与供电系统相连的设备,以及供给站内辅助设备的回路。

在主接线图上,同时还标有各种测量、计量、保护等回路,并详细注明了各元件的型号、规格、数量、接线方式、回路编号等,以便在安装运行维护时检查。

主接线图是泵站运行人员进行各种操作和事故处理的主要依据之一。泵站运行人员必须熟悉主接线图,熟练掌握泵站电气系统中各种电气设备的用途、性能,以及运行、检查、维护、巡视项目和操作程序,保证设备安全运行。

由二次设备按一定要求构成的电路称为二次接线或二次回路,二次回路一般包括控制回路、继电保护回路、测量回路、信号回路、自动装置回路、计算机监控回路等。描述二次回路的图纸就称为二次接线图或二次回路图。

二次接线图常涉及的设备数量较多、内容较复杂,为便于安装与查对,常在各回路上采用编号的形式注明回路号。在设备安装接线图上,设备之间的连接不是以线条直接相连的,而是采用一种"相对编号法"来表示的。例如,要将两个不同屏内设备用电缆连接起来,常表示为:甲设备端子排(某根电缆)上标出乙设备端子排的编号。简单地说,就是"甲设备端编乙的号,乙设备端编甲的号",两端相互对应。

屏内设备与屏外设备相连接时,用一些专门的接线端子作为中间过渡连接,这些接线端子组合在一起,便称为端子排。接线端子一般分为普通端子、连接端子、试验端子和终端端子等型式。其功能分别是:

(1)普通端子用来连接屏外至屏内或屏内至屏外的导线。

(2)连接端子用来连接有分支的二次回路导线,带有横向连接排,可与邻近端子板相连。

(3)试验端子用来在不断开二次回路的情况下,对仪表、断路器进行试验。

(4)终端端子用来固定或分割不同安装项目。

为便于查找与安装,端子排在屏后排列,左右依次按下列回路排列:①交流电流回路;②交流电压回路;③信号回路;④直流回路;⑤其他回路;⑥转接回路。现在有的厂家为避免强弱电产生的磁场相互干扰,将通信接线端子与交直流端子分置于柜内不同的间隔中。

泵站中常用的电气图有一次系统图、二次系统图、设备平面布置图、电缆走向布置图及安装图(屏内设备布置图、屏内设备接线图、屏后设备布置图、端子图等)。运行人员工作中常使用一二次系统接线图、端子图等查对线路,排除故障。

思考题

1. 水工图如何进行分类?

2. 视图的命名及作用是什么?

3. 水工图中高度尺寸和水平尺寸如何标注?

4. 电气工程图包括哪些?

5. 什么是电气一次接线图?什么是二次接线图?

6. 什么是端子排?可以分成哪几种?各自作用是什么?

项目四

水泵技术

任务一　水泵及分类

泵是一种能量转换的机械,它通过工作体的运动,把外加的能量传给被抽送的液体,使液体的能量增加,以达到提升或输送液体的目的。水泵的类型很多,按照作用原理,水泵可分为叶片式泵、容积式泵和其他类型泵三大类。在泵站主要使用叶片式泵。其通过工作体的高速旋转运动,使水体的能量增加。

一、叶片式泵

按工作原理一般分为离心泵、轴流泵、混流泵三种。

(一)离心泵

1.按叶轮进水方式分

单面进水离心泵:简称单吸泵,以 BA 或 B 型表示。

双面进水离心泵:简称双吸泵,以 Sh 或 S 型表示。

2.按泵内的叶轮数目分

单级泵:泵内只有一个叶轮。

多级泵:同一根轴上装有两个或两个以上的叶轮。

3.按泵轴装置方式分

卧式离心泵:主轴水平放置。

立式离心泵:主轴垂直放置。

(二)轴流泵

1.按泵轴装置方式分

立式轴流泵:主轴垂直放置。

卧式轴流泵:主轴水平放置。

斜式轴流泵:主轴倾斜放置。

2.按叶片调节方式分

固定式:叶轮的叶片是固定的。

半调节式:叶轮的叶片角度停机时可调节。

全调节式:叶轮的叶片角度运行时也可调节。

(三)混流泵

按水泵压水室结构形式分为蜗壳式和导叶式两种。

按泵轴装置方式分为立式和卧式两种。

二、容积式泵

它是利用工作容积周期性变化来挤压液体的。容积式泵又分为往复泵和回转泵两种。往复泵是利用柱塞在泵缸内做往复运动来改变工作室的容积而挤压液体的;回转泵是利用转子做回转运动来挤压液体的(如齿轮泵)。

三、其他类型泵

它是指叶片式泵和容积式泵以外的特殊泵,如射流泵、水锤泵等。

四、叶片泵的型号

对不同类型的水泵,根据其口径、特性、结构等不同情况分别编制了不同的型号,以表示水泵的类型和某些特点。一般用符号 B、BA、Sh、S、DA、D 等表示离心泵,用符号 ZWB、ZLB、ZXB 等表示轴流泵,见表 4-1。

表 4-1 叶片泵型号意义

水泵种类		型号规格举例		型号规格中数字说明				
				水泵口径（mm）		水泵叶轮比转数的1/10	扬程（m）	叶轮个数	其他
				进口	出口				
离心泵	单级单吸悬臂式	BA	3BA-9A	75		9			A 表示叶轮直径经过一次车削
		B	$3B_{31}$	75			31		
	单级双吸式	Sh	24Sh-19	600		19			
		S	$150S_{50}A$	150			50		A 表示叶轮直径经过一次车削
	多级式	DA	6DA-8×3	150		8		3	
		D	150D30×5	150			30	5	
轴流泵	立式半调节	ZLB	20ZLB-70		500	70			
	卧式半调节	ZWB	14ZWB-70		350	70			
	斜式半调节	ZXB	14ZXB-70		350	70			
	立式全调节	ZLQ	14ZLQ-70		350	70			
	大型	长江牌	2.8CJ-70			70			水泵的叶轮直径为 2.8 mm
贯流式		ZGQ	12ZGQ-3.1						叶轮名义直径为 1.2 m,设计扬程为 3.1 m
混流泵	卧式	HB	10HB-30	250	250	30			10 表示水泵进出口口径的英寸数
		HW	450HW-8	450	450		8		H 表示混流泵,W 表示蜗壳式
		丰产型	16″丰50	400	400	50			
	立式	导叶式	500HD-10	500	500		10		

注:1. 拼音符号代表水泵类型;

2. 水泵口径,离心泵用进口口径表示,轴流泵用出口口径表示,混流泵进口和出口口径相同。

近年来,为便于和国际接轨,开始采用国际标准定义水泵的型号,如某单级单吸离心清水泵的型号为 IS50-32-125,其含义为:I 表示采用国际标准系列,S 表示离心清水泵,水泵进口直径为 50 mm,出口直径为 32 mm,叶轮名义直径为 125 mm。

任务二　水泵工作原理和构造

一、离心泵

(一)离心泵的工作原理

离心泵是利用叶轮旋转时产生的离心力来输送和提升液体的。水泵抽水前,必须先将泵壳和吸水管内灌满水(吸水管底部装有底阀,防止灌水时从此处流入进水池),或用真空泵将泵内和吸水管内抽成真空(此法吸水管底部不装设底阀)。动力机通过泵轴带动叶轮在泵体内高速旋转时,其中水体也随之高速旋转,在离心力的作用下甩向叶轮外缘,并汇集于断面逐渐扩大的泵壳内,因而水流速度减慢,压力增加,于是高压水沿着出水管被输送出去。水被甩出后,在叶轮进口处形成一定的真空值(小于大气压力的数值),而作用在进水池水面的压力为大气压力,在此压力差的作用下,水就由进水池经进水管轴向进入叶轮,并径向流出叶轮。叶轮不停地旋转,水就不断地被甩出,又不断地被吸入。这样连续不断地把水压出去又吸上来,就是离心泵的工作原理,如图4-1所示。

动态水泵

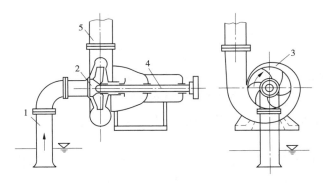

1—进水管;2—叶轮;3—泵体;4—泵轴;5—出水管

图4-1　离心泵工作原理图

(二)离心泵的构造

离心泵的种类繁多,一般常用于农田排灌的有单级单吸离心泵、单级双吸离心泵和多级离心泵三种。

1. 单级单吸离心泵

单级单吸离心泵常为卧式,它的外形如图 4-2 所示,其结构如图 4-3 所示,由转动和固定两部分组成。转动部分指叶轮、泵轴、轴承、联轴器(或皮带轮)等,简称转子;固定部分指泵壳、轴承支架(轴承座)和进出水口等,简称定子。泵体重量由支架支承,支架底座用螺栓固定在底板或基础上,水泵转子搁置在支架的轴承盒上,泵轴伸出轴承盒穿过泵体伸入泵内,叶轮装在轴伸入泵内的一端,泵轴穿出泵体处设有轴封装置来进行密封。泵壳外形很像蜗牛壳,俗称蜗壳,叶轮就放置在蜗壳里。

此类泵以 B(BA)型表示。此种泵仅有一个叶轮,液体从叶轮的一侧沿轴向流入,泵轴的悬臂端安

图 4-2　单级单吸离心泵外形

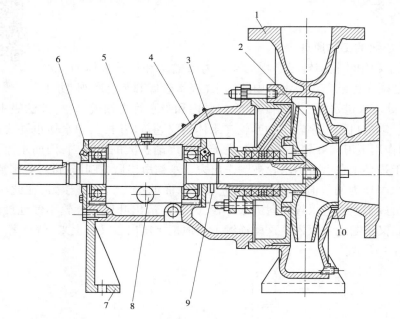

1—泵体;2—叶轮;3—轴套;4—轴承体;5—轴;6—轴承端盖;7—支架;8—油标;9—挡水圈;10—密封环

图 4-3　单级单吸离心泵结构

装叶轮,另一端由轴承支承。该泵结构简单,重量轻,维护容易,适合固定或移动使用。

1)叶轮

叶轮又称为工作轮或转轮,是水泵最重要的部件。它的作用是将动力机的机械能传递给液体,使液体的能量增加。叶轮的形状、尺寸、加工工艺等,对水泵的性能有决定性的影响。

离心泵叶轮有三种形式,即封闭式、半敞开式和敞开式,如图 4-4 所示。农用离心泵一般均采用封闭式叶轮,即叶轮的前后均有盖板,中间夹有 6~12 个向后弯曲的叶片。叶片和盖板的内壁构成了一系列弯曲的槽道,称为叶槽。

水泵叶轮前盖板中央留有进水口,水从进水口吸入,流过叶槽后再从叶轮四周甩出。所以,水在叶轮中的流动方向是轴向进水,径向出水。叶轮用键和反向螺母固定在泵轴一端,泵轴转动时,螺母不会松脱,而是越转越紧。

BA 型泵的叶轮进水侧水流压力很小,叶轮背水面水流压力很大(约为水泵的扬程),因此产生一个指向进水侧的轴向力。此力可能使泵轴和叶轮向进水侧移动,使叶轮与泵

(a)封闭式叶轮　　(b)半敞开式叶轮　　(c)敞开式叶轮

图 4-4　叶轮的形式

壳发生摩擦,损坏叶轮,甚至使其无法工作。为了减少或平衡此轴向力,在叶轮的后轮盖上开若干个平衡孔。但叶轮开平衡孔后,会使泵的效率有所降低。因此,对小口径、低扬程的 B 型泵,由于轴向力较小,均不开平衡孔。叶轮必须具有足够的机械强度,大多采用铸铁制成。大型水泵一般采用铸钢作为叶轮的材料。

2)泵壳

泵壳也叫泵体,内含叶轮,它将吸水室、叶轮室和压水室等联结在一起,是水体的通道。中小型离心泵的泵壳外形为蜗壳,泵壳内部有断面逐渐增大的螺旋状的水流通道,其作用是汇集由叶轮甩出的水,同时降低水流速度,将水流的大部分动能转换为压能。

水泵进、出水管的法兰盘上设有真空表和压力表的螺孔。泵壳顶部设有一小孔,供水泵启动前灌水或抽真空。在泵壳底部设有放水孔,平时用方头螺丝塞住。停机后用来放空泵内积水,防止锈蚀或冬季冻裂泵壳。泵体一般用铸铁制成,其内表面要求光滑,以减小水力损失。

3)密封环

密封环又称为口环、减漏环、承磨环,叶轮的吸入口外缘与泵壳之间留有一定的间隙,此间隙过小,将引起机械磨损;间隙过大,从叶轮流出的高压水流就会通过间隙大量倒流回吸入侧,减小水泵的实际出水量,降低水泵的效率。所以,为使间隙尽量地小,同时又使磨损后便于更换和修复,常在叶轮的吸入口外侧及相对应的泵体部位上分别镶嵌一个口环。

有些离心泵采用轴向间隙密封,叶轮端面与泵壳之间的间隙可由螺丝和垫圈的厚薄来进行调节。

4)轴封机构

在泵轴穿出泵壳处,转动的泵轴和静止的泵壳之间必然存在间隙,为防止泵壳内高压水通过此间隙大量流出,或间隙处为真空时空气会从该处进入泵内,故必须设置轴封装置。

填料密封是最常用的一种轴封装置,它由底衬环、填料、水封环、水封管和填料压盖等零件组成,如图 4-5 所示。填料的压紧程度用压盖上的螺母来调节。如果压得过紧,填料与轴套的摩擦力增大,缩短填料和轴套的使用寿命,严重时会发热、冒烟,甚至会烧毁填料;如果压得过松,漏水量增大,降低泵的效率。因此,填料要压得松紧程度适宜,一般以每分钟 30~60 滴水沿轴封装置漏出为宜。水封环是一个中间凹下、外周凸起的回环,环上开有若干个小孔,水封环对准水封管。水泵运行时,泵内高压水通过水封管进入水封环,引入填料进行水封,同时起冷却、润滑作用。

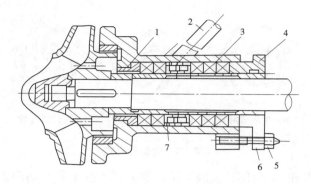

1—底衬环;2—水封管;3—填料;4—填料压盖;5—螺母;6—双头螺栓;7—水封环

图 4-5　离心泵填料密封

填料的种类较多,灌排用水泵常用油浸石棉填料,它由石墨浸渍过的石棉线或铜丝石棉线编结而成,具有耐磨、耐热、柔软和良好的润滑特性。为保证填料密封有良好的工作状态,对已磨损或硬化的填料,应及时更换。填料密封的优点是结构简单,成本低,拆装方便。缺点是使用寿命短,密封性能差。所以,近年来出现了一些新的轴封装置。

5) 泵轴和轴承

泵轴是传递动力的主要零件,必须有足够的强度和刚度。一般常用中碳钢制成。轴承的结构一般有滚珠轴承和滑动轴承两种。我国制造的单级离心泵,泵轴直径在 60 mm 以下的采用滚珠轴承,泵轴直径在 65 mm 以上的采用滑动轴承。

单级单吸离心泵的特点是扬程较高,流量较小;结构简单,维修容易;体积小,重量轻,移动方便;其吸入口直径为 50~200 mm,流量在 12.5~400 m³/h,扬程在 20~125 m 范围内,适用于丘陵山区小型灌区。

2. 单级双吸离心泵

单级双吸离心泵外形如图 4-6 所示,其结构如图 4-7 所示。单级双吸离心泵的主要零件与单级单吸离心泵基本相似,所不同的是:叶轮双侧吸水,好像两个相同的单吸叶轮背靠背地连接在一起,叶轮结构是对称的,如图 4-8 所示。叶轮用键、轴套和两侧轴套螺母固定,叶轮的轴向位置可通过轴套螺母来调整。

图 4-6　单级双吸离心泵外形

泵体与泵盖共同构成半螺旋吸水室和蜗形压水室,用铸铁制成。泵的吸入口和出水口均在泵体上,呈水平方向,与轴垂直。水从吸入口流入后,沿半螺旋形吸水室从两侧进入叶轮。泵壳内壁与叶轮进口外缘配合处装有两个减漏环。泵轴穿出泵壳的两端各设有

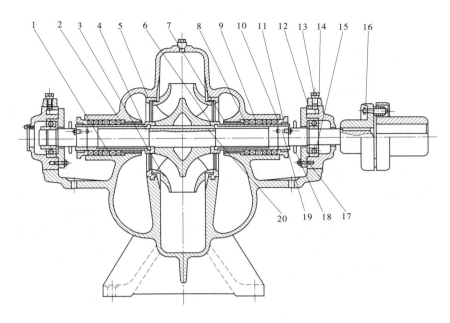

1—泵体;2—泵盖;3—叶轮;4—泵轴;5—双吸减漏环;6—轴套;7—填料套;8—填料;9—填料环;
10—压盖;11—轴套螺母;12—轴承体;13—固定螺钉;14—轴承体压盖;15—单列向心球轴承;
16—联轴器;17—轴承端盖;18—挡水圈;19—螺柱;20—键

图 4-7 单级双吸离心泵结构

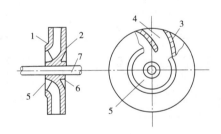

1—前盖板;2—后盖板;3—叶片;　　　　　　　1—吸入口;2—轮盖;3—叶片;
4—叶槽;5—吸水口;6—轮毂;7—泵轴　　　　　　4—轮毂;5—轴孔
（a）单吸式叶轮　　　　　　　　　　　　（b）双吸式叶轮

图 4-8 叶轮结构

轴封装置,压力水通过泵盖的水封管或泵盖中开面上的水封槽流入填料周围,起水封、冷却和润滑作用。泵轴两端由装在轴承体内的轴承支承。双吸泵从进水口方向看,在轴的右端安装联轴器,根据需要也可在左端安装联轴器。

单级双吸离心泵目前有 S、Sh 型两个系列。Sh 型泵主要由泵体、泵盖、轴承、转子等部件组成。泵体为水平中开,泵的吸入管和出水管均在泵轴中心线下方呈水平方向,并与泵体铸在一起,泵体与泵盖的分开面在轴中心线上方,无须拆卸管路及电动机即可检修泵的转动部件;滚动轴承用油脂润滑,滑动轴承用稀油润滑;轴向力由双吸叶轮平衡;采用填料密封,在轴封处装有可更换的轴套。泵的传动通过弹性联轴器由电动机驱动;从传动端看,泵为逆时针方向旋转。S 型泵是 Sh 型泵的换代产品,泵的性能指标及标准化、系列化和通用水平比 Sh 型泵先进。

单级双吸离心泵的特点是流量较大,扬程较高;安装检修方便;运行平稳,但该泵较笨重,机组占地面积大,适宜于固定使用。其吸入口直径为 150~400 mm,扬程在 12~125 m,流量在 162~1 800 m^3/h 范围内,广泛用于山区、丘陵和平原地区较大面积农田灌溉、排水和城镇供水。

3. 多级离心泵

多级离心泵以 DA 型表示。它在一根泵轴上串装若干个单吸式叶轮,轴上的叶轮数目代表水泵的级数。泵体分为进水段、中段(叶轮部分)和出水段。各段用长螺杆连接成为一个整体。水泵的吸入口位于进水段呈水平方向,出水口在出水段上垂直向上。水体在泵内的流动过程为:进水段把水体引入第一级叶轮,从叶轮排出的水体经过固定在中段的导叶和反导叶,引入次级叶轮的入口,最后末级叶轮排出的水体经过固定在出水段上的出水导叶,流入出水段流道,然后引向出水口。叶轮的级数愈多,液体获得的能量愈大,扬程就愈高。分段式多级离心泵结构见图 4-9。

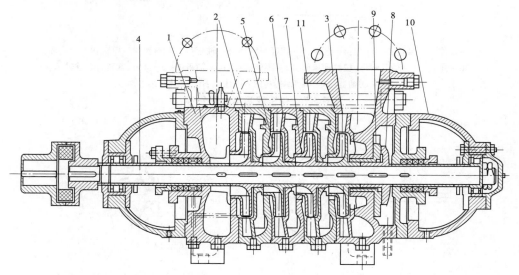

1—进水段;2—中段;3—出水段;4—轴;5—叶轮;6—导叶;
7—密封环;8—平衡盘;9—平衡圈;10—轴承部件;11—穿杠

图 4-9　分段式多级离心泵结构

多级离心泵的特点是流量小、扬程高、结构复杂,由于各级叶轮单侧进水,所以末级叶轮的后面没有专用的机械平衡装置以平衡轴向推力。我国的中压分段式多级泵,一般流量在 6.25~450 m^3/h,扬程在 25~650 m 范围内,适用于高原山区农田灌溉。

二、轴流泵

(一)轴流泵的工作原理

轴流泵是利用叶轮在水中旋转时产生的推力将水推挤上升的。轴流泵按照泵轴的安装方式可分为立式、卧式和斜式三种,其内部结构基本相同。图 4-10 所示为立式轴流泵的外形图;图 4-11 所示为立式轴流泵的结构。立式轴流泵由叶轮、泵轴、喇叭管、导叶体和出水弯管等组成。立式轴流泵叶轮安装于进水池面以下,使水得以提升,水流经导叶体后沿轴向流出,然后通过出水弯管、出水管输送至出水池。

　　轴流泵叶片断面如图 4-12 所示,它前端圆钝,后端尖锐,上边平直,下边凸起,与飞机机翼剖面相似,故称为翼型。当水流绕过翼型时,在头部 A 点处分离成两股,分别绕过翼型的上、下表面,最后同时汇流于 B 点。由于下表面距离长,上表面距离短,所以下表面的水流速度大、相应压力小;上表面水流速度小、相应压力大。这样,上、下表面间存在一个压力差 P。即水流对翼型有一个向下的压力 P,根据作用力与反作用力的原理,翼型对水流有一个大小相等、方向向上的推力 P',如图 4-13 所示。

图 4-10　立式轴流泵外形

水流得到叶轮的推力增加了能量,经过导叶体和出水弯管,水体流向出水池。

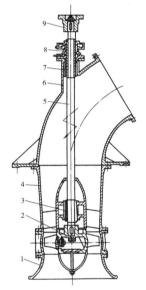

1—喇叭管;2—叶轮;3、7—橡胶导轴承;4—导叶体;5—泵轴;6—出水弯管;8—轴封;9—联轴器

图 4-11　立式轴流泵结构

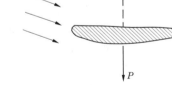

图 4-12　翼型绕流

图 4-13　翼型受力情况

(二)轴流泵的构造

1. 进水喇叭

进水喇叭为一流线型呈喇叭状的进水管,其作用是使水流以最小的水力损失均匀平顺地引向叶轮。其直径约为叶轮直径的 1.5 倍,多用铸铁制成,常用于中小型轴流泵上。

2. 叶轮

叶轮是轴流泵的主要工作部件,由叶片、轮毂、导水锥等组成。叶片装在轮毂上。叶片的形状为空间扭曲型,断面为翼型,一般为 2~6 片,多为 4 片,叶片材料为铸铁、铸钢或铸铜。

根据叶片在叶轮上能否调节角度,又可分为固定式、半调节式和全调节式三种。固定式叶片的叶轮,其叶片与轮毂体铸在一起,叶片角度不能调节;半调节式叶片的叶轮,其叶片用螺母紧固在轮毂上。在轮毂体上刻有几个相对应的安装角度位置线。如-4°、-2°、0°、+2°、+4°等,0°一般为水泵设计安装角度,大于0°为正值,小于0°为负值。水泵当运行情况发生变化而需要调节时,应先停机,把叶轮拆下来,松开螺母,转动叶片,调整到所需角度,再拧紧螺母、装好叶轮。中小型轴流泵广泛采用这种叶轮。

全调节式叶轮,是通过一套机械式或油压式调节机构来改变叶片的角度。它可以在运行情况下调整叶片角度,从而保证水泵在情况变化时,始终保持较高效率运行(见图4-14)。全调节式叶轮结构复杂,一般用于大中型轴流泵中。

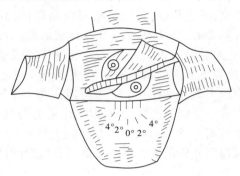

图 4-14　全调节轴流泵叶轮

3. 导叶体

导叶体为轴流泵的压水室,由导叶、导叶毂和泵外壳组成,用铸铁或铸钢制造。导叶的主要作用是把从叶轮中流出的水流的旋转运动转变为轴向运动。圆锥形导叶体能使水速逐渐减小,这样既可减小转轮出口的水力损失,还可将一部分水流的动能转变为压能。轴流泵导叶的片数一般为 6~12 片,其进口边的方向一般与叶轮叶片的出口方向一致,以免造成冲击损失,导叶的出口一般为90°,所以流出导叶的水流为轴向。

4. 出水弯管

出水弯管用来改变出流的方向。弯管的内曲率半径大约为弯管出口半径的 1.5 倍,转角为60°,截面形状一般为等圆截面。大型泵站的出水弯管用钢筋混凝土浇筑,截面为扁圆形,靠近出口处有隔舌。

5. 泵轴

泵轴是用来传递扭矩的,用优质碳素钢制成。轴的下端与轮毂相联,上端与联轴器相联。泵轴俯视为顺时针方向旋转。中小型轴流泵的泵轴是实心的,而大中型轴流泵的泵轴是空心的,一来减轻重量,同时轴内可装设操作油管。泵与导轴承接触的轴颈处,一般包有一层不锈钢,用来提高耐磨、耐腐蚀性。

6. 轴承

轴承有两种类型:一种是导轴承,一种是推力轴承。导轴承用来承受机组运行的径向力,起径向定位作用。导轴承按润滑介质的不同又可分为水润滑轴承和油润滑轴承。其中水润滑轴承根据材料的不同,又分为橡胶轴承、尼龙轴承等;油润滑轴承根据油的形态不同,又分为干油润滑轴承和稀油润滑轴承。

中小型轴流泵,多采用水润滑橡胶导轴承,上、下各一只:下导轴承装于导叶毂内,一般淹没在进水池最低水位以下;上导轴承装在泵轴穿过出水弯管的上部,常高于进水池水位,所以在上导轴承旁边装一根短管,启动前灌清水润滑,以免干转时,烧坏橡胶轴承,待水泵出水后,由渗透水润滑,可停止供水。

推力轴承用来承受水流作用在叶片上的轴向压力,以及整个水泵机组转动部分的重量,维持转动部件的轴向位置,并将轴向压力传到基础上去。

7. 填料函

轴流泵的填料函安装于泵的出水弯管的轴孔处。为了防止压力水大量漏出,采用填料密封,其构造与离心泵的填料函相似,但无水管和水封环,压力水是直接通过填料的孔隙压入润滑的。

轴流泵的特点是扬程低、流量大。一般扬程在 8 m 左右。目前高扬程轴流泵扬程多在 25 m 以下,流量一般为 80~500 L/s,目前最大流量已达 60 m³/s。轴流泵的结构简单,重量轻、外形尺寸小,启动无须充水,操作方便。

三、混流泵

(一)混流泵的工作原理

混流泵是介于离心泵和轴流泵之间的一种泵,靠叶轮旋转而使水产生的离心力及叶片对水产生的推力双重作用达到提水目的,其叶轮与离心泵叶轮及轴流泵叶轮的比较见图 4-15。

(二)混流泵的构造

混流泵按其结构型式可分为蜗壳式和导叶式两种,如图 4-16 和图 4-17 所示。一般中小型多为蜗壳式,大型为导叶式或蜗壳式。蜗壳式混流泵又有立式和卧式两种,卧式结构

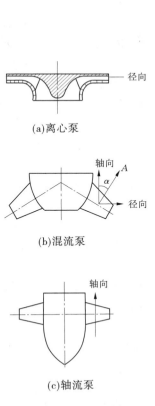

图 4-15　叶轮结构比较

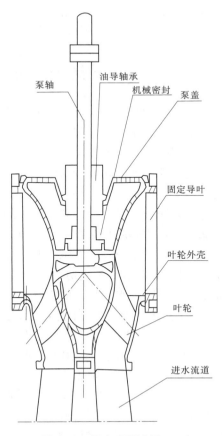

图 4-16　蜗壳式混流泵

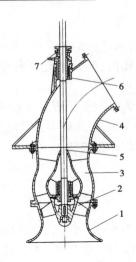

1—喇叭口；2—叶轮；3—导叶轮；4—出水弯管；5—泵轴；6—橡胶轴承；7—轴封装置

图 4-17 导叶式混流泵

类似单级单吸悬臂式离心泵；导叶式混流泵的外形和结构与轴流泵相似。

混流泵的特点是：流量比离心泵大，但比轴流泵小；扬程比离心泵低，但比轴流泵高；泵的效率较高，且高效率区较宽；结构简单、维修方便。它兼有离心泵和轴流泵的优点。

任务三　水泵装置组成及功能

水泵装置

水泵、动力机及其传动设备的组合体称为水泵机组（或称抽水机组），水泵机组及其管道（包括管道上的阀体）的组合体称为水泵装置（或抽水装置）。下面以离心泵装置为例加以说明。

其装置简图如图 4-18 所示，其中带底阀的滤网、真空表、压力表、逆止阀、闸阀等为常用的管路附件。

底阀是防止水泵启动前充水漏失的单向阀门；也可不设底阀，采用真空泵抽气充水。

滤网的作用是防止杂物进入泵内。

闸阀的作用是：在开、停水泵时，关闭以减轻动力机的启动负荷和防止水倒流；对于小型水泵，可用来调节流量或功率；并可在检修叶片泵和逆止阀时，截断水流；利用真空泵抽气充水时可截断出水管吸入的空气。

逆止阀（止回阀）的作用是：在事故停泵时自动关闭，防止水倒流，避免机组高速反转，损坏机组。逆止阀增加了水头损失，对于扬程不高、出水管路较短的泵站可不设逆止阀，而在出水管出口设一个拍门来代替。

真空表和压力表分别用来测定水泵进口处的真空高度和出口处压力。根据表计读数，可算出水泵工作扬程，以及监测泵的运行情况。

小型混流泵装置的管路附件与离心泵装置相同。轴流泵的叶轮通常淹没于进水池最低水位以下，故不需设底阀。为了避免动力机过载，轴流泵装置的出水管路上一般不装闸阀，仅在出水管出口处设置拍门，如果有闸阀也必须开阀启动。

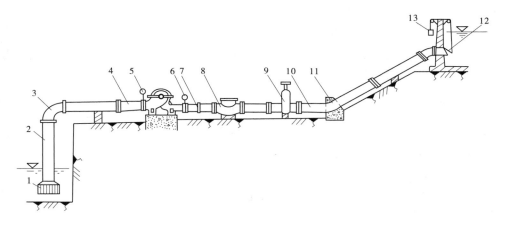

1—滤网与底阀;2—进水管;3—90°弯头;4—偏心渐缩接管;5—真空表;6—压力表;
7—渐扩接管;8—逆止阀;9—闸阀;10—出水管;11—45°弯头;12—拍门;13—平衡锤

图 4-18　水泵装置简图

任务四　叶片泵的特性参数

表征叶片泵性能的工作参数包括流量、扬程、功率、效率、转速和允许吸上真空高度（或临界气蚀余量）等，现将各参数的物理意义加以说明。

一、流量

流量，又称排水量、出水量，是指水泵在单位时间内输送出去的水量（体积或重量），用符号"Q"表示，单位为 m^3/h、m^3/s、L/s 等。水泵铭牌上的流量指水泵的额定流量（设计流量），在此工况运行时，效率最高。

如果以 V 表示流过的体积，以 t 表示时间，则体积流量 Q 可用下式求得

$$Q = \frac{V}{t} \tag{4-1}$$

这是用体积法测量流量的计算公式。如果采用速度面积法测量流量，则流量应按下式计算

$$Q = vA \tag{4-2}$$

式中　A——过流面积，m^2；

　　　v——垂直于过流断面的平均流速，m/s。

在每台水泵出水管道上测得的是单台水泵的流量，在出水池出口的渠道上测得的是泵站流量。在泵站管理上有时需要知道某一时段内的一台水泵或一座泵站输送的灌溉或排水流量，即累计流量，可根据下式求得

$$V_{总} = \sum_{i=1}^{n} Q_i t_i \tag{4-3}$$

式中　Q_i——相应于时间 t 的平均流量，m^3/s；

$V_总$——泵站输水总量,m^3 或 t;

t_i——泵站稳定在某一状态下运行的历时,s。

水泵铭牌上的流量是额定流量,在这一工况下运行时效率最高。使用水泵时,应力求使水泵出水量和额定流量相符或相近。

二、扬程

扬程又称为水头,是指被抽送的单位重量的液体从水泵进口处到出口处所增加的能量。用符号"H"表示。单位为 mH_2O($1\ mH_2O = 9.8$ kPa)习惯简称为 m。扬程在数值上等于水在泵出口处的单位能量与进口处单位能量的差值。

水泵扬程示意如图 4-19 所示,设水泵在进口处断面($I—I$ 断面),单位质量水的能量为 E_I,在出口处断面($II—II$ 断面),单位质量水的能量为 E_{II},则扬程为

$$H = E_{II} - E_I \qquad (4\text{-}4)$$

其中

$$E_I = Z_I + \frac{p_I}{\gamma} + \frac{v_I^2}{2g}$$

$$E_{II} = Z_{II} + \frac{p_{II}}{\gamma} + \frac{v_{II}^2}{2g}$$

式中　Z_I——进口处相对于某基准的位置高度,m;

Z_{II}——出口处相对于某基准的位置高度,m;

p_I——进口处的压强,Pa;

p_{II}——出口处的压强,Pa;

v_I——进口断面处水平均流速,m/s;

v_{II}——出口断面处水平均流速,m/s;

γ——水的容重,N/m^3;

g——重力加速度。

$$H = H_实 + H_损, \quad H = H_吸 + H_压$$

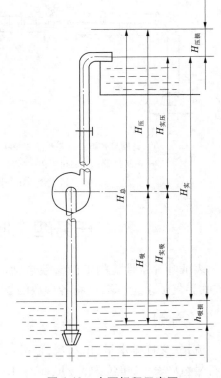

图 4-19　水泵扬程示意图

三、功率

功率是指水泵在动力机带动下,单位时间内所做功的大小。水泵的功率分有效功率、轴功率和配套功率三种。

(一)有效功率

有效功率又称水泵的输出功率,是指通过水泵的水流所得到的功率,用符号 $N_效$ 表示,单位为 kW。可用下式进行计算

$$N_{效} = \frac{\rho g Q H}{1\ 000} = 9.81 Q H \qquad (4-5)$$

式中　ρ——水的密度，kg/m^3；

　　　g——重力加速度，m/s^2；

　　　Q——水泵的流量，m^3/s；

　　　H——水泵的扬程，m。

（二）轴功率

轴功率又称为输入功率，是指原动机传给水泵轴的功率，用符号 $N_{轴}$ 表示，单位为 kW。水泵铭牌上的功率是通过额定流量时的轴功率，所以又叫额定轴功率。

轴功率不可能全部对水流做功，因为在水泵内有功率损失，所以水泵的轴功率为有效功率与损失功率之和。轴功率的大小是选配动力机功率的基本依据。

（三）配套功率

配套功率是指水泵应选配的动力机功率，用符号 $P_{配}$ 表示，单位为 kW。一般比水泵轴功率大，为轴功率的 $1.05 \sim 1.3$ 倍，也就是在选用动力机时要考虑功率备用系数。

四、效率

水泵效率就是有效功率和轴功率的比值，用百分数表示。效率反映了水泵对动力机的利用程度，是一项重要技术经济指标。一般用符号"η"表示，通常写成百分数"%"形式。

$$\eta = \frac{N_{效}}{N_{轴}} \times 100\% \qquad (4-6)$$

$$N_{轴} = \frac{N_{效}}{\eta} = \frac{\rho g Q H}{1\ 000 \eta} \qquad (4-7)$$

水泵铭牌上的效率是指水泵可能达到的最高效率。叶片泵内的功率损失由三部分组成，即机械损失、容积损失和水力损失；与之相对应的是机械效率、容积效率和水力效率。要提高水泵效率，必须尽量减小机械损失和漏水量；保持过水表面光滑，避免锈蚀和堵塞；并力求改善过水部分的设计、制造和装配，从而达到经济运行的目的。

（一）水力损失

水流从水泵的进口到出口产生的局部损失和沿程损失，以及水体本身在整个流程中相互挤压、碰撞等消耗的一部分能量，称为水力损失，其大小用水力效率 $\eta_{水}$ 表示

$$\eta_{水} = \frac{H}{H+h} = \frac{H}{H_{理}} \times 100\% \qquad (4-8)$$

式中　H——水泵的扬程，m；

　　　h——泵内水力损失总和，m；

　　　$H_{理}$——水泵的理论扬程，m。

（二）容积损失

水流流经叶轮之后，有一小部分高压水从高压处经缝隙向低压处内漏和从轴封装置等处外漏，因而要损失一部分能量，这部分损失称为容积损失，其大小用容积效率 $\eta_{容}$ 表示

$$\eta_{容} = \frac{Q}{Q+q} = \frac{Q}{Q_{理}} \times 100\% \qquad (4-9)$$

式中　Q——实际流量，$\mathrm{m^3/s}$；

　　　q——漏损流量，$\mathrm{m^3/s}$；

　　　$Q_理$——理论流量，$\mathrm{m^3/s}$。

（三）机械损失

泵轴转动时要和填料、轴承发生摩擦，叶轮在水中旋转时，叶轮外表面与水产生摩擦等，这些由于机械摩擦引起的能量损失，称为机械损失。传给泵轴的功率 $N_轴$ 减去机械摩擦所损失的功率之后，剩余的功率叫作"水功率"，用符号 $N_水$ 表示

$$N_水 = (Q + q)(H + h) = Q_理 H_理 \tag{4-10}$$

机械损失的大小用机械效率 $\eta_机$ 表示

$$\eta_机 = \frac{N_水}{N_轴} \times 100\% \tag{4-11}$$

综上所述，泵的总效率 η 的公式可变换成下列形式

$$\eta = \frac{N_效}{N_轴} \times 100\% = \frac{N_效}{N_水} \times \eta_机 = \eta_容\,\eta_水\,\eta_机 \tag{4-12}$$

由上式可见，水泵的效率（即总效率）η 是三个局部效率的乘积。要提高水泵的效率，必须尽量减少泵内各种损失，特别是水力损失。

例：某泵站安装有一台 28ZLB-70 型轴流泵，在实地测量后得流量为 1 070 L/s，扬程为 4.6 m，轴功率为 58.5 kW，问这时水泵的效率是多少？

解：已知 $Q = 1\ 070\ \mathrm{L/s} = 1.07\ \mathrm{m^3/s}$，$H = 4.6\ \mathrm{m}$，$N_轴 = 58.5\ \mathrm{kW}$，由式（4-7）可得：

$$\eta = \frac{N_效}{N_轴} = \frac{\rho g Q H}{1\ 000 N_轴} = \frac{9.81 \times 1.07 \times 4.6}{58.5} \times 100\% = 82.5\%$$

则该泵的实测效率是 82.5%。

五、转速

转速是指泵轴每分钟旋转的周数，用符号"n"表示。单位是转/分钟，即 r/min。水泵的转速一般为定值，需要改变水泵转速时，应注意不要超过厂家允许的限度。

转速是影响水泵性能的一个重要因素，当转速变化时，水泵其他性能参数都随之改变。水泵是按一定转速设计的，此转速称为额定转速。水泵铭牌上标示的为额定转速。为了与电动机配套，中小型叶片泵采用异步电动机的转速作为额定转速：2 900 r/min、1 450 r/min、970 r/min、730 r/min、485 r/min；大型叶片泵采用同步电动机的转速作为额定转速。

六、允许吸上真空高度和临界气蚀余量

允许吸上真空高度，是指为了保证水泵内的压力最低点不发生气蚀而允许的水泵进口处的最大真空度，用 $[H_s]$ 表示。水泵内的压力最低点是指叶轮进口附近的叶片背面的低压区，当该区的压力下降到水的汽化压力后，就会在水泵叶轮进口处发生气蚀，使水泵过流部件遭到破坏，并影响运行特性，因此要尽量避免水泵发生气蚀。即水泵在运行时，要保证水泵叶轮进口处的真空度小于水泵生产厂家给出的允许吸上真空高度 $[H_s]$。

气蚀余量 $[\Delta h]$ 是指在泵进口处，单位重量的水所具有的超过汽化压力的剩余能量。

临界气蚀余量,是指泵内压力最低点的压力为汽化压力时,泵进口处单位重量的水所具有的大于该汽化压力的剩余能量。也就是说,泵进口处单位重量的水所具有的这个剩余能量是为了保证泵内压力最低点不发生气蚀而必须具备的能量。

七、比转数

叶片泵的叶轮构造和水力性能及尺寸大小是多种多样的,这就需要用一个综合指标,即比转数 n_s(又称比速),来对水泵进行比较和分类,将同类型的泵划归于某一个系列,便于设计选型和生产制造。

比转数是假设某台水泵的扬程 $H = 1$ m,有效功率 $P_效 = 1$ 马力(1 马力 = 735 W),流量 $Q = 0.075$ m^3/s 时,相应的转速。在此特定条件下,由相似理论可求出此时的转速,即比转数为

$$n_s = 3.65 \frac{n\sqrt{Q}}{H^{3/4}} \qquad (4-13)$$

式中　n_s——水泵的比转数;

$\quad\quad\quad n$——水泵的额定转速,r/min

$\quad\quad\quad Q$——水泵的额定流量,m^3/s,双吸泵应取 $Q/2$;

$\quad\quad\quad H$——水泵的额定扬程,m,若为多级泵,H 指一个叶轮的扬程。

比转数反映了同一系列的水泵的性能,所以同一系列水泵的比转数相等,不同系列水泵的比转数不相等。

比转数与转速是两个不同的概念,转速表示叶轮每分钟旋转周数,而比转数表示水泵的综合性能,是几何相似泵的判别数。两者的单位相同,但比转数的单位通常略去不写。

一般来讲,若转速相同,n_s 越大,表示这种水泵的流量越大,扬程越低;反之 n_s 越小,表示这种水泵的流量越小,扬程越高。

比转数在一定程度上反映了叶轮的形状和尺寸。因此,可用比转数对叶片泵按结构进行分类。表 4-2 表示出了比转数与叶轮形状的关系。

表 4-2　比转数与叶轮形状及性能曲线的关系

水泵类型	离心泵			混流泵	轴流泵
	低比转数	中比转数	高比转数		
比转数	30~80	80~150	150~300	250~600	500~2 000
叶轮简图					
尺寸比 D_2/D_0	3.0	2.3	1.8~1.4	1.2~1.1	≈1.0
叶片形状	圆柱形叶片	进口处扭曲形,出口处圆柱形	扭曲形叶片	扭曲形叶片	扭曲形叶片

从表4-2可看出,随着比转数的增大,D_2/D_0的值逐渐减小,相应地扬程逐渐降低,流量逐渐增大。

任务五　水泵的性能曲线

一、水泵的性能曲线的定义及内容

水泵的一般性能曲线是指水泵在某一固定转速下运行时,它的流量与扬程、轴功率、效率、允许吸上真空高度或气蚀余量等几个参数之间相互关系的变化规律。通常把上述参数间的相互关系绘制成几条曲线,这种曲线称为水泵的性能曲线。在绘制性能曲线时,一般把流量Q作为横坐标,扬程H、轴功率N、效率η和允许吸上真空高度$[H_s]$或气蚀余量$[\Delta h]$作为纵坐标,绘制在直角坐标系内。实际应用中使用的性能曲线,一般是水泵厂通过对产品试验所得数据绘制成的。

水泵的性能曲线一般分为基本性能曲线、通用性能曲线和全面性能曲线三种。其中基本性能曲线有流量—扬程(Q—H曲线)、流量—功率曲线(Q—N曲线)、流量—效率(Q—η曲线)、流量—允许吸上真空高度(或气蚀余量)曲线(Q—$[H_s]$曲线)等。

二、水泵性能曲线的特点

离心泵、轴流泵和混流泵的基本性能曲线,分别如图4-20~图4-22所示。它们形象地反映出各性能参数间的相互关系及变化规律。

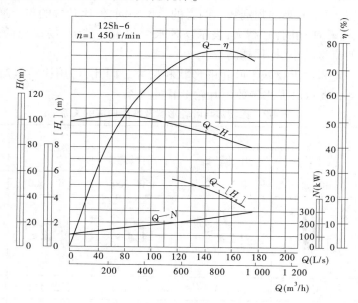

图 4-20　离心泵性能曲线

(一)流量—扬程曲线(Q—H曲线)

三种水泵的Q—H曲线都是下降曲线,即扬程随着流量的增加而逐渐减少。离心泵

的 $Q—H$ 曲线下降较缓慢;轴流泵的特性曲线下降较陡,并在设计流量的 50% 左右时,出现拐点,呈马鞍状。轴流泵从零流量到拐点这一范围内,水泵运行不稳定,产生振动和噪声,应避免在该区域内运行。混流泵的 $Q—H$ 曲线,介于离心泵与轴流泵之间。

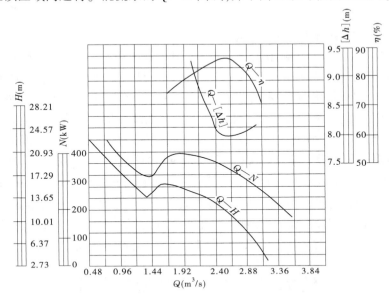

图 4-21　轴流泵性能曲线

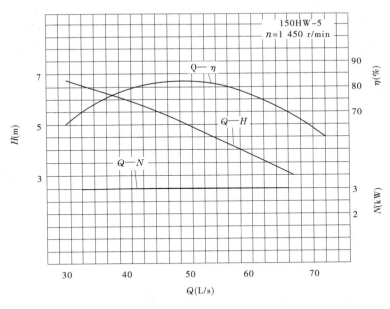

图 4-22　混流泵性能曲线

(二)流量—功率曲线($Q—N$ 曲线)

离心泵的功率随着流量增大而增大,功率特性曲线是一条上升的曲线,当流量为零时,即闸阀关闭,轴功率最小。因此,为便于离心泵的启动和防止动力机超载,启动时,应闭阀启动,待启动后,再将出水管上的闸阀逐渐打开;轴流泵的轴功率随着流量增大而减少,性能曲线是一条下降的曲线,当流量为零时,轴功率最大,约为额定功率的两倍。因此,轴流泵启动时,应开阀启动,以免动力机超载。所以,一般在轴流泵出水管路上不设闸阀。

(三)流量—效率曲线(Q—η 曲线)

各种水泵效率曲线的共同特点是,当流量由小逐渐增大时,效率逐渐增高,达到最大值后,随着流量的进一步增加,效率又逐渐变低。这是由于当效率为最大值时,水泵在最优情况下工作,偏离最优情况,水力损失增加,效率会下降。离心泵的效率曲线比较平缓,即效率变化慢,其高效率区比较宽。轴流泵的效率曲线在最高效率点两侧急剧下降,即其高效率区较窄。混流泵效率曲线在最高效率点两侧的变化介于离心泵和轴流泵之间。

(四)流量—允许吸上真空高度(或气蚀余量)曲线(Q—$[H_s]$ 或 Q—$[\Delta h]$ 曲线)

离心泵的 Q—$[H_s]$ 是一条下降的曲线,$[H_s]$ 随着流量的增加而减小;轴流泵的 Q—$[\Delta h]$ 曲线是一条具有最小值的曲线,在最高效率点附近,$[\Delta h]$ 值最小,偏离最高效率点两侧,相应的 $[\Delta h]$ 值都增加。这说明当离心泵的流量大于额定流量时,轴流泵的流量大于或小于额定流量时,都应注意水泵产生气蚀或吸不上水的情况。

任务六 水泵工作点的调节

由水泵、进出水管路和一些必要的附件等组成的水泵装置,用于将进水池的水提升到出水池。每一台水泵有其固定的工作能力,但必须结合水泵装置即管路系统,进、出水池水位等因素,才能确定抽水装置在某瞬时的实际工况点,亦即实际流量、扬程、效率和吸上真空高度等。

一、管路系统特性曲线

水泵装置(抽水装置)将单位重量的水体从进水池提升到出水池所需要的能量 $H_需$ 由两部分组成。一部分为克服出水池与进水池的水位差需要水泵担负的能量,即实际扬程 $H_实$;另一部分是单位重量水体通过管路时损失的能量,即要水泵担负的损失扬程 $h_损$。即

$$H_需 = H_实 + h_损 = H_实 + SQ^2 \tag{4-14}$$

式中 S——管路系统水头损失参数。

管路系统特性曲线(Q—$H_需$ 曲线)如图 4-23 所示。

二、水泵的工作点

我们将水泵的扬程曲线(Q—H 曲线)和管路的特性曲线(Q—$H_需$ 曲线)绘制在同一坐标图中(见图 4-24)。两条曲线交于 A 点,此点的工作参数反映了水泵的工作状况,A 点即称为水泵的工况点。此时泵能够在 A 点稳定运行,简单证明如下:

假设水泵的工作点在 B 点,此时水泵供应给水的扬程大于管路装置所需要的扬程,供需失去平衡,多余的能量会使管中水速增大,流量加大。B 点将沿水泵特性曲线向 A 点

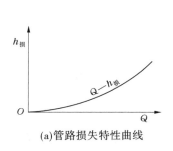
(a)管路损失特性曲线

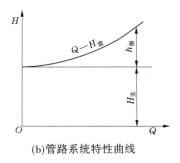
(b)管路系统特性曲线

图 4-23　管路损失特性曲线和管路系统特性曲线

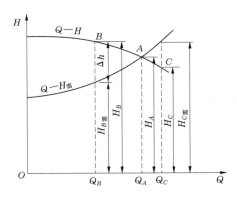

图 4-24　叶片泵工作点的确定

靠近,直到移至 A 点为止。反之,若工作点在 C 点,则水泵能够供给水的扬程小于管路所要求的扬程。此时由于能量不足,管中水速降低,流量减小。C 点将向 A 点移动,直到移至 A 点为止。总之,只有在工作点 A 才能获得能量和流量的平衡,即 $H=H_需$,$Q=Q_需$。

三、水泵工作区

由上述可知,水泵在 A 点可以稳定地工作。那么 A 点在哪个位置运行最经济呢? 我们知道在效率曲线上有一效率最高点。水泵运行在效率最高点,所对应的工况,我们称作最优工况或设计工况。在这点附近运行,效率也是比较高的。也就是说,最高效率点附近一定的范围为水泵的高效率区。水泵运行在这个范围内是经济的。

如果水泵的工作点不在高效率区内,或所求工作点的性能参数不符合流量的要求,就必须设法改变水泵特性曲线或管路系统特性曲线,来移动工作点,使其符合经济运行的要求。这种方法称为水泵工作点的调节。常见的方法有以下几种。

(一)变阀调节

将出水管路上的闸阀关小时,管路阻力中增加一个附加局部阻力。闸阀关得越小,附加阻力越大,相应的流量就变得越小。

(二)变速调节

采用降低或升高转速的方法来扩大水泵的使用范围。

水泵转速的变化将引起水泵性能的变化,它们之间的关系称为比例定律。

（1）流量与转速的一次方成正比，即

$$\frac{Q_1}{Q_2} = \frac{n_1}{n_2} \qquad (4-15)$$

（2）扬程与转速的二次方成正比，即

$$\frac{H_1}{H_2} = \left(\frac{n_1}{n_2}\right)^2 \qquad (4-16)$$

（3）功率与转速的三次方成正比，即

$$\frac{N_1}{N_2} = \left(\frac{n_1}{n_2}\right)^3 \qquad (4-17)$$

改变转速的方法有两种：一是采用可变速的动力机，如柴油机；二是采用可变速的转动设备。比例定律只适用于相似工况。

（三）变径调节

沿外径车削离心泵或混流泵的叶轮，可改变叶片泵的特性曲线，从而调节叶片泵的工作点，这种调节方法称为变径调节。轴流泵一般不宜车削叶轮。车削叶轮外径，水泵性能随之变化，它们之间的关系称为切削定律。

（1）叶轮切削前后的流量之比，等于切削前后叶轮外径之比，即

$$\frac{Q_1}{Q_2} = \frac{D_1}{D_2} \qquad (4-18)$$

（2）叶轮切削前后的扬程之比，等于切削前后叶轮外径二次方之比，即

$$\frac{H_1}{H_2} = \left(\frac{D_1}{D_2}\right)^2 \qquad (4-19)$$

（3）叶轮切削前后的功率之比，等于切削前后叶轮外径三次方之比，即

$$\frac{N_1}{N_2} = \left(\frac{D_1}{D_2}\right)^3 \qquad (4-20)$$

（四）变角调节

改变叶轮的叶片安装角度，使水泵性能改变，以达到调节水泵工作点的方法，称为变角调节。它适用于有调节叶片角度装置的水泵。

当进、出水池水位差变大时，把角度变小，在维持相当高效率情况下，适当地减小出水量，使电动机不致过载；当进、出水池水位差变小时，把角度加大，使电动机满载，更多地抽水。总之，变角调节可提高电机效率和功率。

另外，水泵启动时，将叶片安装角调至最小，可以减轻电动机的启动负荷（大约只有额定功率的25%）；在停泵前，先把叶片安装角调小，可以降低停泵时的倒流速度。

任务七　水泵的气蚀

有关叶片泵性能的阐述，都以吸水条件符合要求为前提，吸水性能是确定水泵安装高程和设计进水建筑物的依据，而气蚀是影响水泵安装高程的重要因素。

一、定义

由于某种原因,使水力机械低压侧的局部压强降低到水流在该温度下的汽化压强(饱和蒸汽压强)以下,引起气泡(汽穴)的发生、发展及其溃灭,造成过流部件损坏的全过程,就叫作气蚀。

二、作用方式

(一)机械剥蚀

在产生气蚀过程中,由于水流中含有大量气泡,破坏了水流的正常流动规律,改变了水泵内的过流面积和流动方向,因而叶轮与水流之间能量交换的稳定性遭到破坏,能量损失增加,从而引起水泵流量和效率的迅速下降,甚至达到断流状态。这种工作性能的变化,对于不同比转数的水泵有着不同的影响。

低比转数离心泵叶槽狭长,宽度较小,很容易被气泡阻塞,在出现气蚀后,Q—H、Q—η 曲线迅速降落,如图 4-25(a)所示。

对于中、高比转数的离心泵和混流泵,由于叶轮槽道较宽,不易被气泡阻塞,所以 Q—H、Q—η 曲线先是缓慢下降,稍后才开始迅速下降,图 4-25(b)所示。

对高比转数轴流泵,由于叶片之间相当宽阔,故气蚀区不易扩展到整个叶槽,因此 Q—H、Q—η 曲线下降缓慢,如图 4-25(c)所示。

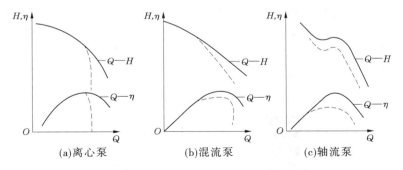

(a)离心泵　　　　(b)混流泵　　　　(c)轴流泵

图 4-25　叶片泵受气蚀影响性能曲线下降示意图

当离析出的气泡被水流带到高压区后,由于气泡周围的水流压强增高,故气泡四周的水流质点高速地向气泡中心冲击,水流质点互相撞击,产生强烈的冲击。观察资料表明,其产生的冲击频率为 3 000~4 000 Hz,并集中作用在微小的金属表面上,瞬时局部压强急剧增加(300~400 MPa)。由于叶轮或泵壳的壁面在高压和高频的作用下,引起塑性变形和局部硬化,产生金属疲劳现象,性质变脆,很快会产生裂纹与剥落,以致金属表面出现麻点、坑穴、蜂窝状的孔洞。气蚀的进一步作用,可使裂纹相互贯穿,直到叶轮或泵壳蚀坏和断裂。这就是气蚀的机械剥蚀作用。

(二)化学腐蚀

气泡由于体积缩小而温度升高,同时,水锤冲击引起的水流和壁面的变形也会导致温度增高。曾有试验证明,气泡凝结时的瞬时局部高温可达 300~400 ℃。

在产生的气泡中,还夹杂有一些活泼气体(如氧气 O_2)及其离子(如氧离子 O^{2-})等,借助气泡凝结时所释放出的热量,对金属起化学腐蚀作用,从而生成氧化亚铁、氧化铁及它们的混合物四氧化三铁等,大大地降低了金属的强度,加剧了机械剥蚀的作用效果。

(三)电化反应

在高温、高压之下,水流会产生一些带电现象。过流部件因气蚀产生温度差异,冷热过流部件之间形成热电偶,而产生电位差,从而在金属表面发生电解作用(电化学作用),金属的光滑层因电解而逐渐变得粗糙。表面光洁被破坏后,机械剥蚀作用才有效开始。这样在机械剥蚀、化学腐蚀和电化学反应等共同作用下,金属损坏速度加快。

另外,当水中泥沙含量较高时,由于泥沙的磨蚀破坏了水泵过流部件的表层,当其中某些部位发生气蚀时,又加快了金属蚀坏的作用。在气蚀破坏和凝结时,随着产生的压强瞬时周期性的升高和水流质点彼此间的撞击及对泵壳、叶轮的打击,将使水泵产生强烈的噪声和振动现象。其振动可引起机组基础或机座的振动。当气蚀振动的频率与水泵自振频率相互接近时,可能引起共振,从而使其振幅大大增加。

三、分类

(一)叶面气蚀

气蚀发生的部位如图 4-26~图 4-28 所示。即使水泵在设计工况下运行,由于水泵安装过高等原因,而在叶片进出口背面出现低压区。当水泵流量大于设计流量时,叶轮进口相对速度 w_1 的方向发生向前偏离,β_1 角增大,叶片前缘正面产生脱流和漩涡区,产生负压,甚至发生气蚀。当水泵流量小于设计流量时,β_1 减小,w_1 向后偏离,叶片背面产生漩涡区,从而加重了叶片背面低压区的气蚀程度。在上述两种工况所产生的气蚀现象中,其气泡的形成和破灭基本上发生在叶片的正、反面,称之为叶面气蚀。叶面气蚀是水泵常见的气蚀现象。

(a)双吸泵叶片　　　　　(b)轴流泵叶片

图 4-26　蚀坏的叶片图

(二)间隙气蚀

当水流流经离心泵的回流槽等缝隙时,水流通过突然变窄的间隙,速度增加而压强下降,也会产生气蚀。在轴流泵的叶片外缘与泵壳之间很小的间隙内,叶片正、背两侧很大的压强差作用,引起极大的回流速度,造成局部压降,引起间隙气蚀,在泵壳对应叶片外缘部位形成一圈蜂窝麻面气蚀带。在离心泵的减漏环与叶轮外缘间隙处,亦会引起间隙气蚀,如图 4-29、图 4-30 所示。

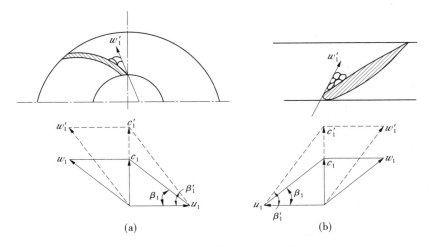

图 4-27　流量大于设计流量时叶片正面漩涡区

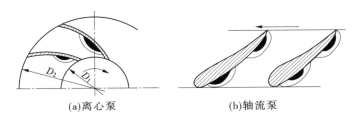

图 4-28　叶轮叶片背面低压区

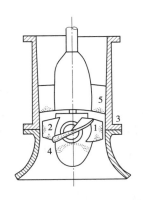

1—叶片正面;2—叶片背面;3—间隙;
4—轮毂体表面;5—导叶叶面
图 4-29　轴流泵气蚀发生部位

1—叶片正面;2、3—叶片背面;4—前盖板;5—间隙
图 4-30　离心泵气蚀发生部位

(三)涡带气蚀

　　涡带气蚀是由于进水建筑物、进水构筑物设计不当,造成了水泵进口处水流的紊乱和漩涡,产生了涡带,把大量的气体周期性地带入水泵内。即使在水泵叶片本身不产生叶面气蚀的情况下,由于涡带的产生也会在叶片低压区产生周期性的强度很大的叶面气蚀。

当漩涡的旋转方向与水泵的旋转方向相同时,相对运动削弱,流量减小、扬程降低、效率下降、功率增加(轴流泵)或减少(离心泵),引起超载(轴流泵)或欠载(离心泵);当漩涡的旋转方向与水泵的旋转方向相反时,相对运动加强,流量增加、扬程增高、效率下降、离心泵的功率增加或轴流泵的功率减少,引起超载(离心泵)或欠载(轴流泵)。以上情况都是不利的(见图4-31)。

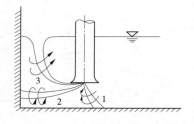

图4-31 涡带气蚀发生部位

四、危害

(1)使水泵的性能变坏。

(2)使水泵的过流部件损坏。

(3)产生噪声和振动,缩短机组的使用寿命。

五、常见原因

(1)安装高程过高;

(2)进流条件不好;

(3)吸水损失过大;

(4)局部压强太低;

(5)局部水温太高;

(6)制造材料低劣;

(7)工艺水平过低。

六、减轻和防治气蚀的措施

水泵的气蚀是由水泵本身的气蚀性能和抽水装置的使用条件决定的。水泵运行过程中,一定程度的气蚀往往总是发生,问题在于设法减轻气蚀的影响。减轻气蚀的根本措施是提高泵本身的抗气蚀性能,尽可能减小允许气蚀余量。但是,对给定的水泵来说,应合理地确定水泵吸入侧管路系统的装置情况,保证水泵的合理运行。下面从使用角度叙述减轻气蚀的一些措施。

(1)正确地确定水泵安装高程。在设计泵站时,要使装置气蚀余量大于水泵的允许气蚀余量,或者水泵进口处的吸上真空高度小于水泵的允许吸上真空高度。同时,应充分考虑抽水装置可能遇到的各种工作情况,以便正确地确定安装高程。

(2)要有良好的进水条件。进水建筑物内的水流要平稳、均匀,不产生漩涡。大中型泵站的进水流道要设计得合理,进入叶轮的水流速度和压强要接近正常分布,避免产生局部低压区。

(3)尽量减少进水管路水头损失。在设计泵站时,应尽量缩短进水管路的长度,减少管路的附件,管道内壁应光滑和适当加大进水管的直径。

（4）提高气蚀区的压强。在水泵进水管内，注入少量水或空气，可以缓和气泡破灭时的冲击，并减小气蚀区的真空高度。但注入量必须控制，否则反而会使水泵工作性能变坏。

将出水管的高压水引入泵的进口，可以提高叶轮进口的压强，从而提高泵的抗气蚀性能。但减小了水泵的出水量，降低了水泵的效率。

如江都水利枢纽工程第三排灌站，在轴流泵叶片进水端发生气蚀的部位，采取钻斜孔的办法，提高气蚀区的压强。这样可以减轻叶面气蚀的程度。

（5）降低工作水温。夏季气温较高，可掺井水混合，或在引水渠、进水建筑物处采取遮热防晒措施，以减轻气蚀现象的危害程度。

（6）提高叶轮表面的光洁度。叶轮表面的光洁度影响泵的气蚀性能，光洁度愈高，其抗气蚀性能愈好。如果叶轮表面粗糙，使用单位可精细加工，提高其光洁度。

（7）涂环氧树脂。在发生气蚀的部位涂一层环氧树脂，可以提高叶轮表面的抗气蚀性能，减轻叶轮表面被气蚀破坏的程度。此外，多泥沙水源的泵站应留有更多的气蚀余量。

（8）调节水泵的工况点。在水泵运行过程中，利用调节水泵工况点的方法可以减轻气蚀。对于离心泵，适当减少流量，使工况点向左移动，减小$[\Delta h]$值或增大$[H_s]$值；对于轴流泵，可调节叶片安装角，使工况点移到$[\Delta h]$值较小的区域。

允许气蚀余量与转速的平方成正比。降低水泵的转速，可以减轻气蚀的危害。

任务八　水泵安装高程的确定

一、气蚀性能参数

（一）吸上真空高度 H_s

吸上真空高度是指水泵进口处水流的绝对压力水头小于大气压力的数值，即安装在水泵进口处真空表的读数，用 H_s 表示

$$H_s = H_{吸} + \frac{v_{进}^2}{2g} + h_{吸} \tag{4-21}$$

式中　H_s——水泵的吸上真空高度；

$H_{吸}$——水泵的安装高度，即水泵基准面到进水池水面的高度；

$\dfrac{v_{进}^2}{2g}$——水泵进口处的流速损失水头；

$h_{吸}$——吸水管的水力摩擦损失水头。

由上式可知，进水池水面和泵进口间的压差，一方面用于把水体提升到 $H_{吸}$ 的高度（见图4-32）；另一方面用于维持水的流动所需的流速水头，同时用于克服因流动引起的水力摩擦损失。

假设 $\dfrac{v_{进}^2}{2g}$、$h_{吸}$ 为定值,那么 H_s 随着 $H_{吸}$ 的增加而增加,当 $H_{吸}$ 增大至某一数值时,水泵开始发生气蚀,此时相对应的 H_s 称为最大吸上真空高度,以 H_{smax} 表示。为了避免气蚀的发生,规定留 0.3 m 的安全余量,即 H_{smax} 减去 0.3 m,作为允许吸上真空高度,以 $[H_s]$ 表示。$[H_s]$ 值愈大,表明泵的抗气蚀性能愈好。水泵在运行时,应使其 $H_s < [H_s]$。

(二) 气蚀余量 Δh

气蚀余量是指在叶片泵进口处,单位重量的水所具有的大于汽化压力的剩余能量。我国一般用符号 Δh 表示,国际标准用 $NPSH$ 表示。

抽水装置的气蚀余量计算式为

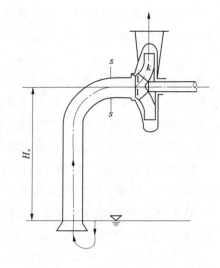

图 4-32 离心泵抽水装置简图

$$\Delta h = \frac{p_{进}}{\gamma} + \frac{v_{进}^2}{2g} - \frac{p_{汽}}{\gamma} \tag{4-22}$$

式中　Δh——气蚀余量,m;

$\dfrac{p_{进}}{\gamma}$——泵进口处的压能,m;

$\dfrac{v_{进}^2}{2g}$——泵进口处的动能,m;

$\dfrac{p_{汽}}{\gamma}$——所抽水体在相应水温下的汽化压力,m。

水泵运行时叶轮片进口附近的水流压力比水泵进口处的压力还要低。当该点压力低于汽化压力时,开始发生气蚀。我们将泵进口处的总水头与刚刚开始发生气蚀的压力(汽化压力)的差值,称作临界气蚀余量,以 $\Delta h_{临}$ 表示。为保证水泵运行时不产生气蚀,必须提供比 $\Delta h_{临}$ 稍大的气蚀余量,一般为 $\Delta h_{临} + 0.3$ m。通常记作 $[\Delta h]$。$[\Delta h]$ 愈小,表明水泵的抗气蚀性能愈好,即欲使水泵不发生气蚀,必须满足 $\Delta h > [\Delta h]$。

(三) 允许气蚀余量与允许吸上真空高度的关系

为使水泵不产生气蚀,装置提供的气蚀余量应大于或等于水泵的允许气蚀余量,即

$$\Delta h_a \geqslant [\Delta h]$$

当取 $\Delta h_a = [\Delta h]$ 时,净吸上真空高度 H_{ss} 相应为允许吸上真空高度 $[H_s]$。在标准状态下($p_a = 10.33$ m,$t = 20$ ℃)

$$[\Delta h] = 10.00 - [H_s] - h_{吸} \tag{4-23}$$

根据上述关系,可得出

$$[H_s] = 10.09 - [\Delta h] + \frac{v_{进}^2}{2g} \tag{4-24}$$

或
$$[\Delta h] = 10.09 - [H_s] + \frac{v_{进}^2}{2g} \qquad (4\text{-}25)$$

以上两式就是两种不同形式的水泵气蚀参数之间的换算公式。

二、水泵安装高程

安装高程是指水泵基准面的高程(见图 4-33)。基准面与水泵的类型、主轴的装置方式有关。合理确定水泵的安装高程,能防止水泵运行时发生气蚀,保证水泵的正常运行,同时减小土建开挖量,降低工程造价。水泵安装高程的确定有两种方法。

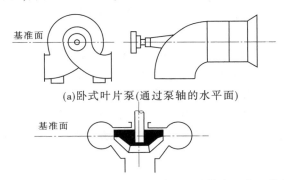

(a)卧式叶片泵(通过泵轴的水平面)

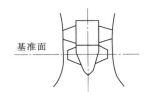

(b)立式离心泵与混流泵(通过第一级叶轮出口中心的水平面)

(c)立式轴流泵(通过叶片轴线的水平面)

图 4-33　不同类型水泵的基准面

(一) 用允许吸上真空高度[H_s]计算泵的安装高程

卧式水泵一般多安在进水建筑物水面以上,可得水泵的安装高度计算公式

$$H_{吸} = H_s - h_{吸} - \frac{v_{进}^2}{2g} \quad (\text{m}) \qquad (4\text{-}26)$$

在计算水泵的吸水高度时,必须满足 $H_s < [H_s]$。用 $[H_s]$ 代替 H_s,则有

$$[H_{吸}] = [H_s] - h_{吸} - \frac{v_{进}^2}{2g} \quad (\text{m}) \qquad (4\text{-}27)$$

水泵样本上给出的 $[H_s]$ 值,是指在 1 个标准大气压和水温为 20 ℃ 条件下的值。具体在水泵安装处 $[H_s]$ 应作修正。修正后值应为 $[H_s]'$。

$$[H_s]' = [H_s] - (10.33 - H_{大气}) - \left(\frac{p_{汽}}{\gamma} - 0.24\right) \qquad (4\text{-}28)$$

式中　$[H_s]'$——修正后的允许吸上真空高度,m;

$[H_s]$——水泵样本上提供的允许吸上真空高度,m;

10.33——1 个标准大气压,相当于 10.33 mH$_2$O;

$H_{大气}$——水泵安装处的大气压,m;

$p_{汽}/\gamma$——工作水温时的汽化压力水柱,m;

0.24——20 ℃水温时的汽化压力水柱,m。

(二)用临界气蚀余量[Δh]计算泵的安装高程

可按下式计算

$$H_{吸} = p_a/\gamma - p_{汽}/\gamma - \Delta h - h_{吸} \quad （m） \tag{4-29}$$

在计算水泵的吸水高度时,必须满足 $\Delta h > [\Delta h]$,并用[Δh]代替 Δh,则有

$$[H_{吸}] = p_a/\gamma - p_{汽}/\gamma - [\Delta h] - h_{吸} \quad （m） \tag{4-30}$$

式中 p_a——标准大气压力。

水泵样本上给出的[Δh]与水泵安装地点的海拔及水温无关,故上式不必进行修正。

根据上式算出的安装高度为正值,表示该泵可以安装在水面以上,如卧式离心泵。但是若将立式轴流泵叶轮安装在水面以上,水泵启动前就要事先排气。因此,为了便于启动,常将叶轮中心线淹没于水下 0.5~1.0 m。若安装高度为负值,表示该水泵必须安装在水面以下,其数值即表示叶轮中心必须淹没在水下的最小深度,如果其值不足 0.5 m,应当采用 0.5~1.0 m。

思考题

1. 水泵如何分类?

2. 离心泵、轴流泵、混流泵的工作原理各是什么?

3. 什么叫水泵气蚀? 防止和减轻水泵气蚀的措施有哪些?

4. 叶片泵的特性参数有哪些? 如何计算?

5. 某电动机功率为 1 000 kW,传动设备的效率为 97%,配套水泵的扬程为 7.5 m,流量为 12 m^3/s,求水泵的效率。

项目五

电机技术

任务一　电力变压器

电力变压器是用来改变交流电压大小的电气设备。它根据电磁感应原理,把某一等级的交流电压变换成另一等级的交流电压,以满足不同负荷的需要。因此,变压器在电力系统和供电系统中占有很重要的地位。

一、变压器的作用

发电机输出的电压,由于受发电机绝缘水平的限制,通常为 6.3 kV、10.5 kV,最高不超过 20 kV。当输送一定功率的电能时,电压越低,则电流越大,当远距离输送时,电能有可能大部分消耗在输电线路的电阻上,所以只能用升压变压器将发电机的端电压升高到几万伏或几十万伏,以降低输送电流,减小输电线路上的能量损耗,而又不增大导线截面,将电能远距离输送出去。

输电线路将几万伏或几十万伏高电压的电能输送到负荷区后,必须经过降压变压器将高电压降低到适合于用电设备使用的低电压。为此,在供用电系统中需要大量的降压变压器,将输电线路输送的高电压变换成各种不同等级的电压,以满足各类负荷的需要。变压器安装实物图见图 5-1。

图 5-1　变压器安装实物

二、变压器的工作原理

变压器是根据电磁感应原理工作的。图 5-2 是单相变压器原理图。图中,在闭合的铁芯上,绕有两个互相绝缘的绕组,其中,接入电源的一侧叫一次绕组,输出电能的一侧叫二次绕组。当交流电源电压 $\dot{U}_1$ 加到一次侧绕组后，就有交流电流 $\dot{I}_1$ 流过该绕组，并在铁芯中产生交变磁通 $\dot{\Phi}$。这个交变磁通 $\dot{\Phi}$ 同时交链原、副绕组，根据电磁感应原理，在原、副绕组中分别感应出电动势 $\dot{E}_1$ 和 $\dot{E}_2$。这时，如果二次侧绕组与外电路的负荷接通，便有电流 $\dot{I}_2$ 流入负荷，即二次侧绕组有电能输出，实现能量的传递。

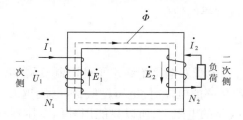

图 5-2　单相变压器原理图

变压器一、二次电流之比与一、二次绕组的匝数成反比。即变压器匝数多的一侧电流小，匝数少的一侧电流大；电压高的一侧电流小，电压低的一侧电流大。

$$\frac{U_1}{U_2} = \frac{E_1}{E_2} = \frac{N_1}{N_2} = K, \qquad \frac{I_1}{I_2} = \frac{N_2}{N_1} = \frac{1}{K} \tag{5-1}$$

三、变压器的主要类别

变压器类别较多。按其应用来分，用来升高电压的叫升压变压器，用来降低电压的叫降压变压器；按其相数分为单相变压器和三相变压器，或由 3 台单相变压器联成变压器组；按绕组形式分为双绕组、三绕组及分裂绕组变压器；按其结构形式分为铁芯式变压器和铁壳式变压器；按其冷却方式可分为油浸式变压器和干式变压器。还有原、副边共用一个绕组的叫自耦变压器。常见的有干式变压器和油浸式变压器如图 5-3、图 5-4 所示。

图 5-3　干式变压器

图 5-4　油浸式变压器

四、变压器的构造

(一)普通变压器

变压器由铁芯、绕组和绝缘套管等部件组成。为了使变压器安全可靠地运行，还需要油箱、冷却装置、保护装置等。油浸式变压器的构造如图 5-5 所示。

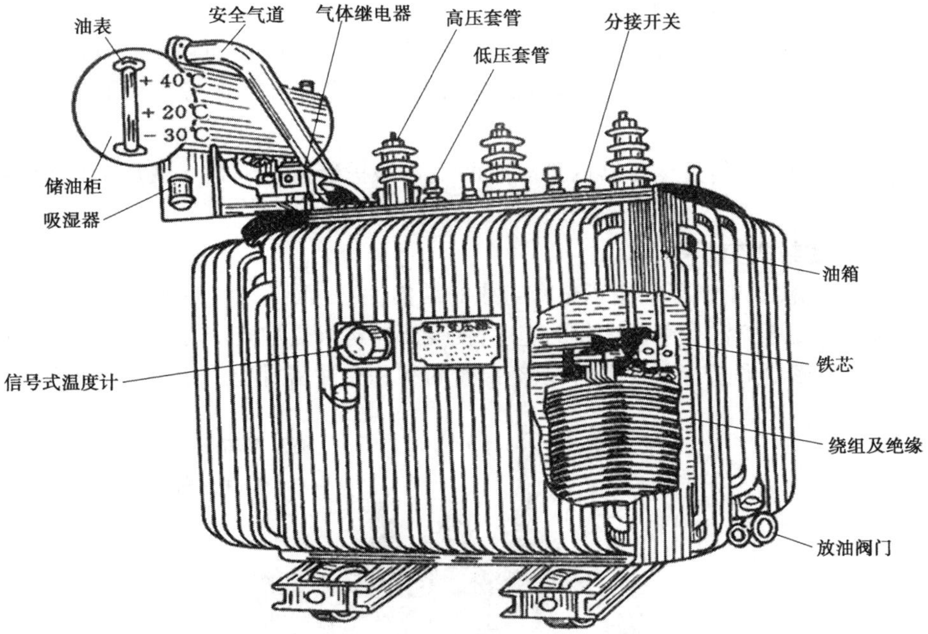

图 5-5 油浸式变压器的构造

（1）铁芯：是用导磁性能好的硅钢片叠放组成的闭合磁路，变压器一、二次绕组都绕在它上面。为减少磁滞和涡流损失，一般采用厚度为 0.35 mm 的硅钢片。相邻的硅钢片之间用绝缘漆隔开。

（2）绕组：是变压器的电路部分，一般由绝缘铜线或铝线制成圆筒形的多层线圈绕在铁芯上。导线的绝缘材料一般采用纸绝缘和纱包绝缘。

（3）油箱：是变压器的外壳，内装铁芯、绕组和变压器油，它和变压器油同时起一定的散热作用。

（4）油枕：当变压器油的体积随着油的温度变化膨胀或缩小时，油枕起着储油和补油的作用。此外，油枕能减小油和空气的接触面，减少油的过速氧化和受潮。一般油枕的容积为变压器油箱容积的 1/10。

（5）呼吸器：油枕是经过呼吸器与大气相通的，以防止油枕内的绝缘油与大气直接接触。呼吸器内装有用氯化钙或氯化钴浸渍过的硅胶，它能吸收空气中的水分，使油防止受潮，保持良好的性能。

（6）散热器：当变压器上层油温与下部油温产生温差时，通过散热管形成油的对流，上层热油经散热管冷却后流回油箱底部。它能起到降低变压器油温的作用。

（7）防爆管：变压器内部发生故障，而其保护装置失灵时，当内部压力超过一定数值后，防爆玻璃破损，将油分解出来的气体及时排出，防止变压器内部压力骤增而破坏油箱。

（8）高、低压套管（瓷套管）：是变压器高、低压绕组的引线装置。

（9）分接开关：用以改变高压绕组的匝数，从而调整电压比。双绕组变压器的一次绕组及三绕组变压器的一、二次绕组一般都有 3~5 个分接头位置,相邻分接头相差±5%,多分接头的变压器相邻分接头相差±2.5%。

分接开关的操作部分装于变压器顶部,经传杆伸入变压器油箱内。分接开关分为两种:一种是无载分接开关,另一种是有载分接开关。后者可以在带负荷的情况下进行切换,调整电压。

(10)气体继电器:是变压器内部故障的主要保护装置。它装于变压器油箱和油枕的连接管上。

(二)全密封式变压器

近年来,油浸式变压器采用了全密封式的结构,使变压器油和周围空气完全隔绝,有效防止和减缓了变压器油受潮和老化的速度,使变压器运行更加安全可靠,正常运行可以免维护。目前主要密封形式有空气密封型、充氮密封型和充油密封型,外形如图 5-6 所示。

图 5-6　全密封式变压器

充油密封型变压器和普通型油浸式变压器相比,取消了储油柜,当绝缘油体积发生变化时,由波纹油箱壁或膨胀式散热器的弹性形变做补偿,解决了变压器油的膨胀问题。当变压器内部因发生故障引起压力骤增时,压力释放阀的膜盘被顶开释放压力,平时膜盘靠弹簧拉力紧贴阀座(密封圈),起密封作用。

五、变压器的铭牌

变压器的铭牌是制造厂为用户提供的有关变压器的性能和使用条件的说明书。其内容包括变压器的型号和有关技术数据等。

(1)额定容量 S_N:是变压器的额定视在功率,单位为 kVA。对于三相变压器,额定容量是指三相容量之和。变压器额定容量的计算公式如下:

单相

$$S_N = U_{1N}I_{1N} = U_{2N}I_{2N} \tag{5-2}$$

三相

$$S_N = \sqrt{3} U_{1N} I_{1N} = \sqrt{3} U_{2N} I_{2N} \tag{5-3}$$

（2）电压比 K（变比）：三相变压器的电压比为一、二次绕组间额定线电压之比，如 10 kV/400 V 的三相变压器，$K = 10\ 000/400 = 25$。

（3）铜损（短路损耗 P_K）：指变压器一、二次电流流过时线圈电阻所消耗的能量之和。由于绕阻线圈多用铜导线做成，故称铜损。对一台变压器来说，运行中的铜损与电流的平方成正比。

（4）铁损（空载损耗 P_0）：指变压器二次开路，一次施加额定电压时，在铁芯中消耗的功率，其中包括励磁损耗和涡流损耗。

（5）短路电压 $U_K\%$（阻抗电压）：将变压器二次短路，一次施加电压并慢慢使电压升高，直到二次产生的短路电流等于二次额定电流时，一次所施加的电压称为短路电压 U_K。它以额定电压的百分数表示，即

$$U_K\% = \frac{I_{1N} Z_K}{U_{1N}} \times 100\% \tag{5-4}$$

（6）空载电流 $I_0\%$：当变压器二次开路，一次施加额定电压时，流过一次绕组的电流为空载电流 I_0。它以额定电流的百分数表示，即

$$I_0\% = \frac{I_0}{I_{1N}} \times 100\% \tag{5-5}$$

空载电流的大小取决于变压器的容量、磁路结构、硅钢片质量等，它一般为一次额定电流的 3%~8%。

（7）接线组别：三相变压器由三个绕组组成，基本的接法为星形（Y）和三角形（△）两种。星形接法是将三个绕组的尾端 X、Y、Z 接成中点 N，三个首端 A、B、C 引出。三角形接法一般是 A 与 Y、B 与 Z、C 与 X 相连，将三个首端 A、B、C 引出。

三相变压器的绕组采用不同的连接方法时，会使一、二次线电压之间有不同的相位关系。相位关系用连接组标号表示，一般采用时钟表示法。国家标准规定的绕组连接有五种，即 Y/Y₀-12、Y/△-11、Y₀/△-11、Y₀/Y-12、Y/Y-12。

六、变压器的并列运行

为考虑泵站运行的经济性、灵活性与检修方便性，常常设置两台及两台以上的变压器，它们既可以独立分段运行，也可以并列联络运行。变压器实现并列运行必须具备以下四个条件：

（1）变比相同。严禁不同变比的变压器并列运行，否则会形成电压差，产生环流。

（2）接线组别相同。严禁不同接线组别的变压器并列运行，否则电压相位不同，易产生电压差。

（3）短路电压（阻抗百分比）相等。严禁短路电压不同的两台变压器并联，否则短路电压小的变压器容易过负荷，而短路电压大的不能满载，负荷分配不均匀。有时短路电压不相等的两台变压器可并联运行，但两者差值不能超过 10%。

（4）容量比不超过 3:1。不同容量的变压器并列运行，其阻抗值相差较大，负荷分配

不均匀。容量比一般不宜超过 3:1。

七、干式变压器简介

干式变压器是指铁芯和绕组不浸渍在绝缘液体中的变压器。在结构上可分为以固体绝缘包封绕组和不包封绕组。

(一)环氧树脂绝缘干式变压器

环氧树脂是一种早就广泛应用的化工原料,它不仅是一种难燃、阻燃的材料,而且具有优越的电气性能,已逐渐为电工制造业所采用。用环氧树脂浇注或浸渍作包封的干式变压器即称为环氧树脂绝缘干式变压器。

(二)气体绝缘干式变压器

气体绝缘干式变压器为在密封的箱壳内充以 SF_6(六氟化硫)气体代替绝缘油,利用 SF_6 气体作为变压器的绝缘介质和冷却介质。它具有防火、防爆,无燃烧危险,绝缘性能好,与油浸变压器相比重量轻,防潮性能好,对环境无任何限制,运行可靠性高,维修简单等优点,缺点是过载能力稍差。

气体绝缘干式变压器的结构特点:

(1)气体绝缘干式变压器的工作部分(铁芯和绕组)与油浸变压器基本相同。

(2)为保证气体绝缘干式变压器有良好的散热性能,气体绝缘干式变压器需要适当增大箱体的散热面积,一般气体绝缘干式变压器采用片式散热器进行自然风冷却。

(3)气体绝缘干式变压器测温装置为热电偶式测温装置,同时还需要装有密度继电器和真空压力表。

(4)气体绝缘干式变压器的箱壳上还装有充放气阀门。

(三)H 级绝缘干式变压器

近年来除常用的环氧树脂真空浇注型干式变压器外,又推出一种采用 H 级绝缘干式变压器。用作绝缘的 NOMEX 纸具有非常稳定的化学性能,可以连续耐受 1 800 ℃ 高温,在起火情况下,具有自熄能力;即使完全分解,亦不会产生烟雾和有毒气体,电气强度高,介电常数较小。

任务二 异步电动机

一、异步电动机的外形结构

异步电动机种类很多,根据其特征可作以下分类:按电源相数可分为单相、两相、三相异步电动机;按转子结构形式可分为鼠笼式、绕线式异步电动机;按外壳的防护形式可分为开启式、防护式、封闭式异步电动机。

异步电动机外形如图 5-7 所示,结构见图 5-8。

鼠笼式和绕线式异步电动机,结构如图 5-9 和图 5-10 所示。它们的区别在于转子结构不同。异步电动机结构由固定不动的定子和旋转的转子组成,定子与转子间存在很小的间隙,称为气隙。

图 5-7　异步电动机

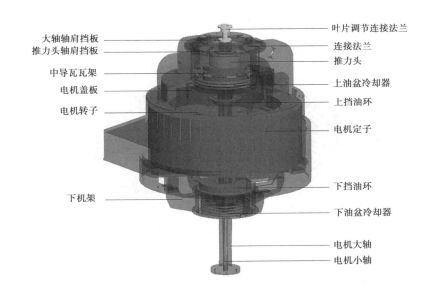

图 5-8　异步电动机结构

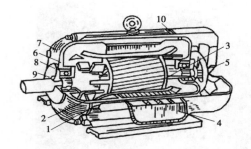

1—定子;2—定子绕组;3—转子;4—出线盒;
5—风扇;6—轴承;7—端盖;8—内盖;
9—外盖;10—风罩

图 5-9　鼠笼式异步电动机的结构

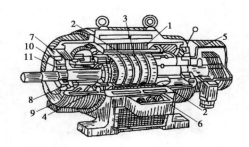

1—定子;2—定子绕组;3—转子;4—转子绕组;
5—滑环风扇;6—出线盒;7—轴承;8—轴承盒;
9—端盖;10—内盖;11—外盖

图 5-10　绕线式异步电动机的结构

(一)定子

异步电动机定子由定子铁芯、定子绕组和机座等部件组成,定子的作用是用来产生旋转磁场。

1. 定子铁芯

定子铁芯是电机磁路的一部分,由于异步电动机中的磁场是旋转的,定子铁芯中的磁通为交变磁通。为了减小磁场在铁芯中引起的涡流及磁滞损耗,定子铁芯由导磁性能较好的厚 0.5 mm、表面具有绝缘层(涂绝缘漆或硅钢片表面具有氧化膜绝缘层)的硅钢片叠压而成。定子铁芯叠片内圆冲有均匀分布的一定形状的槽,用以嵌放定子绕组。中小型电动机的定子铁芯采用整圆冲片,如图 5-11 所示。大中型电动机常采用扇形冲片拼成一个圆。

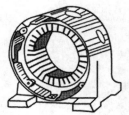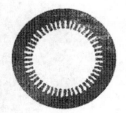

(a)定子机座　　　　　　　　(b)定子铁芯冲片

图 5-11　定子机座和铁芯冲片

2. 定子绕组

定子绕组是电动机的电路部分,由许多线圈按一定的规律连接而成。小型异步电动机的定子绕组由高强度漆包圆铜线或铝线绕制而成,一般采用单层绕组;大中型异步电机的定子绕组用截面较大的扁铜线绕制成型,再包上绝缘,一般采用双层绕组。

3. 机座

机座是电动机的外壳,用以固定和支撑定子铁芯及端盖。机座应具有足够的强度和刚度,同时还应满足通风散热的需要。小型异步电机的机座一般用铸铁铸成,大型异步电机机座常用钢板焊接而成。为了增加散热面积、加强散热,封闭式异步电动机机座外壳上面有散热筋,防护式电动机机座两端端盖开有通风孔或机座与定子铁芯间留有通风道等。

(二) 转子

转子由转子铁芯、转子绕组和转轴等部件构成。转子的作用是用来产生感应电流,形成电磁转矩,从而实现机电能量转换。

1. 转子铁芯

转子铁芯也是电机磁路的一部分。通常用定子冲片内圆冲下来的原料做转子叠片,即一般仍用 0.5 mm 厚的硅钢片叠压而成,套装在转轴上,转子铁芯叠片外圆冲有嵌放转子绕组的槽,如图 5-12 所示。

2. 转子绕组

转子绕组的作用是感应电动势和电流并产生电磁转矩。其结构形式有鼠笼式和绕线式两种,现分述如下。

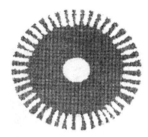

图 5-12 转子铁芯冲片

(1)鼠笼式转子绕组。在每个转子槽中插入一铜条,在铜条两端各用一铜质端环焊接起来形成一个自身闭合的多相短路绕组,形如鼠笼,称为铜条转子,如图 5-13 所示。也可以用铸铝的方法,把转子导条和端环、风扇叶片用铝液一次浇铸而成,称为铸铝转子,如图 5-14 所示。中小异步电动机的鼠笼转子一般采用铸铝转子。

(a)铜条转子绕组

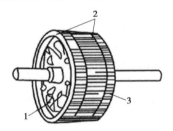

(b)铜条转子

1—铁芯;2—导条短路环;3—嵌入的导条

图 5-13 铜条转子结构

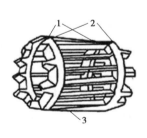

(a)铸铝转子绕组

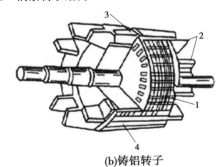

(b)铸铝转子

1—端环;2—风叶;3—铝条;4—转子铁芯

图 5-14 铸铝转子结构

鼠笼式转子因结构简单、制造方便、运行可靠,所以得到广泛应用。

(2)绕线式转子绕组。绕线式转子绕组与定子绕组相似,也是制成三相绕组,一般作星形连接。三根引出线分别接到转轴上彼此绝缘的三个滑环上,通过电刷装置与外部电路相连,如图 5-15 所示。转子绕组回路串入三相可变电阻的目的是改善启动性能或调节转速。为了消除电刷和滑环之间的机械摩擦损耗及接触电阻损耗,在大中型绕线式电动机中,还装设有提刷短路装置。启动时转子绕组与外电路接通,启动完毕后,在不需调速的情况下,将外部电阻全部短接。

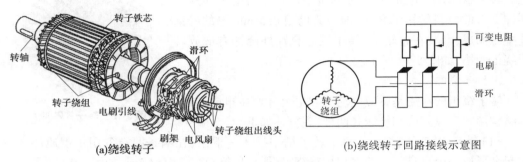

(a)绕线转子   (b)绕线转子回路接线示意图

图 5-15   绕线式转子

3. 转轴

转轴一般用强度和刚度较高的低碳钢制成,其作用是支撑转子和传递转矩。整个转子靠轴承和端盖支撑着,端盖一般用铸铁或钢板制成,它是电机外壳机座的一部分。

(三) 气隙

在电机定子和转子之间留有均匀的气隙,气隙的大小对异步电动机的参数和运行性能影响很大。为了降低电动机的励磁电流和提高功率因数,气隙应尽可能做得小些,但气隙过小,将使装配困难或运行不可靠,因此气隙大小除考虑电性能外,还要考虑便于安装。气隙的最小值常由制造加工工艺和安全运行等因素来决定,异步电动机气隙一般为 0.2~2 mm,比直流电机和同步电机定子、转子气隙小得多。

二、异步电动机的原理

(一) 转动原理

三相异步电动机的定子上装有绕组,转子有绕线式与鼠笼式两种,三相鼠笼式异步电动机转动原理如图 5-16 所示。电动机定子上装有互差 120° 的 U、V、W 三相绕组,转子为一个圆柱形的笼条。

当三相绕组通以 U_u、U_v、U_w 三相对称交流电压后,就产生互差 120° 的三相对称交流电流。当在时刻"1"时 U、W 两相为正,V 相为负,磁场如图 5-16(b)下部所示,当在时刻"3"时 U、V 两相为正,而 W 相为负,其磁场旋转了 120°。同理在时刻"5"时磁场又旋转120°,如此形成了旋转磁场。电源频率 $f=50$ Hz 时,流入定子绕组的三相对称电流就将在电动机的气隙内产生一个转速为 n_1 的旋转磁场。当转子导体被此旋转磁场的磁力线切割时,导体内将产生感应电动势,在转子回路闭合的情况下,转子导体中就有电流流通。根据载流导体在磁场中产生电磁力的作用,用左手定则就可以判断出转子受到了一个与旋转磁场同方向的转矩。当此转矩大于转轴上的阻力矩时,转子就转动起来,这就是异步电动机的基本工作原理。

判断方法：①右手定则：定子磁场方向；②右手定则：转子绕组感应电流方向；③左手定则：转子受力方向。

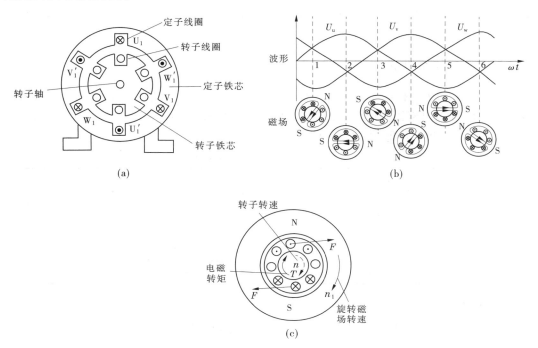

图 5-16　三相鼠笼式异步电动机转动原理

异步电动机的转子旋转方向始终与磁场的旋转方向一致，而旋转磁场的方向又取决于通入定子绕组中电流的相序，因此只要改变定子电流的相序，即任意对调电动机的两根电源线，便可改变电动机的旋转方向。

由上述分析可见，异步电动机转动是由于转子绕组受旋转磁场"感应"产生电流而引起的，故又称为"感应电动机"，或者说异步电动机转动的必要条件是转子转速 n 和定子旋转磁场转速 n_1 之间存在着差异，即 $n \neq n_1$，故称为异步电动机。

当旋转磁场具有 p 对磁极（磁极数为 $2p$）时，交流电每变化一个周期，其旋转磁场就在空间转动 $1/p$ 转。因此，三相电动机定子旋转磁场每分钟的转速 n_1、定子电流频率 f 及磁极对数 p 之间的关系是

$$n_1 = \frac{60f}{p} \tag{5-6}$$

（二）转差率

异步电动机转子转速 n 与定子旋转磁场转速 n_1 之间存在着转速差（$\Delta n = n_1 - n$，此转速差正是定子旋转磁场切割转子导体的速度，它的大小决定着转子电动势及其频率的大小，直接影响到异步电机的工作状态。为此，转速差可用转差率 s 这一重要物理量来表示，即

$$s = \frac{n_1 - n}{n_1} \tag{5-7}$$

由式(5-7)可知,转子静止($n=0$)时,即 $s=1$,转速 $n=n_1$ 时,即 $s=0$,所以异步电动机运行时 s 值的范围为 $0<s<1$。一般异步电动机在额定负载运行时,额定转差率 $s_N = 0.01 \sim 0.06$。

三、异步电动机的铭牌

在异步电动机的机座上都装有一块铭牌,铭牌上标出了该电动机的型号及一些技术数据,了解铭牌上的额定值及有关数据,对正确选择、使用和维修电动机具有重要意义。表 5-1 所示是三相异步电动机的铭牌,现分别说明如下。

表 5-1　三相异步电动机铭牌

型号	Y180M2-4	功率	18.5 kW	电压	380 V
电流	35.9 A	频率	50 Hz	转速	1 470 r/min
接法	△	工作方式	连续	绝缘等级	E
防护等级	IP44(封闭式)			产品编号	
××××× 电机厂				×××× 年 ×× 月	

(一)型号

现以 Y 系列异步电动机为例说明型号中各字母及阿拉伯数字所代表的含义,如下所示:

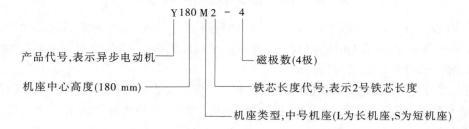

(二)额定值

额定值是制造厂对电机在额定工作条件下所规定的一个量值。

(1)额定电压 U_N:电动机在额定工作状态下运行时,定子绕组上规定使用的线电压,单位为 V 或 kV。

(2)额定电流 I_N:电动机在额定工作状态下运行时,电源输入电动机的线电流,单位为 A 或 kA。

(3)额定功率 P_N:电动机在额定工作状态下运行时,轴上输出的机械功率,单位为 W 或 kW。

对于三相异步电动机,其额定功率为

$$P_N = \sqrt{3}\,U_N I_N \eta_N \cos\varphi_N \tag{5-8}$$

式中　η_N——电动机的额定效率；

　　　$\cos\varphi_N$——电动机的额定功率因数。

（4）额定转速 n_N：电动机在额定工作状态下运行时的转速，单位为 r/min。

（5）额定频率 f_N：电动机在额定工作状态下运行时，输入电动机交流电的频率，单位为 Hz。我国交流电的频率为工频 50 Hz。

（三）接法

电动机在额定电压下运行时，其连接方式取决于电源电压。如铭牌上标明 380 V/220 V，Y/△接法。说明电源线电压为 380 V 时应接成星形，电源线电压为 220 V 时应接成三角形。无论采用哪种接法，相绕组承受的电压应相等。定子三相绕组的连接方式如图 5-17 所示。

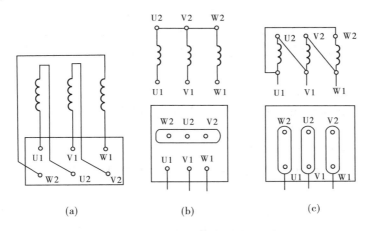

(a)　　　　　　　(b)　　　　　　　(c)

图 5-17　三相异步电动机的接线盒

定子三相绕组共有六个出线端，三相绕组的首端分别用 U1、V1、W1 表示，尾端分别用 U2、V2、W2 表示。通常把这六个出线端按图 5-17 所示的排列次序接在机座上的接线盒中。如图 5-17（b）、（c）所示，分别为定子绕组的 Y 形接线及△形接线。

（四）防护等级

防护等级表示电动机外壳的防护型式，以字母"IP"和其后面的两位数字表示。"IP"为国际防护等级的标志符号。后面的第一位数字代表防尘的等级，共分 0~6 七个等级。第二个数字代表防水的等级，共分 0~8 九个等级。数字越大，表示防护的能力越强。

（五）绝缘等级与温升

绝缘等级表示电动机所用绝缘材料的耐热等级。温升表示电动机发热时允许升高的温度。

（六）工作方式

工作方式也称定额，指运行持续的时间。分为连续运行、短时运行、断续运行三种。

（七）接法

三相定子绕组可接成 Y 形或△形。

(八) 额定转速

额定运行状态下的转速(r/min)称为额定转速。

四、异步电动机的启动

三相异步电动机从接通电源开始,转速从零增加到额定转速或对应负载下的稳定转速的过程称为启动过程。电动机启动瞬间的电流叫启动电流。刚启动时,由于转子是静止的,转子导体切割旋转磁场的速度最高,转子绕组中的感应电动势也最大,转子中的感应电流也最大,一般转子启动电流是额定电流的 5~8 倍。根据磁动势平衡关系,定子电流随转子电流而相应变化,故启动时定子电流也很大,可达额定电流的 4~7 倍。这么大的启动电流将带来以下不良后果:

(1) 使线路产生很大电压降,导致电网电压波动,从而影响到接在电网上的其他用电设备正常工作。特别是容量较大的电动机启动时,此问题更突出。

(2) 电压降低,电动机转速下降,严重时使电动机停转,甚至可能烧坏电动机。此外,电动机绕组电流增加,铜损耗过大,使电动机发热、绝缘老化。特别是对需要频繁启动的电动机影响较大。

(3) 电动机绕组端部受电磁力冲击,甚至发生形变。

为了减小启动电流,消除启动电流的不良影响,容量较大的三相异步电动机启动时采用一些降低启动电流的措施。

(一) 鼠笼式异步电动机的启动

鼠笼式异步电动机的启动方法有两种:直接启动和降压启动。

1. 直接启动

直接启动是将额定电压通过开关直接加在电动机定子绕组上,使电动机启动。这种启动方法的缺点是启动电流大,启动转矩却不大,启动性能较差;优点是启动设备简单、操作方便、启动迅速。

若电网容量足够大,而电动机容量较小,一般采用直接启动,而不会引起电源电压有较大的波动。

2. 降压启动

降压启动是利用启动设备将加在电动机定子绕组上的电源电压降低,启动结束后恢复其额定电压运行的启动方式。当电源容量不够大,电动机直接启动的线路电压降超过15%时,应采用降压启动。降压启动以降低启动电流为目的,但由于电动机的转矩与电压的平方成正比,因此降压启动时,虽然启动电流减小,启动转矩也大大减小,故此法一般只适用于电动机空载或轻载启动。降压启动的方法有以下几种。

1) 定子回路串电抗(电阻)降压启动

启动时,接触器触点 S1 闭合,在异步电动机定子回路串入适当的电抗器 X(或电阻器 R),启动电流在电抗器 X(或电阻器 R)上产生电压降,对电源电压起分压作用,使定子绕组上所加电压低于电源电压,待电动机转速升高后,接触器触点 S2 闭合,切除电抗器 X(或电阻器 R),电动机在全电压下正常运行。原理接线如图 5-18 所示。

定子回路串电阻器降压启动,设备简单、操作方便、价格便宜,但要在电阻上消耗大量电能,故不能用于经常启动的场合,一般用于容量较小的低压电动机。串电抗器降压启动避免了上述缺点,但其设备费用较高,故通常用于容量较大的高压电动机。

2)Y-△降压启动

Y-△降压启动方法适用于在正常运行时绕组是三角形接法的较大容量的电动机,电动机定子绕组的 6 个线头都引出来,接到换接开关上。启动时先将定子绕组接成 Y 形,待转速增加到一定程度时,再改为△形连接。这种启动方法可使每相定子绕组所受的电压在启动时降到电源电压的 $1/\sqrt{3}$,即 57.7%。电流为直接启动时的 $1/3$(额定电流的 2~2.35 倍),启动转矩也同时减小到启动时的 $1/3$(满载时的 0.27~0.5 倍)。原理接线如图 5-19 所示。

Y-△换接启动的最大的优点是操作方便,启动设备

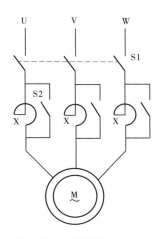

图 5-18　定子回路串电抗 (电阻)降压启动原理接线图

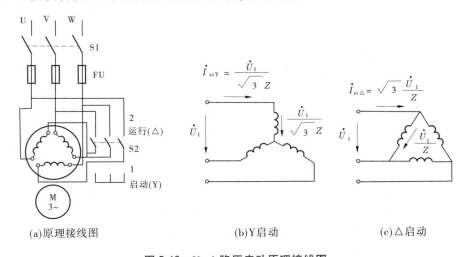

(a)原理接线图　　　　(b)Y启动　　　　(c)△启动

图 5-19　Y-△降压启动原理接线图

简单,成本低,但它仅适用于正常运行时定子绕组作三角形连接的异步电动机。此法的缺点是启动转矩只有三角形直接启动时的 $1/3$,启动转矩降低很多,而且是不可调的,因此只能用于轻载或空载启动的设备上。

3)自耦变压器降压启动

这种启动方法是利用自耦变压器来降低加在电动机定子绕组上的端电压,启动时,先合上开关 S1,再将开关 S2 掷于"启动"位置,这时电源电压经过自耦变压器降压后加在电动机上启动,限制了启动电流,待转速升高到接近额定转速时,再将开关 S2 掷于"运行"位置,自耦变压器被切除,电动机在额定电压下正常运行,原理接线如图 5-20 所示。

4)延边三角形降压启动

用 Y-△降压启动,启动电流和启动转矩固定地减小为直接启动的 $1/3$,无法调节。

在此基础上发展了延边三角形降压启动,它的启动方法与 Y-△ 启动法相似。在启动时,将电动机的定子绕组的一部分接成 Y 形,另一部分接成△形,当启动结束时,再把绕组改接成△形接法正常运行。延边三角形降压启动时,每相绕组所承受的电压比 Y 形连接时大,而比△形连接时小,故其启动电流及启动转矩介于 Y-△ 降压启动与△形直接启动之间。这种启动方法的优点是改变 Y 形连接及△形连接中间抽头位置,可以获得不同的启动电流及启动转矩,以适应不同的启动要求。其缺点是结构复杂,绕组抽头多,故该方法在实际应用中受到了一定限制。

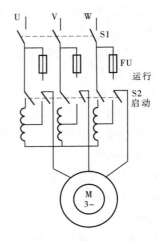

**图 5-20 自耦变压器降压
启动的原理接线图**

鼠笼式异步电动机直接启动时,启动电流大,启动转矩却不大;利用降压方法虽然限制了启动电流,但启动转矩也随启动电压成平方倍地减小,故只适用于空载及轻载启动的机械负载。对于重载启动的机械负载,如起重机、卷扬机、龙门吊车等,广泛采用启动性能较好的绕线式异步电动机。

(二)绕线式异步电动机的启动

绕线式异步电动机与鼠笼式异步电动机的最大区别是转子绕组为三相对称绕组。转子回路串入可调电阻或频敏变阻器之后,可以减小启动电流,同时增大启动转矩,因而启动性能比鼠笼式异步电动机好。但它的结构复杂、价格较高、维护较麻烦、耐用性差、效率较低,故只在电动机容量较大、要求大启动转矩,而供电变压器容量不大的情况下才采用。

绕线式异步电动机启动方式分为转子回路串电阻及转子回路串频敏变阻器两种。

1. 转子回路串电阻分级启动

在整个启动过程中为了获得较大的加速转矩,缩短启动时间,并使启动过程比较平滑,应在转子回路中串入多级对称电阻。启动时,随着转速的升高,逐渐切除启动电阻。绕线式异步电动机转子串接对称电阻分级启动的原理接线如图 5-21(a)所示。

2. 转子回路串频敏变阻器启动

频敏变阻器的外部结构与三相电抗器相似,由三个铁芯柱和三个绕组组成,三个绕组接成星形,通过滑环和电刷与转子电路相接,如图 5-21(b)所示。

频敏变阻器是根据涡流原理工作的。当转子电流频率变化时,铁芯中的涡流损耗变化,频敏变阻器参数 r_m 和 x_m 随之而变化,故称为频敏变阻器。

当绕线式异步电动机刚启动时,电动机转速很低,转子电流频率很高,频敏变阻器的铁芯中涡流损耗及其对应的等效电阻 r_m 最大,相当于转子回路串入了一个较大的启动电阻,起到了限制启动电流和增加启动转矩的作用。启动后,随转子转速上升,转子电流频率随之而减小,于是频敏变阻器的涡流损耗减小,反映铁芯损耗的等值电阻 r_m 也随之减小,起到转子回路自动切除电阻的作用。启动结束后,转子绕组短接,把频敏变阻器从电路中切除。

频敏变阻器实际上是利用转速上升,转子频率的平滑变化来达到使转子回路电阻自

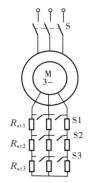 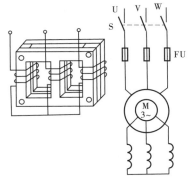

(a)转子回路串电阻分级启动　　　　　(b)转子回路串频敏变阻器启动

图 5-21　转子回路串变阻器分级启动原理接线图

动平滑减小的目的,故是一种无触点的变阻器,能实现无级平滑启动。如果参数选择适当可获得恒转矩的启动特性,使启动过程平稳,快速,没有机械冲击。频敏变阻器结构较简单,成本低,使用寿命长,维护方便。其缺点是体积较大,设备较重。由于其电抗的存在,功率因数较低,启动转矩并不很大。因此,绕线式异步电动机在轻载启动时采用频敏变阻器启动,重载时一般采用串变阻器启动。

(三) 软启动

国家标准规定电机启动时的电网压降不能超过 15%。一般解决办法有两种:增大变压器容量或采用限制电机启动电流的启动设备。如果仅仅为启动电机而增大变压器容量,从经济角度上来说显然是不可取的。

1. 直接启动的危害

直接启动(硬启动)是最简单的启动方式,启动时通过空气开关或接触器将电机直接接到电网上,具有启动设备简单、启动速度快的优点,但其危害很大,电网冲击大。过大的启动电流(空载启动电流可达到额定电流的 4～7 倍,带载可达到 8～10 倍或更大),会造成电压降低,影响其他用电设备的正常进行。还可能使欠压保护动作,造成用电设备的有害跳闸。同时过大的启动电流会使电机绕组发热,从而加速绝缘老化,影响电机寿命;机械冲击严重,过大的冲击力矩容易造成电机转子笼条、端环断裂和定子端部绕组绝缘磨损,导致绝缘击穿烧毁电机,转轴扭曲,联轴节、传动齿轮损伤和皮带撕裂等。

2. 软启动原理及特性

异步电机启动性能主要有两个指标:启动电流倍数和启动转矩倍数。软启动器就是在启动时通过改变加在电机上的电源电压,以减小启动电流、启动转矩。电动机传统启动方式有自耦变压器降压启动、Y–△降压启动等方式,其共同特点是控制线路简单,启动转矩不可调并有二次冲击电流,对负载有冲击转矩。软启动可以有效地降低电动机的启动电流,其启动电流仅为标准电机硬启动电流的 50%,是高效电动机硬启动电流的 20%,如图 5-22 所示。软启动的限流特性可有效限制浪涌电流,避免不必要的冲击力矩以及对配电网络的电流冲击,有效地减少线路刀闸和接触器的误触发动作;对频繁启停的电动机,可有效控制电动机的温升,大大延长电动机的寿命。目前应用较为广泛、工程中常见的软启动器是晶闸管（SCR）软启动器。

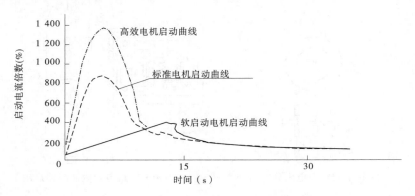

图 5-22　软启动与硬启动特性比较图

晶闸管软启动原理：在三相电源与电机间串入三相并联晶闸管，利用晶闸管移相控制原理，改变晶闸管的触发角。启动时电机端电压随晶闸管的导通角从零逐渐上升，就可调节晶闸管调压电路的输出电压，电机转速逐渐增大，直至满足启动转矩的要求而结束启动过程。软启动器的输出是一个平滑的升压过程（且可具有限流功能），直到晶闸管全导通，电机在额定电压下工作；此时旁路接触器接通（避免电机在运行中对电网形成谐波污染，延长晶闸管寿命），电机进入稳态运行状态；停车时先切断旁路接触器，然后软启动器内晶闸管导通角由大逐渐减小，使三相供电电压逐渐减小，电机转速由大逐渐减小到零，停车过程完成，如图 5-23 所示。

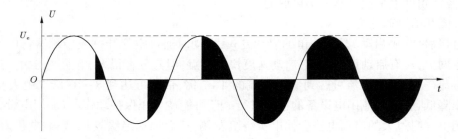

图 5-23　晶闸管移相控制电压波形图

晶闸管软启动器在设计上也完全不同于传统的变频调速技术，它采用了电流电压矢量传感动态监控控制技术，不改变电机原有的运行特性；采用锁相环技术和单片机，根据压控振荡器锁定三相同步信号的逻辑关系设计出的一种可控硅触发系统，控制输出脉冲的移相，通过对电流的检测，控制输出电压按一定线性加至全压，限制启动电流，实现电机的软启动（见图 5-24）。

3. 软启动的特点及功能

软启动从技术特性、可靠性及操作使用方面均优越于常规的自耦变压器降压启动和Y-△换接启动装置，无冲击电流，启动参数可调，有软停机功能、轻载功能等明显的技术优势，它克服了自耦变压器降压启动设备接触器易烧坏，体积庞大，与负载相匹配及电动

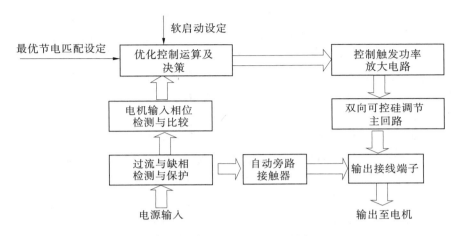

图 5-24　晶闸管软启动功能结构框图

机转矩很难控制等缺点;消除了因 Y-△ 电压切换瞬间出现的二次冲击电流尖峰,避免了电动机在启动时的冲击电流对电网电压波动的影响,是常规的自耦变压器降压启动和 Y-△换接启动装置的较理想替代产品。软启动与其他降压启动性能比较见表 5-2。

表 5-2　软启动与其他降压启动性能比较

功能指标	自耦降压	Y-△ 降压	软启动
控制方式	传统继电器/单一	传统继电器/单一	单片机集成多种控制/灵活
主回路	三根	六根	三根(外接式)/六根(内接式)
启动初始电压	U_e/自耦变压器的变比	$3^{1/2}U_e$	(10%~60%)U_e 可调
启动电流	二次冲击电流	二次冲击电流	无
启动转矩	不可调	不可调	可调
主要部件	自耦变压器	主线路、交流接触器	晶闸管、单片机
软停机	无	无	有
附加控制功能	较少	较少	较多

软启动通常利用其特性,采用如下四种启停方式:

(1)电压斜坡软启动:启动电机时,软启动器的电压快速升至 U_1,然后在设定时间 t 内逐渐上升,电机随着电压上升不断加速,达到额定电压和额定转速时,启动过程完成。

(2)限流启动:启动电机时,软启动器的输出电压迅速增加,直到输出电流达到限定值,保持输出电流不大于该值,电压逐步升高,使电动机加速,当达到额定电压、额定转速时,输出电流迅速下降至额定电流,启动过程完成。该方式用于某些需快速启动的负载电机。

(3)斜坡限流启动:启动电机时,输出电压在设定时间内平稳上升,同时输出电流以一定的速率增加,当启动电流增至限定值 I_m 时,保持电流恒定,直至启动完成。该方式适用于泵类及风机类负载电机。

(4)软停车:在该方式下停止电机时,电机的输出电压由额定电压在设定的软停时间内逐步降低至零,停车过程完成;常用于水泵负载,它成功地解决了传统停车过程中的"水锤"现象,即瞬间停机引起流体原来状态的剧烈变化,造成流体对管道的冲击。

软启动器上一般可以自带电机的保护:缺相保护、相序保护、启动过流保护、运行过载保护及电机长时间不能启动保护等。保护功能动作时,软启动器控制面板上会直接显示其故障信号(数字式可显示故障代码)。软启动器面板上通常设有可调控制参数:软启动时间、启动初始电压、启动电流限制、软停时间、软停级落电压、脉动突跳启动(针对突变负载)等,实际运行时可根据工程中设备电机具体情况结合软启动器说明书设定或选用。

4. 软启动的接线图

图 5-25 所示是一种典型软启动器控制电机运行接线图。设计旁路接触器 KM 主要考虑以下几个方面:不带旁路可引入电流闭环控制,在负载较轻或空载时自动降低电机励磁电流,使无功电流下降,提高功率因数,实现节能功能,空载时可节能近 40%(可以有效解决"大马拉小车"状态下电机本体的电能浪费问题);但不是所有负载都应不带旁路,对于满载状态节能效果并不显著,所以对于经常满载的应用场合建议设计带旁路。带旁路设计时,晶闸管仅在启停时使用,运行时晶闸管停用,可使晶闸管寿命延长;另外,从散热角度考虑,可以减小软启动器体积。

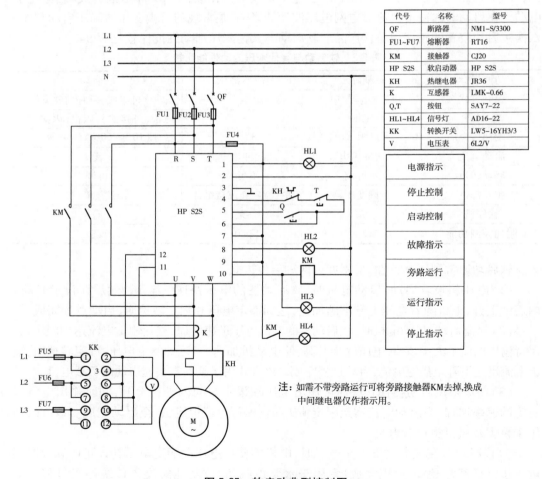

代号	名称	型号
QF	断路器	NM1-S/3300
FU1~FU7	熔断器	RT16
KM	接触器	CJ20
HP S2S	软启动器	HP S2S
KH	热继电器	JR36
K	互感器	LMK-0.66
Q,T	按钮	SAY7-22
HL1~HL4	信号灯	AD16-22
KK	转换开关	LW5-16YH3/3
V	电压表	6L2/V

电源指示

停止控制

启动控制

故障指示

旁路运行

运行指示

停止指示

注:如需不带旁路运行可将旁路接触器KM去掉,换成中间继电器仅作指示用。

图 5-25　软启动典型控制图

软启动器还可以内置一拖多专用程序控制器选件,装于软启动器内部,实现时间控制、联锁、互锁功能,可控制多台电机分别启动送上电网运行。电机可不分先后,任意启动,自动避免两台以上电机同时启动。一台电机启动后延时时间没到,其他电机也不能启动。图 5-26 为一台软启动器拖动三台电机,两用一备控制图。

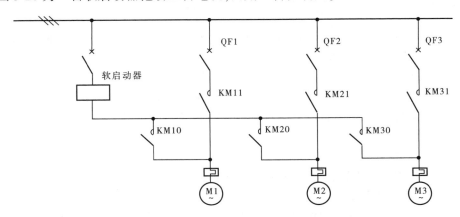

图 5-26　软启动常用一拖多控制示意图

五、三相异步电动机的调速、反转与制动

(一) 三相异步电动机的调速

为了适应生产的需要,满足生产机械的要求,在生产过程中需要人为地改变电动机的转速,称为调速。直流电动机调速性能虽好,但存在价格高、维护困难等一系列缺点,异步电动机具有结构简单、运行可靠、维护方便等优点。随着电力电子技术和计算机技术及电机理论和自动控制理论的发展,交流调速装置的容量不断扩大,性能不断提高。目前高性能的异步电动机调速系统已显示出逐步取代直流调速的趋势。选择异步电动机调速方法的基本原则是:调速范围广、调速平滑性好、调速设备简单、调速中的损耗小。

由异步电动机的转速关系式

$$n = n_1(1 - s) = \frac{60f_1}{p}(1 - s) \tag{5-9}$$

可知,通过改变定子绕组的磁极对数 p、改变电源频率 f_1 或改变转差率 s,可以实现异步电动机的调速。

1. 变极调速

当电源频率 f_1 不变时,改变电动机的极数,电动机的同步转速随之成反比变化。若电动机极数增加一倍,同步转速下降一半,电动机的转速也几乎下降一半,即改变磁极对数可以实现电动机的有极调速。

变极调速的优点是设备简单、运行可靠,机械特性硬、损耗小,为了满足不同生产机械的需要,定子绕组采用不同的接线方式,可获得恒转矩调速或恒功率调速。缺点是电动机绕组引出头较多,调速的平滑性差,只能分级调节转速,且调速级数少。必要时需与齿轮箱配合,才能得到多级调速。另外,多速电动机的体积比同容量的普通笼型电动机大,运行特性也稍差一些,电动机的价格也较贵,故多速电动机多用于一些不需要无级调速的生产机械,如金属切削机床、通风机、升降机等。

2. 变频调速

变频调速是改变电源频率 f_1,从而使电动机的同步转速 $n_1 = \dfrac{60f_1}{p}$ 变化达到调速的目的。由转速公式 $n = n_1(1-s)$,考虑到正常情况下转差率 s 很小,故异步电动机转速 n 与电流频率 f_1 近似成正比,改变电动机供电频率即可实现调速。

变频调速的主要优点是调速范围大、调速平滑、机械特性较硬、效率高。高性能的异步电动机变频调速系统的调速性能可与直流调速系统相媲美,但它需要一套专用变频电源,调速系统较复杂、设备投资较高。近年来晶闸管技术的发展,为获得变频电源提供了新的途径。晶闸管变频调速器的应用,大大促进了变频调速的发展。变频调速是近代交流调速发展的主要方向之一。三相异步电动机的变频调速在很多领域内已获得广泛应用,如轧钢机、纺织机、球磨机、鼓风机及化工企业中的某些设备等。

3. 改变转差率调速

异步电动机改变转差率调速包括定子调压调速、改变转子回路电阻调速及串级调速。

(1)定子调压调速:改变加在异步电动机定子绕组上的电压,即获得了一组人为机械特性曲线。其最大转矩随电压的平方而下降,不同的电源电压可获得不同的工作点,即获得不同的工作转速。

(2)改变转子回路电阻调速:改变转子回路的电阻调速,只适用于绕线式异步电动机。增加转子回路电阻,最大电磁转矩不变,但产生最大转矩的转速要发生变化。当负载转矩一定时,不同转子电阻对应不同的稳定转速,而且随转子电阻的增加,电动机转速下降。转子回路串变阻器调速与转子回路串变阻器启动的原理相似,但启动变阻器是按短时设计的,而调速变阻器允许在某一转速下长期工作。

(3)串级调速:转子串接电阻调速时,转速调得越低,转差率越大,转子铜损耗越大,输出功率越小,效率就越低,故转子串接电阻调速很不经济。如果在转子回路中不串接电阻,而是串接一个与转子电动势同频率的附加电动势,通过改变附加电动势幅值大小和相位,同样也可实现调速。这种在绕线式异步电动机转子回路串接附加电动势的调速方法称为串级调速。串级调速完全克服了转子串接电阻调速的缺点,具有高效率、无级平滑调速、较硬的低速机械特性等优点。

(二)三相异步电动机的正反转

讨论三相异步电动机工作原理时就已经知道,异步电动机的转向取决于旋转磁场的方向,而定子旋转磁场的方向又取决于定子电流的相序,故通过对调电动机的任意两根电源线,改变定子电流的相序,就可使电动机反转。

图 5-27 所示为接触器互锁的正反转控制电路,KF、KR 分别为电动机正、反转控制的交流接触器,SB1、SB2 为电动机正、反转启动按钮,SB3 为停止按钮,熔断器 FU 作短路保护,热继电器 FR 作过载保护。

(三)三相异步电动机的制动

异步电动机运行在制动状态时,电磁转矩与转子转速反方向,电动机从轴上吸收机械

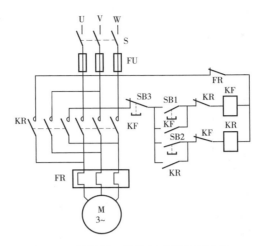

图 5-27　接触器互锁的正反转控制电路

能并转换成电能,该电能或消耗在电机内部,或反馈回电网。在电力拖动中,常要求拖动生产机械的异步电动机处于制动运行。异步电动机制动的目的是使电力拖动系统快速停车或者使拖动系统尽快减速,对于位能性负载,制动运行可获得稳定的下降速度以保证设备及人身安全。如起重机下放重物,电气机车下坡时,异步电动机都处于制动状态。

三相异步电动机的制动分为机械制动和电气制动两大类。机械制动是利用机械装置使电动机在切断电源后迅速停止,如电磁抱闸机构。电气制动是使异步电动机产生一个与其转向相反的电磁转矩,作为制动转矩,从而使电动机减速或停转。下面介绍电气制动的主要方法,即反接制动、能耗制动。

1. 反接制动

异步电动机运行时,若转子的转向与气隙旋转磁场的转向相反,这种运行状态叫反接制动。下面介绍正转反接制动方法。

将正在运行的异步电动机定子绕组两相反接,定子电流相序改变,气隙旋转磁场的方向也随之改变。由于机械惯性,电机转子仍按原方向转动,转子导体以 n_1+n 的相对速度切割旋转磁场,切割磁场的方向与电动机状态时相反,故转子电动势、转子电流和电磁转矩的方向随之改变,电机处于电磁制动运行状态,对转子产生制动作用,转子转速迅速下降,当转速 n 接近于 0 时,制动结束。若要停车,则应立即切断电源,否则电动机将反转(见图 5-28)。

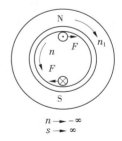

图 5-28　电磁制动

2. 能耗制动

能耗制动原理线路如图 5-29(a)所示,拉开开关 S1,将异步电动机从交流电源断开,然后迅速合上开关 S2,直流电源通过电阻 R 接入定子两相绕组中,此时,定子绕组产生一个静止磁场,而转子因惯性仍继续旋转,则转子导体切割此静止磁场而产生感应电动势和电流,转子电流与静止磁场相互作用并产生电磁转矩。如图 5-29(b)所示,电磁转矩的方向由左手定则判定,与转子转动的方向相反,为一制动转矩,使转速下降。当转速下降为零时,转子感应电动势和感应电流均为零,制动过程结束。这种制动方法是利用转子惯性,转子切割磁场而产生制动转矩,把转子的动能变为电能,消耗在转子电阻上,故称为能耗制动。

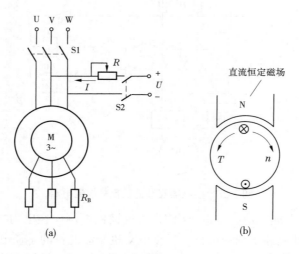

图 5-29　能耗制动

能耗制动的优点是制动力强,制动较平稳,无大冲击,对电网影响小。缺点是需要一套专门的直流电源,低速时制动转矩小,电动机功率较大时,制动的直流设备投资大。

六、异步电机的三种运行状态

(一)电动机运行状态($0<s<1$)

如图 5-30(b)所示,用虚线表示定子旋转磁场的等效磁极,以转速 n_1 旋转,为了简化,转子只给出了两根导体。在电动机运行状态下,n 与 n_1 方向相同,且 $n<n_1$。根据电磁感应和电磁力定律可知,定子旋转磁场与转子电流相互作用将产生驱动性质的电磁力 f 和电磁转矩。这说明,定子从电力系统吸收电功率转换为机械功率输送给转轴上的负载。

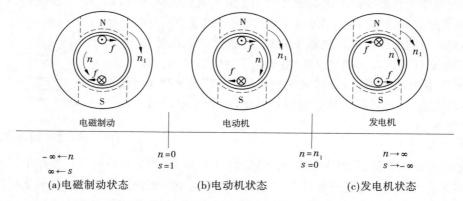

图 5-30　异步电机三种运行状态

(二)发电机运行状态($-\infty < s < 0$)

当异步电机由原动机驱动,使转子转速 n 与 n_1 不但同方向且超过 n_1 时,即 $n > n_1$,转差率 s 变为负值,定子旋转磁场切割转子导体的方向与电动机相反,如图 5-30(c)所示。根据电磁感应和电磁力定律可知,转子电流反向,定子旋转磁场与转子电流相互作用,将产生制动性质的电磁力 f 和电磁转矩。若要维持转子转速 n 大于 n_1,原动机必须向异步电机输入机械功率,从而克服电磁转矩做功。这说明,输入的机械功率转换为电功率输送给电力系统,异步电机运行于发电机状态。

(三)电磁制动运行状态($1 < s < \infty$)

如图 5-30(a)所示,异步电机定子绕组流入三相交流电流产生旋转磁场,以转速 n_1 顺时针方向旋转,同时,转子被一个外加转矩驱动以转速 n 逆时针方向旋转。同理,这时定子旋转磁场切割转子导体的方向与电动机状态相同,产生的电磁力 f 和电磁转矩与电动机状态相同,其方向也是顺时针的,但此时外加转矩以逆时针方向旋转,电磁转矩对外加转矩是制动性质的。这说明,一方面定子从电力系统吸收电功率,另一方面驱动转子反转的外加转矩克服电磁转矩做功,向异步电机输入机械功率。这时异步电机运行在电磁制动状态。可见,从两方面输入的功率将转变为电机内部的热能。

任务三　同步电动机

同步电机和异步电机一样,是根据电磁感应原理工作的一种旋转电机。它可分为同步发电机和同步电动机两类。同步电动机较异步电动机复杂,启动性能不及异步电动机优越。但是异步电动机需要从电网汲取无功功率,导致电网功率因数降低,使发电站的装机容量不能充分利用。而同步电动机具有功率因数可调节的优点,应用同步电动机更能充分发挥电源能力,还可以用空转的同步电动机作为电网的无功功率补偿之用。同步电机转速恒定,适宜于要求转速稳定的场所。大中型电力排灌站大都采用同步电动机。

同步电动机的特点是,转子转速 n 与定子电流频率 f 始终保持一定的关系,即 $n = 60f/p(\text{r/min})$。

一、结构简介

同步电动机磁极形式又可分凸极式和隐极式,隐极式转子为圆柱形,转子上无凸出的磁极,气隙是均匀的,励磁绕组为分布绕组,如图 5-31(a)所示,一般用于两极电机;而凸极式转子有明显的凸出的磁极,气隙不均匀,极靴下的气隙小,极间部分的气隙较大,励磁绕组为集中绕组,如图 5-31(b)所示。

(一)定子

定子主要由铁芯、绕组和机座组成。

(1)定子铁芯是磁场通过的部分,一般由 0.35 mm 或 0.5 mm 厚的硅钢片冲成的有开口槽的扇形片(较小的冲成圆形片)叠成。每片表面涂有硅钢漆,经烘干叠压而成。每叠厚 3~6 cm,叠与叠之间留有 1 mm 宽的通风沟,整个定子铁芯靠拉紧螺杆和特殊的非磁性端压板压紧成整体,固定在机座上。

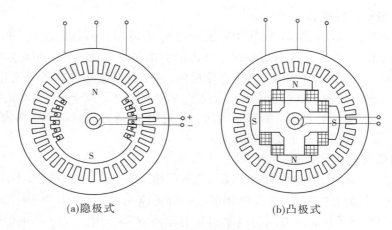

(a)隐极式　　　　　　　　(b)凸极式

图5-31　同步电动机结构示意图

（2）定子绕组是同步电机进行能量转换的重要部件。它由许多绕组元件连接而成。绕组元件多使用单股或多股绝缘扁铜线，匝间夹有云母，再用云母作主绝缘，并经真空浸漆处理后，压入定子铁芯内圆开口槽中，槽底及层间均有绝缘，槽口打入槽楔。三相绕组对称地排列放入定子槽内。在定子槽内及上下层绕组间，埋有若干个测温装置，用来监视运行中槽底及绕组上下层间的温度。

（3）定子机座由钢板焊接而成，安装在基础上，其作用除支撑定子外，还要满足通风系统的要求，组成所需的通风路径，因此要求具有足够的刚度和强度，以承受加工、运输、起吊及运行中各种作用力的作用。

（二）转子

一般大型水泵用同步电动机多用凸极式。转子主要由转子磁极、转子磁轭、励磁线圈、滑环和冷却器等组成。

转子的主要作用是产生磁场，当它旋转时，就会在定子绕组中产生交流电动势，同时把轴上输入的机械功率转换为电磁功率。

转子磁极用1~3 mm厚的铁板冲成T形后叠装而成，再用螺钉固定在转子磁轭上。转子磁轭主要用来组成磁路，一般用2~5 mm厚钢板冲成扇形片，交错叠成整圆，再用拉紧螺杆坚固在转子支架上。由于转子尺寸较大，因而在转轴和转子磁轭之间增加了转子支架。

励磁线圈用绝缘扁铜线或圆铜线绕成，经热压浸漆成一整体固定在磁极铁芯上。

滑环是将外加的直流电通入电机内部。

凸极式同步电动机通常分为卧式和立式两种。

（三）上下机架和轴承

上下机架是电机的支撑部件。

同步电动机的轴承有导轴承和推力轴承两种。在上下机架中均装有导轴承，导轴承的作用是防止电机轴的径向摆动。推力轴承承受转子重量、水泵转动部分重量和水流产生的轴向推力。

立式同步电动机根据支撑转动部分的推力轴承所在位置不同，又分为悬吊式和伞式两种。悬吊式把推力轴承放在转子上部,整个转子悬挂着;而伞式则把推力轴承放在转子下部支撑着。立式电动机最重要的部件是推力轴承,因为它支撑转子本身的重量和旋转部分的推力。

二、同步电动机的工作原理

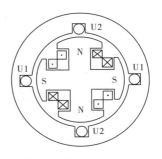

同步电动机的构造原理如图 5-32 所示,它由定子和转子两部分组成。在同步电动机的定子铁芯内圆均匀分布的槽内嵌放三相对称绕组,图中只画出一相绕组。转子主要由磁极铁芯与励磁绕组组成,当励磁绕组通以直流电流后,转子立即建立恒定磁场。

图 5-32　同步电动机的构造原理

当在定子绕组上施以三相交流电压时,电机内部产生一个定子旋转磁场,其旋转速度为同步转速 n_1。同时在转子励磁绕组中通以直流电,产生极性和大小都不变的磁场,其磁极数和定子旋转磁场的相同。这时,如果我们用某种方法使转子启动,并使其转速接近同步转速,当转子的 S 极与旋转磁场的 N 极对齐时或转子的 N 极与旋转磁场的 S 极对齐时,根据磁极异性相吸、同性相斥的原理,在定子、转子磁场间就会产生电磁转矩,即同步转矩,促使转子的磁极跟随旋转磁场一起同步旋转,即 $n = n_1$,故称之为同步电动机。转子将在定子旋转磁场的带动下,带动负载沿定子磁场的方向以相同的速度旋转,转子的转速为

$$n = n_1 = \frac{60f}{p} \quad (\text{r/min}) \tag{5-10}$$

式中　f——定子电源频率;

　　　p——电动机磁极对数;

　　　n_1——定子旋转磁场转速。

上式表明,当定子电流频率 f 不变时,同步电动机的转速为常数,与负载大小无关(在不超过其最大拖动能力时)。计算可知,二极同步电动机的转速为 3 000 r/min,四极同步电动机的转速为 1 500 r/min,依此类推。

三、同步电动机的铭牌

额定值是制造厂对电机正常工作所作的规定,也是设计和试验电机的依据。同步电动机的铭牌上注明了该电动机的额定值,主要有:

(1)额定功率 P_N:指在额定状态下运行时,同步电动机轴端输出的额定机械功率。一般以 kW 为单位。

(2)额定电压 U_N:指同步电动机在额定状态下运行时,三相定子绕组的线电压,常以 kV 为单位。

(3)额定电流 I_N:指同步电动机在额定状态下运行时,流过三相定子绕组的线电流,常以 A 或 kA 为单位。

(4)额定功率因数 $\cos\varphi_N$:指同步电动机在额定状态下运行时的功率因数。现代同步电动机的额定功率因数一般均设计为 $1 \sim 0.8$(超前)。

（5）额定效率 η_N：指同步电动机在额定状态下运行时的效率。

综合上述定义，各额定值之间有下列关系

$$P_N = \sqrt{3}\, U_N I_N \eta_N \cos\varphi_N \tag{5-11}$$

除上述额定值外，铭牌上还列出电机的频率 f_N、额定转速 n_N、额定励磁电流 I_{fN}、额定励磁电压 U_{fN} 和额定温升等。

四、同步电动机的启动

如给同步电动机加励磁并直接投入电网，由于转子在启动时是静止的，故转子磁场静止不动，定子旋转磁场以同步转速 n_1 对转子磁场作相对运动。假设通电瞬间，定转子磁极的相对位置如图 5-33（a）所示，而定子的旋转磁场以逆时针方向旋转。根据同极性相斥、异极性相吸的原理，此时转子上将产生一个逆时针方向的转矩，欲拖动转子逆时针旋转。由于定子旋转磁场以同步转速旋转，转速很快，转子由于机械惯性还来不及转动时，定子的旋转磁场就已转过了 180° 到了图 5-33（b）所示的位置，这时转子上产生的转矩变为了顺时针方向，欲拖动转子顺时针方向旋转。因此，同步电动机不能自行启动。

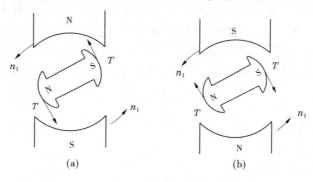

图 5-33　同步电动机的启动

同步电动机启动方法常用的有三种：辅助电动机启动法、变频启动法和异步启动法，其中最常用的是异步启动法，下面仅介绍异步启动法。

三相同步电动机在转子极靴上装有类似于异步电动机笼型绕组的启动绕组（亦称阻尼绕组），采用类似于启动笼型异步电动机的方法来启动三相同步电动机，具体的步骤如下：

（1）将三相同步电动机的励磁绕组通过一个附加电阻短接，如图 5-34 所示。该附加电阻的阻值约为励磁电阻的 10 倍。注意启动时励磁绕组不可开路，否则将产生很高的电压，可能击穿励磁绕组的绝缘，造成人身事故。也不能把励磁绕组直接短接，否则在励磁绕组内就要产生一个较大的电流，它与气隙磁场作用将产生较大的附加转矩，可能使同步电动机的转速达不到亚同步速。

（2）用三相笼型异步电动机的启动方法来启动三相同步电动机。电动机定子绕组通电建立的旋转磁场，在转子的启动绕组中产生感应电动势及电流，而产生类似于异步电动机的异步电磁转矩，此时把同步电动机当作异步电动机进行启动。

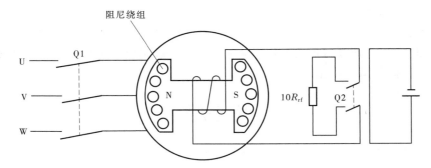

图 5-34　同步电动机附加绕组原理

（3）三相同步电动机的转速接近于同步转速（约 $0.95n_1$）时，将附加电阻切除，励磁绕组改接至励磁电源，依靠定子旋转磁场与转子磁极之间产生的同步转矩，将三相同步电动机牵入同步转速。

如果电动机在正常励磁电流下牵入同步运行失败，可采用强迫励磁措施，将励磁电流增大，这时最大电磁转矩将大幅度增加，牵入同步就比较容易。

任务四　电机的继电保护

一、变压器的继电保护

（一）变压器故障及不正常运行状态

变压器的故障分为油箱内部故障和油箱外部故障。油箱内部故障主要包括绕组的相间短路、单相匝间短路、单相接地故障等。变压器油箱外部的故障主要是绝缘套管和引出线上发生相间短路及单相接地故障。

变压器的不正常运行状态主要有：漏油造成的油面降低；变压器外部短路引起的过电流和外部接地短路引起的过电流；过负荷等。

（二）变压器继电保护的配置

针对变压器的故障和异常运行状态，应装设相应的继电保护装置：瓦斯保护、电流速断保护、纵联差动保护、过电流保护、过负荷保护及温度保护。

二、电动机的继电保护

（一）电动机的故障和不正常工作状态

（1）电动机常见的故障状态：①定子绕组相间短路；②定子绕组单相接地；③单相绕组的匝间短路。

（2）电动机常见的不正常工作状态：①过负荷；②电压暂时消失或短时电压降低；③失步运行；④失磁运行。

（二）电动机保护的配置

500 V、100 kW 以下的中小型异步电动机采用熔断器和自动空气开关作为电动机相间故障和单相接地保护。

根据相关规程规定,6~10 kV 的同步电动机应配置的继电保护如下:定子绕组相间短路保护(无时限电流速断保护或纵联差动保护)、定子绕组单相接地保护、失步保护、失磁保护、过负荷保护、低电压保护等。

思考题

1. 简述油浸式变压器的构造。其工作原理是怎样的?
2. 变压器并列运行的条件是什么?
3. 什么叫变压器的变比?
4. 简述异步电动机的结构和原理。n 和 n_1 是否相等?
5. 异步电动机的转向由什么决定? 如何使电动机反转?
6. 异步电动机的启动方式有哪些?
7. 异步电动机怎样进行调速?
8. 何为同步电动机的同步?
9. 同步电动机的启动方法有哪些?
10. 何为同步电动机的异步启动法?

项目六
高低压电气设备

任务一　电气设备概述

一、电气设备类型

电气设备

为了满足用户对电力的需求,保证电力系统运行的安全稳定和经济性,发电厂通常装设有各种电气设备,按照功能不同可分为电气一次设备和电气二次设备。

(一) 电气一次设备

直接参与生产、输送、分配和使用电能的电气设备称为电气一次设备,它通常包括以下几类。

1. 生产和转换电能的设备

如发电机、变压器、电动机等设备,其中的发电机和主变压器简称发电厂的主机主变。

2. 接通和断开电路的开关设备

这类电器用于电路的接通和断开,按其作用及结构特点,开关电器又分为以下几种:

(1)断路器。它不仅能接通和断开正常的负荷电流,也能关合和开断短路电流。它是作用最重要、结构最复杂、功能最完善的开关电器。

(2)熔断器。它不能接通和断开负荷电流,它被设置在电路中专用于开断故障短路电流,切除故障回路。

(3)负荷开关。允许带负荷接通和断开电路,但其灭弧能力有限,不能开断短路电流。将负荷开关和熔断器串联在电路中使用时相当于断路器的功能。

(4)隔离开关。它主要用于设备或电路检修时隔离电源,造成一个可见的、足够的空气间距。

(5)电器触头。两个导体或几个导体之间相互接触的部分叫电器触头。如母线或导线的接触连接处及开关电器中的动、静触头统称为电器触头。开关电器中的触头,被用来接通和断开电路,是开关电器中的执行元件。其工作可靠与否,直接影响到电器的质量。运行中电器触头的工作状况不良,往往是造成严重设备事故的原因。

3. 电抗器和避雷器

电抗器主要用于限制电路中的短路电流,避雷器则用于限制电气设备的过电压。

4. 载流导体

该类设备有母线、绝缘子和电缆等,用于电气设备或装置之间的连接,通过强电流传递功率。母线是裸导体,需要用绝缘子支持和绝缘。电缆是绝缘导体,并具有密封的封包层以保护绝缘层,外面还有铠装或塑料护套以保护封包。

5. 互感器

互感器分为电流互感器和电压互感器等,分别将一次侧的大电流和高电压按变比转变为二次侧的小电流和低电压,以供给二次回路的测量仪表或继电器等。

6. 接地装置

接地装置指埋入地下的金属接地体或接地网。主要是防止人身遭受电击、设备和线路遭受损坏,预防火灾和防止雷击,保障电力系统正常运行。

(二)电气二次设备

对电气一次设备和系统的运行状况进行测量、控制、保护和监察的设备称为电气二次设备。它们包括以下几类。

1. 测量表计

如电压表、电流表、功率表、电能表、频率表等,用于测量一次电路中的电气参数。

2. 继电保护及自动装置

如各种继电器和自动装置等,用于监视一次系统的运行状况,迅速反应不正常情况并进行调节,或作用于断路器跳闸,切除故障。

3. 直流设备

如直流发电机、蓄电池组、硅整流装置等,为保护、控制和事故照明等提供直流电源。

电气二次设备不直接参与电能的生产和分配过程,但对保证一次设备的正常、有序工作和发挥其运行经济效益,起着十分重要的作用。

(三)电气设备符号

常用电气一次设备的图形符号和文字符号见表 6-1。

表 6-1　常用电气一次设备名称及图形符号和文字符号

名称	图形符号	文字符号	名称	图形符号	文字符号
交流发电机	～	G	负荷开关		Q
双绕组变压器		T	接触器的主动合、主动断触头		K
三绕组变压器		T	母线、导线和电缆		W
隔离开关		QS	电缆终端头		—
熔断器		FU	电容器		C
普通电抗器		L	三绕组自耦变压器		T
分裂电抗器		L	电动机		M
断路器		QF	具有两个铁芯和两个二次绕组、一个铁芯和两个二次绕组的电流互感器		TA

续表 6-1

名称	图形符号	文字符号	名称	图形符号	文字符号
调相机		G	避雷器		F
消弧线圈		L	火花间隙		F
双绕组、三绕组电压互感器		TV	接地		E

任务二　高压熔断器

高压熔断器是一种最简单的保护电器。它具有结构简单、使用和维护方便等优点。对容量较小而且不太重要的负荷,广泛采用高压熔断器作为输配电线路及电力变压器(包括电压互感器)的过载和短路保护。高压熔断器外形见图6-1。

图 6-1　高压熔断器

一、熔断器的用途

熔断器是一种最原始和最简单的保护电器,俗称保险。它是在电路中人为设置的一个易熔断的金属元件,当电路发生短路或过负荷时,元件本身过热达到熔点而自行熔断,从而切断电路,使回路中的其他电气设备得到保护。

二、熔断器的类型

熔断器的种类很多,常用的有以下几种分类方法:
(1)按电压等级,可分为高压和低压两类。
(2)按有无填料,可分为有填料式和无填料式。

（3）按结构形式，可分为螺旋式、插入式、管式，以及开敞式、半封闭式和封闭式等。

（4）按动作性能，可分为固定式和自动跌开式。

（5）按工作特性，可分为有限流作用和无限流作用两种。

（6）按使用环境，可分为户内式和户外式。

熔断器型号的含义如下：

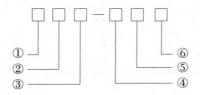

①—产品名称：R—熔断器。

②—安装场所：N—户内式；W—户外式。

③—设计系列序号，用数字表示。

④—额定电压，kV。

⑤—补充工作特性：G—改进型；Z—直流专用；GY—高原型。

⑥—额定电流，A。

例如：RW4-10/50 型，即指额定电流 50 A、额定电压 10 kV、户外 4 型高压熔断器。

三、熔断器的基本结构与工作原理

（一）熔断器的基本结构

熔断器主要由金属熔体、支持熔体的载流部分（触头）和外壳（熔管）组成。某些熔断器内还装有特殊的灭弧物质，如产气纤维管、石英砂等用来熄灭熔体熔断时产生的电弧。

图 6-2 为 RN 系列户内高压熔断器的外形图。

RW 系列户外跌落式熔断器用于 10 kV 及以下配电线路或配电变压器。它们的结构基本相同，由熔管和上、下动静触头及绝缘子等组成，见图 6-3。

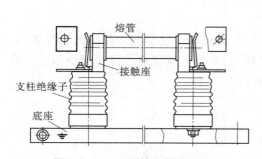

图 6-2 RN-1 型熔断器外形图

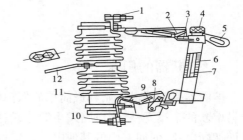

1—上接线端；2—上静触头；3—上动触头；4—管帽；
5—操作环；6—熔管；7—熔丝；8—下动触头；
9—下静触头；10—下接线端；11—绝缘瓷瓶；
12—固定安装板

图 6-3 RW4-10 型跌落式熔断器基本结构图

图 6-4 所示为 RW10-35 型户外限流型熔断器，与跌落式熔断器相比较，该型具有分

断能力大、限流能力强、运行可靠性高等优点。布置上采取水平或垂直安装均可。

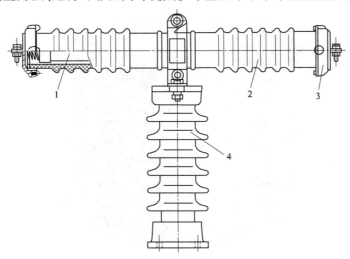

1—RN 型熔管;2—瓷套管;3—接线端帽;4—棒式支柱绝缘子

图 6-4 RW10-35 型户外限流型熔断器外形图

(二)工作原理

熔断器是串联在电路中的,在正常工作情况下,由于电流较小,通过熔体时的温度虽然上升,但熔体不致熔化,电路可靠接通。一旦电路发生过负荷或短路,电流增大,熔体由于自身温度超过熔点而熔化,将电路切断,其他设备得到了保护。熔体熔化时间的长短,取决于通过的电流和熔体熔点的高低。

任务三 高压断路器

高压断路器是泵站中最重要的电气设备之一,它具有完善的灭弧装置,是在正常和故障情况下接通或断开高压电路的专用电器。高压断路器外形见图 6-5。

一、高压断路器的用途

正常时:控制作用,即接通或切断电路中的负荷电流。

短路时:保护作用,即切断电路中的短路电流。

二、断路器的结构

断路器可分为以下六个组成部分:

(1)支架:安装各功能组件的架体。

(2)灭弧室:实现电路的关合与开断功能的灭弧元件。

(3)导电回路:灭弧室的动、静触头相连构成电流通道。

(4)传动机构:把操作机构的运动传输至灭弧室,实现灭弧室的合、分闸操作。

(5)绝缘支撑:绝缘支持件将各功能元件架接起来,满足断路器的绝缘要求。

图 6-5　高压断路器

（6）操动机构：断路器分、合闸的动力驱动装置。

高压断路器结构见图 6-6。

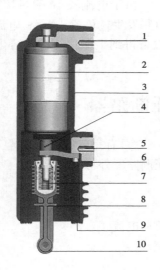

1—上出线端；2—真空灭弧室；3—浇注极柱壳体；
　4—动出线杆；5—下出线端；6—软连接；
　7—触头压力弹簧；8—绝缘拉杆；
　9—极柱固定嵌件；10—操动机构连接处

1、9—出线杆；2—扭转保护环；3—波纹管；
　4、10—端盖；5、7—屏蔽罩；
　6—陶瓷绝缘外壳；8—触头

真空灭弧室

图 6-6　高压断路器结构

三、常见高压断路器的分类及型号

(一)分类

高压断路器根据安装地点的不同可分为户内式和户外式两种。高压断路器的工作原理就是灭弧原理,根据灭弧方法的不同,分为油断路器、压缩空气断路器、六氟化硫断路器、真空断路器等。

1. 油断路器

油断路器是指以密封的绝缘油作为开断电器回路灭弧介质的开关设备。它有多油断路器和少油断路器两种形式。它较早应用于电气系统中,技术已经十分成熟,价格比较便宜,广泛应用于高电压等级电网中。它能接通和切断电源,并能在短路时迅速可靠地切断故障电流,是一种常见的高压开关设备。

油断路器的灭弧介质是绝缘油,其作用是灭弧、散热和绝缘。但是油断路器在发生故障时可能会引起爆炸,而且爆炸后由于油断路器内部的高温油发生喷溅,会形成大面积的燃烧,引起相间短路或对地短路,破坏电力系统的正常运行,使事故扩大,甚至造成严重人身伤害事故,因此逐渐被淘汰。

油断路器主要由底架、绝缘子、传动系统、导电系统、触头、灭弧室、油气分离器、缓冲器及油面指示器(升降机构)等组成。

少油断路器的突出特点是:结构简单,易于制造和维修,价格低,使用方便。与多油断路器相比具有体积小、质量轻、用油量少等优点。但缺点是灭弧时间长,动作较慢,检修周期短,维修工作量大。

2. 压缩空气断路器

压缩空气断路器又称为空气断路器。它采用压缩空气作为灭弧介质,具有防火、防爆、无毒、无腐蚀性、使用方便等特点。当断路器的触头断开之后,利用压力较高的压缩空气吹动电弧,致使触头间电弧迅速熄灭。压缩空气断路器中的压缩空气除作为灭弧介质使用外,还作断路器内部的绝缘介质与断路器的合闸能源用。压缩空气断路器具有灭弧能力强、动作迅速等优点;但结构复杂、工艺要求高,有色金属消耗多,价格高。一般应用于电压 220 kV 及以上、短路功率较大的电力系统之中。

3. 六氟化硫(SF_6)断路器

SF_6 断路器采用具有优良灭弧能力和绝缘能力的 SF_6 气体作为灭弧介质,具有开断能力强、动作快、体积小等优点,但金属消耗多,价格较贵,一般用于高压和超高压系统。

SF_6 断路器是用 SF_6 气体作为灭弧和绝缘介质的断路器。正常情况下,SF_6 气体是一种无色、无臭、无毒、不燃烧的惰性气体,密度约为空气的 2 倍,具有优良的绝缘和灭弧性能。但 SF_6 气体在电弧的作用下,有一部分会被分解,生成一些有毒的氟化物,对人体健康有影响,对金属部件也有腐蚀和劣化作用,对绝缘也有损害。因此,在 SF_6 断路器中,一般均装有吸附装置,吸附剂为活性氧化铝、活性碳和分子筛等。它们完全可以吸附 SF_6 气体在电弧的高温下分解生成的有毒物质。SF_6 断路器开断能力强,断口电压可以做得较高,允许次数较多地连续开断,适用于频繁操作,噪声小、无火灾危险、机电磨损小,在使用现场基本上不用维修。

4. 真空断路器

真空断路器是利用灭弧室内空气静态压力极限值极低（$10^{-3} \sim 10^{-5}$Pa）、间隙小、电介质强度较高，在分闸过程中电流在分开的触头间隙中产生的真空电弧易被熄灭的特性制造的。在触头上开有螺旋槽，分闸过程中高温产生的金属蒸气离子和电子组成的电弧等离子，将使电流持续一段很短的时间，通过螺旋槽，由电流曲折路径效应形成的磁场使电弧产生旋转运动，阳极区电弧收缩，即使在切断很大的电流时，也可以避免触头表面局部过热与不均匀烧蚀。电弧在电流第一次过零时就熄灭，残留的离子、电子和金属蒸气离子只需在极短的时间内就可复合或凝聚在触头表面屏蔽罩上，因此灭弧室断口的电介质强度恢复极快。

但是，真空断路器由于具有间隙小、灭弧速度高的特点，在切断电路时，往往在电流过零前被强行开断，在断弧瞬间，储藏在负载内的电感与电容之间的电磁能量转换将在负载上产生过电压，这种过电压往往能达到电源电压的几倍，甚至几十倍，尤其在最先断开相触头间，有可能因过电压引起电弧重燃，而产生更大的过电压。在感性负载中，这种过电压幅值高，上升速度快，频率也高，无疑对电动机等感性负载的绝缘是十分危险的。真空断路器不管出现哪种过电压都会对设备不利，严重地威胁着设备安全运行和生产。

真空断路器在开断电动机等感性负载时产生的波陡度（du/dt）很大，幅值很高，直接威胁感性负载的匝间绝缘，是造成电动机等设备损坏的重要原因之一。只有采取适当的保护措施，才能降低过电压幅值和波陡度，从而能有效抑制或减轻其危害，这对推广真空断路器的应用将起到积极的推动作用。目前，抑制过电压的措施有两种：一种是采用氧化锌避雷器限制过电压幅值，另一种是采用降低过电压振荡频率的阻容（R-C）保护器。

氧化锌避雷器的主要优点是具有非常优良的非线性伏安特性，续流小，残压低，体积小，质量轻，安装方便。但传统的无间隙氧化锌避雷器在运行中也存在一些弊端。现在已推出带有间隙的氧化锌避雷器。

阻容保护器是一种保护效果较好的措施，只要阻容参数选择妥当，就可降低过电压上升陡度，降低振荡频率，减少负载波阻抗，就能有效降低过电压幅值。电容 C 除可降低过电压幅值外，主要用以减缓过电压上升陡度，因为这种电压在极短时间内发生，du/dt（电压上升陡度）很大，容易造成电动机进线绕组匝间击穿，所以要降低匝间电压并使匝间电压分布均匀。另外，电容 C 还可以达到降低波阻抗、降低截流过电压的目的。电阻 R 则起消耗高频振荡电能，抑止截流过电压幅值的作用。但值得注意的是，由于负载等效电感和开关的截流值等参数难以查找和实测，难以准确选择阻容参数。如果 R、C 阻容参数选择不当，不但起不到保护作用，反而会起消极作用，甚至会导致电压幅值陡增，在小电流接地系统中，单相接地短路因 R-C 保护器电容电流太大而招致馈电回路跳闸。因此，选择 R-C 电压幅值抑止器时需谨慎小心。

综上所述，对于真空断路器操作过电压若采用避雷器保护方案，应优先选用带有间隙的氧化锌避雷器，选带有串联间隙的氧化锌避雷器保护变压器，选带有并联间隙的氧化锌避雷器保护电动机。若有条件，采用避雷器和 R-C 保护器并用的保护方案是最为完善的，虽然初期投资大些，总比损失一台设备的费用要少得多。

根据断路器的主体与操动机构的相关位置组合关系，真空断路器又分为整体式和分体式。

整体式:操动机构与开关主体安装在同一架构上,体积小、质量轻、安装调整方便、性能稳定。

分体式:操动机构与开关主体分别装在开关柜的不同位置,断路器的各项机械特性参数必须安装调试后才有意义。

操动机构主要有电磁操动机构和弹簧操动机构。

(二)型号

高压断路器型号的含义如下:

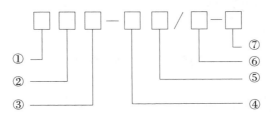

①—产品名称:S—少油断路器;D—多油断路器;K—空气断路器;L—六氟化硫断路器;Z—真空断路器;Q—产气断路器;C—磁吹断路器。

②—安装场所:N—户内式;W—户外式。

③—设计序号,用数字表示。

④—额定电压,kV。

⑤—其他标志:G—改进型;F—分相型。

⑥—额定电流,A。

⑦—额定断流容量,MVA。

例如,$SN_{10}-10/600-350$ 型断路器,则表示该断路器为户内式少油断路器,设计序号为10,额定电压为 10 kV,额定电流为 600 A,额定断流容量为 350 MVA。

任务四　高压隔离开关

高压隔离开关是用来断开和切换电路的一种开关。因为这种开关没有灭弧装置,所以不能用来接通或断开负荷电流及短路电流。高压隔离开关外形见图6-7。

一、隔离开关的用途

(一)分段隔离

在停电检修时,用隔离开关将需要检修的部分,与其他带电的部分可靠地断开隔离,以保证工作人员安全地检修电气设备,而且不影响装置其余部分正常工作。

(二)倒闸操作

隔离开关经常用来进行倒闸操作、切换电路,以改变电力系统的运行方式。例如,当主接线为双母线时,利用隔离开关将设备或线路从一组母线切换到另一组母线。

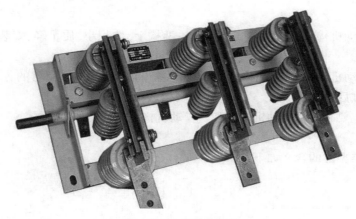

图 6-7　高压隔离开关

（三）切合小电流

用以接通和断开小负荷电流或电容电流,但要保证隔离开关触头上不产生较大电弧。

（1）接通或切断电压互感器和避雷器。

（2）接通或切断长度不超过 10 km 的 35 kV 空载线路或长度不超过 5 km 的 10 kV 空载线路。

（3）接通或切断 35 kV、100 kVA 及以下和 110 kV、3 200 kVA 及以下的空载变压器等。

（4）在系统没有发生接地故障时,接通或切断变压器中性点的接地线。

二、隔离开关的分类及型号

（一）分类

隔离开关种类较多,一般可按下列不同的方法进行分类:

（1）按安装地点,可分为户内式和户外式两种。

（2）按刀闸运动方式,可分为水平旋转式、垂直旋转式、摆动式和插入式等。

（3）按绝缘支柱数目,可分为单柱式、双柱式和三柱式三种。

（4）按操作特点,可分为单极式和三极式两种。

（5）按有无接地刀闸,可分为带接地刀闸式和无接地刀闸式两种。

（6）按操动机构,可分为手动式、电动式、气动式和液动式等。

（二）型号

隔离开关型号的含义如下:

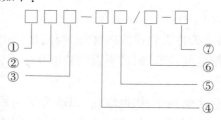

①—产品名称:G—隔离开关;J—接地开关。

②—安装场所:N—户内式;W—户外式。

③—设计系列序号,用数字表示。

④—额定电压,kV。

⑤—补充工作特征:D—带接地闸刀;G—改进型;K—快分型;T—统一设计;W—防污型。

⑥—额定电流,A。

⑦—极限通过峰值电流,kA。

例如:GN2-10/400 型,即指额定电压 10 kV、额定电流 400 A、2 型户内式隔离开关。又如 GW5-60GD/1000 型,指额定电压 60 kV、额定电流 1 000 A,改进型、带接地闸刀的 5 型户外式隔离开关。

三、隔离开关的基本结构

(一)导电系统部分

(1)触头。隔离开关的触头要有足够的压力和自清扫能力。

(2)刀闸(或称导电杆)。由两条或多条平行的铜板或铜管组成,铜板厚度和条数是由隔离开关的额定电流决定的。

(3)接线座。常见的有板形和管形两种。

(4)接地闸刀。当断路器分闸后,将回路可能存在的残余电荷或杂散电流通过接地闸刀可靠接地。

(二)绝缘结构部分

隔离开关的绝缘主要有两种,一是对地绝缘,二是断口绝缘。对地绝缘一般由支柱绝缘子和操作绝缘子构成。它们通常采用实心棒形瓷质绝缘子,有的也采用环氧树脂或环氧玻璃布板等作绝缘材料。断口绝缘具有明显可见的间隙断口,绝缘必须稳定可靠,通常以空气为绝缘介质。

任务五　绝缘子、母线及电缆

一、绝缘子

(一)绝缘子的用途

绝缘子俗称为绝缘瓷瓶,绝缘子用来支持和固定裸载流导体,并使裸导体与地绝缘,或者用于使装置和电器中处在不同电位的载流导体之间相互绝缘。

(二)绝缘子的分类

绝缘子按安装地点,可分为户内(屋内)式和户外(屋外)式两种。

二、母线

(一) 母线的用途

母线的用途是汇集、分配和传送电能。母线处于配电装置的中心环节,是构成电气主接线的主要设备。

(二) 母线的分类

(1) 母线按截面形状,可分为圆形、矩形、管形、槽形等。圆形母线的曲率半径均匀,无电场集中表现,不易产生电晕,故在35 kV以上的户外配电装置中,为了防止产生电晕,大多采用圆形母线。矩形母线比圆形母线散热面积大,散热条件好,在相同的截面面积和相同的允许发热温度下,矩形母线要比圆形母线的允许工作电流大。管形母线是空芯导体,集肤效应小,材料利用率、散热性能好,且电晕放电电压高。在35 kV以上的户外配电装置中多采用管形母线。

(2) 母线按所使用的材料,可分为铜母线、铝母线和钢母线等。铜母线的电阻率低,机械强度较高,防腐性能好,是很好的母线材料。铝母线的电阻率为铜母线的1.7~2倍,而且其机械强度和抗腐蚀性能均比铜母线差,但铝母线的重量只有铜母线的30%,比重小,加工方便,价格也比铜母线低。总的来说,用铝母线比用铜母线经济。钢母线的机械强度比铜母线高,材料来源方便,价格较低,但因为它的电阻率比铜母线大7倍,用于交流时会产生强烈的集肤效应,并造成很大的磁滞损耗和涡流损耗,所以只用在小容量的高、低压电气装置中,用得最普遍的是在接地装置中作为接地连接线。

(三) 母线的着色

在硬母线安装完成后,均要涂漆。涂漆的目的是便于识别交流的相序和直流的极性,加强母线表面散热性能,防止氧化腐蚀,提高其载流量(涂漆后可增加载流12%~15%)。母线的着色标志如下:

直流:正极—红色,负极—蓝色;

交流:U相—黄色,V相—绿色,W相—红色;

中性线:不接地的中性线—白色,接地的中性线—紫色带黑色横条。

软母线因受温度影响,伸缩较大,会破坏着色层,故不宜着色。

绝缘子、母线安装实物图见图6-8。

图6-8 绝缘子、母线安装实物图

三、电力电缆

电力电缆是传输和分配电能的一种特殊电线,具有防潮、防腐、防损伤及布置紧凑等优点,但价格昂贵,散热性能差,载流量小,敷设、维护和检修困难。

（一）电力电缆分类

1.油浸纸绝缘电力电缆

油浸纸绝缘电力电缆具有良好的电气绝缘性能,耐热能力强,承受电压高,稳定性很高,使用年限长,在 35 kV 及以下电压等级中被广为采用。按绝缘纸浸渍剂浸渍情况,油浸纸绝缘电缆又可分为黏性浸渍电缆、干绝缘电缆和不滴油电缆三种。

2.聚氯乙烯绝缘电力电缆

聚氯乙烯绝缘电力电缆的绝缘材料和保护外套均采用聚氯乙烯塑料,又称为全塑料电力电缆。其电气和耐水性能好,抗酸碱、防腐,具有一定的机械强度,可垂直敷设。但其绝缘易受热老化。

3.交联聚氯乙烯绝缘电力电缆

交联聚氯乙烯绝缘电力电缆的绝缘材料采用交联聚氯乙烯,但其内护层仍然采用聚氯乙烯护套。这种电缆不但具有聚氯乙烯绝缘电力电缆的一切优点,还具有缆芯长期允许工作温度高、机械性能好等优点,可制成较高电压等级。

4.高压充油电力电缆

当额定电压超过 35 kV 时,纸绝缘的厚度加大,制造困难,而且质量不易保证。目前已生产出充油、紧油、充气和压气等形成的新型电缆来取代老产品,最具代表性的是额定电压等级为 110~330 kV 的单芯充油电缆。充油电缆的铅包内部有油道,里边充满黏度很低的变压器油,并且在接头盒和终端盒处均装有特殊的补油箱,以补偿电缆中油体积因温度变化而引起的变动。

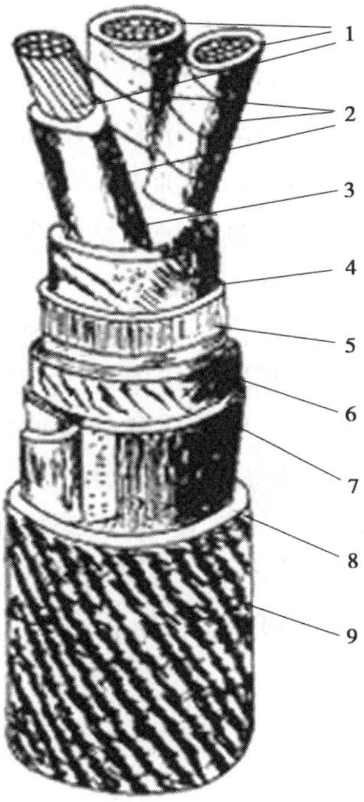

（二）电力电缆的一般结构

各种电力电缆在基本结构上主要由电缆线芯、绝缘层、密封护套和保护层等组成。图 6-9 为三芯油浸纸绝缘电力电缆结构图。

1.电缆线芯

电缆线芯有铜芯或铝芯两种,其截面形状有圆形、半圆形和扇形等几种,如图 6-10 所示。较小截面的导电线芯由单根导线制成;较大截面的导电线芯由多根导线分数层绞合制成,绞合时相邻两层扭绞方向左右相反,线芯柔软而不松散。

2.绝缘层

绝缘层用来保证各线芯之间(相间)及线芯与大地之间的绝缘,绝缘层的材料有油浸纸、橡胶、聚氯乙烯、聚乙烯和交联聚乙烯等多种。同一电缆的线芯绝缘层和统包绝缘层使用相同的绝缘材料。

1—缆芯(铜芯或铝芯);2—油浸纸绝缘层;
3—麻筋(填料);4—油浸纸(统包绝缘);
5—铅包;6—涂沥青的纸带(内护层);
7—浸沥青的麻被(内护层);8—钢缆
(外护层);9—麻被(外护层)

图 6-9　三芯油浸纸绝缘电力电缆结构图

(a)圆形   (b)半圆形   (c)扇形

图 6-10　电缆线芯形状示意图

3. 密封护套

密封护套的作用是保护绝缘层。护套包在统包绝缘层外面,将绝缘层和线芯全部密封,使其不漏油、不进水、不受潮,并且电缆具有一定的机械强度。护套的材料一般有铅、铝或塑料等。具有护套是电缆区别于绝缘导线的标志。

4. 保护层

保护层的作用是避免电缆受到机械损伤,防止绝缘受潮和绝缘油流出。聚氯乙烯绝缘电缆和交联聚乙烯电缆的保护层是用聚乙烯护套做成的;对于油浸纸绝缘电力电缆,其保护层分为内保护层和外保护层两种。

(1)内保护层:主要用于防止绝缘受潮和漏油,其保护层必须严格密封。内保护层可分为铅护套、铝护套、橡皮护套和塑料护套四种类型。

(2)外保护层:主要用于保护内保护层不受外界的机械损伤和化学腐蚀。外保护层又可细分成衬垫层、钢铠层和外皮层等。

任务六　避雷器

一、避雷器的类别

避雷器的主要类型有阀型避雷器、氧化锌避雷器和管型避雷器等。每种类型避雷器的主要工作原理是不同的,但是它们的工作实质是相同的,都是为了保护电气设备不受损害。

(一)阀型避雷器

阀型避雷器由火花间隙及阀片电阻组成,阀片电阻的制作材料是特种碳化硅。利用碳化硅制作的阀片电阻可以有效地防止雷电和高电压,对设备进行保护。为了防止电阻盘受潮、保证火花间隙具有稳定的特性,将其装在密封的瓷套中。当有雷电高电压时,火花间隙被击穿,阀片电阻的电阻值下降,将雷电流引入大地,这就保护了线缆或电气设备免受雷电流的危害。在正常情况下,火花间隙是不会被击穿的,阀片电阻的电阻值较高,不会影响设备的正常工作。其外形如图 6-11 所示。

我国目前生产的阀型避雷器主要有普通型和磁吹型两大类。普通型有 FS 和 CGZ 型系列,磁吹型有 FCD 和 FCZ 型系列。

(二)氧化锌避雷器

氧化锌避雷器,又称金属氧化物避雷器,是一种保护性能优越、质量轻、耐污秽、性能稳定的避雷设备。金属氧化物避雷器由具有较好的非线性伏安特性的氢化锌电阻片组装而成。在正常情况下,具有极高的电阻而呈现绝缘状态,在雷电过电压作用下,则呈现低电阻状态,泄放雷电流,使与避雷器并联的电气设备的残压被抑制在设备绝缘安全值之下,等过电压消失后,迅速恢复高电阻而呈现绝缘状态,从而有效地保护被保护电气设备的绝缘免受电压的损害。在 10 kV 系统中,金属氧化物避雷器大多数并联在真空开关上,以便限制截流过电压。

这种避雷器和传统避雷器的差异是它没有放电间隙,利用氧化锌的非线性特性起到泄流和开断的作用。其外形如图 6-12 所示。它具有良好的非线性、快速的陡波响应和大通流能力,已成为新一代避雷器的首选产品。

图 6-11　阀型避雷器　　　　　　　　图 6-12　氧化锌避雷器

(三) 管型避雷器

管型避雷器实际是一种具有较高熄弧能力的保护间隙,它由两个串联间隙组成:一个间隙在大气中,称为外间隙,它的任务就是隔离工作电压,避免产气管被流经管子的工频泄漏电流烧坏;另一个装设在气管内,称为内间隙或者灭弧间隙,管型避雷器的灭弧能力与工频续流的大小有关。这是一种保护间隙型避雷器,大多用在供电线路上作避雷保护。其构造如图 6-13 所示。

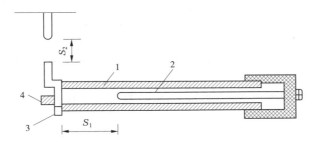

1—产气管;2—棒形电极;3—环形电极;4—动作指示器;S_1—内间隙;S_2—外间隙

图 6-13　管型避雷器

管型避雷器一般分为一般管式线路型和无续流管式配电型。

除以上三种类型避雷器外,还有一种新型避雷器,叫浪涌保护器,是一种为各种电子设备、仪器仪表、通信线路提供安全防护的电子装置。当电气回路或者通信线路中因为外界的干扰突然产生尖峰电流或者电压时,浪涌保护器能在极短的时间内导通分流,从而避免浪涌对回路中其他设备的损害。浪涌保护器见图6-14。

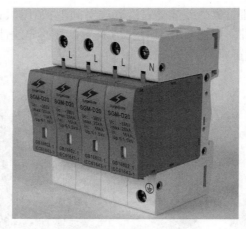

图6-14 浪涌保护器

二、避雷器使用注意事项

由于避雷器是全密封元件,一般不可以拆卸。使用中一旦出现损坏,基本上不可能修复。正常运行时以预防为主。

运行人员必须分清每一类型避雷器。各类型避雷器结构不一样,预防性试验时,方法也不一样,只有正确分清类别,才能达到预试目的。否则,不仅不能达到预试目的,还会影响系统安全运行。

选用避雷器时应注意几个技术参数:额定电压、工频防电电压、冲击放电电压和残压。

任务七 互感器

常用的电压、电流互感器分别如图6-15、图6-16所示。互感器的工作原理与变压器相似,其作用如下:

(1)对线路中电压、电流、电能进行测量,给测量仪表提供读数;与继电装置配合,对系统和设备进行保护。

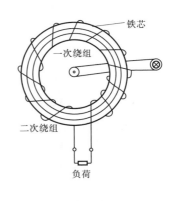

（a）实物图　　　　　　　　　　　　（b）结构图

图 6-15　电压互感器

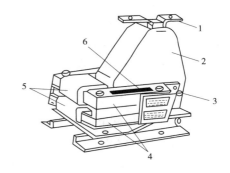

1——次接线端子；2——次绕组；
3—二次接线端子；4—铁芯；5—二次绕组；6—警告牌

（a）实物图　　　　　　　　　　　　（b）结构图

图 6-16　电流互感器

（2）使测量仪表、保护装置与系统高压隔离，以保证运行人员和二次装置安全。

（3）将线路电压、电流变换成统一的标准值，使仪表和保护装置标准化。

由于互感器误差值不同，将其精确度划分为 0.1、0.2、0.5、1、3、5 等标准等级。根据用途不同，选择不同等级的互感器。

互感器分为电压互感器与电流互感器两大类型，其技术参数选择时，考虑其精确度等级与额定容量。运行中为确保人员在接触测量仪表与保护装置时的安全，二次线圈必须接地。同时，电流互感器在一次侧有电流时，二次侧不得开路。因此，在运行中，需拆除二次侧回路所接仪表时，必须先将端子排上短路压板接好，然后才能进行工作，防止二次回路开路造成危害。电压互感器二次侧不允许短路运行。

任务八　高低压成套配电装置

一、概述

成套配电装置是由开关设备、保护电器、测量元件、母线和其他辅助设备(如按钮、端子排等)等组成的。成套设备正常情况用来接收和分配电能,故障情况下,能迅速切断故障部分,恢复系统正常运行。泵站成套装置是用来分配电能的配电装置,这种装置的内部空间以空气或复合绝缘材料作为绝缘介质。

配电装置按布置地点不同,分为屋内和屋外两种类型。泵站选用的大多数是屋内装置。特点如下:

(1)允许安全净距小,可以分层布置,布置紧凑、占地面积小。

(2)在室内操作,巡视、维护比较方便,不受外面气候影响。

(3)外界污浊空气及灰尘对设备影响较小,维护工作量轻,但与屋外配电设备相比,土建投资及设备投资相对较大。

屋内配电装置结构尺寸大小,要综合考虑各组成设备外形尺寸、检修与运输的安全距离等因素。各间隔距离、空气中不同相的带电部分之间或带电部分与接地部分之间的空间最小安全净距离,是需要考虑的最基本要素。

二、几种常见的成套高压配电装置

常见的成套高压配电装置按柜体结构分为两大类:半封闭式与封闭式。

(1)半封闭式。这种结构形式的开关柜高在 2.5 m 以下,组成开关柜的各电气设备安装在金属柜体内,金属外壳接地;母线、隔离开关安装在金属壳外。如 CG-1A 型开关柜。这种结构形式的开关柜具有结构简单、制造较容易、价格低廉、柜内检修空间大等优势,但由于其柜内元件不隔开,母线外露,防护性能差,影响系统安全运行。虽然目前有泵站仍在应用,但国家已不鼓励这种产品生产,其将逐渐被淘汰。

(2)封闭式。设备制造厂根据用户对一次接线的要求,将组成开关柜的所有电气元件和内部连接件、绝缘支撑和辅助件固定连接后,安装在一个或若干个封闭的、外壳接地的金属壳内,称为封闭开关柜(进出接线除外)。这种柜体"五防"功能完备、运行可靠、维护简单,但造价相对较高。常用的有 GZS1(KYN28A)型与 KGN 型。

(3)按柜内主要元件固定的特点,还可分为:①固定式;②手车式。手车式又分为落地式和中置式两种。

三、低压电器及其成套装置

根据电压等级的划分,用于交直流电压在 1 200 V 以下电压系统中的电气设备,称为低压电器,在低压系统中担当着控制、保护、测量、调节等作用。按低压电器在低压系统中的功能不同,将其分为配电电器、控制电器。

（一）配电电器

这类设备主要用于低压配电系统中,包括低压断路器、熔断器、刀开关和转换开关等。这类设备特点是:分断能力强,在系统发生故障情况下动作准确、工作可靠,限流效果好、操作过电压低、保护功能好,动、热稳定程度高。

低压断路器根据其外形结构与功能不同,又分为塑料外壳式、柜架式、限流式、漏电保护式、无磁式等。

熔断器根据其结构不同,分为有填料式、无填料式、插入式、快熔式等。

（二）控制电器

这类设备主要用于自动控制系统和电动机控制操作系统,主要包括接触器、启动器(磁力启动器)、主令控制器和控制继电器等。这类设备主要特点是:寿命长、体积小、质量轻,具有一定的转换能力,操作频率高(可频繁操作)等。

接触器主要品种有交、直流接触器,真空接触器,半导体接触器,主要用作远距离频繁启动或控制交、直流负荷,以及接通、分断正常工作的主电路和控制电路。

启动器:主要有全压启动器、降压启动器(星三角减压、自降压、延边三角降压)、变阻式转子降压、启动器、软启动器等形式。目前,软启动器已经成为主要启动方式,虽然造价较高,但具有接线简单、启动平稳、维护方便、运行可靠、节约电能等优点。

控制继电器主要有:电流继电器、电压继电器、时间继电器、温度继电器、热继电器及中间继电器等,主要用于控制系统中控制其他电气设备或作主电路的保护。

控制器:按其形状分为凸轮、平面、鼓形控制器。主要用于控制设备中转换主回路或励磁回路的接法,以达到电动机启动、换向和调节的目的。

主令电器:有按钮、限位开关、微动开关、万能转换开关、脚踏开关、接近开关和程序开关等,主要用作接通与分断控制电路、发出指令或程序控制。

其他电器:变阻器、电阻器、电磁铁等。在使用中要注意交、直流电器的区分,不可混用。

（三）成套低压配电装置

低压配电装置是低压系统中重要的设备。它是由一个或多个低压开关电器和相应的控制、保护、测量、信号、调节装置,以及柜内所有电气设备、机械构件相互连接组成的成套配电装置。根据供电系统的要求和使用场合不同,低压配电装置常分为三级配电设备。用在变电所的,称配电中心,叫一级配电设备,输出电路容量较大,电气参数要求较高。在动力配电中心和泵房控制的,叫二级配电设备,对负荷进行控制、测量和保护。用在负荷现场的动力配电箱和照明配电箱称作末级配电设备,它们远离配电中心,容量小且分散。

1. 成套低压配电设备的类型

根据成套低压配电设备的结构特征,将其分为:

(1)开关板或配电屏。这类设备正面有防护,背面和侧面均没有防护,防护等级低,厂家基本不生产,正在使用的应逐渐淘汰。

(2)封闭式开关柜。这种开关柜所有电气元件(开关、保护、控制、测量)均安装在金属柜体内,金属柜体接地,用绝缘材料与空气绝缘,可靠墙或离墙安装,内部回路可以不加隔离,也可以用接地金属板或绝缘板隔离。这类设备在水利工程中广泛使用,但保护性能相对也较差,新建或改造泵站不应作为推荐产品使用。

(3)抽屉式开关柜。这类开关柜进出线的每条回路的电气元件都安装在可抽出的抽屉中,构成具有一定功能的单元。每个功能单元与母线或电缆之间,用接地的金属板或绝缘介质隔开,形成母线、功能单元和电缆三个区域,每个功能单元之间也有隔离措施。这种开关柜具有较高的可靠性、安全性和互换性,运行维护工作量小,具有推广价值。

2.一般选用原则

成套低压配电设备一般区分为电控、配电设备两大类。目前用户都是成套选用,它的选用比单纯电气元件的选用需要考虑的因素多,因而有一定的灵活性。选用时通常需要考虑的主要因素有:线路方案、额定电流、短路数据、安装条件、电气元件的装配方式和外壳及防护等级等。

目前我国配电设备多为标准型产品。其具体线路方案按主一次电路和二次电路分别组成标准单元,用户可以任意选择具体的线路方案,并按实际需要进行组合,以满足用户需要。

成套设备产品的结构尺寸和形式,通常由供电电源的额定电流、母线载流容量和输出的额定电流大小决定,可据此选择适当规格的产品。同时这些设备还应考虑能承受的与短路电流有关的各种电动力和热应力。此外,可根据产品使用环境明确产品的安装条件,以便确定适当的防护措施。还应考虑电气元件的装配方式。电气元件的装配方式分为固定式、插入式、抽屉式等,配线方式分为板前配线、板后配线。最后,应考虑外壳的防护级。

任务九　电气主接线

泵站、变电所的一次接线是由直接用来生产、汇集、变换和分配电能的一次设备构成的,通常称为电气主接线或电气主系统。电气主接线图一般画成单线图(用单相接线表示三相系统),如图 6-17 所示为某 110/10 kV 降压变电所的电气主接线图。电气主接线图不仅能表明电能输送和分配的关系,还可供运行操作人员进行模拟操作。

一、电气主接线的基本要求

(1)保证必要的供电可靠性和电能质量。
(2)具有一定的运行灵活性。
(3)操作应尽可能简单、方便。

二、电气主接线的基本类型

母线是接收和分配电能的装置,是电气主接线和配电装置的重要环节。电气主接线一般按有无母线分类,即分为有母线和无母线两大类。

有母线的主接线形式包括单母线和双母线。单母线又分为单母线不分段、单母线分段等形式,无母线的主接线形式主要有单元接线、桥形接线等。

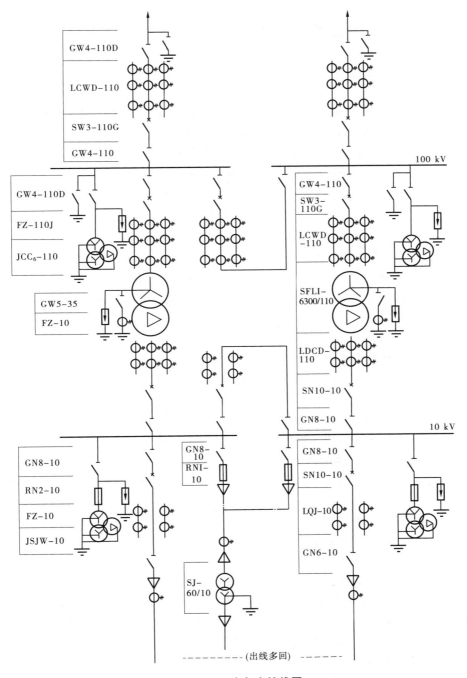

图 6-17　电气主接线图

任务十 电弧的基本理论

一、电弧的形成

电弧是气体导电现象,如图 6-18 所示。在断路器触头开断、电网电压较高、开断电流较大的情况下,在触头间形成由绝缘气体或绝缘油分解出的气体游离产生的自由电子导电的现象,即电弧,这时伴随有强光和高温(可达数千摄氏度甚至上万摄氏度)。

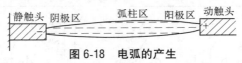

图 6-18 电弧的产生

二、灭弧方法及灭弧装置

由交流电弧的特性可知,交流电流每个周期有两次通过零点,电弧两次自然熄灭,因此熄灭交流电弧的主要问题是如何防止电弧重燃。在开关电器中,广泛采用下面几种方法来熄灭电弧。

(一)吹弧

吹弧是利用气体或油吹动电弧的灭弧方法。吹弧时由于电弧被拉长变细,弧隙的电导下降,电弧的温度下降,热游离减弱,复合加快。吹弧的方式有横吹和纵吹,如图 6-19 所示。纵吹主要使电弧冷却变细,加大介质压强,加强去游离,使电弧熄灭。而横吹可将电弧拉长,增加弧柱表面积使冷却加强,熄弧效果较好。不少断路器是采用纵横混合吹弧的方式,效果更好。

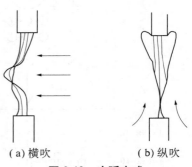

(a)横吹　　　　(b)纵吹

图 6-19 吹弧方式

(二)采用多断口熄弧

采用多断口把电弧分割成许多小弧段,在相等的触头行程下,电弧被拉长了,而且拉长的速度也成倍增加,因而能提高灭弧能力。

(三)采用短弧原理灭弧

在低压开关电器中,广泛地利用近阴极效应,将长电弧分割成许多短弧,短弧阴极的介质强度总值大于加在触头的电压,从而把电弧熄灭。这种灭弧方法常用于低压开关电器中。其灭弧装置是一个金属栅灭弧罩,利用将电弧分成多个串联的短弧的方法来灭弧。

(四)固体介质的狭缝狭沟灭弧

低压开关电器中也广泛应用狭缝狭沟灭弧装置。触头间产生电弧后,在磁吹装置产生的磁场作用下,将电弧吹入由灭弧片构成的狭缝中,把电弧迅速拉长的同时,使电弧与灭弧片的内壁紧密接触,对电弧的表面进行冷却和吸附,产生强烈的去游离。

(五)利用耐高温金属材料制作触头灭弧

触头材料对电弧中的去游离也有一定影响,用熔点高、导热系数和热容量大的耐高温金属制作触头,可以减少热电子发射和电弧中的金属蒸气,从而减弱了游离过程,有利于熄灭电弧。

(六) 真空灭弧

利用真空来作绝缘和灭弧介质是非常理想的灭弧方法。由于真空间隙内的气体稀薄,分子的自由行程大,发生碰撞的概率很小,因此碰撞游离不是真空间隙击穿产生电弧的主要因素。真空中的电弧是由触头电极蒸发出来的金属蒸气形成的,具有很强的扩散能力,因而电弧电流过零后触头间隙的介质强度能很快恢复起来,使电弧迅速熄灭。目前真空断路器已得到广泛应用。

任务十一　低压电气设备

一、刀开关

(一) 刀开关概述

低压刀开关用于不频繁接通和分断低压供电线路,还可用作隔离电源,以保证检修人员的安全。另外,还可用于小容量鼠笼式异步电动机的直接启动。

刀开关的种类很多。按极数可分为单极、双极和三极;按动触刀的转换方向可分为单掷和双掷;按操作方式可分为直接手柄操作式和远距离连杆操作式;按灭弧情况可分为有灭弧罩和无灭弧罩等。

(二) 刀开关的使用注意事项

(1)安装时,刀开关在合闸状态下手柄应该向上,不能倒装或平装,以防止闸刀松动落下时误合闸。

(2)电源进线应接在静触头一边的进线端(进线座应在上方),用电设备应接在动触头一边的出线端。这样当开关断开时,闸刀和熔体均不带电,以保证更换熔丝时的安全。

(3)刀开关应按照产品使用说明书中规定的分断负载能力使用,分断严重过载将会引起持续燃弧,甚至造成相间短路,损坏开关。

二、低压断路器

(一) 低压断路器概述

低压断路器是指能接通、承载及分断正常电路条件下的电流,也能在规定的非正常电路条件(过载、短路)下接通、承载一定时间和分断电流的开关电器,也称自动空气开关。它是一种具有失电压、过载和短路等多种保护功能的开关电器,可用来控制线路及不频繁启动的电动机。

低压断路器的结构如图 6-20 所示,由触头系统、脱扣器、操动机构、灭弧装置等组成。

(1)触头系统:包括主触头和辅助触头。

(2)脱扣器:可以实现断路器的各种保护功能。过电流脱扣器利用短路时电流增大的特点实现短路保护;热脱扣器则利用过载电流热效应实现过负荷保护,一般为双金属片结构,当电流超过额定值时热元件发热使双金属片变形而导致断路器分闸;当电源电压低

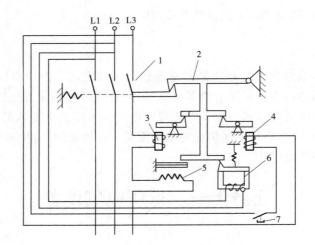

1—主触头;2—自由脱扣机构的锁扣;3—过电流脱扣器;4—分励脱扣器;

5—热脱扣器;6—欠电压脱扣器;7—按钮

图6-20 低压断路器的结构

于某一规定数值或电路失压时失压或欠电压脱扣器动作,使低压断路器分断;采用半导体式脱扣器后,可实现过载长延时、短路短延时、特大短路瞬时动作保护等保护功能;另外,分励脱扣器用于远距离控制低压断路器分闸,对电路不起保护作用。

(3)操动机构:包括传动机构和自由脱扣机构。其作用是手动或电动操作触头的合、分,在出现过载、短路时可以自由脱扣。

(4)灭弧装置:作用是吸引开断大电流时产生的电弧,使长弧被分割成短弧,通过灭弧栅片的冷却,使弧柱温度降低,最终熄灭电弧。

(二)低压断路器的结构类型

低压断路器主要分类方法是以结构形式分类,即分为开启式和装置式两种。开启式又称为框架式或万能式,装置式又称为塑料壳式。

1. 装置式低压断路器

装置式低压断路器有绝缘塑料外壳,内装触点系统、灭弧室及脱扣器等,可手动或电动(对大容量断路器而言)合闸,并有较高的分断能力和动稳定性,有较完善的选择性保护功能,广泛用于配电线路。

目前常用的有 DZ15、DZ20、DZX10(限流型)和 C65N 等系列产品。

2. 框架式低压断路器

框架式低压断路器一般容量较大,具有较高的短路分断能力和较高的动稳定性,适用于交流 50 Hz、额定电压 380 V 的配电网络中作为配电干线的主保护。

框架式低压断路器主要由触点系统、操作机构、过电流脱扣器、分励脱扣器及欠压脱扣器、附件及框架等部分组成,全部组件进行绝缘处理后装于框架结构底座中。

目前我国常用的有 DW、ME、AE、AH 等系列的框架式低压断路器。

3. 智能化断路器

智能化断路器的特征是采用了以微处理器或单片机为核心的智能控制器(智能脱扣

器），它不仅具备普通断路器的各种保护功能，同时还具备实时显示电路中的各种电气参数（电流、电压、功率、功率因数等），对电路进行在线监视、自动调节、测量、试验、自诊断、可通信等功能，能够对各种保护功能的动作参数进行显示、设定和修改，保护电路动作时的故障参数能够存储在非易失存储器中以便查询。

（三）低压断路器的使用注意事项

（1）必须按照规定的方向安装，否则会影响脱扣器动作的准确性及通断能力。

（2）安装要平稳，否则塑料壳式断路器会影响脱扣动作，而抽屉式断路器则可能影响二次回路连接的可靠性。

（3）安装时应按规定在灭弧罩上部留有一定的飞弧空间，以免产生飞弧。对于塑料壳式断路器，进线端应包200 mm长的绝缘物，有时还应在进线端的各相间加装隔弧板。

（4）电源进线应接在灭弧室一侧的接线端，接至负载的出线应接在脱扣器一侧的接线端，并选择合适的连接导线截面，以免影响过流脱扣器的保护特性。

（5）塑料壳式断路器的操动机构在出厂时已调试好，拆开时操动机构不得随意调整。

（6）带插入式端子的塑料壳式断路器，应装在金属箱内（只有操作手柄外露），以免操作人员触及接线端子而发生事故。

（7）凡设有接地螺钉的断路器，均应可靠接地。

三、接触器

接触器是一种自动控制电器，可以实现远距离接通和断开主电路，允许频繁操作。它工作可靠，还具有零压保护、欠压释放保护等作用。接触器是电力拖动自动控制系统中应用最广泛的电器之一。

（一）接触器的类型

接触器按其线圈通过电流种类不同，分为交流接触器和直流接触器。按电压等级分为380 V和220 V两种。

（二）接触器的使用注意事项

（1）接触器的额定电压应大于或等于负载回路的额定电压。主触点的额定电流应大于或等于负载的额定电流。在频繁启动、制动和正反转的场合，主触点的额定电流要选大一些。

（2）根据所控制对象电流类型来选用交流或直流接触器。

（3）接触器安装前应检查产品的铭牌及线圈上的数据（如额定电压、电流、操作频率和负载因数等）是否符合实际使用要求。

四、低压熔断器

（一）低压熔断器的种类及型号

低压熔断器的种类很多：按结构形式，可分为螺旋式、插入式、管式及开敞式、半封闭式和封闭式等；按有无填料，可分为有填料式和无填料式；按工作特性，可分为有限流作用和无限流作用；按熔体的更换情况，可分为易拆换式和不易拆换式等。

低压熔断器的型号含义：

口口口口-口

第一位:R 表示是熔断器。

第二位:C—瓷插式;L—螺旋式;M—熔体密封;T—熔管内有填料;S—快速熔断;X—报警信号。

第三位:设计序号。

第四位:熔断器额定电流(A)。

例如,RM10-600 表示额定电流 600 A、设计序号为 10 的无填料密闭管式熔断器。

(二)低压熔断器的使用注意事项

(1)采用熔断器保护时,在线路分支处应加装熔断器。熔断器应装在各相线上,单相线路的中性线也应装熔断器,但在三相四线回路中的中性线上不允许装熔断器。采用接零保护的零线上严禁装熔断器。

(2)熔断器应垂直安装,以保证插刀和刀夹座紧密接触,避免增大接触电阻,造成温度升高而发生误动作。有时因接触不良还会产生火花,干扰弱电装置。

(3)更换熔体时,一定要先切断电源,不允许带负荷拔出熔体,特殊情况也应当设法先切断回路中的负荷,并做好必要的安全措施。要用与原来同样规格及材料的熔体,如属负荷增加,应据此选用适当熔体,以保证动作的可靠性。

五、典型低压控制电路

三相异步电动机正反转控制电路原理接线如图 6-21 所示。

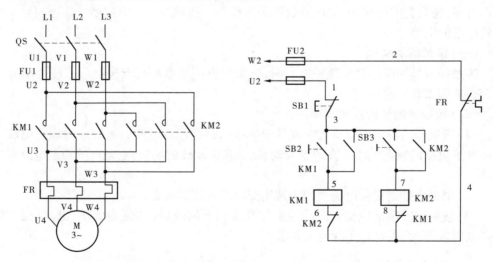

图 6-21 三相异步电动机正反转控制电路原理接线图

思考题

1.什么叫一次设备、二次设备?

2.电流互感器、电压互感器的工作原理是什么?使用中要注意什么?

3. 断路器的结构、作用是什么？如何进行分类？

4. 隔离开关的结构、作用是什么？如何进行分类？

5. 母线、绝缘子在电路中的作用是什么？

6. 避雷器由哪几部分组成？有哪几种？

7. 常用的低压电气设备有哪些？结构及作用是什么？

8. 电弧是如何形成的？常用的灭弧方法有哪几种？

项目七

泵站辅助设备

任务一　油系统

一、油的种类及作用

油的种类很多,这里只叙述泵站的机组用油,大体可分为润滑油和绝缘油两大类。

(一)润滑油

(1)透平油。有 HU-22、HU-30、HU-46、HU-57 四种,主要供给油压装置、主机轴承、油压启闭机等。

(2)机械油。有 HJ-10、HJ-20、HJ-30 三种,主要用于辅助设备轴承、起重机械和容量较小的主机组润滑。

(3)压缩机油。有 HS-13 和 HS-19 两种,供空气压缩机润滑用。

(4)润滑油脂(黄油)。供滚动轴承润滑用。

(二)绝缘油

(1)变压器油。有 DB-10、DB-25、DB-45 三种,供变压器和互感器用。

(2)开关油。有 DU-10、DU-45 两种,供断路器用。

(3)电缆油。有 DL-38、DL-66、DL-110 三种,供电缆用。

泵站用量较大的是透平油(又称汽轮机油)和绝缘油(又称变压器油)。

(三)油的作用

1.透平油的作用

(1)润滑。油在轴承间或滑动部分形成油膜,以润滑油的液体摩擦来代替固体间的干摩擦,减小设备的发热和磨损,延长设备的使用寿命,保证设备的安全运行。

(2)散热。机组转动部件因摩擦所产生的热量,会使油和设备的温度升高。润滑油在对流作用下,可将这部分热量传导给冷却水。

(3)传递能量。全调节泵叶片角度的调节和一些流道闸门的启闭(如液压启闭机)、顶机组转子等都是由透平油传递能量的。

2.绝缘油的作用

(1)绝缘。由于绝缘油的绝缘强度比空气大得多,用油作为绝缘介质可以提高电气设备运行的可靠性,缩小设备尺寸。

(2)散热。变压器因线圈通过电流而产生热量,此热量若不能及时排出,温升过高将会损害线圈绝缘,甚至烧毁变压器。绝缘油可以吸收这些热量,再经冷却设备将热量传给水或空气带走,保持温度在一定的允许值内。

(3)消弧。当断路器切断电力负荷时,在触头之间产生电弧,电弧的温度很高,如不设法将电弧消除,就可能烧毁设备。此外,电弧的存在,还可能使电力系统发生振荡,引起过电压击穿设备。

在受到电弧作用时,油发生分解,产生约 70% 的氢。氢是一种活泼的消弧气体,它在油液被分解过程中,从弧道中带走大量的热,同时也直接钻入弧道,将弧道冷却,限制弧道分子离子化,并使离子结合成不导电分子,使电弧熄灭。

二、油的劣化与净化处理

(一)油劣化的原因

油在运行或储存过程中,会因潮气侵入而产生水分,或因运行中的各种原因而出现杂质,酸价增大,沉淀物增多,从而使油的性质发生变化,将这种变化称为油的劣化。油劣化的根本原因是油与空气中的氧发生作用,油被氧化了。使油加速氧化的因素有以下几个方面。

1. 水分

水使油乳化,促进油的氧化,增加油的酸价和腐蚀性。水分进入油的途径有:油在放置过程中能吸收空气中的水分;设备连接处不严密、漏水或油冷却器破裂漏水;油冷却器有砂眼,水会渗入油中;变压器和贮油罐的油呼吸器中干燥剂失效也会带入空气中的水分;在油的操作系统中也可能混入水分。

2. 温度

油温升高,吸氧速度快,会加速氧化,因此油劣化得快。

3. 空气

空气中的氧和水气引起油的氧化,空气中的沙粒和灰尘将增加油中的机械杂质。

4. 天然光线

天然光线中的紫外线促使油质劣化。试验表明:经天然光线照射后的油,再转到避光处,油的劣化仍继续进行。

5. 电流

机组运行中产生的轴电流会使油分解劣化,使油的颜色变深,并生成油泥沉淀物。

6. 其他因素

如金属的氧化作用,检修后清洗不彻底,贮油设备用的油漆不合适而产生锈蚀,不同型号的油混合等。

针对上述因素可采取相应的措施,如:防止设备漏水至油中;加强油呼吸器的维护;保持设备的正常工况,使油和设备不至过热;减少油与空气接触,防止形成泡沫;避免阳光直射贮油罐;在机组轴承中采用绝缘垫防止轴电流;采用正确的清洗方法与选用合适的油漆等。但是,在长期运行过程中,油的性质仍会改变,需要采用油的净化处理方法,才能恢复油原来的特性。

(二)油的净化处理方法

1. 澄清

当油在油槽(或桶)内长期处于静止状态时,比重较大的水和机械杂质便沉淀到底部。这种方法设备简单、便宜、方便,对油没有伤害;但时间长,净化不完全,酸质和可溶性杂质不能除净。

2. 压力过滤

利用压力滤油机把油加压,通过具有能吸收水分和阻止一切机械杂质通过的过滤层(常用的是滤纸)进行过滤,使油质净化。这是泵站常用的净化处理方法。

压力滤油机由齿轮油泵、滤清器、安全阀、回油阀、油样阀、压力表、滤床(包括滤板、滤纸、油盆等)、支架、弹性联轴节及电动机等部件组成。被过滤的油从进口吸入,经粗滤器除去较大颗粒杂质,再进入齿轮泵,受挤压迫使其经滤床,渗过滤纸,从而除去水分和杂质,然后从出油管流出。

3.真空分离

油和水的沸点不同,而沸点又与压力大小有关,压力增大,沸点升高;压力减小,沸点降低。真空滤油机就是把具有一定温度(50~70 ℃)的油,压向真空罐内,再经过喷嘴扩散成雾状。此时油中的水分和气体在一定温度和真空下汽化,形成减压蒸发,油与水分和气体得到分离,再用真空泵经油气分离板,将水蒸气和气体抽吸出来,达到从油中除水脱气的目的。

三、油系统的任务及其组成

油系统

由管网连接的用油设备和贮油设备及控制阀件等组成的油系统,应能保证泵站用油设备运行的可靠性和延长设备运行时间,减少运行费用,并给泵站提供良好的运行条件。

(一)油系统的任务

泵站油系统的任务有如下几个方面:

(1)接收新油。从仓库或采购运来的新油,应按绝缘油和透平油的标准进行化验。

(2)贮备净油。做正常损耗补充,满足事故处理需要。

(3)给设备注油。新机组大修后,机组注油或更换劣化油。

(4)对正常运行的机组添油。

(5)检修机组时排油。

(6)对油的监督和维护。一是对新油进行化验分析,鉴定是否符合国家标准;二是对运行中的油进行定期化验,观察油槽中油位变化、油的颜色等;三是对库存油进行监督和维护,入库油要化验并记录,保证贮油设备清洁,库区要防止强光照射、防潮、保持适当温度等。

(7)对贮油设备进行检修和清洗。

(二)油系统的组成

1.润滑油系统

(1)推力轴承润滑。推力轴承担负着整个机组转动部件和水的重量及轴向推力,大多采用刚性支柱式。推力头和主轴紧密配合在一起转动,推力头把转动部分的荷重通过镜板直接传给推力轴瓦,然后经托盘、抗重螺栓、底座、推力油槽、机架最后传给混凝土基础。

镜板和推力轴瓦,无论在停机或运转状态,都是被油淹没的。由于推力轴瓦的支点和其重心有一定的偏心距,所以当镜板随同机组旋转时,推力轴瓦会沿着旋转方向轻微地波动,从而使润滑油顺利地进入镜板和推力轴瓦之间,形成一个楔形油膜,这样增强了润滑和散热作用。

停机时机组转动部件的荷重通过镜板紧紧压在推力轴瓦上,时间越长,镜板和推力轴瓦之间的油膜被挤得越薄,甚至干燥无油膜。因此,停机时间越长的机组,在下次开机前,必须用高压油顶起制动器,从而顶起机组的转动部分3~5 mm,让油重新进入镜板与推力轴瓦之间的间隙,重新形成油膜,然后开机。一般规定,停机48 h均需顶车。

(2)电动机上、下导轴承的润滑。大轴和轴颈一起转动时,弧形导轴瓦分块分布在轴颈外的圆周上,大轴转动时的径向摆动力由轴颈传给导轴瓦、支柱螺栓、油槽、机架。

停机时,油淹到支柱螺栓的一半。机组运行时,轴颈随着一道转动,一方面把因摩擦而产生的热传给油,热油也随之做圆周运动,另一方面由于导轴瓦和轴颈的间隙经常变化,造成一定的负压,使油槽中心部分的冷油,经挡环和轴颈内圆之内隙而上移,再经轴颈上导油孔喷射到导轴瓦面上,使热油和冷油形成对流,起到润滑和散热作用。

(3)水泵导轴承润滑。水泵导轴承有橡胶轴承和稀油筒式轴承等几种。橡胶轴承是用一定压力水润滑或直接在水中自行润滑,因其抵抗横向摆动能力较差,所以时间不长其间隙就增大,若不及时更换,将影响机组摆度。

稀油筒式轴承用巴氏合金浇铸、稀油润滑,因长期浸在水中,依靠密封装置将油与水分开。水泵导轴承的油存储在转动油盆和固定油盆内,油的循环依靠大轴带动转动油盆旋转,使油盆内的油产生动能,受离心力驱使,形成中间低、边缘高的抛物线状,经毕托管上升到固定油盆后,再返回转动油盆循环使用。还有一种采用60°螺旋槽式,经60°的螺旋槽,先润滑轴和轴承,再上升到固定油盆内,经回油管,返回转动油盆循环使用。

水泵导轴承的密封装置在一定时间运行后,可能因变形、老化、损坏而漏水,当发现水泵导轴承浸水和有泥沙侵入时(可检查转动油盆中的油即知),必须停机修理,防止磨坏轴颈和水泵导轴承。

2. 压力油系统

压力油系统是用来传递水泵叶片调节机构所需能量的系统,它主要由油压装置、调节器和叶片角度调节装置等组成。

(1)油压装置。油压装置主要由回油箱、压力油箱、电动油泵及管道、阀门等组成,大部分部件都安装在回油箱顶盖上。回油箱呈矩形,用钢板焊成,内贮一半无压透平油。油箱内由钢丝滤网分割,一边是回收的脏油,一边是滤过的干净油。箱盖上装着油压装置的大部分部件,其中两台螺杆或齿轮油泵互为备用,工作时从回油箱中将清洁油打入压力油箱,向叶片调节系统送压力油。用过的油经操作管回到回油箱的脏油区,过滤再用。油泵至压力油箱管路上装有安全阀,以保安全。

压力油箱为封闭式圆筒形,用钢板焊成,贮存压力油,按承受压力定壁厚。筒上装透明油位计、压力表等,并由管道与油泵和高压压缩空气连接。筒内贮油1/3左右,另2/3充满压缩空气。工作时,压力油从压力油箱中送到叶片调节系统。油位高时,要补充压缩空气,油位低时,则用空气阀放出多余的压缩空气,但压力要保证在工作压力范围之内,压力表就是监视油压的。电接点压力表不但监视油压,而且能自动控制油泵启动,以保持压力。

压力油箱是高压容器,必须经检验合格后方可使用。

油泵常用的是螺杆油泵和齿轮油泵,是油压装置的心脏,担负着将无压力油加压输送到压力油箱的任务。压力油箱附件,包括逆止阀、安全阀、压力信号装置、压力表、滤网等。

油压装置的回油箱内的干净油经油泵吸入,经连接管、逆止阀、连接弯管、截止阀、输油管送到压力油箱,压力油箱与压力油系统母管相接,由支管送往每台机组,经截止阀进入受油器,受油器的回油均通向回油母管,流向回油箱,经滤网过滤后继续使用。

压力油箱内贮存有压缩空气,箱上装有四只电接点压力表。在主机组运行过程中,压力油箱向机组叶片调节装置供油,油压逐渐下降。当降到正常工作压力下限值时,第一只电接点闭合,使工作油泵启动,向压力油箱补油。当压力升到正常工作压力上限值时,电接点断开,使工作油泵停止运转。当工作油泵发生故障,油箱内压力继续下降到低于正常工作压力下限值时,第二只电接点压力表接通,备用油泵启动运转。在特殊情况下,若压力油箱压力到下限值时仍继续下降或到上限值时仍继续不停地上升,油泵未能切断,继续运转,此时,第三只电接点压力表发出压力过低或压力过高的信号,通知值班人员处理。第四只为备用。

回油箱中有油位信号指示器,亦可发出油位过低或油位过高的信号。回油箱的正常油位一般为容器的50%~60%。正常情况下,压力油系统在工作过程中耗油量是不大的。

油压装置必须满足下列要求:

使用的透平油应清洁无水分、杂质等。吸入油泵的油要经过过滤,滤网要定期清洗,尤其要注意金属粉末和机械杂质,防止磨损配压阀等精密部件。

一般选用22号或30号透平油,尽量与机组润滑油系统一致。油泵出油口必须装有安全阀、溢流阀。

与压力油箱连接的管道应安全可靠,各部件的性能也应灵敏。

(2)调节器。调节器由受油器、配压阀、操作机构三部分组成。也有把配压阀及本体合称为受油器,承担调节叶片的功能。

(3)叶片角度调节装置。全调节水泵叶片的调节,是通过叶片调节机构进行的。叶片与连杆一起,装在转子体内,操作架上下移动,通过拐臂、连杆使叶片转动,达到改变叶片安放角度的目的。

3. 顶转子及刹车制动系统

此系统主要是制动器装置。制动器一般均由电动机生产厂配套供货,泵站安装只需设计油路、气路的连接及向制动器装置提供压力油和压缩空气。

(1)顶转子。机组停止后,推力轴瓦与镜板之间的油膜逐渐失去,按规定要求,停机48 h(有的是24 h)再启动必须再顶起转子,使推力轴瓦与镜板之间重新进油形成油膜。否则,有可能损坏轴瓦,增加启动力矩使启动困难。顶起的方法是利用高压油泵或手动高压油泵向制动器的活塞下腔内输送高压油,活塞上升使制动环顶起电动机转子,让镜板与推力轴瓦脱开,一般为3~5 mm。润滑油进入瓦面,然后停止泵油,过一定时间后,将制动器内压力油放出,电动机转子落下,制动器复位,并与转子下部制动环脱离,有一定间隙。没有顶转子装置的机组,启动前可用千斤顶完成这一任务。

(2)制动。机组在停止运转过程中,由于流道中水流的惯性力,机组维持一定时间的惰转,由于惰转时转速慢慢下降,延续的时间较长,容易破坏镜板与推力轴瓦之间的油膜,特别是单向进油的推力轴瓦,不允许长时间的低速惰转或倒转。因此,要利用制动器装置输入一定压力的压缩空气(压力按厂家要求或运行需要而定)顶起制动块,顶牢电动机转子下面的制动环,产生较大的制动转矩使惰转的转子很快地停止旋转。一般在机组停机后,转速降到额定转速的 1/3 时,立即输入压缩空气以制动。

(3)顶转子及刹车制动系统。电动机的下机架上装了四只制动器,制动器的活塞下腔接到高压油管和压缩空气的管道上,通过截止阀和电磁阀的动作,使制动器按人为控制分别执行顶转子或刹车制动的动作。顶转子是将整个转动部分的重量全部支承起来,所需压力较大,由高压油泵或手动高压油泵提供高压油。在高压油泵的出口处装溢流阀、安全阀及压力指示装置,保证输油安全。刹车制动时,是将制动器与压缩空气管道接通,向制动器输送一定压力的压缩空气,刹住正在惰转的转子。

任务二　气系统

空气具有压缩性。由于压缩空气使用方便,易于贮存和输送,利用它作为介质传递能量已在泵站中得到广泛的应用。

一、压缩空气的用途

(1)向油压装置的压力油箱补给一定数量的压缩空气,以便贮备能量供给机组调整叶片角度,工作压力有 25 kg/cm² 和 40 kg/cm² 两种,根据设计需要而定。

(2)机组停机时,供给制动器装置的压缩空气,用于缩短停机时惰转时间。

(3)供给虹吸式出水流道上真空破坏阀动作的动力,保证停机后虹吸式出水流道断流。

(4)供给站内电动工具检修时,用于吹扫、清洁及其他用气等。

(5)供给变电站配电装置(空气断路器、气动隔离开关等)用气。

二、气系统的组成

气系统包括空气压缩机(简称空压机)、分离器、贮气罐、安全阀及控制指示仪表等。

气系统

(一)空气压缩机

泵站常用的是活塞式压缩机,它由机座、汽缸、活塞、连杆、配气阀、飞轮等主要部件组成。

(二)贮气罐

贮气罐具有双重作用。一方面,在空气压缩机工作时,可以消除气体在系统中所产生的压力波动现象,起稳压作用;另一方面又能贮存压缩空气。当压缩空气足够使用时,空气压缩机就可停止工作。贮气罐应设置安全阀、压力表计及排泄阀等。

(三)油水分离器

油水分离器主要由内体、外体两部分构成。内体中装有若干个小白瓷组成的过滤罩,使气体流动方向不断改变,促使油水从气体中分离出去。

(四)气水分离器

因为空气中含有大量水分,进入压缩机后,使压缩空气中也含有许多水分。其中一部分以水汽形式进入各管路中,使管路和设备锈蚀。因此,在空气压缩机与贮气罐之间装设有气水分离器。空气进入气水分离器后,由于绕流而使水离析出来,以便排除。

(五)管道

(1)压力管道。压缩机的空气管道由连接汽缸、冷却器和油水分离器的管子组成。

(2)冷却水管道。冷却水管道由一定直径的黄铜管组成,它将冷却水泵、冷却器和汽缸套连接起来。

三、气系统的分类

压缩空气系统根据其空气压力大小,分为高压气系统和低压气系统。

(一)高压气系统

高压气系统包括高压空压机、高压贮气罐和气水分离器等。高压气系统的压力一般为 2.5~3.0 MPa,如泵站内油压装置用气。

(二)低压气系统

低压气系统有机组制动、真空破坏阀用气及吹扫等用途。

1.机组制动用气

当水泵机组停机时,在跳闸断流以后,机组还需旋转一段时间才会完全停止下来。这种较长时间的低速运转,将使推力轴承润滑情况严重恶化,甚至因干性摩擦损坏轴瓦。因此,要用由压缩空气操作的制动闸对电机进行制动。为避免制动过程的过度发热和消耗过多的压缩空气,一般在电机转速下降到额定转速的 30%~35% 时加闸制动,连续制动 2 min 左右然后撤除,制动气压常为 0.5~0.7 MPa。

制动闸除用于制动外,也可同时作为顶车——启动前抬高转子之用。因长时间停机后,推力轴承的油膜可能被破坏,故在开机前要将转子抬起,使形成油膜。顶起转子一般是用移动式高压油泵,将油压加到 8~12 MPa,由制动闸将转子抬起 10~20 mm。

制动闸还可当作液压千斤顶,供机组检修安装时使用。

2.真空破坏阀用气

气动真空破坏阀的阀体为气动平板阀,其主要结构由阀座、阀盘、汽缸、活塞、弹簧等部件组成。压缩空气通过电磁空气阀进入汽缸活塞的下腔,将活塞顶起,活塞带动活塞杆拉起阀盘向上运动,于是真空破坏阀开启。阀的顶部装有限位开关,以此发出电信号通知值班人员。停机完成以后,当虹吸管内的空气接近常压时,阀盘、活塞杆及活塞等运动部件靠自重及弹簧力自行下落关闭。

3.其他用气

大型泵站其他用气部位的压缩空气消耗量为:

气动工具:0.7~2.6 m³/min;

设备吹尘:1~3 m³/min。

均已折算成自由空气。

任务三　水系统

泵站的水系统,分为供水系统和排水系统两大类。供水包括技术供水(也称生产供水）、消防用水和生活用水。排水主要是排除机组运行、检修期间各种废水、机械封水部分漏水、水工建筑物渗水，以及调相运行时进水流道、泵室内积水等。

水系统

一、供水系统

供水系统由水源、管网、用水设备及量测控制元件等组成。供水系统主要是供给机组的冷却水、润滑水、机组检修后主泵进水管的充水以及有关辅助设备的用水，用水量大，约占整个系统供水量的85%。其次是供给机房和设备的消防、清洗和生活用水，水量少，约占整个系统供水量的15%。

（一）供水对象

1. 发电机空气冷却器

发电机运行时将产生电磁损耗和机械损耗，这些损耗转变为热量，使铁芯和线圈发热，导致绝缘老化，影响发电机出力，甚至发生事故。因此，运转中的发电机必须加以冷却，将热量散发出去。通过设置在发电机定子外围的空气冷却器，将热量传给冷却器中的冷却水并带走。

2. 推力轴承及导轴承油冷却器

机组运行时轴承处产生的机械摩擦损失，以热能形式积聚在轴承中。由于轴承浸在透平油中，热量由轴承传入油中，油温高会影响轴承的寿命及机组的安全运行，并加速透平油的劣化。因此，必须将油加以冷却并将热量带走。轴承油槽内油的冷却方式有内部冷却与外部冷却两种，内部冷却即将冷却器浸在油槽内，通过冷却器中的冷却水来冷却油并将热量带走；外部冷却则将润滑油用油泵抽到外面的专用油槽中，利用冷却器进行冷却，再把冷却后的油送回各轴承油槽中。

3. 水冷式变压器的冷却

变压器的冷却方式有油浸自冷式、油浸风冷式与内部水冷式、外部水冷式等。内部水冷式变压器的冷却器装置在变压器的绝缘油箱内，用水来冷却绝缘油。外部水冷式为强迫油循环水冲式，即利用油泵将变压器油箱内的油送至专用设备中，用油冷却器的冷却水来冷却变压器油。这种方式提高了散热能力，可使变压器的尺寸缩小，便于布置。

4. 水冷式空压机的冷却

空气被压缩时会产生大量的热，为了降低压缩空气的温度，提高生产力，需要对空压机的汽缸进行冷却。空压机的冷却方式有水冷式和风冷式两种，水冷式即在汽缸周围的水套中通以冷却水，将热量带走，大容量空压机多采用水冷式。

5. 水轮机导轴承的润滑与冷却

水轮机导轴承简称水导，用于承受由主轴传来的径向力和振动力，并固定机组的轴线位置。水导在运行中须注意的两个问题为轴承过热与磨损。水导轴承的温度过高会发生烧毁轴瓦事故；轴承磨损将使间隙增大，引起机组的摆动，使振动值增大，影响机组运行质量，降低轴承的使用寿命。

立式机组的水导轴承有稀油润滑自循环分块瓦式、稀油润滑筒式及水润滑橡胶导轴承三种形式。前两种形式的水导轴承与上述采用油润滑、水冷却方式的推力轴承，上、下导轴承相似；水润滑的水导轴承对水质及供水的可靠性要求较高，由于橡胶瓦或尼龙瓦的传热性较差，一旦供水系统断流即会烧瓦。因此，对于水润滑橡胶（尼龙）导轴承，在技术供水系统中，除有清洁的主水源外，还必须有可靠的备用水源。当主水源断流时，由示流信号器动作，立即投入备用水源，并发出信号。若经过一段时间仍无水流，则作用于停机。

水润滑橡胶（尼龙）导轴承的结构简单，运行可靠，安装检修方便，因此在水库水质比较清洁的电站中得到广泛应用。

（二）用水设备对供水的要求

用水设备对供水系统的水量、水压、水温、水质有一定的要求，原则上是水量足够，水压合适，水温适宜，水质良好。

1. 水量

水泵机组总用水量为电动机空气冷却器的用水量、推力轴承油冷却器的用水量与各导轴承（油）冷却器的用水量之和。

2. 水压

进入冷却器的冷却水，应有一定的水压，以保持必要的流速和所需的水量。机组各冷却器的进口水压一般不超过 2×10^5 Pa（或 200 kPa），主要是受到制造厂冷却器铜管强度的限制，各冷却器进口水压的下限则取决于冷却器内部压降及排水管路的水头损失。

3. 水温

技术供水的水温一般按夏季经常出现的最高水温考虑，水温与水源、取水深度及各地气温等因素有关。制造厂通常以进水温度 25 ℃作为设计依据。

试验表明：水温高冷却效果差，若冷却水温增高 3 ℃，则冷却器的高度将增加 50%，当水温超过设计温度时，发电机便无法发足出力；但是冷却水温过低也不行，会使冷却器的冷却水管外凝结水珠。一般要求进口水温不低于 4 ℃，而且冷却器进、出口水的温差不能太大，若沿管长水的温度变化太大，则温度应力会造成管道裂缝、漏水。一般要求温差为 2~4 ℃。

4. 水质

水电站的技术供水，不论是取自地面水还是地下水，总会有各种杂质。用水设备对水质的一般要求如下：

（1）水中不含漂浮物，如杂草、碎木等，以免堵塞冷却器管道。

（2）水中总的含沙量不宜大于 5 kg/m³，对多泥沙河流要特别注意防止水草与泥沙混杂堵塞管路。水润滑的水导轴承与主轴密封的润滑水，对含沙量的要求更高。

（3）为了不形成水垢，要求冷却水应是软水。暂时硬度大的水，在温度较高时易形成水垢，降低水管的过水能力；永久硬度大的水，在高温时的析出物会腐蚀金属，形成带有胶性的水垢，坚硬难除并易引起阀门黏结。

（4）为了防止管道与用水设备的腐蚀，要求水的活性反应为中性（pH＝7）。pH>7 为碱性反应，pH<7 为酸性反应。pH 值过大或过小都会腐蚀金属，产生沉淀物堵塞管道。

（三）水源及供水方式

1. 水源

供水设备的取水水源有进水池取水、排水廊道取水、出水池取水或其他水源。较常采用的是进水池取水的方式,因为在布置上比较紧凑,所有管道较短。

现在不少泵站采用水质好、水温低的地下水源作为第二水源,用深井泵汲取地下水送至水塔蓄水池,然后供给生活用水、厂内消防用水、主泵的密封润滑水和空压机的冷却水。

2. 供水方式

大型泵站的供水方式有两种。一种是水泵直接供水方式,就是由供水泵直接向管网中供水,来保证水系统的水压和水量;另一种是水泵间接供水,供水泵向水塔供水,再由水塔通过供水干管、支管向机组提供冷却润滑水。

在直接供水中又有单元供水与联合供水之分。凡每台主泵配有专用供水泵和独立的管路系统的称为单元供水。也可采取全站统一的管网和若干台并联的供水泵,供水泵只负责向管网送水,然后由管网的干管、支管分送到各台主泵,这称为联合供水。

二、排水系统

泵站在运行、调相及检修过程中,需要及时排除泵房内各种积水,其中一部分可自流排出泵房外,大部分汇集到排水廊道,然后用排水泵排出。

(一)排水对象

按照不同的排水特征,排水对象分为下列三类。

1. 生产用水的排水

此类排水量较大,排水设备位置较高,通常能自流排出。主要有:

(1)大型同步电动机空气冷却器的冷却水。

(2)大型同步电动机轴承油冷却器的冷却水。

(3)稀油润滑的主泵导轴承油冷却器的冷却水。

(4)采用橡胶轴承的主泵导轴承的润滑水。

(5)水环式真空泵和水冷式空气压缩机用水等。

2. 渗漏排水和清扫回水

此类排水量不大,排水设备位置较低不能自流排出。主要有:

(1)泵房水下土建部分渗漏水。

(2)主泵轴承密封漏水。

(3)主泵填料漏水(包括叶轮外壳缝和出水管漏水)。

(4)滤水器冲洗污水,气水分离器及贮气罐废水。

(5)其他设备及管道法兰漏水。

根据这些排水的特征,应采用集水井或排水廊道将上述排水汇集起来,然后用泵排出。

3. 检修和调相排水

其排水量很大,高程很低,需用水泵排水,而且要求在短时间内排出。主要有:

(1)水下部分积水:进水流道和泵室的,有时还包括出水流道内的。

(2)闸门漏水:进水闸门的,有时还包括出水闸门的。

(二)排水系统的任务

泵站排水系统的任务,就是及时可靠地排出以上废水,以保证机组水下部分的检修,保证机组正常运行,保证泵房内部无积水,避免泵房长期潮湿而使设备锈蚀。根据泵站的运行情况,可从以下四种工况进行分析:①抽水;②调相;③检修;④停机。现将各种工况下的排水情况汇总如表7-1所示。

表7-1 各种工况下的排水情况

序号	排水类别	机组工作情况			
		运行期		非运行期	
		抽水	调相	检修	停机
1	泵房渗漏水	有	有	有	有
2	辅助设备的渗漏水	有	有	有	有
3	清扫回水	有	有	有	有
4	主泵密封漏水	有			有
5	主泵填料漏水	有			有
6	泵体进水流道积水		有	有	
7	检修闸门漏水		有(全部调相机组)	有(部分检修机组)	
8	冷却润滑水		少量		

任务四　泵站的断流装置

在排灌泵站中,特别是在一些以排洪为主的排涝泵站中,为了防止泵运行后停机时水倒流入机组,必须采用断流装置。常用的断流装置有拍门、快速闸门和真空破坏阀等。

一、拍门断流

拍门断流是大、中、小型泵站直管式出水流道使用最多的一种方式。它具有结构简单、管理方便、造价便宜、运行可靠等优点。现简介常用的几种。

(一)自由式拍门

所谓自由式拍门,就是没有控制设备的拍门。机组启动时,拍门靠水流冲开,停机时,借自重和倒流水压力关闭。运行过程中都是在水中自由浮动。由于拍门本身的自重,其开启角随着淹没于水中的深浅,忽大忽小,过流断面不定,水流受了一定阻力,产生水头损失,影响效率(但很小)。

(二)带平衡锤的拍门

为了增加拍门的开启角,减小水流阻力与能源损失,加平衡锤是个简易的办法。

加平衡锤的拍门,开启角度加大,可减小损失,但停机时,因起始角加大,延长拍门关闭时间,这样必然加大最后关闭时的角速度,所以会增加拍门关闭时的撞击力。

(三)多扇组合式拍门

为了增大拍门的开启角,把拍门分成若干个小块,构成多扇组合的拍门。这种组合式的拍门,因每扇拍门较小,倒流水对每块小拍门的作用力也小,从而撞击力也就小,但在实际运行中,通过每扇小拍门的水流量并不多,所以拍门开启角增加不大。同时由于加设支承隔梁,加之各小拍门开启角度不一样,水流紊乱,有一定的振动。

(四)机械平衡液压缓冲式拍门

当水泵启动后,水流将拍门冲开,然后由启闭机将拍门吊平,并锁定,这样可以大大地减少拍门的水头损失。当突然停机时,锁定释放装置上的电磁铁断电,钢丝绳上的连接叉头自动脱钩,拍门关闭。在关闭的最后瞬间,液压缓冲装置发挥作用,从而减小了拍门的撞击力。

(五)带锁紧装置的双铰式拍门

这种拍门分上下两节,中间用铰链连接,下节比上节小。这样在水泵启动时,下节容易冲开。双铰式拍门上下两节相对开启角不超过10°,能使水流平顺。在上节门两边柱上装有限位板,限制下节门继续开大。下节门冲开后,将拍门拉平并锁紧,事故停机时,释放机构自动打开,拍门关闭。

(六)油压控制式大拍门

该装置由大拍门、小拍门、导向滑槽和油压启闭机等部件组成。大拍门为主要挡水结构,以利快速关闭,小拍门装在大拍门上,是为适应水泵小角度启动而设置的。开机时,水泵叶片调为负角度,小股水流由小拍门冲击,电动机同步后,再缓慢地提升大拍门至全开位置并锁紧。停机时,先调回叶片角,接通油压启闭机电源,打开管路阀件,大拍门借自重下落,当叶片调至最小角度时停机。在接近关闭的瞬间,油压启闭机油路开始缓冲,直至全部关闭孔口。事故停机时,只要油压启闭机迅速接通电源,同样可以关闭孔口。

二、快速闸门断流

快速闸门是直管式出水流道又一断流方式,就是在流道出口处,设置一个闸门,用油压启闭机或快速启闭机控制。开机时,闸门吊起,停机后,闸门落下。所谓快速闸门,就体现在闸门开启和关闭的时间控制上。

快速闸门断流的显著优点是闸门可以全开,阻力损失很小。

快速闸门的形式、启闭时间和速度,都应该根据水泵机组性能来决定。

对轴流泵而言,是不能关阀启动的,否则就会使启动扬程增高,启动功率加大,甚至超过电动机允许的数值,从而使机组无法启动。另外,轴流泵还具有低流量区流量不稳定的特性,在高扬程、小流量的工况下,运行很不稳定,容易发生振动。因此,轴流泵不仅不能关阀启动,而且也不允许闸门开启速度太慢。但闸门的开启也不是越快越好,太快,可能水泵排出的水和从闸门流进的水在流道内相撞,不仅会使流道内排气困难,而且同样会使水泵的启动扬程增高,从而使机组产生振动。因此,在确定快速闸门的开启时间和开启速度时,应根据所选用的水泵机组的具体情况加以分析,而后决定。但不论是何种情况,都应考虑安全措施。

快速闸门的启闭装置为油压启闭机,其常用的类型有浮动式、摆动式两类,摆动式又分垂直摆动式、水平摆动式和固定式三种。

三、真空破坏阀断流

真空破坏阀断流,主要用于虹吸式出水流道。

出水流道指水泵与出水池连接的管道。虹吸式出水流道就是把水泵出水流道做成虹吸管,虹吸管驼峰底部高于出水池的最高水位。正常运行时,水流通过虹吸管进入出水池,停机时,打开虹吸管顶部的真空破坏阀,让空气进入虹吸管破坏虹吸,防止高处水流通过出水管而形成虹吸倒流。

(一)作用

(1)停机时,真空破坏阀起断流作用。断路器跳开后,打开位于虹吸管顶部的真空破坏阀,将空气放进虹吸管内,破坏真空,并随虹吸管内水位的降低继续补给空气,直到管内气体的压力与大气压相等,从而截断水流,防止反向虹吸形成。

(2)开机时,由于虹吸管内水位升高,管内空气受到压缩,产生正压,真空破坏阀便自动打开,放出一部分空气,减少管内正压,相当于降低水泵的启动扬程。

(3)检修时,用排水泵排除进水管中积水时,打开真空破坏阀可防止泵站出口处的水翻越驼峰形成反虹吸。

(二)真空破坏阀的性能

真空破坏阀需具备以下性能:

(1)动作迅速可靠。在泵站各种断流方式中,真空破坏阀断流是最快的一种,而且工作相当可靠。在油开关跳闸后 1~2 s,真空破坏阀即应动作,而全部打开时间一般为2.5~5.0 s。

(2)密封性好。如果真空破坏阀漏气,虹吸流道内就达不到满管流。当然,漏气的原因不全在真空破坏阀,虹吸管的伸缩节和驼峰背部的混凝土衬砌层都可能漏气。因此,处于真空带的混凝土表面常覆以金属层,而伸缩节的位置也不宜放在真空带内。

(3)放气灵敏度高。开机时虹吸管内为正压,真空破坏阀能自动打开放气。

思考题

1. 泵站用油分哪几类?供油对象有哪些?分别起什么作用?

2. 油有哪些技术指标?油劣化的原因有哪些?油净化的措施有哪些?

3. 油系统包括哪些装置?油系统的任务是什么?

4. 泵站气系统有哪些组成部分?各部分的作用是什么?

5. 泵站的用气设备(高压气、低压气)有哪些?

6. 泵站中供水排水对象分别有哪些?

7. 供水方式有几种?用水设备对供水有哪些要求?

8. 泵站的断流装置有哪些?分别适用于何种场合?

9. 真空破坏阀有什么作用?对其性能有哪些要求?

项目八
安全用电基本知识

在生产和生活中,电气事故不可避免地影响着人们日常的工作。正确认识电气危害有两个方面:一方面是对系统自身的危害,如短路、过电压、绝缘老化等;另一方面是对用电设备、环境和人员的危害,如触电、电气火灾、电压异常升高造成用电设备损坏等,其中尤以触电和电气火灾危害最为严重。触电可直接导致人员伤残、死亡。另外,静电产生的危害也不能忽视,它是电气火灾产生的原因之一,对电子设备的危害也很大。

任务一　电流对人体的作用

一、影响触电伤害程度的因素

电流流过人体会发生触电伤亡事故,触电严重与否,取决于以下几个因素。

(一)通过人体电流值的大小

电流是触电时危害人体的直接因素,通过人体的电流越大,伤害程度越严重。研究证实,当人体通过的电流值达到 0.1 A 时,人就有死亡的危险,见表 8-1。一般认为安全电流为 10~30 mA。

表 8-1

人体通过的电流值	伤害程度
1 mA 左右	引起麻的感觉
不超过 10 mA	人尚可摆脱电源
超过 30 mA	感到剧痛,神经麻痹,呼吸困难,有生命危险
达到 100 mA	很短时间使人心跳停止

(二)人体的电阻值

皮肤如同人的绝缘外壳,在触电时起着一定的保护作用。当人体触电时,流过人体的电流与人体的电阻有关,人体电阻越小,通过人体的电流就越大,也就越危险。

人体的电阻不是固定不变的,而与皮肤状况(是潮湿还是干燥)、接触电压高低、接触面积大小、电流值及其作用的时间长短等多种因素有关,一般认为人体电阻 1 000~2 000 Ω(不计皮肤角质层电阻),平均值大约为 1 700 Ω。

(三)电压值

触电使人伤亡的直接因素是电流,但电流的大小又决定于作用在人体上的电压高低和人体的电阻值。安全电压值的规定,各国都不统一,我国规定的交流安全电压等级有48 V、36 V、24 V、12 V 和 6 V 等 5 个等级,直流安全电压上限是 72 V。

(四)电流的种类及频率的影响

当电压在 250~300 V 时,触及频率为 50 Hz 的交流电,比触及相同电压的直流电的危险性高 3~4 倍。交流电的危害性大于直流电,因为交流电主要是麻痹破坏神经系统,往往难以自主摆脱。

(五)电流作用于人体的时间

电流在人体内作用的时间越长,人体内产生热和化学的危害性也就越严重,人体获救的可能性也就越小。因此,当我们发现有人触电时,应当迅速地使触电者脱离带电体。

(六)电流在人体内流过的路径

电流在人体内流过的路径,对人体触电的严重性有密切的关系。研究表明,电流流过人体不同部位所造成的伤害中,以对心脏的伤害最严重。电流通过人体的路径与流经心脏的电流比例的关系见表 8-2。从表中可以看出:最危险的路径是从左手到脚;较危险的路径是从手到手;危险性较小的路径是从一只脚流经另一只脚。

表 8-2 电流通过人体的路径与流经心脏电流比例的关系

电流通过人体的路径	流经心脏的电流所占的比例(%)
从一只手到另一只手	3.3
从左手到脚	6.4
从右手到脚	3.7
从一只脚到另一只脚	0.4

(七)人体状态的影响

电流对人体的作用与人的年龄、性别、身体及精神状态有很大关系。

二、安全电压和电流

根据欧姆定律,在电阻一定的条件下,电压越高,电流越大。因此把可能加在人身上的电压限制在某一范围内,使得在这一电压下通过人体的电流不超过允许的范围,这一电压就叫安全电压。当然没有绝对安全之分。通常情况下,人体的电阻约为 1 700 Ω,根据试验得知,一般情况下,人体允许电流按摆脱电流考虑,在装有防止电击装置的速断保护的场合,人体允许电流按 30 mA 考虑。我国标准规定,工频电压有效值为 50 V,直流电压的限值为 120 V。但在工程上,通常使用的安全电压为工频电压 36 V 及其以下等级。同时,根据标准要求,安全电压回路的带电部分必须与较高电压回路保持电气隔离,并不得与大地、保护导体或其他电气回路连接。

一般情况下,工频电流 15~20 mA 以下及直流电流 50 mA 以下,对人体是安全的,称为安全电流。但如果触电时间很长,即使工频电流小到 8~10 mA 也可能使人致命。

三、触电后的伤害形式

电对人体的伤害形式一般有两种:电伤和电击。

(一)电伤

非致命的电伤是指电流的热效应、化学效应、机械效应及电流本身作用造成的人体伤害。电伤会在人体皮肤表面留下明显的伤痕,常见的有灼伤、电烙印和皮肤金属化等现象,严重时也可导致人死亡。

(1)电灼伤。电灼伤一般分接触灼伤和电弧灼伤两种。当发生带负荷误拉合隔离开关时,所产生的强烈电弧都可能引起电弧灼伤。

(2)电烙印。电烙印发生在人体与带电体之间有良好接触的部位处。电烙印往往造成局部的麻木和失去知觉。

（3）皮肤金属化。皮肤金属化是由于高温电弧使周围金属熔化、蒸发并飞溅渗透到皮肤表面形成的伤害。

（二）电击

致命的电击是指电流通过人体内部，破坏人体内部组织，影响呼吸系统、心脏及神经系统的正常功能，甚至危及生命。电击的危险性最大，多数死亡事故都是由电击造成的。在触电事故中，电击和电伤常会同时发生。

任务二　触电的形式

在低压情况下，人体触电形式，有人体与带电体的直接接触触电和间接接触触电两大类。

一、人体与带电体的直接接触触电

人体与带电体的直接接触触电可分为单相触电和两相触电。

（一）单相触电

单相触电是指人体站在地面上或其他接地体上，人体的某一部位触及一相带电体时，电流通过人体流入大地（或中性线）。

（1）中性点直接接地系统的单相触电如图8-1（a）所示。

在中性点接地系统中，如果人接触到电源的任意一相，那么人处在相电压下，电流经过人体、大地和中性点的接地电阻而形成回路。所以，电气工作人员工作时应穿合格的绝缘鞋；在配电室的地面上应垫有绝缘胶垫，以防电击事故的发生。

（2）中性点不直接接地系统的单相触电如图8-1（b）所示。在电压低于1 kV、中性点不直接接地的电力系统中，人碰到电源的任意一相时，电流经过人体和其他两相的对地绝缘电阻而形成回路。这时人处在线电压之下，通过人体的电流不但取决于人体的电阻，同时也取决于线路绝缘电阻的大小。如果线路的对地绝缘电阻非常大，人又穿着橡胶底鞋，可能不至于发生危险。如果线路比较长，电压也较高，此时线路的对地电容就相当大，即使线路的对地绝缘电阻非常大，也可能发生危险。

如图8-1（a）所示为电源中性点接地运行方式时，单相的触电电流途径。图8-1（b）为中性点不直接接地的单相触电电流途径。

（二）两相触电

两相触电是指人体两处同时触及同一电源的两相带电体，以及在高压系统中，人体距离高压带电体小于规定的安全距离，造成电弧放电时，电流从一相导体流入另一相导体的触电方式，如图8-2所示。两相触电加在人体上的电压为线电压，它是相电压的$\sqrt{3}$倍，因此它比单相触电的危险性更大。

二、间接触电

间接触电是由于电气设备绝缘损坏发生接地故障，设备金属外壳及接地点周围出现

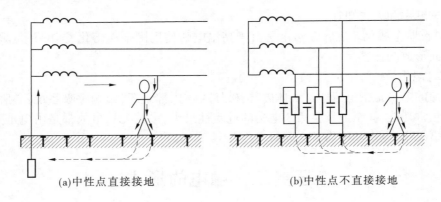

(a)中性点直接接地　　　　　　　(b)中性点不直接接地

图 8-1　单相触电

对地电压引起的。它包括跨步电压电击和
接触电压电击。

(一)跨步电压电击

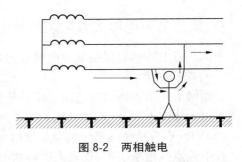

当电气设备或截流导体发生接地故障
时,接地电流将通过接地体流向大地,并在
接地体周围作半球形的散流,如图 8-3 所示。
当离开接地故障点 20 m 以外时,这两点间的
电位差即趋于零。我们将两点之间的电位

图 8-2　两相触电

差为零的地方称为电位的零点,即电气上的"地"。当人在有电位分布的故障区域内行走
时,其两脚之间呈现出的电位差称为跨步电压 U_{kb}。人的跨距一般按 0.8 m 考虑,由跨步
电压引起的电击叫跨步电压电击。

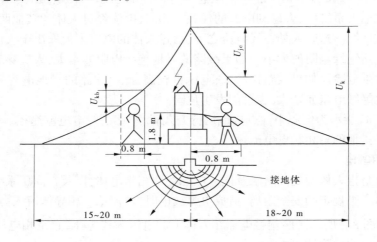

U_k—接地短路电压;U_{jc}—接触电压;U_{kb}—跨步电压

图 8-3　接地电流的散流场、地面电位分布示意图

在距离接地故障点 8~10 m 以内行走,跨步电压高,有电击的危险;在距离接地故障

点 8~10 m 以外,人的一步之间的电位差较小,跨步电压电击的危险性明显降低。人在受到跨步电压的作用时,虽然电流没有通过人体的全部重要器官,但当跨步电压较高时,电击者脚发麻、抽筋,跌倒在地,跌倒后,电流可能会改变路径(如从手至脚)而流经人体的重要器官,使人致命。因此,发生高压设备、导线接地故障时,室内不得接近接地故障点 4 m 以内,室外不得接近故障点 8 m 以内。如果要进入此范围内工作,为防止跨步电压电击,进入人员应穿绝缘鞋,接触设备外壳、构架时应戴绝缘手套。正常巡视安全距离是:高压柜前 0.6 m,10 kV 以下 0.7 m,35 kV 以下 1 m。

当避雷针或者避雷器动作时,其接地体周围的地面也会出现伞形电位分布,同样会发生跨步电压电击。

(二)接触电压电击

接触电压是指人触及漏电设备的外壳,加于人手与脚之间的电位差,由接触电压引起的电击叫接触电压电击。

若设备的外壳不接地,在此接触电压下的电击情况与单相电击情况相同;若设备外壳接地,则接触电压为设备外壳对地电位与人站立点的对地电位之差。当人需要接近漏电设备时,为防止接触电压电击,应戴绝缘手套、穿绝缘鞋。

三、与带电体距离小于安全距离的触电

人体与带电体(特别是高压带电体)的空气间隙小于一定的距离时,虽然人体没有接触带电体,也可能发生触电事故。这是因为当人体与带电体的距离足够近时,人体与带电体间的电场强度将大于空气的击穿场强,空气将被击穿,带电体对人体放电,并在人体与带电体间产生电弧,此时人体将受到电弧灼伤及电击的双重伤害。为防止这类事故的发生,国家有关标准规定了不同电压等级的最小安全距离,工作人员距带电体的距离不允许小于国家有关标准规定的不同电压等级的最小安全距离值。

四、剩余电荷触电

剩余电荷触电是指当人触及带有剩余电荷的设备时,带有电荷的设备对人体放电造成的触电事故。设备带有剩余电荷,通常是由于检修人员在检修中用摇表测量停电后的并联电容器、电力电缆、电力变压器及大容量电动机等设备时,检修前后没有对其充分放电所造成的。

任务三　触电后的急救

当发现有人触电时,首先必须设法使触电者迅速脱离电源,并立即通知有关的医疗救护单位,同时应进行现场紧急救护。

一、脱离电源

(一)脱离高压电源

高压电源电压高,一般绝缘物对救护人员不能保证安全,而且往往电源的高压开关距

离较远,不易切断电源,发生触电时应采取下列措施:

（1）立即通知有关部门停电。

（2）戴好绝缘手套、穿好绝缘靴,拉开高压断路器(高压开关)或用相应电压等级的绝缘工具拉开跌落式熔断器,切断电源。救护人员在操作时应注意保持自身与周围带电部分足够的安全距离。

（二）抢救触电者脱离电源中注意事项

（1）救护人员不得采用金属和其他潮湿的物品作为救护工具。

（2）未采取任何绝缘措施,救护人员不得直接触及触电者的皮肤或潮湿衣服。

（3）在使触电者脱离电源的过程中,救护人员最好用一只手操作,以防自身触电。

（4）当触电者站立或位于高处时,应采取措施防止触电者脱离电源后摔跌。

（5）夜晚发生触电事故时,应考虑切断电源后的临时照明,以利救护。

二、现场急救

触电者脱离电源后,应迅速正确判定其触电程度,有针对性地实施现场紧急救护。

（一）触电者伤情的判定

（1）如触电者神志清醒,只是心慌、四肢发麻,全身无力,但没失去知觉,则应使其就地平躺,严密观察,暂时不要站立或走动。

（2）若触电者神志不清、失去知觉,但呼吸和心脏尚正常,应使其平卧,保持空气流通,同时立即请医生或送医院诊治。随时观察,若发现触电者出现呼吸困难或心跳失常,则应迅速用心肺复苏法进行人工呼吸或胸外心脏按压。

（3）如果触电者失去知觉,心跳呼吸停止,则应判定触电者是假死症状。触电者若无致命外伤,没有得到专业医务人员证实,不能判定触电者死亡,应立即对其进行心肺复苏。

对触电者应在 10 s 内用看、听、试的方法,如图 8-4 所示,判定其呼吸、心跳情况:

看:看伤员的胸部、腹部有无起伏动作;

听:用耳贴近伤员的口鼻处,听有无呼吸的声音;

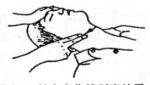

试:试测口鼻有无呼气的气流,再用两手指轻试一侧(左或右)喉结旁凹陷处的颈动脉,试测有无搏动。

图 8-4　触电者伤情判定的看、听、试

若看、听、试的结果,既无呼吸又无动脉搏动,可判定呼吸、心跳停止。

（二）心肺复苏法

触电伤员呼吸和心跳均停止时,应立即按心肺复苏支持生命的三项基本措施,正确地进行就地抢救。

1. 畅通气道

触电者呼吸停止,抢救时重要的一环节是始终确保气道畅通。如发现伤员口内有异物,可将其身体及头部同时侧转,迅速用一个手指或用两个手指交叉从口角处插入,取出异物。操作中要防止将异物推到咽喉深部。

通畅气道可以采用仰头抬颏法,如图 8-5 所示。用一只手放在触电者前额,另一只手的手指将其下颌骨向上抬起,两手协同将头部推向后仰,舌根随之抬起。严禁用枕头或其他物品垫在触电者头下,因为头部抬高前倾,会更加重气道阻塞,且使胸外按压时流向脑部的血流减少,甚至消失。

2. 口对口(鼻)人工呼吸

在保持触电者气道通畅的同时,救护人员在触电者头部的右边或左边,用一只手捏住触电者的鼻翼,深吸气,与伤员口对口,在不漏气的情况下,连续大口吹气两次,每次 1～1.5 s,如图 8-6 所示。如两次吹气后试测颈动脉仍无搏动,可判断心跳已经停止,要立即同时进行胸外按压。

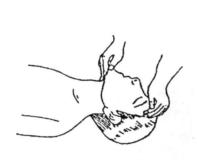

图 8-5　仰头抬颏法畅通气道　　　　图 8-6　口对口人工呼吸法

除开始大口吹气两次外,正常口对口(鼻)人工呼吸的吹气量不需过大,但要使触电人的胸部膨胀,每 5 s 吹一次(吹 2 s,放松 3 s)。对触电的小孩,只能小口吹气。

救护人换气时,放松触电者的嘴和鼻,使其自动呼气,吹气时如有较大阻力,可能是头部后仰不够,应及时纠正。

触电者如牙关紧闭,可口对鼻人工呼吸。口对鼻人工呼吸时要将伤员嘴唇紧闭,防止漏气。

3. 胸外按压

人工胸外按压法,其原理是用人工机械方法按压心脏,代替心脏跳动,以达到血液循环的目的。凡触电者心脏停止跳动或不规则的颤动可立即用此法急救。

首先,要确定正确的按压位置。正确的按压位置是保证胸外按压效果的重要前提。确定正确按压位置的步骤如下:

(1)右手的食指和中指沿触电者的右侧肋弓下缘向上,找到肋骨和胸骨接合处的中点。

(2)两手指并齐,中指放在切迹中点(剑突底部),食指平放在胸骨下部。

(3)另一手的掌根紧挨食指上缘,置于胸骨上,即为正确按压位置,如图 8-7 所示。

另外,正确的按压姿势是达到胸外按压效果的基本保证。正确的按压姿势如下:

(1)使触电者仰面躺在平硬的地方,救护人员立或跪在伤员一侧肩旁,两肩位于伤员胸骨正上方,两臂伸直,肘关节固定不屈,两手掌根相叠,手指翘起,不接触触电者胸壁。

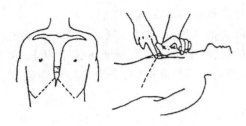

图 8-7　正确的按压位置

（2）以髋关节为支点，利用上身的重力，垂直将正常成人胸骨压陷 3~5 cm（儿童和瘦弱者酌减）。

（3）压至要求程度后，立即全部放松，但救护人员的掌根不得离开胸壁。如图 8-8 所示。

图 8-8　胸外心脏按压姿势

按压必须有效，有效的标志是按压过程中可以触及颈动脉搏动。操作频率如下：

（1）胸外按压要以均匀速度进行，每分钟 80~100 次，每次按压和放松的时间相等。

（2）胸外按压与口对口（鼻）人工呼吸同时进行，其节奏为：单人抢救时，每按压 15 次后吹气 2 次，反复进行；双人抢救时，每按压 5 次后由另一人吹气 1 次，反复进行。

（三）抢救过程中的再判定

（1）胸外按压和口对口（鼻）人工呼吸 1 min 后，应再用看、听、试方法在 5~7 s 内对触电者呼吸及心跳是否恢复进行判定。

（2）若判定颈动脉已有搏动但无呼吸，则暂停胸外按压，再进行 2 次口对口（鼻）人工呼吸，接着每 5 s 吹气一次。如果脉搏和呼吸均未恢复，则继续坚持心肺复苏法抢救。

（3）在抢救过程中，要每隔数分钟再判定一次，每次判定时间均不得超过 5~7 s。在医务人员未接替抢救前，现场抢救人员不得放弃现场抢救。

（四）现场急救注意事项

（1）现场急救贵在坚持。

（2）心肺复苏应在现场就地进行。

（3）现场触电急救，对采用肾上腺素等药物应持慎重态度，如果没有必要的诊断设备条件和足够的把握，不得乱用。

（4）对触电过程中的外伤，特别是致命外伤（如动脉出血等）也要采取有效的方法。

（五）抢救过程中触电伤员的移动与转院

（1）心肺复苏应在现场就地坚持进行，不要为方便而随意移动伤员，如确需移动，抢救中断时间不应超过 30 s。

（2）移动伤员或将伤员送医院时，应使伤员平躺在担架上，并在其背部垫以平硬宽木板。在移动或送医院过程中，应继续抢救。心跳、呼吸停止者要继续用心肺复苏法抢救，在医务人员未接替救治前不能中止。

（3）应创造条件，用塑料袋装入碎冰屑作成帽子状包绕在伤员头部，露出眼睛，使脑部温度降低，争取心、肺、脑完全复苏。

（六）触电伤员好转后处理

如果触电者的心跳和呼吸经抢救后均已恢复，则可暂停心肺复苏法操作。但心跳、呼吸恢复的早期有可能再次骤停，应严密监护，不能麻痹，要随时准备再次抢救。

初期恢复后，伤员可能神志不清或精神恍惚、躁动，应设法使其安静。

三、杆上或高处触电急救

（一）急救原则

（1）发现杆上或高处有人触电，应争取时间及早在杆上或高处开始进行抢救。救护人员登高时，应随身携带必要的工具和绝缘工具及牢固的绳索等，并紧急呼救。

（2）及时进行停电。

（3）立即抢救。救护人员在确认触电者已与电源隔离，且救护人员本身所涉环境安全距离内无危险电源时，方能接触触电伤员进行抢救，并应注意防止发生高空坠落。

（4）戴安全帽、穿绝缘鞋、戴绝缘手套，做好自身防护。

（二）高处抢救

（1）随身带好营救工具迅速登杆。营救的最佳位置是高出受伤者 20 cm，并面向受伤者。固定好安全带后，再开始营救。

（2）触电伤员脱离电源后，应将伤员扶卧在自己的安全带上，并注意保持伤员气道通畅。

（3）将触电者扶到安全带上，进行意识、呼吸、脉搏判断。救护人员迅速判定触电者反应、呼吸和循环情况。如有知觉可放到地面进行护理；如无呼吸、心跳，应立即进行人工呼吸或心脏按压法急救。

（4）如伤员呼吸停止，立即进行口对口（鼻）吹气 2 次，再触摸颈动脉，如有搏动，则每 5 s 继续吹气一次；如颈动脉无搏动，可用空心拳头叩击心前区 2 次，促使心脏复跳。

（5）高处发生触电，为使抢救更为有效，应及早设法将伤员送至地面。

（6）在将伤员由高处送至地面前，应再口对口（鼻）吹气 4 次。

（7）触电伤员送至地面后，就立即继续按心肺复苏法坚持抢救。

（三）外伤处理

对于电伤和摔跌造成的人体局部外伤，在现场救护中也不能忽视，必须作适当处理，防止细菌侵入感染，防止摔跌骨折刺破皮肤及周围组织、刺破神经和血管，避免引起损伤扩大,然后迅速送医院治疗。

(1)一般性的外伤表面,可用无菌盐水或清洁的温开水冲洗后用消毒纱布、防腐绸带或干净的布片包扎,然后送医院治疗。

(2)伤口出血严重时,应采用压迫止血法止血,然后迅速送医院治疗。如果伤口出血不严重,可用消毒纱布叠几层盖住伤口,压紧止血。

(3)高压触电时,可能会造成大面积严重的电弧灼伤,往往深达骨骼,处理起来很复杂,现场可用无菌生理盐水或清洁的温开水冲洗,再用酒精全面消毒,然后用消毒被单或干净的布片包裹送医院治疗。

(4)对于因触电摔跌而四肢骨折的触电者,应首先止血、包扎,然后用木板、竹竿、木棍等物品临时将骨折肢体固定,然后立即送医院治疗。

任务四　安全操作

电气安全用具按其基本作用可分为绝缘安全用具和一般防护安全用具两大类。绝缘安全用具是用来防止工作人员直接触电的安全用具。它分为基本安全用具和轴助安全用具两种。

基本安全用具是指绝缘强度能长期承受设备工作电压的安全用具。例如,绝缘棒、绝缘夹针、验电器等。辅助安全用具是指那些主要用来进一步加强基本安全用具绝缘强度的工具。例如:绝缘手套、绝缘靴、绝缘垫等。

安全用具

辅助安全用具不能承受带电设备或线路的工作电压,只能加强基本安全用具的保护作用。因此,辅助安全用具配合基本安全用具使用时,能防止工作人员遭受接触电压、跨步电压、电弧灼伤等伤害。

一般防护安全用具没有绝缘性能,主要用于防止停电检修的设备突然来电、工作人员走错间隔、误登带电设备、电弧灼伤、高空坠落等事故的发生。

一、基本安全用具

(一)验电器

1. 低压验电器

低压验电器又称验电笔、试电笔,主要用来检验对地电压 250 V 及以下的低压电气设备,是一种用氖灯制成的基本安全用具,当电容电流流过时氖灯即发出亮光,用以指示设备是否带有电压。其结构如图 8-9 所示。低压验电笔只能用于 380 V/220 V 的系统。使用时,手拿验电器以一个手指触及金属盖或中心螺钉,金属笔尖与被检查的带电部分接触,如氖灯发亮说明设备带电。灯愈亮则电压愈高,愈暗电压愈低。低压验电笔在使用前要在有电的设备或线路上试验一下,以证明其是否良好。

低压验电器的试验周期为 6 个月。

2. 高压验电器

高压验电器根据使用的电压,一般有 3(6)kV、10 kV、35 kV、110 kV、220 kV 几种。

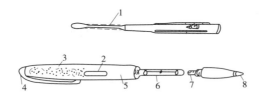

1—绝缘套管;2—小窗;3—弹簧;4—笔尾的金属体;
5—笔身;6—氖管;7—电阻;8—笔尖的金属体

图 8-9　低压验电器结构

1)高压验电器结构

如图 8-10 所示,高压验电器分为指示器和支持器两部分。指示器是用绝缘材料制成的一根空心管子,管子上端装有金属制成的工作触头,里面装有氖灯和电容器。支持器由绝缘部分和握手部分组成,绝缘部分和握手部分用胶木或硬橡胶制成。高压验电器的工作头接近或接触带电设备时,则有电容电流通过氖灯,氖灯发光,即表明设备带电。

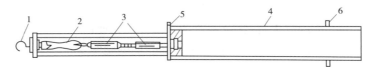

1—工作触头;2—氖灯;3—电容器;4—支持器;5—接地螺丝;6—隔离护环

图 8-10　高压验电器结构

如图 8-11 所示为声光型高压验电器,验电器由声光显示器(指示器)和全绝缘自由伸缩式操作杆两部分组成。

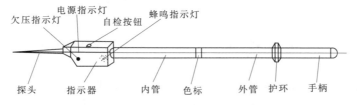

图 8-11　声光型高压验电器结构

2)使用高压验电器时的注意事项

(1)使用前确认验电器电压等级与被验设备或线路的电压等级一致。

(2)验电前后,应在有电的设备上试验,验证验电器良好。

(3)验电时,验电器应逐渐靠近带电部分,直到氖灯发亮,不要直接接触带电部分。

(4)验电时,验电器不装接地线,以免操作时接地线碰到带电设备造成接地短路或触电事故。如在木杆或木构架上验电,不接地不能指示者,验电器可加装接地线。

(5)验电时应戴绝缘手套,手不超过握手的隔离护环。

(6)高压验电器每半年试验一次。

(二)绝缘棒

绝缘棒又称令克棒、绝缘杆或操作杆等。它主要用于接通或断开隔离开关、跌落保险,装卸携带型接地线及带电测量和试验等工作。

绝缘棒一般用电木、胶木、环氧玻璃棒或环氧玻璃布管制成。在结构上绝缘棒分为工作、绝缘和握手三部分,如图 8-12 所示。

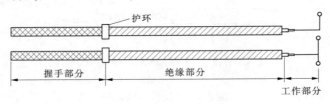

图 8-12　绝缘棒结构

工作部分一般用金属制成,用于 35 kV 及以上电压等级;也可用玻璃钢等机械强度较高的绝缘材料制成,用于 3~10 kV 电压等级。

1. 绝缘棒使用注意事项

(1)使用前,必须核对绝缘棒的电压等级与所操作的电气设备的电压等级相同。

(2)使用绝缘棒时,工作人员应戴绝缘手套,穿绝缘靴,以加强绝缘棒的保护作用。

(3)在下雨、下雪或潮湿天气,无伞型罩的绝缘棒不宜使用。

(4)使用绝缘棒时要注意防止碰撞,以免损坏表面的绝缘层。

2. 保管注意事项

(1)绝缘棒应存放在干燥的地方,以防止受潮。

(2)绝缘棒应放在特制的架子上或垂直悬挂在专用挂架上,以防弯曲。

(3)绝缘棒不得与墙或地面接触,以免碰伤其绝缘表面。

(4)绝缘棒应定期进行绝缘试验,一般每年试验一次。用作测量的绝缘棒每半年试验一次。每三个月检查一次,检查有无裂纹、机械损伤、绝缘层破坏等。

(三)绝缘夹钳

绝缘夹钳是用来安装和拆卸高压熔断器或执行其他类似工作的工具,主要用于 35 kV 及以下电力系统。

绝缘夹钳由工作钳口、绝缘部分和握手等三部分组成,各部分都用绝缘材料制成,所用材料与绝缘棒相同,只是它的工作部分是一个坚固的夹钳,并有一个或两个管型的开口,用以夹紧熔断器。

绝缘夹钳使用注意事项如下:

(1)使用时绝缘夹钳不允许装接地线。

(2)在潮湿天气只能使用专用的防雨绝缘夹钳。

(3)绝缘夹钳应保存在特制的箱子内,以防受潮。

(4)绝缘夹钳应定期进行试验,试验方法同绝缘棒,试验周期为一年。

二、辅助安全用具

(一)绝缘手套、绝缘靴(鞋)

在电气工作中还经常使用绝缘手套和绝缘靴(鞋)。在低压带电设备上工作时,绝缘手套可作为基本安全用具使用;绝缘靴(鞋)只能作为与地保持绝缘的辅助安全用具;当系统发生接地故障出现接触电压和跨步电压时,绝缘手套又对接触电压起一定的防护作用;而绝缘靴(鞋)在任何电压等级下可作为防护跨步电压的基本安全用具。

使用绝缘手套和绝缘靴时,应注意下列事项:

(1)使用前应进行外部检查无损伤,并检查有否砂眼漏气,有砂眼漏气的不能使用。

(2)使用绝缘手套时,最好先戴上一双棉纱手套,夏天可防止出汗动作不方便,冬天可以保暖;操作时出现弧光短路接地,可防止橡胶熔化灼烫手指。

(3)绝缘手套和绝缘靴(鞋)应定期进行试验。试验周期6个月,试验合格应有明显标志和试验日期。

绝缘手套和绝缘靴(鞋)的保存应注意下列事项:

(1)使用后应擦净、晾干,并在绝缘手套上撒上一些滑石粉以免粘连。

(2)绝缘手套和绝缘靴应存放在通风、阴凉的专用柜子里,温度一般在5~20 ℃,湿度在50%~70%最合适。

(3)不合格的绝缘手套和绝缘靴(鞋)不应与合格的混放在一起,以免错拿使用。

(二)绝缘垫和绝缘毯

绝缘垫和绝缘毯由特种橡胶制成,表面有防滑槽纹。

绝缘垫一般用来铺在配电装置室的地面上,用以提高操作人员对地的绝缘,防止接触电压和跨步电压对人体的伤害。

绝缘毯一般铺设在高、低压开关柜前,用作固定的辅助安全用具。

绝缘垫应定期进行检查试验,试验标准按规程进行,试验周期每两年一次。

(三)绝缘站台

绝缘站台用干燥木板或木条制成,是辅助安全用具。室外使用绝缘站台时,站台应放在坚硬的地面上,防止绝缘瓷瓶陷入泥中或草中,降低绝缘性能。

三、一般防护安全用具

一般防护安全用具虽不具备绝缘性能,但对保证电气工作的安全是必不可少的。电气工作常用的一般防护安全用具有携带型接地线、临时遮栏、标示牌、安全牌等。

(一)携带型接地线

对设备停电检修或进行其他工作时,为了防止停电检修设备时突然来电(如误操作合闸送电)和邻近高压带电设备所产生的感应电压对人体的危害,需要将停电设备用携带型接地线三相短路接地,这是生产现场防止人身触电必须采取的安全措施。

(二)遮栏

低压电气设备部分停电检修时,为防止检修人员走错位置,误入带电间隔及过分接近带电部分,一般采用遮栏进行防护。此外,遮栏也用作检修安全距离不够时的安全隔离装置。

(三)标示牌

标示牌的用途是警告工作人员不得接近设备的带电部分,提醒工作人员在工作地点采取安全措施,以及表明禁止向设备合闸送电等。

标示牌按用途可分为禁止、允许和警告三类。泵站常用标示牌如表8-3所示。

表 8-3　标示牌样式

序号	名称	悬挂位置	样式		
			尺寸（mm×mm）	颜色	字样
1	禁止合闸，有人工作！	一经合闸即可送电到用电设备的开关和刀闸操作把手上	200×100 和 80×50	白底	红字
2	禁止合闸，线路有人工作！	线路开关和刀闸把手上	200×100 和 80×50	红底	白字
3	在此工作！	室内和室外工作地点或用电设备上	250×250	绿底，中有直径 210 mm 白圆圈	黑字，写于白圆圈中
4	止步，高压危险！	工作地点邻近带电设备的遮栏上，室外工作地点的围墙上，禁止通行的过道上，高压试验地点，室外构架上，工作地点邻近带电设备的横梁上	250×200	白底	黑字，有红色箭头
5	从此上下！	工作人员上下的铁架、梯子上	250×250	绿底，中有直径 210 mm 白圆圈	黑字写于白圆圈中
6	禁止攀登，高压危险！	工作人员上下的铁架，邻近可能上下的铁架上，运行变压器的梯子上	250×200	白底	红字

（四）安全牌

为了保证人身安全和设备不受损坏，提醒工作人员注意危险或不安全因素，预防意外事故的发生，在生产现场用不同颜色设置了多种安全牌。

（五）安全色

安全色是表达安全信息的颜色，表示禁止、警告、指令、提示等。国家规定的安全色有红、蓝、黄、绿四种。红色表示禁止、停止；蓝色表示指令、必须遵守的规定；黄色表示警告、注意；绿色表示指示、安全状态、通行。

在电气上用黄、绿、红三色分别代表 L1、L2、L3 三个相序；涂成红色的电器外壳表示其外壳有电，灰色电器外壳表示其外壳接地或接零；线路上蓝色代表工作零线，明敷接地扁钢或圆钢涂黑色，用黄绿双色绝缘导线代表保护零线。直流电中红色代表正极，蓝色代表负极，信号和警告回路用白色。

任务五　组织措施和技术措施

一、造成触电事故的原因

（1）缺乏用电常识，触及带电的导线。

（2）违反操作规程，人体直接与带电体部分接触。

（3）由于用电设备管理不当，绝缘损坏，发生漏电，人体碰触漏电设备外壳。

（4）高压线路落地，造成跨步电压引起对人体的伤害。

（5）检修中，安全组织措施和安全技术措施不完善，接线错误，造成触电事故。

（6）其他偶然因素，如人体受雷击等。

二、防止触电措施

在电气设备上工作，保证安全的组织措施如下。

（一）组织措施

1. 工作票制度

泵站工作人员进入现场检修、安装和试验，为确保设备与人身安全，应执行工作票制度。进行设备和线路检修，需要将高压设备停电或设置安全措施的，应填写第一种工作票；对于带电作业，应填写第二种工作票。

（1）第一种工作票格式见图8-13。

（2）第二种工作票格式见图8-14。

2. 工作许可制度

工作许可制度是指在电气设备上进行停电或不停电工作，事先都必须得到工作许可人的许可，并履行许可手续后方可工作的制度。

工作负责人、工作许可人任何一方不得擅自变更安全措施，值班人员不得变更有关检修设备的运行接线方式。工作中如有特殊情况需要变更时，应事先取得对方的同意。

工作许可应完成下述工作：

（1）审查工作票。

（2）布置安全措施。

（3）检查安全措施。

（4）签发许可工作。

3. 工作监护制度和现场看守制度

工作监护制度和现场看守制度是指工作人员在工作过程中，工作监护人必须始终在工作现场，对工作人员的安全认真监护，及时纠正违反安全的行为和动作的制度。

专责监护人不得兼作其他工作。专责监护人临时离开时，应通知被监护人员停止工作或离开工作现场，待专责监护人回来后方可恢复工作。

4. 工作间断和转移制度

在工作中如遇雷、雨、大风或其他情况威胁工作人员的安全时，工作负责人或专责监

第一种工作票

单位：_____ 编号：_____

一、工作负责人(监护人)：_____ 班组：_____ 工作班人员：_____
_____ 现场安全员：_____
共_____人

二、工作内容和工作地点：_____

三、计划工作时间：自_____年_____月_____日_____时_____分
　　　　　　　　至_____年_____月_____日_____时_____分

四、安全措施：
　　　下列由工作票签发人填写：　　　　　　　　下列由工作许可人(值班员)填写：
1. 应拉开关和隔离刀闸：(注明编号)_____　已拉开关和隔离刀闸：(注明编号)
_____　　_____

2. 应装接地线,应合接地刀闸：(注明装设地点、名称　已装接地线,已合接地刀闸：(注
及编号)　　　　　　　　　　　　　　　　　　明装设地点、名称及编号)
_____　　_____
_____　　_____

3. 应设遮栏,应挂标示牌：(注明地点)_____　已设遮栏,已挂标示牌：(注明地点)
_____　　_____
_____　　_____

　　工作票签发人签名：_____　工作地点保留带电部分和补充安
　　　　　　　　　　　　　　　　　　　　　　　全措施：_____
_____

　　收到工作票时间：_____年_____月_____日_____时_____分
　　值班负责人签名：_____工作许可人签名：_____工作负责人签名：_____

五、许可开始工作时间：_____年_____月_____日_____时_____分
　　工作许可人签名：_____　工作负责人签名：_____

六、工作负责人变动：原工作负责人_____离去,变更_____为工作负责人。
　　变动时间：_____年_____月_____日_____时_____分
　　工作票签发人签名：_____

七、工作人员变动：

增添人员姓名	时间	工作负责人	离去人员姓名	时间	工作负责人

八、工作票延期：有效期延长到_____年_____月_____日_____时_____分。
　　工作负责人签名：_____　工作许可人签名：_____

九、工作终结：全部工作已于_____年_____月_____日_____时_____分结
束,设备及安全措施已恢复至开工前状态,工作人员全部撤离,材料、工具已清理完毕。
　　工作负责人签名：_____　工作许可人签名：_____

图 8-13　第一种工作票

十、工作票终结：

临时遮栏、标示牌已拆除，常设遮栏已恢复，接地线共_____组(_____)号已拆除，接地刀闸_____组(_____)号已拉开。

工作票于_____年_____月_____日_____时_____分终结。

工作许可人签名：_____

十一、备注_____

_____

_____

十二、每日开工和收工时间

开工时间	工作许可人	工作负责人	收工时间	工作许可人	工作负责人
年　月　日 时　　分			年　月　日 时　　分		
年　月　日 时　　分			年　月　日 时　　分		

续图 8-13

第二种工作票

单位：_____ 编号：_____

一、工作负责人(监护人)：_____ 班组：_____

工作班人员：_____

共_____人

二、工作任务：_____

三、计划工作时间：自_____年_____月_____日_____时_____分

至_____年_____月_____日_____时_____分

四、工作条件(停电或不停电)：_____

_____

五、注意事项(安全措施)：_____

_____

工作票签发人签名：_____ 签发日期：____年____月____日____时____分

六、许可工作时间：_____年_____月_____日_____时_____分

工作许可人(值班员)签名：_____ 工作负责人签名：_____

七、工作票终结

全部工作于_____年_____月_____日_____时_____分结束，工作人员已全部撤离，材料、工具已清理完毕。

工作负责人签名：_____ 工作许可人(值班员)签名：_____

八、备注：_____

_____

图 8-14　第二种工作票

护人可根据情况临时下令停止工作。白天工作间断时,工作地点的全部安全措施仍应保留不变。如工作人员须临时离开工作地点,要检查安全措施和派专人看守。在工作间断时间内,任何人不得私自进入现场进行工作或碰触任何物件。恢复工作前,应重新检查各项安全措施是否正确完整,然后由工作负责人再次向全体工作人员说明,方可进行工作。

5. 工作终结、验收和恢复送电制度

全部工作完毕后,工作人员应清扫整理现场,检查工作质量是否合格,设备上有无遗漏的工具、材料等。在对所进行的工作实施竣工检查合格后,工作负责人方可命令所有工作人员撤离工作地点,向工作许可人报告全部工作结束。

工作许可人接到工作结束的报告后,应携带工作票,会同工作负责人到现场检查验收任务完成情况,确无缺陷和遗留的物件后在一式两联工作票上填明工作终结时间,双方签字,并在工作负责人所持的下联工作票上加盖"已执行"章,工作票即告终结。

工作票终结后,工作许可人即可拆除所有安全措施,随后在工作许可人所持工作票上加盖"已执行"章,然后恢复送电。

当接地线已经拆除,而尚未向工作许可人进行工作终结前,又发现新的缺陷或有遗留问题,必须登杆处理时,可以重新验电装设接地线,做好安全措施,由工作负责人指定人员处理,其他人员均不能再登杆。工作完毕后,要立即拆除接地线。

已执行的工作票,应保存 12 个月。

(二)技术措施

电气工作安全技术措施是指工作人员在电气设备上工作时,对于在全部停电或部分停电的设备上作业,必须采取的安全技术措施。

1. 停电

1)电气设备线路工作前应停电设备

(1)施工、检修与试验的设备线路。

(2)工作人员在工作中,正常活动范围边沿与设备线路带电部位的安全距离小于 0.7 m。

(3)在停电检修线路的工作中,如与另一带电线路交叉或接近,其安全距离小于 1.0 m(10 kV 及以下)时,则另一带电回路应停电。

(4)工作人员周围临近带电导体且无可靠安全措施的设备线路。

(5)两台配电变压器低压侧共用一个接地体时,其中一台配电变压器低压出线停电检修,另一台配电变压器也必须停电。

(6)10 kV 及以下同杆架设的多回路线路,一回线路需停电时,另外线路也必须停电。

停电设备的各端应有明显的断开点,断路器、隔离开关的操作机构上应加锁,跌落式熔断器的熔管应摘下。

2)电气设备停电检修应切断电源

(1)断开检修设备各侧的电源断路器和隔离开关。除要求各侧的断路器断开外,还要求各侧的隔离开关也同时拉开,使各个可能来电的线路,至少有一个明显的断开点。如图 8-15 所示,当变压器 TM 停电检修时,各侧的断路器和隔离开关都应断开,TM 的各侧都有一个明显的断开点。

（2）完全断开与停电检修设备有关的变压器和电压互感器的高、低压回路。停电检修的设备在切断电源时,应注意变压器向其反送电的可能性,如图 8-15 中的 110 kV 母线停电检修,应考虑变压器 TM 向其反送电的可能,同时还应考虑电压互感器 TV 向其反送电的可能性。如图 8-15 所示的 110 kV 母线停电检修时,除与母线相连的所有电源断路器和隔离开关(QF1、QS11、QS12,其他与母线相连的 QF 和 QS)断开外,母线上的 TV 的隔离开关 QS 也应拉开,TV 的二次侧回路也应断开(断开二次侧快速空气开关,取下二次侧熔断器),防止因误操作将运行系统电源经 TV 的二次侧向 TV 的高压侧送电而发生触电事故。

（3）断开断路器和隔离开关的操作电源。隔离开关的操作把手必须锁住。

（4）将停电设备的中性点接地隔离开关断开。任何运行中的星形接线设备的中性点检修时,其中性点接地必须断开。

2. 验电

验电是验证停电设备是否确无电压,检验停电措施的制定和执行是否正确、完善的重要手段之一。验电应注意下列事项:

（1）验电必须采用电压等级相同且合格的验电器,并先在有电设备上进行试验,以确认验电器指示良好。

（2）验电时,必须在被试设备的进出线两侧各相及中性线上分别验电。对处于断开位置的断路器两侧也要同时按相验电。杆上电力线路验电时,应先验低压、后验高压,先验下层、后验上层,先验近侧、后验远侧。

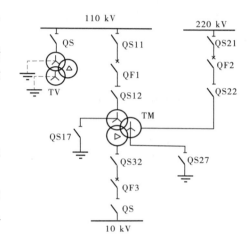

图 8-15　电气一次接线

（3）不得以设备分合位置标示牌的指示、母线电压表指示零位、电源指示灯泡熄灭、电动机不转动、电磁线圈无电磁响声及变压器无响声等,作为判断设备已停电的依据。

（4）信号和表计等通常可能因失灵而错误指示,因此不能光凭信号或表计的指示来判断设备是否带电。但如果信号和表计指示有电,在未查明原因、排除异常的情况下,即使验电检测无电,也应禁止在该设备上工作。

3. 挂接地线

当验明设备(线路)确已无电压后,应立即将检修设备(线路)用接地线(或接地隔离开关)三相短路接地。

1）接地线作用

（1）当工作地点突然来电时,能防止工作人员触电伤害。

（2）当停电设备(或线路)突然来电时,接地线造成突然来电的三相短路,促成保护动作,迅速断开电源,消除突然来电。

（3）泄放停电设备或停电线路由于各种原因产生的电荷。如感应电、雷电等,都可以通过接地线入地,对工作人员起保护作用。

2)挂接地线原则及注意事项

（1）凡有可能送电到停电检修设备上的各个方面的线路（包括零线）都要挂接地线。

（2）接地线必须是三相短路接地线，不得采用三相分别接地或只将工作的那一相接地而其他相不接地。

（3）同杆架设的多层电力线路挂接地线时，应先挂低压、后挂高压，先挂下层、后挂上层，先挂近侧、后挂远侧。拆除时次序相反。

（4）挂接地线时，必须先将接地线的接地端接好，然后在导线上挂接。拆除接地线的程序与此相反。接地线与接地极的连接要牢固可靠，不准用缠绕方式进行连接，禁止使用短路线或其他导线代替接地线。若设备处无接地网引出线，可采用临时接地棒接地，接地棒在地面下的深度不得小于 0.6 m，其截面面积不得小于 190 mm^2。

（5）装、拆接地线时，应使用绝缘棒或戴绝缘手套，人体不得接触接地线或未接地的导体。

（6）严禁工作人员或其他人员移动已挂接好的接地线。

（7）接地线由一根接地段与三根或四根短路段组成。接地线必须采用多股软裸铜线，每根截面面积低压不得小于 16 mm^2，高压不得小于 25 mm^2。

（8）接地线的接地点与检修设备之间不得连有断路器、隔离开关或熔断器。

（9）接地线与带电部分应符合安全距离的规定。

4. 装设遮栏

电源切断后，下列部位和地点应立即悬挂标示牌和装设临时遮栏：

（1）在一经合闸即可送电到工作地点的断路器和隔离开关的操作把手上，均应悬挂"禁止合闸，有人工作！"的标示牌。

（2）凡远方操作的断路器和隔离开关，在控制盘的操作把手上悬挂"禁止合闸，有人工作！"的标示牌。

（3）线路上有人工作时，应在线路断路器和隔离开关的操作把手上悬挂"禁止合闸，线路有人工作！"的标示牌。

（4）部分停电的工作，当安全距离小于"设备不停电时的安全距离"时，该距离以内的未停电设备，应装设临时遮栏。与带电部分的距离不得小于"工作人员工作中正常活动范围与带电设备的安全距离"，在临时遮栏上悬挂"止步，高压危险！"的标示牌。

（5）在室内高压设备上工作，应在工作地点两旁间隔的遮栏上、工作地点对面间隔的遮栏上和禁止通行的过道（通道应装临时遮栏）上悬挂"止步，高压危险！"的标示牌。

（6）在室外地面高压设备上工作，应在工作地点四周用绳子做好围栏，围栏上悬挂适当数量的"止步，高压危险！"的标示牌。标示牌有标志的一面必须朝向围栏里面（使工作人员随时可以看见）。

（7）在工作地点悬挂"在此工作！"的标示牌。

（8）在室外架构上工作，应在工作地点邻近带电部分的横梁上，悬挂"止步，高压危险！"的标示牌。在工作人员上下铁架和梯子上应悬挂"从此上下！"的标示牌。在邻近其他可能误登的带电架构上应悬挂"禁止攀登，高压危险！"的标示牌。

(三)开关柜"五防"措施

(1)防止误分误合断路器和隔离开关。

(2)防止带负荷分合隔离刀闸。

(3)防止带电挂接地线(合地刀)。

(4)防止带地线合闸(防止地刀在合闸位置送电)。

(5)防止误入带电间隔。

三、保护接地和保护接零

(一)保护接地

将电气设备的金属外壳、配电装置的金属构架等外露可导电部分通过接地装置与大地可靠连接,这种电气连接称为保护接地。

1. 应用范围

供、配电系统中的下列设备和部件需要采用接地保护:

(1)电机、变压器、断路器和其他电气设备的金属外壳或金属构架。

(2)电气设备的传动装置。

(3)电压互感器和电流互感器的二次绕组。

(4)屋内外配电装置的金属或钢筋混凝土构架。

(5)配电盘、保护盘和控制盘的金属框架。

2. 技术要求

(1)接地干线的截面面积不得小于相线截面面积的 1/2。

(2)接地线的接地点与检修设备之间不得连有断路器、隔离开关或熔断器。

(3)接地电阻要求:低压电气设备及变压器的接地电阻不大于 4 Ω;当变压器总容量不大于 100 kVA 时,接地电阻不大于 10 Ω。

(4)零线的主干线不允许装设开关或熔断器。

(二)保护接零

将电气设备的金属外壳与电网的零线紧密地连接起来,即为保护接零。

技术要求:

(1)零线应重复接地(防止零线断开,一台设备绝缘损坏,零线带电造成所有设备外壳带电)。

(2)零线上不能装设熔丝和开关。

(3)零线截面面积一般与相线截面面积相等。

(4)采用漏电保护时,零线与相线应同时切断。

四、泵站安全用电基本常识

(1)相线必须进开关。

(2)合理选择照明电压。固定灯具用 220 V 电压供电。在潮湿、有导电灰尘、有腐蚀性气体的情况下,则应选用 24 V、12 V 电压供移动照明灯具使用。

(3)合理选择导线和熔丝。导线的额定允许电流应比实际输电的电流稍大。

（4）电气设备要有一定的绝缘电阻。通常要求固定低压电气设备的绝缘电阻不低于 1 MΩ，可移动的电气设备的绝缘电阻不低于 2 MΩ。

（5）电气设备的安装要正确。带电部分应有防护罩，高压带电体应设置遮栏，必要时应加装联锁装置以防触电。

（6）采用各种保护用具。保护用具主要有绝缘手套、绝缘鞋、绝缘钳、绝缘棒、绝缘垫等。

（7）正确使用移动电动工具。在使用手电钻等移动电动工具时，其电源线和插头都必须完好无损，引线必须完好无损，引线应采用坚韧的橡皮线或塑料护套线，其长度不超过 5 m，且没有接头。此外，金属外壳必须可靠接地。

（8）电气设备的不带电金属外壳要有保护接地或保护接零。

思考题

1. 触电事故的严重程度与哪些因素有关？我国规定的安全电压值是多少？
2. 触电的形式有哪几种？
3. 什么是电击？什么是电伤？
4. 电气安全用具有哪些？
5. 电气安全操作的技术措施和组织措施各有哪些？
6. 工作票包括哪两种？各适用于什么场合？
7. 什么是"五防"？

泵站机电技术项目式教程

运行维护篇　中级

韩晋国　主编

黄河水利出版社

·郑州·

内 容 提 要

本书依据泵站运行工职业技能标准和泵站工程相关规程规范，结合泵站现场设备，按照项目式教学内容组织编写。本书分为技术基础篇（初级）、运行维护篇（中级）和检修管理篇（高级）三部分，以适应不同层次人员需求。技术基础篇侧重于机电设备的结构原理、基本操作和安全用电常识等方面；运行维护篇侧重于机电设备的运行维护、控制保护及预防试验等方面；检修管理篇侧重于泵站机电设备检修、故障分析处理及综合管理等方面。

本书可供泵站技术人员和管理人员职业知识技能培训、岗位技术比武及职业技能鉴定使用。

图书在版编目（CIP）数据

泵站机电技术项目式教程：中级：运行维护篇／韩晋国主编. —郑州：黄河水利出版社，2021.6
ISBN 978-7-5509-2750-6

Ⅰ.①泵…　Ⅱ.①韩…　Ⅲ.①泵站-机电设备-电力系统运行-维护-教材　Ⅳ.①TV675

中国版本图书馆 CIP 数据核字（2020）第 135009 号

组稿编辑：简群　电话：0371-66026749　E-mail：931945687@qq.com

出　版　社：黄河水利出版社　　　　　　　　　　网址：www.yrcp.com
　　　　　　地址：河南省郑州市顺河路黄委会综合楼 14 层　　邮政编码：450003
发行单位：黄河水利出版社
　　　　　　发行部电话：0371-66026940、66020550、66028024、66022620（传真）
　　　　　　E-mail：hhslcbs@126.com
承印单位：河南瑞之光印刷股份有限公司
开本：787 mm×1 092 mm　1/16
印张：29
字数：670 千字
版次：2021 年 6 月第 1 版　　　　　　　　　　印次：2021 年 6 月第 1 次印刷

定价：138.00 元（全三册）

《泵站机电技术项目式教程》

编 委 会

主　编　韩晋国

（北京京水建设集团有限公司）

副主编　刘秋生

（北京市南水北调团城湖管理处）

李春利

（北京京水建设集团有限公司）

张志勇

（北京市南水北调团城湖管理处）

参　编　刘剑琼　化全利　赵　岳　田　葛

（北京市南水北调团城湖管理处）

卢长海　王学文　杨　栗　赵小山　王申广

（北京京水建设集团有限公司）

钟　山　甘先锋　程　杰　许　浩　周　琳

（湖北省樊口电排站管理处）

余海明

（湖北水利水电职业技术学院）

前　言

技术提升与规范操作是泵站运行维护标准化管理的重要环节。在市场竞争日益激烈的今天，引导员工持续学习、提升运维水平、推动工作规范化进程、提高运维的核心竞争力具有极其重要的意义。

2019 年，北京市南水北调团城湖管理处组织北京京水建设集团有限公司联合湖北省樊口电排站管理处和湖北水利水电职业技术学院，编写了《泵站机电技术项目式教程》。本书共分为 3 册："技术基础篇·初级"主要介绍水力机械、电工电子技术基础、工程识图、水泵技术等相关基础知识；"运行维护篇·中级"主要介绍水泵机组运行维护、电气设备运行维护、电动机运行维护、辅助设备运行维护等相关知识；"检修管理篇·高级"主要讲述水泵故障与处理、电气设备故障与处理、水泵机组的检修、电动机的检修等相关知识。该 3 册书通俗易懂、相辅相成、循序渐近，适合不同阶段的泵站运维人员学习，经过实际工作的检验，对于泵站的运行、维护、管理工作有一定的指导意义。

该教程中所涉及的专业技术知识案例来源于北京市南水北调密云水库调蓄工程梯级泵站运行维护工作中的具体实践，该工程是北京市内配套工程的一个重要组成部分，对于消纳南水北调来水、实现北京水资源优化配置具有重要作用。工程中泵站应用高新技术多、涉及专业广、站前调蓄能力弱、调度频繁，对维护人员专业化、规范化程度要求很高。为提高泵站运行、维护、管理水平，编者将泵站运行维护工作中的具体实践及宝贵经验，经反复提炼升华而形成本书。相信通过本书的学习及实践应用，将进一步提高泵站运行维护人员的技术水平，降低故障率，确保泵站运行安全。

在本书组织编写的过程中，北京市南水北调团城湖管理处充分发挥了运行单位的作用，北京京水建设集团有限公司管理人员、技术骨干、一线职工在调查掌握泵站设备性能及操作的基础上，提供了原始素材，并由专业技术人员进行编辑整理。该教程编写完成后，经专家组进行全面审核，且进行了不断修改、完善，最终得以出版。

希望通过本书的出版，为泵站运行、维护、管理工作提供一套实用性强、规范化程度高的书籍，以供其他类似泵站参考，互相学习借鉴，取长补短，共同进步。

鉴于本书编写时间较为紧迫，资料素材有一定的局限性，各位专业人士在阅读时，如发现错漏，请予以批评指正。最后，在此向帮助本书出版的专家、技术人员表示由衷的感谢！

编　者
2021 年 1 月

本教程在文中适当位置配有丰富的图片和视频等资料，可通过扫二维码实现数字立体化阅读。

泵站开机巡视
停机操作流程

资源总码

目　录

运行维护篇　中级

检修管理篇　高级

项目一
水泵机组运行维护

任务一　水泵机组试运行

当泵站的水工建筑物及主要机电设备安装工程完成之后,在投入生产运行之前,须按照《泵站技术管理规程》(GB/T 30948—2014)的要求,对机组进行试运行。

一、试运行的目的

机组参数表

(1)发现遗漏的工作或工程和机电设备存在的缺陷,以便及早处理,避免发生事故,保证建筑物和机电设备能安全可靠地投入运行。

(2)考核主辅机械协联动作的正确性,掌握机电设备的技术性能,测定一些运行中必要的技术数据,录制一些特性曲线,为泵站正式投入运行作技术准备。

二、试运行的内容

机组试运行工作范围很广,包括检验、试验和监视运行。它们相互联系密切。由于水泵机组是首次启动,而又以试验为主,运行性能尚不了解,故必须通过一系列的试验才能掌握。其内容主要有:

(1)机组充水试验。

(2)机组空载试运行。

(3)机组负载试运行。

(4)机组自动开停机试验。

试运行过程中,必须按规定进行全面详细记录,整理成技术资料,并建立档案保存,作为今后运行检修的依据。

三、试运行的程序

试运行前的检查

(一)试运行前的准备工作

1.流道部分的检查

流道部分的检查,首先应着重流道的密封性检查,因为它直接关系到电动机的功率和水泵机组运行的稳定性。其次是流道表面的光滑性检查,以减少水力损失和避免发生气蚀。具体工作有:

(1)清除流道内残存模板和钢筋头,必要时可做表面铲刮处理,以求平滑。

(2)封闭进人孔和密封门。

(3)流道充水,检查进人孔、阀门、混凝土接合面和转轮外壳有无渗漏。

(4)抽真空检查真空破坏阀、水封等处的密封性。

(5)在静水压力下,检查调整检修闸门的启闭;对快速闸门、工作闸门、阀门做手动、自动启闭试验,检查其密封性和可靠性。

2.水泵部分的检查

(1)检查转轮间隙,并做好记录,以备分析存查。转轮间隙力求相等,相对间隙差距太大,易造成机组径向振动和气蚀。

(2)叶片轴处渗漏检查。如果密封不好,停机时,就会向转轮内渗水,增大自重;运行时,损失功率,并向外渗油。

(3)全调节泵要做叶片角度调节试验,检查其灵敏度及回复杆最大行程是否符合设计要求和调节装置渗漏油情况。

(4)技术供水充水试验,检查水封渗漏是否符合规定,水导油轴承或橡胶轴承通水冷却或润滑情况。

(5)检查水导油轴承转动油盆油位及轴承密封的密封性。

3.电动机部分的检查

(1)检查电动机空气间隙,用白布条或薄竹(木)片拉扫,防止杂物掉入气隙内,造成卡阻或电动机短路。

(2)检查电动机线槽有无杂物,特别是金属物,防止电动机短路。

(3)检查转动部分螺母是否保险牢靠,以防运行时受振松动,造成事故。

(4)检查制动系统手动、自动装置的灵活性、可靠性,复归是否符合要求;顶起转子3~5 mm,机组转动部分与固定部分不应接触。

(5)检查转子上、下风扇角度,要求一致,以保证电动机本身提供的最大冷却风量。同时要求通风盖板和上、下挡风板密闭完好,以保证风道冷却、风循环路径的完整性。

(6)检查推力轴承及导轴承润滑油位是否符合规定。

(7)通冷却水,检查冷却器的密封性和示流信号器动作的可靠性。

(8)检查轴承和电动机定子温度是否为室温,否则应予调整,同时检查温度信号计整定值是否符合设计要求。

(9)检查碳刷与刷环接触的密合性、刷环的清洁程度及碳刷在刷盒内动作的灵活性。

(10)检查电动机的相序。

(11)检查电动机一次设备的绝缘电阻,做好记录,并记录测量时的环境温度。

(12)检查电气接线,吹扫灰尘,对一次和二次回路作模拟操作,并整定好各项电气参数。

关于电动机及其配电设备的电气试验,可按相关电气规范进行。

4.辅助设备的检查与单机试运行

(1)检查油压槽、回油箱及贮油槽油位,同时试验液位计动作反应的正确性。

(2)检查和调整油、气、水系统的信号元件及执行元件动作的可靠性。

(3)检查所有压力表计(包括真空压力表计)、液位计、温度计等反应的正确性。

(4)逐一对辅助设备进行单机运行操作,再进行联合运行操作,检查全系统的协联关系。

(二)机组空载试运行

1.机组的第一次启动

上述准备完成,经检查合格后,即可进行第一次启动。第一次启动应采用手动方式进行。

机组的第一次启动,一般都是空载启动,这样既符合试运行程序,也符合安全要求。空载启动主要检查转动部件与固定部件是否有碰磨,轴瓦温度是否稳定,摆度、振动是否

合格,测定电动机启动特性等有关参数。主要有:

(1)在电动机四周设专人监听第一次启动过程中的声音,如摩擦声、撞击声、杂声等,应判别其部位,紧急情况应停机检查处理。

(2)在水泵周围设专人监听水泵空载的声音,有无振动、杂音,油位是否上升,轴承密封是否发热,紧急情况应停机检查处理。

(3)在测温盘处,设专人监视轴瓦及电动机温度上升情况,轴瓦温度超过 60 ℃时,应引起注意。超过 65 ℃时,应立即停机处理。

(4)测量机组振动,其值应符合表 1-1 的规定。

表 1-1　机组各部位振动允许值

序号	项目		额定转速(r/min)					
			100 及以下	100~250	250~375	375~750	750~1 000	1 000~1 500
			振动标准(双振幅)(mm)					
1	立式机组	带推力轴承支架的垂直振动	0.10	0.08	0.07	0.06	—	—
2		带导轴承支架的水平振动	0.14	0.12	0.10	0.08	—	—
3		定子铁芯部分机组水平振动	0.04	0.03	0.02	0.02	—	—
4	卧式机组各部轴承振动		0.18	0.14	0.12	0.10	0.08	0.06

注:振动值系指机组在额定转速、正常工况下的测量值。

(5)设专人监视受油器的漏油情况、调节器铜套温度,并进行手动调节充油。

(6)调节油冷却器的进水压力,使其符合设计规定。

(7)检查油槽油位变化及甩油情况。

(8)检查碳刷滑环的工作情况,与碳刷接触是否良好,旋转有无摆动,有无火花。

(9)记录机组的启动时间,牵入同步的时间,电压、电流、功率、功率因数、有功功率、无功功率、励磁电压、励磁电流等电气表计的读数。

(10)观察油、气、水管路、接头、阀门的渗漏情况并进行处理。

(11)试验机组辅助设备的协联动作,如供水泵、真空破坏阀、快速闸门等。

2. 机组停机试验

机组运行 4~6 h 后,上述各项测试均已完成,即可停机。机组停机仍采用手动方式(包括制动)。停机时,主要记录从停机(分闸)开始到机组完全停止转动的时间。

3. 机组自动开停机试验

开机前,将机组的自动控制、保护励磁回路等调试合格,并模拟操作动作准确,即可在控制盘上发出开机命令,机组自动启动。同时记录下列各项数据:

(1)从发出开机命令到机组开始转动和达到额定转速的时间。

开机监控页面

（2）上下游水位及进出口压力。

（3）机组轴线摆度,各部位振动和温度。

（4）转速继电器和自动化元件动作情况。

停机,也以自动方式进行,主要记录从发出停机命令到停转的整个时间和自动化元件动作情况等。

（三）机组负载试运行

机组空载试运行合格之后,即可进行带负荷运行。

1. 负载试运行前的检查及操作

（1）检查上下游渠道内或拦污栅前后有无船只和漂浮物。

（2）打开平压阀,平衡闸门前后的静水压力。

（3）吊起进出水流道工作闸门或快速闸门。

（4）关闭检修闸阀（长柄阀）。

（5）油、气、水系统投入运行。

（6）操作试验真空破坏阀,要求动作准确,密封严密。

（7）将叶片调至开机角度（全调节泵,一般为 $4°\sim6°$）。

2. 负载启动

负载启动用手动或自动均可。负载启动时的检查、监视工作,仍按空载启动各项内容进行,待因机组启动而引起的供电系统振荡完毕,振动声音正常,温度稳定,即可进行叶片角度调节试验（指全调节泵）,同时进行下列工作:

（1）记录机组的启动时间。

（2）记录真空破坏阀从开启到关闭的时间（对虹吸式出水流道,要记录驼峰处的真空度）。

（3）观察水导密封的漏水情况和橡胶轴承润滑水情况。

（4）测量主轴承密封（填料）温度,一般不应超过 50 ℃,同时观察漏水情况。

（5）对全调节泵,应根据上下游水位变化情况,适时调节叶片角度,并观察是否渗漏油。

（6）测量机组轴线摆度,注意水泵的振动和气蚀。

（7）检查配电盘上电气仪表的指示情况。

（8）检查轴瓦信号温度计表面是否有最高温度标志（65 ℃发信号,70 ℃自动停机）。

（9）检查油温信号温度计表面是否有最高温度标志（60 ℃发信号,65 ℃自动停机）。

（10）定子线圈、铁芯的最高允许温度应符合规定。

（11）监视各部油位。

（12）观察碳刷与滑环的工作情况。

（13）观察各辅机工作是否正常。

一般运行 6~8 h 后,即可按正常程序停机,停机前抄表一次,停机时还需测:

（1）停机时间（从分闸到停止转动）。

（2）断流装置的关闭时间。

（3）制动情况。

（四）机组连续试运行

在条件许可的情况下，可以进行机组连续试运行。其要求如下：

（1）单台机组运行，一般应在 7 d 内累计运行 72 h 或连续运行 24 h（均含全站机组联合运行小时数）。

（2）连续试运行期间，开机、停机不少于 3 次。

（3）全站机组联合运行的时间，一般不少于 6 h。

任务二　水泵机组运行管理

机组的运行管理，就是使机电设备经常保持良好的技术状态，保证机组能够安全高效的运行，延长设备的使用寿命及检修周期。具体来讲，应重视以下几个方面的问题。

一、提高泵站设备完好率和建筑物完好率

泵站设备完好率和建筑物完好率，是反映抽水设备和泵站建筑物技术状态的重要指标，是泵站安全运行的关键。对泵站机电设备和引水渠道、进出水池、泵房、管道（流道）、配套涵洞、河道及附属设施等必须进行定期检查、评比。

泵站建筑物

设备完好率是指泵站机电设备的完好台（套）数与总台（套）数的百分比。设备是指主电动机、主水泵、成套开关柜、励磁装置、启闭装置，对于灌区是指闸门、启闭装置、抽水站排灌机组等。电力泵站设备完好率不应低于 90%。

建筑物完好率是指完好的建筑物数与建筑物总数的百分比，一般泵站的工程完好率应为 85% 以上。

设备完好率应以主设备为准，按照技术状态的好坏，分为四类，其中一、二类为完好设备，三、四类为不完好设备。

一类设备，指在设计运行范围内，能正常运行，且性能指标满足要求的设备。

二类设备，指运行基本稳定，有轻微缺陷，但不影响正常运行的设备。

三类设备，指设备故障率高，主要性能指标较差或大幅度下降，不能保证能随时投入运行的设备。

四类设备，指经过大修、技术改造或更换元器件等技术措施仍不能满足泵站运行安全、技术、经济要求或修复不经济的设备，整体技术状态差的设备，淘汰产品。

各类设备的评级标准见《泵站技术管理规程》（GB/T 30948—2014）附录 B。

在实际工作中应提高一次开机成功率。一次开机成功率是检查设备完好程度的有效措施。影响一次开机成功常见的因素有早励、不励、可控硅不稳、空气围带抱紧密封装置、制动器与滑环接触等电气、机械方面的问题。

二、严格执行安全运行规程

运行规程是机组运行技术操作的指南，是机组安全运行的保证，是所有技术工人、专业人员进行设备操作时都必须遵循的规范。

安全运行操作规程一般分为机械、电气两部分,机械部分又分为开机前的准备、运行中的注意事项、停机后的工作三项,电气部分则分为开机前的准备、开机操作、运行中的注意事项、停机后的工作四项。应经常组织学习,深刻领会,正确执行。

(一)开机前的准备

(1)接到开机命令,运行人员就位,拆除不必要的遮栏、护栏等,准备所需工具、记录簿。

(2)仔细检查主机母线运行部位有无杂物,电动机各部件是否符合运行条件(如定子、转子气隙,制动器等)。如停机超过 48 h,则必须将电动机转子顶起 3~5 mm,使油进入镜板与推力瓦之间。

(3)各种仪表、继电器、避雷器、电容器等经检查完整无误。

(4)可控硅励磁装置投励、灭磁对称度,符合规定值要求。

(5)各辅助设备应完好,油、气、水系统畅通,工作正常。

(6)油开关应为断开位置,操作手柄应为跳闸位置。

(7)直流系统、操作、保护、信号、电源正常。

(8)检查现场消防工具,达到安全要求。

(9)全调节泵叶片应调至最大负角度,油压、油位、气压、检修门等主副设备符合开机要求。

(10)电动机停用时间较长,开机前必须投入电热或红外线灯泡干燥。干燥后用摇表摇测绝缘电阻,定子线圈吸收比($R60''/R15''$)一般要求为 1.3,每相对地电阻在温度 20 ℃时至少要大于 10 MΩ,转子绕组绝缘应大于 0.5 MΩ,否则不准开机(干燥天气停机 48 h内,可不摇测绝缘)。

(二)开机操作

(1)主机接开机命令票逐项操作。

(2)投入可控硅交流电源,满足可控硅输出电流达到要求值。

(3)旋紧油开关操作机构合闸保险。

(4)在中央控制室送合闸电源,先置于预备合闸位置,启动机组后,切除合闸电源。如在机旁操作盘合闸开机,应先将中央控制室合闸旋钮打开在预备位置,然后在机旁操作盘合闸。

(5)机组正常启动,投励、转速达同步转速后,投入零励保护压板。

(6)遇有下列情况之一者,应立即停机:

①主机早励,发生振动或启动声音异常;

②合闸 20 s 后仍不能投励或同步;

③主机或电气设备发生火灾或严重设备事故或人身事故;

④碳刷急剧冒火或主机有异味而又无法判断故障点;

⑤可控硅电源极不稳定,无法排除;

⑥上下游河道发生人身事故;

⑦直流电源消失,一时无法修复(手动分闸停机);

⑧辅机系统出现严重问题,危及运行安全。

（三）主机运行

（1）运行人员应经常巡视检查各部位,监视仪表,按规定要求(半小时或一小时)记录各项数据。

（2）电动机定子线圈最高监视温度不得超过 80 ℃,定子铁芯最高允许温度不得超过 75 ℃。

（3）上、下油盆温度应在 15 ℃ 以上,但不得超过 60 ℃,在 15 ℃ 以下时,可暂停供应冷却水。轴瓦温升不得超过 40 ℃,温度不得超过 65 ℃。上、下导轴承冷却水压不低于 1.5 kg/cm²,不高于 3.0 kg/cm²。

（4）发现 6 kV 电源有一相接地时,除及时向技术负责人汇报外,应立即检查接地点,进行消除。在寻找过程中,继续运行时间不得超过 2 h。

（5）正常运行时,主机不允许过负荷,一经发现而过负荷保护又拒绝动作时,应立即停机检查处理。

（6）机组正常运行,每班至少测量一次机组摆度。

（7）根据上下游水位,及时调节叶片角度,使机组在高效区运行。

（8）高扬程运行时注意水泵气蚀状况。

（四）停机操作

接到停机命令后应进行如下事项:

（1）抄、记各表计数据。

（2）将叶片角度调至最大负角度。

（3）由值班长下令分闸停机,待转速降至30%额定转速时,方可充气制动。

（4）停机后解除零励压板,油开关退出运行位置,退出合闸保险,停掉可控硅、硅整流交流电源。

（5）整理好全部记录,清扫整理现场。

（6）停机时间过长,应关闭检修门,以减少漏水量。

三、机组的运行维护

机组在运行过程中通过仪表、自控设备来完成对其的测量、保护、控制等任务。运行人员应认真巡视监视仪表的指示。针对机组的运行和维护,运行人员的感官和运行经验也很重要。

（一）看

主要是观察仪器、仪表的数据,然后根据其数据分析其正常与否,如负荷、电压、电流、温度、油、气、水等。

（1）负载指示检查。运行期间扬程会逐渐提高,负荷也随之增大,全调节泵要及时调节叶片角度。半调节或不调节泵,也应监视,可用部分停机的办法,调节上下游水位不使其超载运行。

（2）电压指示的检查。发现电动机进线电压降低时,要调整励磁,以提高功率因数。

（3）电流指示的检查。一般性电流增大,要降低负荷,电流升高较快,要检查转动部分润滑情况;如果突然增大,或指针摇摆幅度较大,就要检查转动部分有无卡阻或局部碰撞现象。

（4）温度指示的检查。一般温度升高，说明负荷增大，可降低负荷；温度上升较快，要检查润滑情况和冷却部分有无问题。

（5）油、气、水指示的检查。油、气、水指示出现异常，要分别检查油压、气压、水压等指示仪表、管路，必要时切换备用机，问题仍不能排除，则必须停机检查。

（6）摆度的检查。运行时每班可在法兰处测量 $1 \sim 2$ 次，并与安装或检修时的摆度值进行比较，从而分析其他各点摆度情况。若法兰处摆度值突变且不稳定，必须停机检查。

（二）听

要求运行管理人员熟悉机组各部运行正常的声音，利用经验作出判断。

（1）早励的声音。早励是指合闸后立即投励（仪表指示也有反映），这时机组发出的是沉重拖动的声音，并有很强的振动，这时应立即停机，免得损坏机件。同时重新调整可控硅励磁插件，准备第二次启动。第一次启动与第二次启动间隔时间不能少于 20 min，严禁连续启动。

（2）不励的声音。与早励相反，合闸后在规定时间不投励，此时由于电机不能牵入同步，运行晃动较大，产生一种不均匀的滑动的声音，不像机组正常运转时那么平衡。亦可停机重新调试可控硅励磁插件，准备第二次启动。第一次启动与第二次启动间隔时间不少于 20 min，严禁连续启动。

（3）软硬件相碰的声音。这种声音大都产生于转动部件与固定部件的接合处，如油盆、电动机定转子、水导密封等，是一种"嗒、嗒"声，有节奏，呈周期性。虽不会造成什么后果，但影响监听，易掩盖其他问题，所以也应予注意。

（4）硅钢片振动的声音。硅钢片因松动，在机组运行时受振（也包括风道通风时风流动的气浪）而发出"呕、呕"声，其部位在定子处。其原因：一是厂家出厂时定子硅钢片局部未压紧；二是风道齿倾斜；三是机组运行时间长、硅钢片穿芯螺栓螺帽松动（包括因早励振动造成螺帽松动）等。停机后要仔细检查处理，如拨正风道齿、拧紧螺帽、肋板、盘板，检查焊缝有无裂开现象等。

（5）金属摩擦声。金属摩擦声音有的尖锐刺耳，有的是严重刮擦，有的是哗啦振响，声音不一，令人担心。这些声音大多数来自机组的配套设备，如轴流风机叶片擦外罩、主机室鼓风机或其外壳连接螺栓松动。可检查转子风扇叶片和定子齿压板是否窜出而摩擦某部位，然后针对问题处理即可。

（6）气蚀的声音。产生气蚀的原因前已述及，但还应从声音上来判断气蚀程度：轻则咕咕声，振动轻微；次者噼啪声，如爆豆，振动明显；中者如鞭炮声；重者如双响，声音大，振动剧烈，不能运行，必须停机。

（7）沉重声。启动合闸后，转子转动时产生一种沉重、不胜负荷之声，而又不是早励，在规定时间内能同步。这种现象原因有二：一是定子硅钢片中心高程低，不符合规范要求的"定子硅钢片中心线低于或高于转子磁极平均中心线，其高出值不应超过定子铁芯有效长度的 0.5%"的规定。二是全调节泵是负角启动，因操作人员忽视摆在正值较大角度启动。

还可能有一些其他的声音，需运行人员不断总结记录。

（三）嗅

嗅，是通过气味辨别问题的方法，常出现的气味有：

（1）橡胶味。这是因橡胶密封的部位未处理好，因运行摩擦产生高热而发出的气味。

（2）胶木味。胶木味大多发生在停车时过早投入制动，制动闸板与制动环摩擦而产生，所以停车时一定要按规定转速降到三分之一时方可投入制动。

另一种情况是出自电气盘柜方面，上面用胶木绝缘之处较多，有时因通风不好而螺栓松动可产生高热而发出胶木气味。

（3）油漆味。机组和盘柜为防锈或绝缘，大都喷刷防锈漆、绝缘漆，漆经一定程度的烘烤就会发出气味。这时可观察温度是否过高，周围有无明火及是否有发热件或电线触及或靠近油漆部位。

（四）触

（1）热感。触觉是人的身体感受，直接触摸而分辨。

用手触摸，重点检查没有测温装置的部位，如全调节泵调节器、受油器的铜套，由于内外油管安装和其所依附的转动体的精度问题，往往因不同心而摩擦发热，烧毁铜套。常采用以下方法处理：

①将调节器底座与小油盆固定螺栓不拧紧，让其自由同心，在一定时间后，再逐步拧到紧度合适，以铜套不致发热为准。

②启动后，值班人员可反复多次用手触摸铜套处外壳部位，以不烫手为宜，若感温度过高，可立即调节叶片角度，使内油管上下移动，让冷热油交换达到冷却的目的。

（2）振感。主要是靠感官分辨正常振动与异常振动。当感受到的振动有别于正常振动时，则需判断其部位，找出其原因，做适当处理。

任务三 水泵机组巡视检查

一、主机组设备场地要求

（1）设备周围场地要有足够的设备试验和设备运行巡视的通道，通道上不能有障碍物。

（2）给主机组供油、供水的管道，不应妨碍运行巡视通道的通行，要按管道的用途，涂刷明显的颜色标识，同时标识明显的表明液体流向的箭头。

主机组设备检查

（3）主机组停机不运行时要有防护装置，防止灰尘进入机组内部。

（4）设备要保持清洁，无油污垢。

二、主机组的标识

（一）主机组的编号及标示牌

（1）在泵站内的主机组应按面对进水侧从左至右的顺序编号。

（2）在主机组最明显正视的地方，悬挂主机组编号数字标示牌。

（3）在运行的主机组上,悬挂"正在运行"的标示牌。

（4）在有人检查或检修的主机组上,悬挂"有人工作"的标示牌。

（5）在与被检查或检修的主机组相关的开关盘柜上,悬挂"禁止合闸,有人工作"的标示牌。

（二）主机组的铭牌

（1）电动机的铭牌。电动机的性能是由电动机的性能参数表征的,性能参数是电动机运行特性的重要指标,一般可从电动机产品样本上找到,也可以从电动机的铭牌上得到一些简明的电动机性能参数。在电动机铭牌上标出的参数是指该电动机在额定转速下的轴功率、效率、电流、电压、励磁电流、励磁电压、总重量、出厂日期和厂名等,见图1-1。

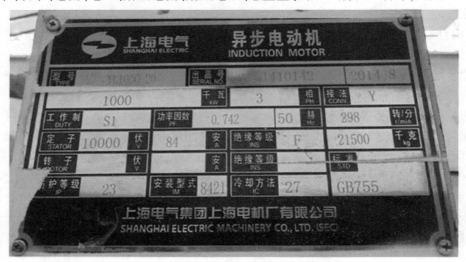

图1-1　电动机铭牌

（2）水泵的铭牌。水泵的性能是由水泵的性能参数表征的,性能参数是水泵运行特性的重要指标,一般可从水泵产品样本上找到,也可以从水泵的铭牌上获得一些简明的水泵性能参数。在水泵铭牌上标出的参数是指该水泵在额定转速下的流量、扬程、轴功率、效率、允许吸上真空高度或气蚀余量、总重量、出厂日期和厂名等。

三、主水泵的清理与检查

（一）主水泵的主要部件

1. 轴流泵主要部件

轴流泵外形似圆筒,其主要部件以36ZLB-70型半调节立式轴流泵和28CJ-70型全调节立式轴流泵为例说明如下:

（1）36ZLB-70型半调节立式轴流泵的主要部件有:进水喇叭、叶轮、叶轮外壳、导叶体、出水弯管、泵轴、轴承座、密封装置等。固定部件有:进水喇叭、叶轮外壳、导叶体、出水弯管、轴承座、密封装置等。

（2）28CJ-70型全调节立式轴流泵的主要部件有:进水喇叭（底座）、叶轮、叶轮外壳、导叶体、泵轴、轴承、密封装置、叶片调节机构等。固定部件有:进水喇叭（底座）、叶轮外壳、导叶体、密封装置、叶片调节机构等。

大型立式轴流泵为了检查维修水导轴承,在水泵弯管或混凝土弯管处均设有 600 mm 直径的进人孔,封有盖板。

2.离心泵主要部件

悬架式悬臂离心泵(IS 型)的主要部件有:泵体、叶轮螺母、止动垫圈、密封环、叶轮、泵盖、轴套、水封环、填料、填料压盖、悬架、泵轴、支架。其外部的固定部件有:泵体、泵盖、填料压盖、悬架、支架。

(二)主水泵的外观检查

(1)轴(混)流泵固定部件的外观检查包括如下内容:

①检查主水泵固定部件外表面的防护层是否脱落、外表有无锈蚀;

②检查叶轮外壳与导叶体之间的垫块是否松动(大型水泵);

③检查主水泵固定部件之间的紧固件是否松动异常;

④检查主水泵固定部件之间的连接缝密封是否漏水;

⑤检查主水泵的进人孔盖板密封漏水情况;

⑥检查主水泵的填料函处填料压紧程度是否正常。

(2)离心泵固定部件的外观检查包括如下内容:

①检查主水泵固定部件外表面的防护层是否脱落,外表有无锈蚀;

②检查主水泵固定部件之间的紧固件是否松动异常;

③检查主水泵固定部件的连接缝密封是否漏水;

④检查主水泵的填料函处填料压紧程度是否正常。

(三)水泵外观表面和流道(管道)的检查和清理

(1)检查并清理主水泵固定部件的外观表面和流道(管道)内部的污物、杂物。

(2)检查流道(管道)的内部表面,清理表面附着物,使其表面平滑。

(3)检查流道(管道)进人孔盖板处密封有无渗漏。如有渗漏,拆开进人孔盖板,处理密封后,重新安装进人孔盖板。

(4)检查和调整主水泵的填料函处填料压紧程度,使其正常。

(四)设备检查记录

根据水利部发布的《泵站技术管理规程》(GB/T 30948—2014)的规定,机组运行前设备的各项检查必须做好相应的记录,并形成制度,完整存档。记录的格式通常采用表格的形式,表格的内容应根据不同的泵站设置。

四、水泵运行巡视检查内容及要求

(1)水泵内部有无杂声。

(2)轴承油箱(盆)中的油质、油量是否符合要求。用机油润滑的滚动轴承油位应正常,用黄油润滑的滚动轴承油量不能太多或太少,其用量以占轴承室体积的 $1/2 \sim 2/3$ 为宜,滑动轴承则应在油位指示计标注的位置范围内。

(3)轴承温度表计读数应在规定的温度范围内。

(4)水泵进出口压力表计读数,应在规定的压力范围内。

离心泵的吸水口处装有压力真空表,用来测定水泵吸水口处的真空度,以水银柱高的毫米数表示,未开机时压力真空表的指针在零位,表示水泵里外均处在大气压力作用下,吸水口处的真空度等于零。开机后压力真空表的指针逐步偏摆到一定位置后,就不再移动,表示吸水口处的真空区已稳定。从真空表的读数可近似换算出水泵的吸程(m)为:吸程=10.33×指针读数/760。

压力表装在水泵的出水口处,用来测定出水口处的压力,以 MPa 表示。开机前压力表的指针在零位,表示内外压力相等;开机后压力指针即上升;运转正常后压力表指针稳定在一定位置,表示出水口处的压力高于大气压的程度,从其读数可近似换算出水泵的出水扬程(m),即出水扬程=压力表读数×100。

运行中如果压力表、压力真空表的数值发生突然变动,应检查原因并进行处理。

在一般情况下,压力真空表的读数忽然下降,一定是漏气;指针读数摆动,很可能是进水池水位降落过低或进水管口被堵塞。尤其是带底阀装置的水泵,往往遇到滤水孔被杂物堵塞,而造成水泵出水量减少或停机。

压力表指针摆动范围过大,也说明水泵运行不稳定。通常压力表的读数突然下降,很可能是动力机转速降低或泵体吸入空气造成的。此时,应注意检查进水管道、填料函等处有无漏气现象,并加以处理。否则,出水量会减少,严重时甚至不出水。

任务四 水泵机组运行维修

机组在试运行或正常运行中,由于设备本身的缺陷,或因设计不合理、安装质量不高等,都可能发生故障甚至引发事故。这时,应认真分析研究故障或事故的原因,探讨科学合理的处理方法。现就运行中常见故障及维修方法简介如下。

一、主机启动过程中常见故障及维修

(一) 启动故障及维修

(1)启动电压太低,使电动机无法启动。其原因是:因为同步电动机采用异步启动方法,异步电动机的启动力矩与电压的平方成正比,因此电压低,启动力矩就小,主机很难启动。此时,可采用将转子顶起,让推力轴承与镜板之间进油,增加润滑,减小启动力矩,调节水泵可将叶片调到最大负角度。若仍无法启动,只有适当提高电压或在午夜电压高、频率正常时再启动。

水泵机组
运行维修

(2)启动线圈断线。这是因为阻尼环和阻尼条在长期受热的情况下使焊缝松动。检查出部位重新焊牢。

(3)转子磁极线圈内所加入的灭磁电阻太小或磁极线圈短路。应检查灭磁电阻是否合乎要求,灭磁电阻一般为励磁线圈电阻的 5~10 倍。

(4)定子线圈短路。修理或更换线圈。

(5)轴承不清洁,油内有杂质。清洗轴承,更换润滑油。

(6)负载太大。检查橡胶轴承是否抱死。

（7）阻尼环连接处启动时冒火花。由螺栓松动，接触不良引起，拧紧螺栓即可。

（二）同步电动机牵入同步困难

（1）电压太低，启动力矩不够。特别是负载情况下，牵入同步更难。处理方法，一是减小启动电阻，二是提高电压或夜间启动。

（2）灭磁电阻太大。一是接触不好，二是阻尼条断裂。

（3）励磁无电压。

（4）可控硅整流装置投励过早。

二、橡胶轴承的故障及维修

橡胶轴承是机组常见的一种轴承，以水作为润滑剂。由于水的黏性差，要使轴瓦与轴颈存在液膜，以保证轴承的正常运行，必须供应充足的水量。又由于橡胶轴承导热系数小，轴承因摩擦而产生的热量不易散出，必须用水带走其热量，达到冷却轴承的目的，但必须有足够的水量。

（一）产生烧瓦事故的原因

（1）润滑水的水量不足或水质太差。

①技术供水系统设计不合理，或通向橡胶轴承的润滑水管的管径选择不当，或其他部位技术供水的布置与橡胶轴承的供水有干扰，造成水量不够分配。

②润滑水路中水生物或其他杂质的影响，造成润滑水管路阻塞，使润滑水大量减少或中断。

③润滑水中混入大量的有机杂物、泥沙等使轴承严重磨损，降低轴承的承载能力。

④在运行中，有时由于阀门的误动作（自动的或人为的）或阀门的开闭失灵而造成断水。

（2）橡胶轴承本身的缺陷，如橡胶浇铸质量太差，有严重缺陷而导致损坏；或橡胶本身配方不当，造成橡胶过硬或过软，导致摩擦高温烧坏或磨坏。

（3）安装检修质量太差。

①安装或检修中轴承间隙过小，使润滑水液膜不易形成，轴承因干摩擦而烧坏。

②垂直同心度偏差太大，摆度大，造成运行中大摆动，产生碰撞，超过橡胶轴承允载能力。

③橡胶轴承与导叶体轴承配合太松或固定螺栓紧固不够，在长期运行中，因振动而使轴承松动损坏。

（二）故障的排除及预防措施

（1）提高润滑水质量，特别对于多泥沙河流，作为润滑水源，应用沉沙池等办法对河水做净化处理。有条件的地方可利用地下清洁水或专用净化水塔作为润滑水源。

（2）合理布置技术供水系统，保证润滑水的可靠性，同时还必须考虑供水设备的备用系数。对润滑水采用间接供水方式比较适当。

（3）提高运行质量，及时检查、调整水压力，重要阀门要一一编号，并悬挂警告牌，严防误动作。要经常清理滤水器，供水管道应设置旁通阀，经常排除管道中的污物。

（4）防止供水系统生长水生物，是保证橡胶轴承安全运行的重要措施。有些泵站采用管道涂防锈漆的办法来防止水生物生长,效果较好。

（5）严格控制安装或检修的标准,注意检查橡胶轴承部件本身的质量,防止杂质和油污侵入橡胶轴承。

（6）橡胶轴承高温烧坏时,不宜立即向轴承浇水,以免轴颈不锈钢猝冷产生裂纹。此时应立即停机,待轴承温度下降后,再向轴承充水,然后拆下轴承修理。

三、稀油筒式轴承产生高温烧瓦的原因及防止措施

稀油筒式轴承是机组除橡胶轴承外的又一种常用的轴承,是用汽轮机油作为润滑剂,润滑轴颈和轴承,使轴与轴承间的干摩擦转换为液体摩擦。润滑油能够自循环,油又将摩擦产生的热量带走,冷却后又重新来润滑轴和轴承。

（一）筒式轴承温度升高而烧瓦的原因

（1）润滑油量不足或质量太差。

①由于转动油盆或油箱的渗漏,润滑油减少或中断。

②由于毕托管方向偏移或折断,甩油量不足或不甩油,破坏了润滑油的自循环。

③油导轴承进油孔堵塞,供油不足。

④油导轴承内壁油槽开的角度不对,或太浅,或被油污阻塞,使轴与轴承形不成油膜。

⑤润滑油内浸入大量杂质,或进水,或时间太长乳化、变质,承载能力降低。

（2）轴承间隙太小或太大。轴承间隙太小,润滑油膜极薄,会导致轴承的发热量大于轴承的散热量,因为轴承的发热量是与轴承间隙成正比的。间隙增大润滑油膜变厚,可降低轴承发热量。但间隙太小,不仅增大摆度,危及水导轴承的密封性,同时也影响润滑油上升的速度和数量,从而降低散热与润滑的效果。所以,轴承间隙一是按厂家提供的数据,二是按规范规定的数据来定方合标准,不能任意加大或减小。

（3）巴氏合金浇铸质量太差,产生裂纹或脱壳而损坏。

（4）安装质量不过关,轴承本身不垂直,椭圆度或轴线不正,摆动大,螺栓紧固不紧,松动损坏。

（二）降低轴承温度及防止烧瓦的措施

（1）提高安装和检修的质量。

①按标准规定的轴瓦间隙,调整好轴瓦的椭圆度、锥度和垂直度。

②防止上油箱、转动油盆、轴承体的漏油、渗油。

③注意毕托管的安装高程和进油口方位,不能碰撞和松动。

④安装好密封,严防水进入油盆。

（2）选用合乎要求的牌号和洁净的汽轮机油。

（3）对于轴瓦温度一直偏高的筒式轴承,可在上油箱装油冷却器。

四、稀油筒式轴承密封漏水的原因及防止措施

（一）平面机械密封大量漏水的主要原因

（1）水泵的水导轴承,承受水泵转轮径向力,为了使机组轴线运动稳定,水泵轴承安装位置距转轮越近越好,但水泵轴承的密封应布置在水导轴承之下,这样,密封与轴承的

布置产生了矛盾。从密封能发挥最好作用来说,布置在轴上最为理想,因为这可使密封本身直径尺寸减小,但却将轴承位置抬高了,对机组运转的稳定性不利。为了既满足机组支撑的稳定性,又使密封发挥作用,还要安装检修方便,目前采用油导轴承的机组,密封均安装在转轮上,这样直径加大(为主轴直径两倍多),动环运转线速度相应增加很大,因此平面间漏水面积也增大,路径加长。

(2)长期停机运行的机组,运行前为了减小启动力矩和增大推力轴瓦的润滑,启动前均需顶起机组转动部分使推力轴瓦与镜板之间充油。这样顶起机组时密封动环应随机组上升,动环上的静环也应随之上升,当机组落下时,静环应能与动环同时自由下落,始终保持动、静环平面接触。因此,对于能上、下滑动而又不随机组转动的静环,必须增加径向密封装置。

(二)平面机械密封防止漏水的措施

1. 密封的改革

有关制造厂和用户,对平面机械密封的结构形式和材料进行了改革。

(1)选用新的耐磨材料作为静环。橡胶是一种耐磨材料,广泛用于水泵的轴承,水是橡胶的最好润滑剂。由于橡胶质软,富有弹性,在一定的压力下能使平面均匀接触,密封性好,减少了平面的漏水,延长了使用寿命。

(2)改变径向密封的结构形式。将原用 O 型径向密封圈改为 J 型径向密封圈,外部水压加在 J 型密封圈上,使密封更加可靠,也使静环上、下滑动更为方便。

(3)固定座由铸件改为铸铜件,不易锈蚀,使静环易于自由滑动。

(4)弹簧换成尼龙弹簧防止锈蚀。

(5)从导叶体内接入润滑水管,通至耐磨橡胶内,使平面密封内充清水润滑,减少动、静环的磨损。

2. 加强密封的排水

对于水导轴承的密封,应该允许一定量的漏水,最大的漏水量不超过导叶体排水管的最大排水量。设法增大排水量,就可以允许密封增加漏水量,这样通过两者间的调节,使密封在筒式油轴承中更加可靠。

(1)在导叶体内转子法兰处,安装 2~4 只毕托管,转轮旋转把密封漏水甩进毕托管,排出导叶体外,增大导叶体排水管的自排水量。

(2)在导叶体的排水管上,安装自吸泵,当密封漏水较多,超过警戒水位时,自吸泵自动投入运转,排除漏水,但必须完善水位信号计,做到自吸泵排水自动化。

五、受油器轴瓦烧损原因

机组在试运行或正常运行时,发生烧毁外油管的铜套轴瓦的主要原因有:

(1)安装或检修过程中,上操作油管的同心度偏差太大,使外油管在运行中强烈摆动,造成单边摩擦高温烧熔。

(2)外油管与铜套之间间隙太小,油膜不易形成,致使外油管与铜套干磨损坏。

(3)机组导轴瓦间隙太大,机组运行时,因空气间隙不均匀,主轴游移范围大,外油管铜套受到较大径向力而磨坏。

（4）安装或检修后第一次运行时，运行前未进行调节充油，运行时瞬间难以供上，造成润滑油量不足，加之新铜套毛刺等影响，也可以使温度升高，间隙变小，干磨烧毁。

（5）受油器高程不对，当调节上行程时，油管铜套与受油器体相碰撞，干磨烧坏。

（6）因误操作，将受油器供油阀关闭，长期断油而烧坏。

六、电动机轴瓦温度过高而烧瓦的原因及防止措施

大型立式同步电动机的轴瓦，一般均采用锡基轴承合金浇铸而成，最高允许温度 65 ℃，运行时温度控制在 40～60 ℃。超过 60 ℃ 即偏高，65 ℃ 时应发信号，到 70 ℃ 应紧急事故停机。

机组运行时，轴承与轴颈摩擦所产生的热量，是靠冷却器吸收带走的，油冷却器冷却了润滑油，使轴瓦摩擦面的温度始终稳定在轴承合金允许温度范围之内。

（一）轴瓦温度过高而烧瓦的主要原因

（1）油位偏低或无油。电动机上、下油槽装有一定数量的透平油，上、下导轴瓦的一半浸入油中，推力轴瓦全部浸入油中。机组运行时，由于推力头的旋转，透平油部分溅起，以润滑导轴瓦上面的一半，一旦油槽油位太低，导轴瓦必然缺油，而生产高温导致烧瓦。断油或少油的主要原因是：

①油冷却器损坏，使油进入油冷却器管道被排出油槽外。不少泵站的技术供水，是将油冷却器的回水直接排入泵站的进水口，由于电动机油槽距离泵站进水口高差较大，形成一个较大的落差。还有些泵站，将油冷却器回水直接排至供水泵的吸入口。这都会造成油冷却器供水过程中产生一定的负压，使油冷却器的使用寿命缩短，一旦损坏，机组停止时，停止供水，油槽内的油就会经损坏的油冷却器铜管吸入泵站的进水口或供水泵的吸入口，造成油槽的油位降低或断油。

②放油阀关闭不严或因机组振动而振松。

（2）油冷却器断水或供水量太少。油冷却器断水或供水量太少，带不走轴与轴承摩擦所产生的热量，造成油温逐渐或迅速升高。而油温升高又导致润滑油稀释，降低润滑性能。润滑性能降低，则摩擦系数增大，温度再升高，如此下去，最后使轴瓦烧熔。

（3）轴承绝缘损坏。轴承绝缘损坏，破坏了轴瓦与轴颈的油膜，使摩擦损耗增大。

（4）安装或检修质量不符合规定要求：

①导轴瓦的间隙太小，形不成需要的油膜。

②推力轴瓦的限位螺钉或挡块安装不当，使推力轴瓦灵活性受阻。

③推力轴瓦受力不均匀，使轴向力集中在少数推力轴瓦上，超过推力轴瓦本身所能承担的负载。

④刮瓦质量太差。

（二）防止温度过高的措施

（1）使用合格的透平油，牌号符合设计规定，并要经常化验验证。

（2）根据轴瓦温度调整油冷却器的供水压力，以得到合理的供水量。

（3）安装或检修中，严格按规范规定调整轴瓦间隙和推力轴瓦的受力。

（4）放油阀应关紧，手柄应设法固定，防止松动。

（5）技术供水系统应可靠，测温装置应有预告信号和事故报警装置，油槽油位除有明显的油位指示计外，还应有信号装置。

（6）油冷却器管道（包括总水管滤水器）应定期检查、清洗、试压，防止淤积堵塞。

七、电动机轴承甩油原因及处理方法

轴承甩油有两种情况：一种是润滑油经旋转，越过挡油圈甩向电动机内部，称内甩油；另一种是润滑油通过旋转，越过盖板缝隙，甩向盖板外部，称外甩油。

（一）轴承内甩油

1. 内甩油原因

（1）机组在运行时，由于转子旋转鼓风，使推力头轴颈下侧至油面间容易形成局部负压，把油面吸高，涌溢，甩油到电动机内部。

（2）推力头内壁与挡油圈内壁，因制造安装的缺陷，产生不同程度的偏心，使设备之间的油环很不均匀。如果这种间隙设计很小，则相对偏心率就增大，这样当推力头带动静油旋转时，相当于一个偏心泵的作用，使油环产生较大的压力脉动，并向上窜油，甩油到电动机内部。

（3）油槽内油位偏高，或挡油圈高度太低，使其油面至挡油圈顶部的高度太低，油易于越过挡油圈顶，甩到机内。

2. 内甩油的处理

（1）上机架安装时，应检查挡油圈的高度及其与机组固定部分的同心度情况，尽量将其调节到机组的中心。

（2）检查推力头上稳压孔的布置数量和孔径，必要时可增加稳压孔数，使其在圆周上分布 3~6 孔或扩大孔径，使孔径达 20 mm 左右，这样使推力头内外平压，防止内部负压而使油面吸高甩出。

（3）加大旋转件与挡油筒之间的间隙，使相对偏心率减小，由此也降低了油环的压力脉动值，保持了油位的平稳，防止油液的飞油上窜。要增加挡油圈与推力内壁之间隙，可车削推力头内壁，但必须保证推力头的强度。

（二）轴承外甩油

1. 外甩油的原因

（1）机组运行时，由于推力头镜板的旋转，其内壁带动黏滞的静油运动，使油面因离心力作用，向油槽外壁涌高，易使油珠或油雾从油槽盖板缝隙外逸，形成外甩油。

（2）轴承使用过程中，随着轴承温度的上升，油槽内的油和空气体积膨胀，因而产生内压。在内压的作用下，油槽内的油雾随气体从盖板缝隙处外逸，形成外甩油。

2. 外甩油的处理

（1）加强油槽盖板的密封性能。在盖板与推力头旋转件之间再加一层羊毛毡密封，半圆面的垫片及平面垫应保持完好，密封严密。

（2）测量装置的引线与油缸盖板的接触应尽量保证密封，还应注意不能压坏、折断测温装置的引线。

（3）在油槽盖板上加装呼吸器，使油槽液面与大气相通，以平衡内压力。

（4）油位不宜太高，一般最高油位不应高于导轴承的中心。

八、油冷却器漏水的原因及处理

大型泵站的油冷却器一般用铜管制成，按其结构分为单组式和盘香式两种，安装在盛有一定数量油的上下机架的油槽内，电动机运行时轴瓦所产生的热量，借助油冷却器内水的流动而带走，从而达到冷却的目的。由此可见，冷却水的水质、水中微生物、供水方式、压力等，对油冷却器的运行有着很大的影响。油冷却器一旦发生漏水，将导致散热、润滑、绝缘都产生不良的后果，甚至烧瓦。

（一）油冷却器漏水的原因

（1）水质影响。冷却水不停地在冷却器管内流动，而且具有一定的压力和流速。因此，水中若沙量大或沙粒大，流动时与管壁摩擦，弯头尤甚，并因阻力加大而沉聚，且易生微生物。这样长期磨损、锈蚀，使管壁变薄而穿孔漏水。因此最好采用过滤沉淀的净化水。

（2）供水方式。不少泵站主机油冷却器回水管路直通主泵进水管，由于油槽与进水管高差很大，加之受下游水的影响，油冷却器运行时产生负压，影响使用寿命。一旦漏水，可使油质变劣，瓦温升高。停机时，供水停止，油经漏水小孔被虹吸带走，造成油位降低。

（3）压力影响。油冷却器供水压力只要能保持必需的水量和必要的流速，满足克服油冷却器水压降及回水管上全部管路损失即可。一般控制在 $1\sim2\ kg/cm^2$ 范围，最大不超过 $3\ kg/cm^2$，这样既可减少筒内形成过大真空度的可能，又考虑到了油冷却器铜管的机械强度，同时也可满足冷却水压力的需要。

（二）处理方法

（1）银焊。油冷却器在检修试压过程中发现有小孔洞，在工作条件许可下可进行银焊补眼修复。

（2）整根更换铜管。在一根或几根铜管中，发现漏水比较多，补焊工作量大，且很麻烦，还不容易修复，也不经济时，可更换整根铜管。

（3）整组更换铜管。油冷却器漏水严重，锈蚀穿孔厉害，说明油冷却器使用寿命已到，必须更换。根据油冷却器的具体尺寸，先在自制模具上按不同半径分组弯制，然后组装，管口用扩管器铆接而成喇叭口，最后以 $3\ kg/cm^2$ 水压试验 $1\ h$ 无渗漏方可使用。此法工作量虽大，等于重新制造一台冷却器，但对长期运行还是有好处的。单组试验完毕，安装后还需以工作压力整组试验，管路接头处须加用 $2\sim3\ mm$ 耐油橡皮垫止水。

九、离心泵的运行故障

（一）离心泵启动开阀后不出水

在正常情况下，泵启动开阀后 $1\sim5\ min$（视管路长短而定）即可出水，否则应立即停机检查，找出原因，不能勉强继续运行，以防出事故。常见的原因有：

（1）开机前充水排气不足，泵内没有形成足够的真空；有底阀的小型泵，进水管水未灌满或泵中气未排净；采用真空泵抽气充水的大中型泵，有时因排气量小或是管道漏气、闸阀未关严，达不到需要的真空度；另外，真空泵的吸气管不能安装在进水管上，要安装在泵壳的最高部位,以免泵壳上部积气无法排除。

(2)吸水管的水泵漏气,破坏了泵进口处的真空。

(3)叶轮打滑,轴转叶轮不转。

(4)过流部分堵塞,流道不通。

(5)叶轮转向不对。

(6)水泵吸水高度超过容许值或吸水管淹没深度不足,吸入空气。

(7)实际扬程超过水泵额定扬程过多。

(8)水泵吸水管安装不良,中间突起处积聚有空气。

(二)离心泵运行过程中水突然中断或减少

出现这种现象有以下几个原因:

(1)水泵进口处有空气逐渐积聚,破坏了该处的真空。

(2)口环和叶轮间的径向间隙过大,产生回流。

(3)过流部分局部被杂物堵塞。

(4)水泵转速不足。

(5)水中含沙量过大,一般规定水中含沙量达10%左右应停止运行。据试验,含沙量为10%,流量将减少16%左右。

(6)运行中由于进水池水位下降或出水池水位升高,实际扬程过大,导致出水量减小或供水中断。

(三)离心泵运行中发生振动和噪声

水泵振动往往是事故的先兆。正常运行的机组,运行平稳,声音很小,用手触及机壳应无振动感或极轻微。如果振动较大,伴有杂音,应停机检查,找出原因,消除隐患。形成振动的原因,一般有:

(1)机组安装质量不好,同心度不合要求。或泵轴弯曲未经校直,运行时产生附加离心力,或皮带轮皮带过松或搭接不良。

(2)水泵叶轮受力不平衡,叶轮局部磨损或叶轮重量不等,运行时产生不平衡力。

(3)叶轮口环间隙过小或不均匀,与泵壳摩擦。

(4)机组滚动轴承的滚珠破碎,或滑动轴承的轴瓦间隙过大。

(5)机组地脚螺栓未紧固或松动。

(6)叶轮转向不对,泵中水流紊乱而脉动。

(7)水泵发生气蚀。

(8)水泵吸程过大,吸水管淹没深度不够或吸水池形成漩涡而吸入空气。

思考题

1.水泵机组大修后或新装机组进行试运行的目的和内容是什么?

2.机组进行试运行前应作哪些检查准备工作?

3.机组按什么程序进行试运行?

4.泵站设备完好率和建筑物完好率的含义是什么?是如何进行分类的?

5.机组安全运行规程对开机前的准备、开机操作、主机运行和停机操作四个方面分别作了哪些主要要求?

6.主机在启动过程中常见的有哪些故障? 如何处理?

7.机组运行中,引起机组振动的因素有哪些?

项目二
电气设备运行维护

任务一　主机组操作及巡检

一、主机组的运行操作

(一)运行操作方式一般分类

泵站主机组运行操作方式,一般分手动操作(单独、连动操作)和自动操作。

1. 手动操作

1)单独操作

单独操作是指在运行操作时,主机与辅助设备的操作无关,由操作人员单独分别进行操作,同步检查和确认各设备的动作情况。这种方式一般用于规模较小、装机台数不多的泵站。但目前在自动化程度要求不高或自动化难以可靠保证的情况下,不少大中型泵站也都采用手动单台、主辅机分别操作的方式,主机也在机房操作盘上操作。

2)连动操作

连动操作是指主机、阀、辅助设备等只进行一次操作,各设备可按程序连续动作的操作方式。各设备的动作之间应配备有必要的相互连锁的保护电路。

2. 自动操作

自动操作是指在“开始启动”的操作之后,由自动操作回路使开关动作,由计量测试装置根据运行状态的变化发出指令,自动地进行开机或停机、操作阀门和控制开机台数等。

1)开停机控制

计量测试装置的数据值,超越预先设定的值时,可给机组发出开机或停机的指令,然后自动进行运行台数的切换,或将阀门全开或全闭。

2)自动反馈控制

以流量、压力、水位等参数作为控制对象,预先在某一范围内设定其目标值,当外界干扰超出该范围时,可自动调节。将控制结果取出并反馈,与目标值相比较,若有误差,可自动进行调节修正,使目标值与控制结果保持一定的关系。这种控制方法,称作自动反馈控制。

(二)运行操作方式按操作场所分类

泵站主机组运行操作方式,按操作场所一般分为机旁操作、集中控制操作和远程操作等。

1. 机旁操作

机旁操作一般用于中小规模的水泵机组,以及能直接监视水泵机组、辅助设备、阀门、清污机等场合,且配电盘装在主机组附近。这种操作方式,大多数是各设备单独地进行操作,运行人员在操作主泵、阀、润滑油泵和冷却水泵时,可一边直接观察各设备的工作状态,一边按程序对各设备进行单独启动操作。目前,规模较大的泵站,尽管有中央控制室和机旁操作台两套设备,有的还是高压(6 000 V)电动机,仍然多采用机旁操作的操作方式。

2. 集中控制操作

集中控制操作是指在中央控制室内对水泵机组进行启动操作。操作盘和监视仪表盘集中设置在离主机组有一定距离的中央控制室内。这种操作方式中,水泵的运行状态在监视仪表盘上通过仪表显示,操作人员可一边监视仪表,一边进行水泵机组的连动操作或半连动操作。

另外,为便于集中控制操作方式的操作调试,一般在各主机组旁设置机旁操作控制盘,对各机组进行单独操作。这种机旁操作控制盘中除设置选择开关外,还应装设紧急状态下的操作开关,以便在发生异常事故时,可以紧急停机。

3. 远程操作

远程操作是一种在远离泵站的中央管理单位采用有线或无线通道进行机组操作运行的方式。这种方式适合于多泵站的集中管理。在中央管理单位内,有表示各台机组的运行状态及数据处理的设施,但由于这些设施价格昂贵,因此必须根据泵站的规模、目的、运行管理、技术条件等的需要来确定。

注意:在水泵机组操作和运行过程中,为了在设备发生异常情况时,能监测其运行状态,并相应报警、显示运行、直至停机,设有保护装置,因此在操作过程中,必须注意保护装置的动作情况。

二、主机组检查维护

(一)电气参数检查

熟记各用电设备铭牌主要参数,根据设备负荷情况,检查设备的电压、电流、功率等仪表反映的数值及水位、扬程等参数,再通过相关计算判定电工仪表指示的数值是否正常,设备运行是否正常。

(二)设备外观检查

在设备停运的情况下对设备进行检查,填好工作票,做好安全防范措施。检查内容包括:各相关设备连接是否牢靠,设备各接地部位是否可靠,接地装置是否松脱,二次设备端子有无松动,二次接线是否正确等。在设备正常运行时,通过巡视设备外观和"看""闻""摸"等方法对设备进行检查。

任务二　高压电气设备运行维护

一、高压电气设备操作程序和技术要求

(一)操作程序

1. 电气设备的操作原则

(1)分闸:先断开负荷侧,再分断电源。

(2)合闸:先送电源侧,后合负荷侧。

例如:送电,先送电源侧刀开关,再合上负荷侧负荷开关;断电,先断开负荷侧断路器,再分开电源侧开关。

（3）用令克棒拉跌落熔断器，拉开顺序为先拉开中相，然后拉开下风相，最后拉剩下一相。合闸顺序相反。

2. 注意事项

（1）禁止带负荷拉刀开关。

（2）操作时不可用力过猛。

（二）操作技术要求

（1）带负荷操作，必须在进行核对性模拟（不带负荷状态）预演，确认无误后，再进行操作。认真核对好设备名称、编号和位置，操作中认真执行监护复验制度。操作过程中应按操作票填写顺序逐项操作，每操作完一步检查无误后，做一个"√"记号。

（2）监护操作。操作人每操作一步均需得到监护人的同意。

（3）操作中发生疑问时，应先停止并向发令人报告，待发令人许可后再行操作。不准擅自更改操作票，不准随意解除闭锁装置。

（4）电气设备操作后位置检查，应以设备实际位置为准。只有通过各方检查核准后，才能确认设备操作已到位。检查项目填写在操作票中。

（5）用绝缘棒分合刀开关、高压熔断器，或经传动机构分合开关和刀闸时，均应戴绝缘手套。雨天操作室外高压设备时，绝缘棒应有防雨罩；操作人员还应穿绝缘靴。若接地网电阻不符合要求，晴天也应穿绝缘靴。

（6）装卸高压熔断器，应戴护目镜和绝缘手套，必要时使用绝缘钳，并站在绝缘垫或绝缘台上。

（7）单人操作时，不得进行登高或登杆操作。

（8）下列情况可以不用填写操作票：①事故应急处理；②单一操作分合开关，操作完应做好记录。

（三）设备操作

主机组开停机和 6 kV 及以上母线分合闸，须填写操作票，且每开停一台机组填写一张操作票。开机顺序：开机前机电检查项目→投二次保护柜相关保险、刀闸、直流电源→送电源侧刀闸→送机组侧刀闸→合机组开关→检查各指示仪表是否反映机组正常运行→操作工作结束。操作时，一人操作、一人监护。

电容器柜投入，在检查电容器柜处于完好状态时，合电源刀闸，然后将转换开关旋转至"自动"投入挡，电容补偿随着负荷的变化，自动"投""切"。

同样，只需将开关柜刀闸投上。开关投入可以分"手动""自动"投入。

电压互感器柜容量较小，一般用刀闸操作，只需将刀闸投上即可运行。

其他柜体"投入"与"切除"顺序均遵循操作程序。

二、操作票内容

操作票应填写设备名称和编号，用钢笔或圆珠笔填写，票面应清楚整洁，不得任意涂改。用计算机打印出的操作票应与手写票面一致。操作人和监护人应根据安全操作规程和系统接线图等核对填写的操作项目，并分别手工或电子签名，然后经值班负责人审核签名。每张操作票只能填写一个操作任务。操作票内容如下：

（1）应对分合的设备（开关、刀闸等）进行验电或装拆接地线，合上或断开控制回路或电压互感器回路开关、熔断器及保护回路等。

（2）分合设备（开关、刀闸等）后，检查设备位置。

（3）进行停、送电操作时，在分合刀闸和手车开关拉出、推入前，检查确认开关在分闸位置。

（4）进行分段母线并列运行操作前后，检查相关电源运行及负荷情况。

（5）设备检修后、合闸送电前，检查确认送电范围内接地刀闸已拉开，接地线已拆除。

进行操作时，应核对现场一次设备和与实际运行方式相符的一次系统模拟图。

操作设备应具有明显标志、命名、编号、分合指示信号灯、切换位置指示及设备相色等。

三、主要电气设备运行维护

（一）高压开关柜

高压开关柜是由柜内各个单一的电气元器件组成的。对柜体整体的检查内容有："五防"装置是否完好，柜内各元件及其端子是否清洁，接线是否牢固，对外连接的孔是否封闭，操作机构是否灵活，灭弧罩是否完好、整洁，设备整体环境是否清洁无灰尘、无污染，绝缘子、互感器、断路器表面是否清洁、干燥，无破损、无放电。油断路器的油位应处于油位计上、下线内（不能过低或过高），油色要透明呈淡黄色，无黑色碳化物、无渗漏，柜内、柜顶无杂物、无异味。转换开关、断路器、指示灯显示状态要对应。

（二）高压断路器

1. 常用断路器

1）油断路器

在正常运行时，断路器的操作机构应灵活可靠，操作电源应符合要求；油位、油色正常，各参数不超过额定值。禁止将有拒绝分闸或严重缺油、漏油、漏气等缺陷的断路器段投入运行。

对远距离操作的断路器的分（合）闸操作，应采用远距离操作方式。只有在远距离分闸失灵，或发生人身伤害及设备事故，来不及远距离分闸时，方允许使用手动机构就地分闸。

值班人员必须按规定对运行中的断路器进行巡查。重点巡查操作机构、出线套管油位、油色、气压等容易造成事故的部位。在负荷高峰时，检查易发热部位是否发热变色；天气骤变，尤其是雷雨风暴，以及其他恶劣的天气时，应加强巡视检查。对发现的问题尽快设法解除，以保证断路器安全运行。

运行中的少油断路器外壳带有工作电压，巡查人员不得随意打开柜体检查。

当系统中发生事故，断路器跳闸后，应检查油断路器有无喷油现象，油色、油位是否正常，油箱有无变形，各连接部位有无松动，瓷件是否损坏或断裂，接点处有无过热现象。油面是否在油位指示的上、下控制线内，若发现异常，如漏油、渗油或有不正常声音等，应采取措施处理，必要时须立即停电检修。当过流跳闸且负荷变化很大或断路器喷油有瓦斯气时，必须停止运行，以免发生爆炸。

油断路器正常运行时,从断路器的观察孔中必然看到油的颜色是无色或淡黄色的,且油面处于上、下控制线之间。当从观察孔中看到油的颜色变成深暗、浑浊或有碳颗粒时,说明油的黏度、酸度、灰分都有增加,油的绝缘性能减弱,绝缘油中出现了破坏绝缘和腐蚀金属的低分子酸。为了不影响绝缘油的性能,需进行更换处理。

同时,还应从开关柜的观察窗中检查油断路器的基座转轴油封处、基座缓冲器油封处、放油螺钉及绝缘筒上下端油封处是否漏油,排气孔"小嘴"是否朝后等。

正常运行时油断路器的油是没有温度的。如果发现排气孔有气雾现象,说明断路器有故障,需停运维修。

用油作为绝缘介质的互感器,对油位、油温、油色的检查,按变压器油的要求执行。

2)六氟化硫断路器和真空断路器

六氟化硫断路器运行中的巡查包括如下内容:

(1)套管检查。清洁,无破损、裂纹、放电闪络现象。

(2)连接头检查。无过热变色现象。

(3)听声音、闻气味。内部无异声(如电声、振动声),无异臭味。

(4)分合位置指示应正确。

(5)气压检查。气压应保持在 0.4~0.6 MPa 范围内。

(6)含水量监视。含水量在标准范围内。

真空断路器运行中的巡查包括如下内容:

(1)瓷件检查。应无裂纹、破损,表面光洁。

(2)听声音、看颜色。内部无异常声音,屏蔽罩颜色无明显变化。

(3)连接头无松动,不发热变色,转动机构轴销无脱落变形。

(4)分合闸位置指示正常。

(5)接地应良好。

2.操作机构

操作机构是断路器中的重要部件,是经常动作且容易出问题的部位。运行中的巡查包括如下内容:

(1)机构箱门平整,开启灵活,关闭紧密。

(2)分合线及接触器线圈无冒烟、无异味。

(3)直流电源回路接线端无松动,无铜绿或锈蚀。

(4)直流电源电压符合要求。

(5)分合闸保险丝完好,指示灯显示正常。

(6)手动式操作机构灵活,弹簧蓄能式操作机构指示灯显示正常。

3.断路器的紧急分闸

当巡查发现下列情况之一或保护没有动作时,应立即用上一级断路器跳开连接该回路的电源,将该断路器从电路中断开进行处理。

(1)断路器套管爆炸断裂。

(2)断路器着火。

(3)内部有严重的放电声。

（4）油断路器严重缺油,六氟化硫断路器气体严重外泄或气压小于标准值。

（5）连接处有发热变色现象。

（三）隔离开关

隔离开关没有灭弧装置,不具备灭弧性能。它的主要用途是保证检修人员在检修设备时的安全;同时,也可以用它进行电路切换操作,断开小于 5 A 的电流。

隔离开关运行中应注意如下事项:

（1）严禁用隔离开关来拉、合负荷电流和故障电流。

（2）在合闸操作时必须迅速果断。合闸后应检查是否合到位,动静触头接触是否良好。如果误合隔离开关,有电弧产生,此时应合到位,严禁中途分开。

（四）高压负荷开关与高压熔断器

多数情况下,高压负荷开关和高压熔断器是配合使用的。高压负荷开关带有简单的灭弧装置,能够接通或断开负荷电流和不大的过负荷电流;高压熔断器切断短路电流和较大的负荷电流。在泵站系统中,高压负荷开关运用得不多,但高压熔断器在电容器柜和电压互感器的高压端均有使用。

高压负荷开关在运行中巡查内容及常见故障与隔离开关类似,高压熔断器在运行中主要是检查其是否完好,指示灯反映是否正确。

（五）电压互感器

1. 投入运行的检查

要求绝缘良好,接线正确、牢固,接地要可靠,周围无杂物;电压互感器及回路上无检修人员及设备。一、二次侧熔丝投上后,合上隔离开关。若发现有异常情况应立即停运,待查明原因、处理完毕后再投入运行。

2. 退出运行的操作

首先退出与该电压互感器连接的继电保护装置,以免引起误动作;拉开高压侧隔离开关,取出一、二次侧熔丝,退出运行。

3. 电压互感器运行中的检查

运行中的电压互感器每班至少巡查两次。巡查的主要内容如下:

（1）高、低侧熔丝是否完好。

（2）各连接部位接触是否良好。

（3）绝缘子有无损伤、裂纹、闪络等现象。

（4）有没有焦味及烧损现象。

（5）有无放电声。

（6）接地是否良好等。

（7）油色是否正常。

（8）二次回路严禁短路。

（六）母线、电缆及绝缘子

1. 母线运行中的检查内容

（1）敞开式母线接头接触是否良好,接头有无烧熔或发生变形等现象。如有烧红或脱落等现象,应立即停电检修。

（2）母线在大电流作用下，是否出现弯曲、折断、瓷瓶崩碎等现象。如有，根据损坏程度停电处理。

2. 母线运行后的检查内容

（1）清扫母线瓷瓶的灰尘和脏污，保持瓷瓶清洁。检查瓷瓶有无破损及闪络痕迹，水泥填料有无脱落等情况，保持瓷瓶的完好性。

（2）检查母线接头接触是否良好。用螺栓连接的，垫圈应齐全，螺栓应拧紧不得松动。

（3）伸缩节两端接触良好，不得有断裂现象。

（4）母线耐压试验及测量电阻应符合要求。

（5）母线固定应平整牢靠，固定用部件应齐全，无锈蚀，撑条应均匀。

（6）相序颜色标志应清楚。

（7）一般母线1~3年进行一次交流耐压试验，封闭母线在大修时进行。

3. 电缆沟及电缆的检查

（1）运行及非运行期，电缆沟检查及维护项目有：

①检查、清理电缆沟下水道，使其畅通。经常用水冲洗和打扫，保持沟内清洁，无积泥。

②沟里不允许堆放杂物，盖板应齐全完好。

③检查沟内防火封堵涂料是否损坏，通风设备是否完好。

④支架是否牢靠，电缆在支架上有无损伤或擦伤。

⑤接地应可靠良好。必要时可测量接地电阻。

（2）电缆的检查内容如下：

①电缆头应干净、无电晕放电痕迹及过热记录，引线接触良好。

②保持终端盒及瓷套管干净无灰尘，终端盒内绝缘胶应足够，无开裂、无水分、无漏油痕迹等。

③铠装电缆铅皮无龟裂、腐蚀。

④油漆防腐层完好。

⑤电缆接地良好。

⑥按要求做好预防性试验。

4. 绝缘子

绝缘子表面要清洁、干净，无破损、裂纹、放电痕迹、闪络现象，支撑铁件与绝缘体连接牢固，紧固件连接牢靠。

（七）接地装置

在接地装置中，避雷器、变压器、主机组的中性点，以及其他接地系统的接地，一般都与泵站建筑物连接在一起，构成一个大接地网。避雷针、计算机监控系统（弱电系统）宜采用独立的接地体。

接地装置检查内容如下：

（1）接地电阻应符合要求。

（2）各部分连接部位应良好，无松动、脱焊现象。

(3)接地材料应有防腐措施。

(4)接地体与接地线连接应牢固,符合规定。

(5)接地标志齐全明显。

(八)防雷装置

1.防雷装置检查、维护的内容

(1)防雷装置引雷部分(如避雷针)、接地引下线和接地体三者之间连接应良好。

(2)每年雷雨季节之前测量的接地电阻应符合要求,接地应良好。

(3)避雷器应定期试验(一般在每年雷雨季节之前),检查避雷器套管是否完好。金属氧化物与阀式避雷器都要做绝缘电阻、底座绝缘电阻试验,检查放电计数器的动作情况。此外,金属氧化物避雷器还要做直流1 mA、0.75倍运行电压下的泄漏电流与运行电压下的泄漏电流试验;阀式避雷器还要做工频放电电压与电导电流串联组合元件的非线性因素差值试验。

(4)检查金属部件上有无机械损坏、锈蚀、断裂现象。

(5)定期记录雷击放电计数器动作次数。

2.防雷装置常见故障

(1)避雷器引线及接地引下线有严重烧痕,或放电计数器烧坏。

(2)避雷器套管闪络或爬电。

(3)避雷器上下金属端盖锈蚀腐烂。

3.使用防雷装置的注意事项

(1)有雷雨时,只要防雷装置能用,就不能退出,待雨后处理。

(2)若发生避雷器故障,导致电网接地,值班人员在退出故障避雷器之前需断开电源。若阀型避雷器爆炸,但未造成电网永久接地,可在雷雨后更换。

(九)直流系统运行中的检查、维护

1.蓄电池

(1)电池与导线连接部位应良好,无松动现象,各接头处应涂上凡士林保护。

(2)蓄电池本体应无裂纹、无脏污及破损现象,防酸帽清洁,注液孔无破损。

(3)蓄电池内的电解液应符合要求,液位在正常范围(红线)内,无渗漏现象。

(4)应定期检查电解液的比重和浓度,并定期对蓄电池组进行充放电试验;对部分有问题的电池,可单独进行充放电试验。

(5)整个系统的控制部分应工作正常,绝缘良好。

(6)对于全封闭免维护铅酸蓄电池来说,检查维护项目少,工作量轻,其常规检查是在直流屏上通过微机监控巡视;传统的固定式铅酸蓄电池应定期检查每个蓄电池电压并调整电解液的比重,其比重在25 ℃时一般为1.215±0.005(电解液比重随温度变化而变化),确保电解液的比重符合运行条件,且基本一致。电解液的液面应高于极板位置,且处于上、下液位线之间。

2.硅整流系统

整个系统运行维护简单,且工作可靠。但二次回路比较复杂,检查时需特别细心。

(1)交流供电电源应良好,接线正确可靠。

（2）硅整流器运行应正常，各部件性能完好，输出电压、电流应正确。

（3）电容器组性能良好。

（4）各部连接应牢固，无松动、发热现象。

（5）系统绝缘良好。

（6）接地连接可靠。

（7）电容器组的检查装置运行正常，能满足正常浮充电要求。确保电容器组处于储能状况。

（8）由于其电源要占用一次设备，调试比较复杂。

任务三 变压器运行维护

一、新装或检修后的变压器投入运行前检查

（1）变压器运行必须符合《电力变压器运行规程》（DL/T 572—2010）中规定的各项技术要求。

①核对铭牌，查看铭牌电压等级与线路电压等级是否相符。

②检查变压器绝缘是否合格，用 1 000 V 或 2 500 V 摇表检查，测定时间不少于 1 min，表针稳定为止。绝缘电阻标准为每千伏不低于 1 MΩ，测定顺序为高压对地、低压对地、高低压对地。

③油箱有无漏油和渗油现象，油面是否在油标所指示的范围内，油表是否畅通，呼吸孔是否通气，呼吸器内硅胶呈蓝色或白色。

④接头开关位置是否正确，用电桥检测接触是否良好。

⑤瓷套管应清洁，无松动。

同时，电力变压器应定期进行外部检查。经常有人值班的变电所内的变压器每天至少检查一次，每周应有一次夜间检查。无人值班变电所内的变压器，其容量在 3 200 kVA 以上者，每 10 d 至少检查一次，并在每次投入使用前和停用后进行检查。容量大于 320 kVA，但小于 3 200 kVA 者，每月至少检查一次，并应在每次投入使用前和停用后进行检查。大修后或所装变压器开始运行的 48 h 内，每班要进行两次检查。变压器在异常情况（如油温高、声音不正常、漏油等）下运行时，应加强监视，增加检查次数。

（2）变压器周边的检查：

①变压器周围场地要有足够的设备运行巡视通道，通道上不能有障碍物。

②变压器上应有完整清晰的、能表明设备性能参数及出厂日期、生产厂家的铭牌。

③变压器应按顺序编号，并应悬挂在醒目的位置。

④在站用变压器围栏、高压终端塔杆等周围悬挂"高压危险！""禁止攀登！"等标示牌。

二、运行中的巡视

变压器投入运行以后，在巡查过程中，一般可以通过仪表、保护装置及各种指示信号

了解变压器的运行情况。同时,还要依靠巡查人员的感官去观察监听,及时发现仪表所不能反映的问题。即使是仪表装置反映出的问题,也需要通过对现场变压器运行的声音、气味、油色、油温、振动及外观等状况进行检查,分析判断后才能做出结论,及时采取相应的措施进行处理。

(一) 声音异常

变压器正常运行的声音应是均匀的"嗡嗡"电磁声。如果内部有短时的"哇哇"声,有尖细的"哼哼"声或有较大的噪声,可能是由变压器超负荷或电流过大等因素引起的;但内部有"吱吱"或"噼啪"声,以及"叮当"或"嘤嘤"声,可能是由内部有放电故障或个别零件松动引起的,应及时采取相应措施。

(二) 外形异常

变压器正常运行中,出现防爆管异常、防爆膜破裂、套管闪络放电、破损、裂纹、放电痕迹及其他渗漏油现象等,应及时分析处理。

(三) 颜色、气味异常

变压器故障常伴有过热现象,从而引起有关部件的颜色变化或产生特殊臭味。如引线头、线卡处过热引起异常;套管、绝缘子有污渍或裂纹、破损,发生放电、闪络,产生臭氧;呼吸器中干燥剂吸潮变色;风机接线盒中电线老化短路等。

(四) 油温、油位、油色异常

变压器上层油温一般应在 85 ℃ 以下;同时与正常运行条件相比,油温一般不得升高 10 ℃ 以上。如出现油位高于或低于储油柜的油位表正常范围,变压器油色骤然变化,油内出现碳粒、变黑并有异味等异常现象,应立即停用,查找原因并分析处理。

(五) 瓦斯继电器异常

巡视检查瓦斯继电器窗内油面是否正常,有无瓦斯气体。

(六) 变压器的特殊巡视

当系统发生短路故障或雷雨天气时,值班人员须对变压器及其附属设备进行特殊巡视。巡视检查的重点内容有:

(1)系统短路故障时,应立即检查变压器系统有无爆裂、断脱、移位、变形,有无焦味、烧损、闪络、烟火、喷油等现象。

(2)大风天气,应检查引线摆动情况和是否搭挂杂物。

(3)雷雨天气,应检查套管有无放电闪络现象(雾天也应进行检查),以及避雷器放电计数器的动作情况。

(4)气温骤变时,应检查变压器的油位和油温是否正常,伸缩节导线和接头有无变形或发热等现象。

巡视人员在巡视检查中,应注意自身安全,穿戴好绝缘工作服;特别是雷雨天气,不得打带金属尖头的伞。

三、允许运行方式

(一) 允许温度

运行中的变压器,由于铜损耗和铁损耗,必然使温度升高。长期在高温的作用下,变压器绝缘材料的原有绝缘性能将会不断降低,导致变压器绝缘老化、绝缘材料变脆而碎裂,使绕组绝缘层失去保护作用。

根据国家标准规定,当变压器安装地点的海拔不超过 1 000 m 时,油浸式变压器线圈用的是 A 级绝缘材料,耐热温升限值为 65 ℃,上层油面温升的限值为 55 ℃,加上变压器周边空气最高温度为 40 ℃,变压器在运行时,上层油面的最高温度不应超过 95 ℃。在自然循环冷却或风冷条件下长期运行时,上层油面温升限值为 85 ℃,最高运行温度允许值为 105 ℃。

运行中的变压器,不仅要监视上层温度,而且要监视上层油面的温升。这是因为,当变压器在环境温度很低的情况下带大负荷或超负荷运行时,外壳散热能力强,尽管下层油温未超过允许值,但温升可能已超过允许值,这样也是不允许的。因此,我们要特别注意,变压器在任何环境下运行,其温度、温升均不得超过允许值。

(二)允许过负荷

在正常冷却条件下,当变压器过负荷运行时,绝缘寿命损失将增加;轻负荷运行时,绝缘寿命损失将减小。因此,二者可以相互补偿。变压器空载时的过电流对变压器没有直接危害;但当线路上发生短路故障时,由于断路器跳闸需要经过一定的时间,变压器在短时间内要受到短路电流的冲击。因此,要求变压器有足够的强度,能承受短路时的反作用力。这就是事故过负荷。

(三)允许过电压

正常情况下,变压器是在额定电压下运行的。但当系统中出现过电压时,变压器的电压和磁通波形畸变,对用电设备有很大的破坏性。变压器过电压有大气(雷电)过电压和操作过电压两类。为了防止过电压损坏设备,一般做法是:加装避雷器,防止雷电过电压;加装谐振装置,消除操作过电压。

四、并列运行

为考虑运行的经济性、灵活性与检修方便性,常常设置两台及两台以上的变压器。它们既可以独立分段运行,也可以并列联络运行。

变压器并列运行必须具备以下四个条件:

(1)变比相同。变比不同,形成电压差,产生环流。

(2)接线组别相同。电压相位不同,产生电压差。

(3)短路电压(阻抗百分比)相等。短路电压不相等的两台变压器并联,则短路电压小的变压器容易过负荷,而短路电压大的不能满载,负荷分配就不均匀。短路电压不相等的两台变压器也可并联运行,但两者差值不能超过 10%。

(4)容量比不宜超过 3:1。不同容量的变压器,其阻抗值相差较大,负荷分配不均匀。

五、变压器油

变压器的绝缘油主要作用有两方面:一方面作为绝缘介质;另一方面作为散热(或灭弧)的媒介。它有一定的电气绝缘强度,在运行中需加以检测。

绝缘油在运行中主要受到温度、空气和水的影响而逐渐老化,从而降低绝缘强度,直至逐渐失去绝缘功能。

六、投入或退出运行程序

(1)高低压侧都有油开关和隔离开关的变压器投入运行时,应先投入变压器两侧的隔离开关,然后投入高压侧的油开关,向变压器供电,再投入低压侧油开关向低压母线供电;停电时顺序相反。

(2)低压侧无油开关的变压器投入运行时,先投入高压油开关一侧的隔离开关,然后投入高压侧的油开关,向变压器供电,再投入低压侧的刀闸、空气开关等向低压母线供电;停电时顺序相反。

七、运行中应立即报告的异常现象

变压器运行中发现下列异常现象后,应立即报告,并准备投入备用变压器:

(1)上层油温超过 85 ℃。

(2)外壳漏油,油面变化,油位下降。

(3)套管发生裂纹,有放电现象。

八、运行中应立即停电处理的异常现象

变压器运行中有下列情况时,应立即联系停电处理:

(1)变压器内部响声很大,有放电声。

(2)变压器的温度剧烈上升。

(3)漏油严重,油面下降很快。

九、运行中应立即停电处理的事故

变压器运行中发生下列严重事故,应立即停电处理:

(1)变压器防爆管喷油、喷火,变压器本身起火。

(2)变压器套管爆裂。

(3)变压器本体铁壳破裂,大量向外喷油。

变压器着火时,应首先打开放油门,将油放入油池,同时用二氧化碳、四氯化碳灭火器进行灭火。变压器及周围电源全部切断后用泡沫灭火器灭火,禁止用水灭火。

出现轻瓦斯信号时,应对变压器进行检查。如由于油位降低,油枕无油,应加油。如瓦斯继电器内有气体,应观察气体颜色及时上报,并做相应处理。运行变压器的油,应按规定进行耐压试验、介质损耗试验和简化试验。

十、允许动作方式

(1)运行中上层油温不宜经常超过 85 ℃,最高不得超过 95 ℃。

(2)加在电压分接头上的电压,不得超过额定值的 5%。

(3)变压器可以在正常过负荷和事故过负荷情况下运行,正常过负荷可以经常使用,其

允许值根据变压器的负荷曲线、冷却介质的温度及过负荷前变压器所带的负荷,由单位主管技术人员确定。在事故情况下,允许过负荷30%运行2 h,但上层油温不得超过85 ℃。

任务四　低压设备运行维护

一、低压断路器(空气开关)

低压断路器是利用空气作为灭弧介质的自动空气开关,可以用于不频繁地接通和断开电路中的空载电流和负荷电流;当系统发生故障时,自动断开故障电流,对设备起保护作用。它自身带有短路和过载保护装置及欠电压保护装置,既可以独立工作,也可以与断路器、热继电器等保护装置配合工作。常用的低压断路器有DW系列和DE系列,目前也引进了部分国外系列产品。正确使用和维护好低压断路器的程序如下:

(1)使用前,清除断路器上的灰尘,擦去各电磁铁表面的防锈油脂,并拧紧各连接部位的螺栓。检查额定电流、铁芯气隙、活动部件的距离,调整螺栓并固定好。

(2)有双金属片脱扣器的断路器,工作温度超出范围的,应降容使用或重新调整好才能使用;因过载分断后脱扣,应经过2~3 min冷却后“再扣”。应定期检查脱扣器整定值是否有变动。

(3)使用中,应定期清除断路器上的灰尘,并隔1~2年对其操作机构上的传动部位加一次润滑油。定期检修时,应对其操作机构分合数次,检查其灵活性。

(4)定期检查触头接触面状况。发现有污垢、灰尘、毛刺等,应用丙酮清洗,或用细锉修整;触头烧损严重的应予以更换。

(5)若断路器用于分断短路电流或长期灭弧,应清除灭弧室内壁和栅片上的烟灰和金属颗粒。有损坏的要立即更换,受潮的应烘干使用。

二、刀开关

刀开关是一种比较简单的开关,不能切断故障电流,只能承受故障电流引起的电动力和热效应。主要用于配电设备中隔离电源或用于不频繁地接通与分断额定电流以下的负载。

(一)刀开关的选用与安装

要根据刀开关在线路中的作用,选择开关结构形式、等级等,再根据其作用确定其安装地点、位置。安装要牢固,便于操作。

转换开关也是刀开关的一种,区别在于刀开关操作时为上下的平面动作,而转换开关操作时为左右旋转的平面动作,是供两种或两种以上电源或负载转换用的电器。

(二)铁壳开关选用

铁壳开关通常作为不频繁地通断负载电流,启动或分断电机用。

通常分断负荷电流不大于60 A。因此,应根据其控制对象和额定电流来选择。

三、接触器

接触器是一种利用电磁吸力来接通或断开带负载的交流、直流电路或大容量控制电路的低压开关。它操作简单,动作迅速,灭弧性能好。主要控制对象为电动机,也可以用来控制其他负载。它还具有低压释放保护作用,也可以与热继电器或其他继电器或其他继电保护配合,切断故障电流和短路电流,实现远距离自动控制。

接触器一般由铁芯线圈、主触头、辅助触头和灭弧栅组成。它有交流、直流两种类型。铁芯线圈电压通常为 110 V、220 V 或 380 V 等几种。

接触器与断路器有所不同。在运行中,接触器线圈必须始终通电以保证接触器处于吸合状态。线圈一旦失电或线路两端电压低于一定值。接触器就会释放,断开主回路。因此,在电压波动较大的场合,不宜使用接触器。

(一)接触器停电检查项目

接触器停电检查的项目包括:

(1)外观验查。所有连接的紧固件是否拧紧,接地螺栓是否完好。清除相间及外部的尘垢和堆积物。

(2)触头检查。触头在使用中氧化或硫化发黑,属正常现象,对接触器影响不大,不必处理。若触头烧毛,将影响接触,可用细锉修整,并调整触头之间压力使三相同步。禁止用砂布研磨接触面。若触头严重开焊、脱落,或磨损厚度达触头原厚度的 3/4,则应更换。

(3)辅助触头检查。检查触头是否卡住、脱落,触头弹簧和活动部件是否断裂,触头接触是否良好。

(4)灭弧罩检查。取下灭弧罩,用毛刷清扫内部烟尘。若灭弧罩内壁附有金属颗粒,应将其铲除,防止金属颗粒将栅片短接;若栅片损坏、脱落或严重烧损,应将其换掉。

(5)铁芯检查。清除铁芯磁极面的污垢和锈斑,并用砂布平推磁极面使之平滑光亮。检查短路环有无断裂或烧损现象,铆钉有无切头,叠片是否松开,缓冲弹簧和橡胶件等是否完好,安装是否正确。

(6)线圈检查。如线圈外层包的绝缘介质烧焦或发黑,则说明线圈温升过高或内部有短路匝,应更换线。检查引出线是否完好。

(二)接触器运行中检查项目

接触器运行中检查项目包括:

(1)通过接触器的负荷电流是否在额定值范围内。

(2)分、合闸信号指示是否正常。

(3)接触器灭弧室内有无放电声,检查灭弧罩是否松动、脱落。

(4)检查线圈是否过热,吸合是否良好,噪声变化情况等。

(5)连接处有无过热现象,绝缘杆是否裂损。

(6)周围环境是否符合接触器正常运行条件。

四、漏电保护器

漏电保护器的工作原理是:在三相电路中,三相电线或中性线中串联有零序互感器。在正常情况下,三相电流的向量之和为零,漏电保护器不动作。当线路或电气设备绝缘损坏发生漏电、接地故障或人身触电事故时,三相电流的向量之和不为零,这时零序电流互感器就检出不平衡电流(漏电电流);当漏电电流达到或超过保护器的动作值时,漏电保护器立即动作,切断电源,从而起到漏电保护的作用。

　　漏电保护器主要提供间接接触保护,用于低压电路中,可作为防止人身触电和防止漏电引起的火灾、电气设备烧损及爆炸事故的安全器。

五、软启动器

　　软启动器通电前的检查内容包括:

　　(1)软启动器功率是否与电动机相符。

　　(2)电动机绝缘是否与电动机功率相符。

　　(3)主电路输入、输出接线是否正确。

　　(4)所有接线螺母是否拧紧。

　　(5)用万用表检查三相进线电源是否完好。

　　软启动器的通电试运行内容包括:

　　(1)当软启动器通电后,键盘显示器启动,指示反映正确,表示一切正常。

　　(2)在显示正常情况下,按启动键(RUN)即可启动电动机。电动机启动运行后,键盘显示器显示“运行状态”。

　　(3)在运行情况下,按停止键(STOP)即可停机,使软启动器回到启动准备状态。

　　以上操作步骤是在调试情况下进行的,机组安装调试好,仅需在控制按钮前根据操作规程拨动选择按钮操作运行。

六、热继电器

　　热继电器是一种依靠负载电流通过发热元件时产生热量,当负载电流超过允许值时,所产生的热量增大到使其动作机构随之动作的保护电器,主要用来保护电动机的过载及对其他电气设备发热状态的控制。

　　热继电器运行中检查与维护的内容包括:

　　(1)检查电路负荷电流是否在热元件的整定范围内。

　　(2)检查与热继电器连接的导线接点处有无过热现象,导线截面是否满足负荷要求。

　　(3)检查热继电器的绝缘盖板是否完整无损和盖好。

　　(4)检查热元件的发热电阻丝是否完好,继电器内的辅助触点有无烧毛、熔焊现象,机构各部元件是否正常完好,动作是否灵活可靠。

　　(5)检查热继电器绝缘是否完整无损,内部是否清洁等。

七、熔断器

　　(1)熔体不能有机械损伤,且应经常检查安装是否牢靠。

　　(2)熔断器及熔体必须安装可靠。

　　(3)更换熔断器时,要检查新熔体的规格及形状是否与被更换的熔体一致。

　　(4)熔体有氧化腐蚀或损伤时,应及时更换。

八、蓄电池

(一)工作原理

蓄电池根据电极和电解液所用物质的不同分为酸性蓄电池和碱性蓄电池。酸性蓄电池电解液为浓度27%~37%的稀硫酸,正极板的活性物质为二氧化铅(PbO_2),负极板的活性物质是绒状铅(Pb),所以酸性蓄电池又叫铅酸蓄电池。碱性蓄电池的电解液为浓度20%的氢氧化钾水溶液,正极板用氢氧化镍[$Ni(OH)_2$],负极板用镉镍(Cd-Ni),所以碱性蓄电池又叫镉镍蓄电池。

传统的都是采用铅酸蓄电池,但由于铅酸蓄电池在运行中受电压稳定性差、维护工作量大、占用空间大、寿命影响大等因素的制约,已逐渐被全封闭免维护的镉镍蓄电池取代。与酸性电池相比,镉镍蓄电池虽然价格要高一些,但它具有放电电压平稳、体积小、寿命长、机械强度高、占地面积小、维护方便等优点。

无论是哪一种蓄电池,其作用原理都是通过氧化-还原反应,将电池内活性物质的化学能直接转变为电能,作为电源使用。即电池在工作时,电解液中的负极活性物质发生电化学氧化反应,释放出电子,在两极间电位差作用下,电子由负极流经外线路到正极,正极板活性物质得到电子发生电化学还原反应,同时电解质中的离子通过扩散和电子迁移在电池内部传输电流,从而形成一个闭合的导电回路。

蓄电池充放电的工作原理可用下式表示:

(1)铅酸电池充放电反应式。

放电的化学反应式:$Pb+PbO_2+2H_2SO_4=2PbSO_4+2H_2O$。

充电的化学反应式:$2PbSO_4+2H_2O=Pb+PbO_2+2H_2SO_4$。

(2)镉镍电池充放电反应式。

放电的化学反应式:

$$2NiOOH+Cd+2H_2O \rightleftharpoons 2Ni(OH)_2+Cd(OH)_2$$

充电的化学反应式:

$$2Ni(OH)_2+Cd(OH)_2 \rightleftharpoons 2NiOOH+Cd+2H_2O$$

蓄电池的主要构成分为正极板、负极板、电解液、隔膜和装电解液的容器五个部分。隔膜的作用是把正、负极板隔开,防止短路。

(二)充放电操作

蓄电池从出厂到安装使用,电池容量会受到不同程度的损失,若时间较长,在投入使用前应进行补充充电。如果储存期不超过1年,在恒压2.27 V/只的条件下充电5 d;如果储存期为1~2年,在恒压2.33 V/只的条件下充电5 d。蓄电池在浮充电使用时,应保证每个单体电池的浮充电压值为2.25~2.30 V。浮充电压高于或低于这一范围都会减少电池容量和寿命;如单体电压低于2.20 V,则需进行均衡充电,充电电压为2.35 V/只,充电12 h。

蓄电池在放电后应采用恒压限流充电,充电电压为2.35~2.45 V/只,最大电流不大于$0.25C_{10}$(C_{10}代表蓄电池10 h放电速率下的容量)。充电方法是:先用不大于上述最大电流值的电流充电,待充电到单体平均电压升到2.35~2.45 V,改用平均单体电压为

2.35~2.45 V恒压充电,直到充电结束。充足电的标志是:在深放电的情况下,充电时间在18~24 h,或者是充电后期连续3 h充电电流值不变化。恒压2.35~2.45 V充电电压是在环境温度为25 ℃的规定值,当环境温度高于25 ℃时,充电电压要降低;低于25 ℃时,充电电压要升高。两者均是防止给电池造成过充电或不充电。通常降低与升高温度时电压的变化为1 ℃每个单体电池增减0.005 V。

镉镍电池出厂,或者处于自放电状态长期存放的,在使用前,应首先将蓄电池擦洗干净,打开气塞,灌入电解液达到液面标记线以内,然后开始按不同型号的电池进行4 h充放电,充放一个循环。再以4 h制充电,即可使用。

蓄电池可在−20~+40 ℃环境内工作,在高温和低温下工作容量都会降低。此外,蓄电池也不适合在低温下充电,当环境温度低于5 ℃时,也会降低蓄电池的充电效率。

蓄电池放电后,应立即充电,但即使再充电也不能恢复其原来的容量。

使用蓄电池时,务必拧紧接地端子的螺栓,以免引起火花及接地不良。

(三)蓄电池运行中检查与记录

(1)投运后,至少每3个月测量浮充电压和开路电压一次,并记录每个单体电池浮充电压或开路电压值。

(2)系统总电压。

(3)环境温度。

(4)每年应检查一次连接导线及接头是否有松动和腐蚀污染现象,松动的导线必须及时拧紧,腐蚀污染的接头应及时做清洁处理。

(5)运行中发现问题应及时查找原因,并做处理。

(6)电压异常。

(7)电池液泄漏。

(8)温度异常。

(9)机械损伤。

任务五　值班运行检查及记录

一、配电室检查

(1)高低压盘柜周围场地要有足够的操作和运行巡视通道,通道上不能有障碍物。

(2)高低压盘柜设备的运行巡视通道,要按用途涂刷明显的线路标识。

(3)高低压盘柜设备要保持清洁,无油污垢。

二、配电柜标识

(1)各高低压盘柜上应有完整清晰的、能表明设备性能参数及出厂日期、生产厂家的铭牌。

(2)高低压盘柜应按顺序编号,与主机组及辅助设备对应的开关柜编号应与主机组及辅助设备的编号一致,并应标注在高低压盘柜的正面。

（3）在运行的高低压盘柜上,悬挂"正在运行"或"已合闸"的标示牌。

（4）在停运的高低压盘柜上,悬挂"禁止合闸""已接地"等标示牌。

三、变压器的检查

（1）变压器周围场地要有足够的设备运行巡视通道,通道上不能有障碍物。

（2）变压器上应有完整清晰的、能表明设备性能参数及出厂日期、生产厂家的铭牌。

（3）变压器应按顺序编号,并应悬挂在醒目的位置。

（4）在站用变压器围栏、高压终端塔杆等周围悬挂"高压危险!""禁止攀登!"等标示牌。

四、值班运行记录

泵站的值班记录(运行记录)是供排水统计分析的最为关键的原始资料。记录的主要内容为当班时的有关设备运行情况,到岗、离岗情况,值班日期,值班人员情况,开泵、停泵等情况,以及相应水位,供电、用电情况等的详细情况。

泵站值班记录表就是泵站每天的值班记录。根据泵站的不同性质,泵站值班记录表的内容也有所不同,但记录要求基本相同。

值班表每月汇总或者按主管部门规定要求,及时送交上级统计部门。

五、值班表

值班表中必须把每天的工作日期、值班人姓名、到站及离站时间填写清楚;必须认真填写机组运行时闸门开启情况、机组的编号、开停时间及水位、电压和电流值、三相电度表的读数;做好例行检查、例行保养工作后也应在"设备保养情况"栏内写明保养设备的名称及保养内容。

泵站的值班记录表应根据运行的性质来填写,如降雨时机组需要运行,应在值班表"天气"栏内填写"降雨";当机组长时期停转时,要做好每次的试运行记录。泵站值班记录表应根据主管部门和泵站实际情况设计表格内容。

思考题

1. 泵站主机组的操作方式有哪些?

2. 高压电气设备的操作程序是什么?

3. 电气设备在运行中的巡视内容是什么?

4. 互感器的检查内容是什么?

5. 变压器的并列运行需满足的条件有哪些?

6. 低压电气设备的运行检查内容有哪些?

项目三
电动机运行维护

中小型泵站所使用的电动机,多为三相异步电动机;在大型泵站中,功率在 800 kW 以上的较多使用同步电动机。为了使电动机能正常运行,必须保持其良好的技术状态,要求电动机具备下列条件:

(1)结构完整,零部件完好,安装正确,性能满足设计使用要求。

(2)滑环与电刷的接触良好,电刷压力一般应保持在 0. 015 ~ 0. 025 MPa ± 10% (0. 15 ~ 0. 25 kgf/cm²),刷握和刷架无积垢。

(3)同步电动机的励磁装置性能稳定,工作可靠。

(4)各种保护装置应处在良好的工作状态。

(5)接线正确,绝缘良好,预防性试验合格。

任务一　电动机的启动方式

一、启动前的检查

(1)根据电动机铭牌规定的额定电压和电源电压,检查电动机的绕组接法是否正确,接线是否牢固,启动设备的接线是否有错误。如不注意电动机铭牌接线方法,往往误将三角形接线接成星形接线。这样,虽能启动,但不能带动负载,严重时电动机发热甚至烧毁电动机。

(2)检查电动机外壳接地是否良好,接地螺丝是否松动,有无脱落,接地引线有无中断。

(3)检查电动机的保护装置是否合格,装接是否牢固可靠,保险丝有无熔断,过流继电器信号指示有无掉牌。

(4)绕线式电动机应检查滑环与电刷接触面是否良好,电刷压力是否合适,电刷软线有无与外壳短路之处,启动变阻器的手柄是否在启动位置上。

(5)查看电压表有无电压,并且是否正常。一般泵站电动机可在(1±10%)额定电压范围内启动和运行。

(6)测量电动机的绝缘电阻:将全电压加于受潮的线圈上,很容易引起线圈的击穿,所以即使过去曾经干燥好的电动机,经长期停用以后,在合闸通入电流之前,都应检查线圈的受潮程度。

最普通的检查方法是用摇表来测量绝缘电阻和吸收比(绝缘电阻在 60 s 与 15 s 时的比值)。

电动机绕组的绝缘电阻与电压有关,同时与干燥程度、环境温度、绝缘材料的厚度、接触面等因素都有关系。因此,要规定一个最小允许数值是比较困难的,实践中为了便于运用,一般可以采用下列标准:电动机定子绕组绝缘电阻值每 1 kV 工作电压不低于 1 MΩ,转子绕阻的绝缘电阻不低于 0. 5 MΩ。通常 500 V 以下的电动机定子绕组不低于 0. 5 MΩ。按规定 1 000 kW 以上的电动机都应测量吸收比,其值一般应为:$R_{60}/R_{15} > 1. 3$。

对定子、转子线圈的绝缘电阻要求也可以下列计算值为准:

$$R \geqslant \frac{U_{\mathrm{H}}}{1\,000 + \dfrac{P}{100}} \tag{3-1}$$

式中　U_{H}——线圈额定电压,V;

　　　P——电动机额定功率,kW;

　　　R——绝缘电阻,MΩ。

以上数字都以电动机正常运行温度为准,在冷状态下测得的绝缘电阻可由下式换算为热状态下的绝缘电阻:

$$R_T = R_t \times C^{\frac{T-t}{10}} \tag{3-2}$$

式中　R_T——在热状态温度 T ℃时的绝缘电阻(T 的数值一般取为 55 ℃);

　　　R_t——在低温 t ℃时测得的绝缘电阻;

　　　C——常数,A 级绝缘采用 0.44,B 级绝缘采用 0.63。

这里需要指出一点,绝缘电阻的大小并不能完全取代绝缘强度的高低,我国原水利电力部颁发的《电气设备交接和预防性试验规程》中对于电动机线圈的绝缘电阻未规定标准。

定子线圈的绝缘电阻和电缆的绝缘电阻可以同时测定。转子线圈的绝缘电阻可与启动变阻器同时测定。如果测得的绝缘电阻特别低,就将回路拆开分别检查各回路的绝缘电阻,每相有引出线头的就在每相间测量绝缘电阻。

(7)检查轴承中的油质、油量是否合乎要求,内部有无杂音,转动机组查看油环是否带油。滚动轴承油量以不超过 2/3 油室为宜,滑动轴承则应保持到油面线规定的位置。

(8)转动电动机转子查看是否灵活,有无卡阻现象。为了保证电动机转子正常运转,定子和转子之间留有一定间隙,一般小型电动机为 0.35~0.5 mm,大型电动机为 1.0~1.5 mm。同时检查传动皮带是否过紧或过松,皮带连接螺丝是否紧固,皮带扣有无断裂,联轴器的螺丝有无松动,销子是否牢固,两靠背轮间隙是否保持一定距离,一般为 4~6 mm。

(9)电动机上或周围必须保持清洁,不得堆放杂物或易燃品、爆炸品,准备启动的电动机附近不得有人工作。

(10)检查被拖动的水泵是否做好了启动的准备。在正常情况下,停泵断电后,电动机再次启动应检查的内容,可参照上述项目的(3)、(4)、(5)、(6)、(7)进行。必须指出,电力泵站一般多建在低洼深坑处,在通风不良、阴雨连绵的情况下最易受潮,因此做到勤检查才能防患于未然。

经过上述检查,并将缺陷逐一消除后即可启动。

二、电动机的启动方式

(一)启动要求

《泵站设计规范》(GB 50265—2010)中关于机组的启动要求如下。

机组应优先采用全压直接启动方式,且应符合下列规定:

（1）母线电压降不宜超过额定电压的 15%。

（2）电动机启动引起的电压波动不致影响其他用电设备正常运行，且启动电磁力矩大于静阻力矩时，电压降可不受 15% 额定电压的限制。

（3）当对系统电压波动有特殊要求时，也可进行降压启动。

电动机启动应按供电系统最小运行方式和机组最不利的运行组合形式进行计算：

（1）同步电动机安装在同一母线上，按最先启动一台容量最大的电动机进行计算。

（2）异步电动机安装在同一母线上，按最后启动一台容量最大的电动机进行计算。

（3）异步电动机与同步电动机混接于同一母线时，按异步电动机全部启动后，再启动一台最大容量同步电动机考虑计算。

（二）启动方式

异步电动机启动方式有全压启动、降压启动、软启动和变频启动等几种形式。

1. 全压启动

全压启动是最好的启动方式之一，是将电源三相电压直接接入定子绕组启动，故又叫直接启动。全压启动具有启动转矩大、启动时间短、启动设备简单、操作方便、易于维护、投资省、设备故障率低等优点。但全压启动时，启动电流大，鼠笼型电动机启动电流一般为额定电流的 5~7 倍。

2. 降压启动

当电动机全压启动引起配电系统压降过大时，或在某种情况下规范不允许采用全压启动时，可采用降压启动。其作用原理是：根据电动机启动电流与端电压成正比的关系，降低电动机端电压来减小启动电流，从而可避免配电系统压降过大。降压启动的方法较多，传统的有星形、三角形换接，自耦变压器降压，变压器-电动机延边三角形换接，串电抗器或电阻器降压等。这些降压启动方式，因设备多、投资大、维护困难、故障率高、维护量大，已逐渐被淘汰。

3. 软启动

随着现代科技的发展，电子技术越来越多地被运用到工程上。新技术、新产品逐渐代替了传统设备。目前，启动水泵配套的电动机优先选用软启动方式。该启动方式简单，运行平稳。水泵一般是在静水状态下启动，尤其是启动阻转矩较小，为额定阻转矩的 30%，属于轻载启动。Y 系列鼠笼型感应电动机全压启动电磁转矩均大于额定转矩，远远大于水泵启动阻转矩，启动较快。

传统的启动方式，通过降低电动机的启动电压来建立启动电流，采用分步跳跃上升的恒压启动，因此启动过程中存在二次冲击电流和冲击转矩，而且接触器故障多，电动机冲击电流大，冲击转矩大，冲击力大，效率低。现在的 Y/△ 启动器已经具有电动机保护和监控功能，技术水平和外观与以前相比已有很大的改观，可以满足中小容量无特殊要求的空载或轻载启动的控制要求。虽然这些传统启动器价格低廉，但是运行管理不方便，设备故障率也多，可靠性相对也差。

现在设计大多数选用软启动方式。软启动方式是利用软启动装置启动电动机，软启动装置采用晶闸管调压软启动器,尽管价格略高于自耦变压器启动器和Y/△启动器,但系统工作时对电网无过大冲击,可大大降低系统的配电容量,机械传动系统振动小,启动、停机平滑稳定,可提高电动机的使用寿命和经济效益。

晶闸管调压软启动器的启动原理与自耦降压启动的原理基本是一样的。自耦降低启动是在电动机启动初期,给其加一个低于额定电压的电压,一般为额定电压的60%~80%,让其先动起来,再切换到额定电压。而软启动器给电动机施加的电压,从0逐渐升高到额定值,它的启动过程更为平滑,效果更好,对电网的冲击和对绕组的伤害也是最小的。但是,软启动方式在实际运行中也有缺点,如增加了投资,增加了故障点,运行维护难度加大。因此,对电动机启动方式要结合供电实际加以选择。

4. 变频启动

变频启动采用变频调速来逐步提高电动机定子绕组的供电频率,进而提高电动机的转速。这种启动方式降低了电动机的端电压和启动电流,改变了异步电动机的同步转速,保持了电动机的硬机械特性。

变频启动与传统的启动方式相比,启动电流小、启动力矩大,对设备无冲击力矩,对电网无冲击电流;既不影响其他设备运行,又有最理想的启动等特性。但是,这种启动方式设备复杂,价格昂贵,在没有其他特殊要求的情况下,仅仅是为了得到良好的启动特性而增加这套设备是不合适的。该启动方式常用于控制要求启动转矩较大的中压电动机。

三、电动机启动时注意事项

(1)启动后如果电动机"嗡嗡"叫而不转动,应立即切断电源。因为这时电动机通过的电流较大,会烧毁电动机,更不允许合着开关去检查电动机的故障,以免产生大的事故和危险。

(2)电动机启动后应注意观察电压、电流的变化,如有电压、电流表指针剧烈摆动等异常现象,应立即切断电源,待查明并排除故障后再重新启动,决不能认为开关一合就万事大吉了。

(3)电动机的启动次数不能太频繁,一般空载不能连续启动3~5次,正常运行中,停机再启动不得超过2~3次。这是因为电动机启动瞬间产生很大启动电流,而热量的大小是与电流的平方成正比的。电动机第一次启动时绕组内通过很大电流,因而绕组温度迅速上升,并积蓄了大量热能,如再次启动,则电动机原先积蓄有热量,绕组温度就势必急剧上升,以致超过了允许温度,使绕组绝缘破坏。即使在切断电流瞬间,电动机还会出现危险的高电压,容易把绝缘打穿,因此应严格控制电动机连续启动次数。

(4)电动机一经转动,应检查电动机旋转方向是否与水泵转向一致,如果方向不对,可将电动机停下来,将引至电动机的三相电源线任意两相对调一下,或把定子绕组的三个始端接线头中的任意两个对调一下位置,即可改变方向。

必须在电动机空转时与水泵转向一致后再连接水泵。

(5)对于多台机组泵站,应逐台启动,以减少启动电流。

任务二　异步电动机的运行特性

一、频率的允许变化范围及对异步电动机运行的影响

我国额定工频为 50 Hz，国家标准规定频率允许波动的程度为额定频率的 ±1%。在这个范围内的频率波动，对电动机的运行不致造成大的影响，但超出这个范围，电动机的性能就会受到影响。

如果频率发生负偏差，即 f_1 过分下降，由 $U_1 \approx E_1 = 4.44 f_1 W_1 k_{w1} \Phi_m$ 可知，$\Phi_m \propto \dfrac{1}{f_1}$，磁通将增大，激磁电流增大，铁损耗增大，电动机的效率和功率因数会明显下降，启动电流增大，电动机过热，若长期运行将缩短使用寿命；如果频率发生正偏差，虽然电机效率、功率因数比额定频率时高些，但启动转矩和最大转矩都会随频率升高而下降，即启动能力和过载能力都降低。因此，频率无论是正偏差还是负偏差，都会影响电动机的性能。

二、电压的允许变化范围及对异步电动机运行的影响

国家标准规定，异步电动机电压允许波动范围为额定电压的 ±5%，超过这个范围，将对电动机的运行有影响。

如果异步电动机在低电压下运行，E_1 随之减小，在轻负载工作时，对电动机运行影响不大。但在重负载（接近额定负载）运行时，对电动机非常不利。因为电压及主磁通的减小，使电磁转矩下降，转速降低，转差率增大，转子电流及定子电流都增大，铜耗增加，效率降低，电动机严重发热。电动机的最大转矩与启动转矩都与电压平方成正比地下降，致使过载能力下降，启动时间延长，严重时甚至不能启动而烧毁电动机，这在重载启动和频繁启动的使用场合更为突出。

电压升高的情况较少，如果电压超过额定电压较多，则铁芯饱和程度增加，激磁电流增大，定子电流增加，铁耗、铜耗都增加，功率因数降低，效率也降低，温升增高。

三、电压不对称对电动机性能的影响

电压不对称会在电动机内产生负序旋转磁场。电压不对称的程度用电压不平衡率表示，即最高电压和最低电压的差值与平均电压比值的百分数。一个小的不平衡电压会引起比较大的不平衡电流。不平衡电流将使定子某一相电流大于额定电流一个较大的数值，电动机运行时间长时，绕组过热，绝缘老化加速，甚至产生故障。电压不对称还会减小电动机最大转矩，满载时转速明显下降，噪声和振动增大。因此，电压不对称对异步电动机的性能和寿命的影响比电压和频率波动的影响更大。国家标准规定，三相电动机的电源应为实际对称系统，即在长期运行时，电压的负序分量不超过正序分量的 1%，或短时运行几分钟时，不超过 1.5%，且电压的零序分量不超过正序分量的 1%，即波形的畸变率不超过 5%。

四、异步电动机一相断线时的运行

三相异步电动机在运行中,绕组断线、熔丝熔断、接头松脱等,都可能造成一相断线的运行状态,即电动机处于单相或两相的状态下继续运行。单相运行状态下,气隙磁场是脉动磁场,脉动磁场可分解为正序磁场和负序磁场。以下分析 Y 接的三相异步电动机一相断线的运行。

在 Y 接电动机一相断线时,其功率为 $P_单 = U_线 I_线 \cos\varphi_单 \eta_单$,它与对称运行时的功率 $P = \sqrt{3} U_线 I_线 \cos\varphi\eta$ 相比,功率因数和效率都比较低。这是因为在负载功率相同的条件下,单相运行的负序磁场使定子、转子铜耗、铁耗和激磁电流都增大,致使电流超过 $\sqrt{3}$ 倍,达 2 倍左右。电动机处于过载运行状态,如果不及时处理,电动机就会烧毁。

如果电动机在启动前就有一相断线,则不能启动,合闸后电动机只发出"吭、吭"响声而不转动。这时必须断开电源进行检查处理,否则就会烧毁电动机绕组。

任务三 电动机运行参数

电动机投入运行后,应经常注意监视,这是保证安全运行和延长电动机使用寿命的关键。严格的监视可以将事故消灭在萌芽状态,周密的维护又可以避免或减少故障的产生。

一、电动机的电流

电动机铭牌上规定的电流值,一般为周围温度 35 ℃或 40 ℃下的额定电流,运行中一般不得超过。超负荷运行时,其短时过电流及允许运行时间,不得大于表 3-1 的规定。

表 3-1 电动机短时过电流与允许运行时间关系

短时过电流(%)	10	15	20	25	30	40	50
允许运行时间(min)	60	15	6	5	4	3	2

为便于监视,可在电流表上划一红线标注出额定电流值。电流过多则会引起绕组过度发热而烧坏电动机。电动机的大部分故障都会引起它的定子电流的增加,电流的变化可以反映出电动机运行是否正常,必须随时监视。在电动机启动后或电动机增加负荷时,尤其要加强检查,如果周围环境温度超过 35 ℃,则电动机的容许电流应按表 3-2 降低。因为周围温度超过 35 ℃时,绝缘本身温度也较高,能够承受由于定子电流通过定子线圈发热而升高的温度也就减少。因此,必须降低额定电流。周围空气温度每升高 5 ℃,额定电流应降低 5%。如果空气温度低于 35 ℃,电动机额定电流可按表 3-3 增加。因为当周围空气温度低于 35 ℃时,定子绕组绝缘本身的温度也降低,因而承受的电流也较大。

表 3-2 周围温度超过 35 ℃时,电动机应降低额定电流百分比

周围温度(℃)	35	40	45	50
额定电流降低(%)	0	5	10	15

表 3-3　周围温度低于 35 ℃时,电动机可增加额定电流百分比

周围温度(℃)	额定电流增加(%)
30	5
30 以下	8

二、电源电压

电源电压的过高或过低都会引起电动机的发热,所以要求电压稳定在额定值附近。中小型电动机的电流电压允许在±10%范围内变化。大型电动机允许在95%~110%范围内工作,但其功率不应超过额定值。如果超过此范围必须加强监视,并根据电动机的发热情况适当减少负载或调整电源电压。应当注意,电动机在高电压下运行较在低电压下运行更危险。

电源电压三相应平衡,否则也会引起电动机的额外发热,三相电压不平衡率不应超过5%。

为便于监视电源电压,电力泵站应安装电压表,并安装一只换相开关,以便监视三相电压的平稳与否。在中性点不接地的高压电力泵站,一般装有接地绝缘监测仪表,可以用来观察三相电压的平稳与否。当某相发生接地故障后,该相绝缘监测电压指示便为零,其他两相将显著增大 1.732 倍,此时必须与电业部门迅速取得联系,同时寻找接地点。寻找的方法,通常是将抽水站用电负荷分成电气上互不直接连接的若干部分,然后顺次作短时间切断,并随时观察电压的变化。在现场规程中应具体定出寻找接地点的顺序,并力求在短时间内查明故障点,接地时间至多不得超过 2 h。

三、三相电流的不平衡

电动机运行中,由于三相电压的不平衡和三相阻抗的不同,会产生三相电流不平衡。所以,电动机回路一般除安装电流表外,还应装一只电流换相开关,以监视电流的不平衡。当电动机任何一相电流不超过额定值时,允许各相不平衡电流达到19%。三相电流不平衡的最严重程度就是一相保险丝熔断,这时,其他两相将通过很大的电流,电动机绕组温度将迅速上升,很可能立即烧毁电动机。此时,应立即停止运行,检查修复,消除故障后再重新启动。

四、电动机的声音和气味

电动机在正常运转下,声音是均匀平衡的,也无特殊的叫声,如果有异常声音,应检查并消除。

(1)如有巨大的"嗡嗡"声,则表示电流过量,这是因超负荷或三相电流不平衡所致。有时也因电源频率瞬间变化引起。两相断路有巨大的响声和弧光,并发出特殊的焦味。

(2)"嘶嘶"的响声则是硅钢片松弛所致。

(3)轴承中珠架损坏则运转时发出一种"骨碌、骨碌"的声音。

(4)轴承磨损,电机气隙发生变化则有转子与定子间的不均匀碰磨声,且发出异常的

绝缘臭味和烟雾。

五、电动机和轴承的温度

电动机的绕组和轴承都会因过度发热而烧毁,因此监视其温度极为重要。根据电动机的类型和绕组所使用的绝缘材料,制造厂对绕组及铁芯都规定了最高允许温度和温升,在运行中不应超过。最高温度与最大温升的关系是:

$$最高允许温度=最大允许温升+周围空气温度$$

测定温度的方法有电阻法、热电偶法和温度计法。中小型抽水站因限于条件,一般采用 0~110 ℃的酒精棒式温度计。测定铁芯温度时,将吊环取下,塞入棉纱头,然后把温度计放入孔内,可以比较容易地测出。测定绕组的温度时,温度计的玻璃球最好用锡箔裹住,并为防止气流的影响,外面须包一层长宽各 2~3 cm、厚 1~2 cm 的棉花团,然后用棉绳紧紧绑在线圈上面。若用软木削成适当的形状,也能塞紧温度计。

温度计所量的温度不过是各部分的表面温度,它要比最热点低 10 ℃左右。

对 A 级绝缘的电动机,当周围温度为 35 ℃时,其发热程度不应超过表 3-4 的规定。

表 3-4 A 级绝缘电动机允许温度

名称		最高允许温度(℃)	最大允许温升(℃)	测定方法
定子绕组		100	65	电阻式
转子绕组	滑环式	100	65	电阻式
	鼠笼式	无标准	无标准	—
定子铁芯		100	65	温度表
滑环		105	70	温度表
滑动轴承		80	45	温度表
滚动轴承		95	60	温度表

对于轴承的温度,滑动轴承比较容易测出,可把温度计插入轴承温度孔内获得。中小型容量的电动机滚动轴承用手摸是最简单的方式,手背摸着很烫但还可以继续放在上面,那么这轴承就大致不会过热;倘若手摸上烫得缩回来并不能忍受,那么轴承就有些过热了。当然此法不够准确,各人感觉也不一样。

轴承中应经常有适量的润滑油,缺油时,轴承摩擦加大,会使轴承产生高温而烧坏,油量过多也不易造成热量的散发,同样会使温度过高。滑动轴承应保持到油面线规定的位置,滚动轴承油量加至油室 2/3 即可。

采用 E 级绝缘材料的电动机,规定环境温度为 40 ℃时,其允许温升如表 3-5 所示。

表 3-5 永久短路绝缘绕组,与绕组接触的铁芯及其他部件温升极限值

绝缘等级	E 级	B 级	F 级	H 级
温升极限值(K)	75	80	100	125

注:用温度计法测量。

永久短路的无绝缘绕组,不与绕组接触的铁芯及其他部件的温升不应达到使邻近绝

缘或其他材料有损坏危险的数值。

永久短路的绝缘绕组,与绕组接触的铁芯及其他部件运行时最大温升不得超过表 3-5 的规定。

换向器或集电环(开放或封闭)的最高温升不得高于表 3-6 的规定。

表 3-6　换向器或集电环温升极限值

绝缘等级	E 级	B 级	F 级	H 级
温升极限值(K)	70	80	90	100

注:用温度计法测量。

六、电动机振动

电动机正常运行是平稳的。如果发生剧烈振动,则说明有故障。有条件时可用弹簧式振动表测定其振动,电动机的振幅不应超过表 3-7 的规定。如果没有振动表,可以用手摸一下轴承,如果振动得手有些发麻,则说明振动严重。滑动轴承在运行中,还会沿轴向运动,这种现象叫作轴向滑移,一般要求轴向滑移在 0~4 mm。轴向滑移可用千分尺测定。

表 3-7　主电动机运行的允许振动值

序号	项目		额定转速(r/min)						
			100 及以下	100~250	250~375	375~750	750~1 000	1 000~1 500	1 500~3 000
			振动标准(双振幅)(mm)						
1	立式机组	带推力轴承支架的垂直振动	0.12	0.10	0.08	0.07			
2		带导轴承支架的水平振动	0.16	0.14	0.12	0.10			
3		定子铁芯部分机座水平振动	0.05	0.04	0.03	0.02			
4	卧式机组各部分轴承振动		0.18	0.16	0.14	0.12	0.10	0.08	0.06

注:振动值指机组在额定转速正常工况下的测量值。

七、电刷的工作情况

绕线式电动机在运行中要注意监视电刷的工作情况:

(1)电刷是否冒火。

(2)电刷在刷握内是否有晃动或滞塞现象。

(3)电刷软导线是否完整,接触是否紧密,是否有与外壳短路现象。

(4)电刷磨损情况,一般磨损到镀铜部分时即应更换同型号的新电刷。

八、电动机周围环境和通风

电动机周围应保持清洁,不要把杂乱东西放在附近,尘土多的地方应定期擦拭。室外工作的电动机不仅要注意通风,而且不能暴晒或雨淋,要有防护措施。

九、传动装置的安全情况

电动机运行时应时刻注意皮带轮与联轴器有无松动，皮带既不要过松也不要过紧，皮带过紧轴承易磨损。要防止皮带受潮，不可因为皮带松弛而往上面泼水，可涂抹皮带蜡。注意皮带接扣连接是否良好。

十、事故停机

在运行中如果发现以下严重情况，应立即切断电源，停止运行：

（1）发生人身事故。

（2）电动机及其启动装置冒烟起火。

（3）电动机拖动的水泵及其传动装置损坏严重，运行中声音异常、振动剧烈，润滑油的油温、油位骤变。

（4）电动机强烈振动，转子与定子发生摩擦。

（5）电动机轴承温度超过了许可值或轴承严重漏油。

（6）电动机发出剧烈响声后转速急剧下降。

（7）电动机电流超过额定值，并且急剧增加。

（8）同步电动机失步运行，其保护装置拒绝动作，励磁装置电压消失，电动机滑环与碳刷之间发生较大火花，不易消除等。

（9）直流电源或辅机系统发生较大故障，短期无法排除。

（10）泵房、引渠（河道）、进出水池、管路系统及主要过流建筑物等突然发生险情，造成机内进水。

十一、事故处理

（1）发生一般事故时，泵站管理单位应立即查明原因，及时处理。

（2）发生重大事故时，泵站管理单位应及时报告上级主管部门，并协同调查处理，抢修工程和设备。

（3）发生人身伤亡或重大伤亡事故时，泵站管理单位除应及时报告上级主管部门外，还须保护现场和积极抢救伤员，并由上级组织有关人员进行调查写出报告，按国务院关于《工人职员伤亡事故报告规程》的有关规定处理。对肇事者和责任者的处理，应根据情节轻重、事故性质、损失大小，进行批评教育、行政处分、罚款，直至追究法律责任。

思考题

1. 异步电动机启动前检查有哪些内容？

2. 电动机运行中的监视内容有哪些？

3. 异步电动机的启动方式有哪几种？

4. 异步电动机运行时，主要监视哪些技术参数？

项目四
辅助设备运行维护

任务一　辅助设施设备检查

一、辅助设备场地

（1）辅助设备周围场地要有足够的设备运行巡视通道，通道上不能有障碍物。

（2）辅助设备的管道，不能妨碍运行巡视通道的通行，要按管道的用途，涂刷明显的颜色标识，同时标识明显的表明液体流向的箭头。

辅助设备检查

（3）辅助设备要保持清洁，无油污。

二、辅助设备的标识

（一）辅助设备的编号及标示牌

（1）泵站内所有辅助设备都应进行编号，并将序号固定在明显位置。旋转机械应示出旋转方向。

（2）在正运行的辅助设备上，悬挂"正在运行"的标示牌。

（3）在有人检查或检修的辅助设备上，悬挂"有人工作"的标示牌。

（4）在与被检查或检修的辅助设备相关的开关盘柜上，悬挂"禁止合闸，有人工作"的标示牌。

（二）辅助设备的铭牌

各辅助设备上应有完整、清晰的能表明设备性能参数及出厂日期、生产厂家的铭牌。

三、辅助设备的检查

泵站辅助设备主要包括油、气、水、真空系统的设备及管道、闸阀、表计等。

（一）辅助设备管道的检查与清理

（1）检查油、气、水、真空系统管道表面的防护层（油漆）是否脱落，清理外表面污物和锈蚀。

（2）检查油、气、水、真空系统管道接头处是否连接牢固、可靠。

（3）检查油、气、水、真空系统管道上安装的闸阀、过滤器和表计等，是否齐全、有无缺损。

（二）供、排水泵及轴承润滑油的清理与检查

（1）检查供、排水泵基脚螺栓是否松动。

（2）检查供、排水泵轴承盖是否松动、漏油。

（3）检查轴承润滑油是否变质，颜色是否变黑，清理变质、颜色变黑的轴承润滑油，更换新油。

（4）检查零部件是否齐全完整，装配、漆饰是否良好，铭牌标注是否清楚，有无锈蚀、油垢。

（5）检查联轴器与驱动轴是否同轴，弹性圈及螺栓装配是否合适。

（三）空压机、油泵、真空泵的清理与检查

（1）检查空压机、油泵、真空泵基脚螺栓是否松动。

（2）检查空压机、油泵、真空泵的外观有无明显的碰撞损伤。

（3）检查空压机、油泵、真空泵是否有明显的漏水、漏油、漏气现象。

（4）检查和清理空压机、油泵、真空泵的外表有无污物。

（四）装配连接部位检查

（1）检查各部分机件是否良好，连接部分有无松动。如有不正常情况，应立即修理。

（2）检查传动部分设的防护罩是否齐全完好，防止发生人身意外伤害事故。

（3）检查储气罐所有焊缝、封头过渡区及受压元件，不得有裂缝、变形、锈蚀、泄漏等缺陷，并须有耐压试验合格证明。

（4）安全阀、控制阀、操纵装置、防护罩、联轴器等必须齐全完整。

（5）各部管路及所有密封面的接合处，不应有漏水、漏油、漏气、漏电现象。

（五）辅助设备电动机的检查

辅助设备电动机包含供、排水泵的电动机，空压机的电动机，油泵的电动机，真空泵的电动机。这些电动机一般是小型卧式异步电动机，功率在 35 kW 以下。

（1）检查电动机的绝缘是否良好，用兆欧表测量定子绕组对地、相间绝缘电阻是否符合标准（绕线式电动机需要测量转子绕组的绝缘电阻），具体标准值 1 MΩ/1 000 V。

（2）检查电动机的基脚螺栓是否松动。

（3）检查电动机的外观有无明显的碰撞损伤，手盘转子是否灵活。

（4）检查电动机的转动是否灵活，转向标记是否清晰。

（5）检查转子轴有无明显弯曲，散热风扇、护罩是否完好。

（6）检查和清理电动机外表的污物。

（六）泵站水工建筑物的检查

1.泵房检查

（1）应注意观测旋转机械或水力引起的泵房结构振动。

（2）应定期检查和清除进、出水流道内的杂物。

（3）每年应对泵房的墙体、门窗、屋顶及止水、内外装饰等进行一次全面检查。

2.泵站进、出水池的检查

（1）检查进、出水池底板，挡土墙和护坡是否稳定，有无危及安全的变化。

（2）当泵站进、出水池内泥沙淤积影响水流流态、增大水流阻力时，应进行清淤。

（3）严寒地区的泵站在冬季检查进、出水池结冰情况，当结冰影响水流时，应及时破冰和清除。

（4）检查进、出水池周边的安全防护设施是否齐全、完好。

（七）设备检查的记录

根据水利部发布的《泵站技术管理规程》（GB/T 30948—2014）的规定要求，机组运行前设备的各项检查必须做好相应的记录，并形成制度，完整存档。记录的格式通常采用表格的形式，表格的内容应根据不同的泵站设置。

任务二　开机前辅助设备的操作

一、供、排水泵的操作

泵站用供、排水泵一般用离心泵,其操作程序如下。

(一)供、排水泵启动前的检查

(1)检查开机流程是否正确,填料松紧是否适当,真空表和压力表的旋钮要关闭,指针在零位。

(2)检查泵的入口是否有过滤网,不允许有妨碍运行的杂物存在。

(3)检查联轴器保护罩、地脚等部分螺栓是否紧固,有无松动现象。

(4)检查轴承油盒是否有充足的润滑油,油位应保持在规定范围内。

(5)检查按泵的用途及工作性质选配的压力表是否正常。

(6)检查泵的空转灵活性,盘车手感是否轻松,泵内是否有摩擦。

(7)检查电压是否在规定范围内,电动机接线及接地是否正常。

(8)检查泵周围的环境是否清洁干净,是否有杂物及油污,若有必须清洗干净。

(二)供、排水泵的启动操作

(1)打开泵的进口阀门,关闭泵的出口阀门。

(2)水泵进水管装有底阀时,先打开放水阀向水泵内灌水,并打开放气阀,直到放水阀完全冒水后,关闭放水阀及放气阀。

(3)按启动按钮启动电动机。

(4)确认泵运转正常且无杂音。

(5)检查轴封漏水情况,填料密封的滴水以 10~30 滴/min 为宜,没有发热现象。

(6)泵出口压力应在规定范围内。

(7)当泵的转速在 150 r/min 及以下时,泵的振幅不应超过 0.1 mm;当泵的转速在 1 500 r/min 以上时,泵的振幅应保持不超过 0.06 mm。

(8)泵的轴串量不超过 2~4 mm(多段泵)。

(9)待泵运转正常后,打开泵的出口阀门。

(三)供、排水泵的运行操作

(1)压力指示稳定,压力波动应在规定范围内。

(2)泵壳内和轴承瓦应无异常声音,润滑良好,油位在规定范围内。

(3)电动机电流应在铭牌规定范围内。

(4)泵及电动机的声音、振动、轴承温度应正常,轴封(盘根)处滴水应正常。

(5)按时记录好压力、温度等有关运行参数。

(四)供、排水泵的停机操作

(1)慢慢关闭水泵出水阀门,注意水泵空负荷运转时间不能超过 8 min。

(2)按动停泵按钮,使水泵电动机停止转动。

(3)待泵停止运转后,关闭泵的入口阀门。

（4）将停泵时间记入运行记录。

二、空气压缩机的安全操作

操作人员必须熟悉空气压缩机的结构、性能、工作原理，并熟练掌握操作规程。

（1）开机之前必须做以下检查：

①电器开关、接地线是否完好、可靠。

②安全阀、压力表是否齐全、灵敏可靠。

③各转动部位的润滑油是否充足。

④冷却水进出水管路阀门是否开启，水量是否适宜。

⑤盘车 2~3 转，检查转动部件是否正常。

⑥地脚螺栓、防护罩是否牢固。

⑦储气罐内的油水是否放净，连接管路的阀门开或关是否正确。

（2）空气压缩机运转过程中，操作人员应经常检查机器的运转状况。例如，应经常观察压力、温度等是否正常，如发现异常应立即切断电源，打开放空阀待压力降为零时，方可进行检查，严禁带压维修。

（3）空气压缩机应定期进行维护保养，每年至少应进行一次全面检修。压力表每半年校验一次，安全阀每年至少校验一次。

（4）工作完毕应先切断电源，再慢慢打开放空阀使罐内压力降至零，再停冷却供水。

（5）长期停用或冬季停车后应将存在机内及管道中的水放净。

（6）在空压机操作前，应该注意以下几个问题：

①保持油池中润滑油在标尺范围内，空压机操作前应检查注油器内的油量不低于刻度线值。

②检查各运动部位是否灵活，各连接部位是否紧固，润滑系统是否正常，电动机及电气控制设备是否安全可靠。

③空压机操作前应检查防护装置及安全附件是否完好齐全。

④检查排气管路是否畅通。

⑤接通水源，打开各进水阀，使冷却水畅通。

三、真空泵的操作

（一）开机前准备

（1）泵周围是否清洁，不许有妨碍运行的杂物存在。

（2）检查流程是否正确。

（3）检查各连接件及地脚螺栓是否完整紧固。

（4）检查管路系统的密封性，必要时重新连接。

（5）检查各连接部位是否严密，有无泄漏，阀门、压力表是否灵敏好用。

（6）检查接地线是否齐全紧固。

（7）泵排液口及机组排液口必须关闭。

（8）运行前检查电动机的旋转方向。

（二）开机操作

（1）与相关岗位取得联系后，启动前先关闭备用泵所有阀门。

（2）打开泵工作液阀门，补充工作液至分离器液位计中线位置；预充工作液，或打开旁通阀，保证工作液流入真空泵。

（3）开启换热器的冷却水源。

（4）检查泵的旋转方向。

（5）启动真空泵，同时开启工作液阀门。空载运行，工作液维持在设定的工作范围内。

（6）启动正常后，接通系统进口阀门，开始工作。

（三）停机操作

（1）与相关岗位取得联系后，关闭系统进口阀门，同时关闭工作液阀门。

（2）停止真空泵运转。

（3）关闭所有阀门，切断电源。

（4）长期停止工作或霜冻季节，停机并开启工作液排放阀门，将系统内的工作液全部排放，同时拧开换热器管路底部的丝堵。

（四）操作中的维护保养及注意事项

（1）泵腔充满水时，不要启动泵，否则会造成叶片与泵轴的断裂。

（2）工作过程中，如果工作液温度持续升高，就会影响真空泵的正常工作性能，这时应检查换热器冷却水量、水温和水压是否满足要求。同时检查换热器或过滤器是否受到污染，必要时清洗换热器。

（3）分离器内液位应在最高标线之下，若显示高于最高值，表明溢流系统有问题；若低于最低值，表明补液系统有问题或没有工作液补入。

（4）保持真空泵和电动机的运转平稳性，电动机电流不得超过额定电流。

（5）分离器排汽口无明显水汽或水滴。

（6）工作中发现异常声音，应立即停车并检查处理。

（7）经常保持设备及其周围的卫生。

（8）按时记录好有关资料数据。

任务三　辅助设备运行技术要求

一、变电与供电

（1）接通直流操作与合闸电源。进行中央信号试验和主机组主开关合闸、分闸及保护掉闸试验。

（2）先合主变压器高压侧油开关，使主变压器受电，再合低压侧进线主开关，使母线受电。

（3）合上电压互感器隔离开关，检查母线电压，应三相平衡。

（4）依次合上站用电高压侧隔离开关、负荷开关或主开关，检查站用变压器，无异常后再合上站用盘进线隔离刀闸及空气开关,测量低压侧三相电压后,合上各辅助设备的电压开关。

二、供、排水系统及低压气操作

(一)供水系统操作

(1)开启供水泵进、出口阀门及拟开机组的冷却、滑润水系统各进、出水阀门,检查其他不启动机组的相应闸门,应在关闭位置。

(2)启动供水泵,观察供水压力与吸入真空是否正常,机组供水进口压力应在 0.1~0.2 MPa。各供水管应供水畅通,示流信号器指示正常,且各供水管无漏水,填料密封压紧程度合适。

(二)排水系统操作

开启排水泵吸水管引水阀门,关闭出口阀门,向吸水管充水,充满后启动排水泵,排出集水廊道内积水,然后将排水泵切换到自动排水位置。

(三)低压气系统操作

(1)关闭刹车手动操作阀及排气阀,使低压气不能进入制动闸,然后开启刹车操作空气电磁阀前后阀门,并检查制动闸板是否确实落下(打开)。

(2)开启真空破坏阀操作柜空气电磁阀前后阀门,关闭手动供、放气阀。

(3)关闭各吹扫管阀门。

(4)开启低压气机通向储气筒管路上的供气阀,启动低压气机向储气筒充气,并观察低压气机与储气筒压力是否一致。当压力升至额定值时,开启储气筒主供气阀向主、副厂房送气。送气后,储气筒与各操作柜压力应基本一致。

(5)当气压升至 0.7 MPa 时关停低压气机,并将操作开关放在自动工作位置。高压气机可作低压气机备用。

三、辅助设备巡视检查内容及要求

(一)油系统

1. 压力油系统

在大型泵站中,压力油系统是用来供给水泵叶片调节机构和液压启闭机压力油的系统,主要由油压装置和管路组成。油压装置的压力油箱及供油的压力管道上通常装设压力表来监测压力,压力油箱还装设电节点压力表来自动控制油泵的运行。

压力油系统运行巡视检查内容及要求主要有:

(1)压力表读数应在规定的工作压力范围内。

(2)油泵及电动机应工作正常。

(3)压力油箱、压力管道及闸阀等,应无渗漏油现象。

(4)压力油系统的安全装置、继电器和各种表计等,应工作可靠。

2. 润滑油系统

润滑油系统主要是为润滑电动机推力轴承、上下导轴承和水泵的导轴承服务的。润滑油系统的压力油箱及供油的压力管道上通常装设压力表来监测压力。

润滑油系统运行巡视检查内容及要求主要有：

(1)压力表读数应在规定的工作压力范围内。

(2)压力油箱、压力管道及闸阀等，应无渗漏油现象。

(二)气系统

在空气压缩机出气侧、储气罐、供气的压力管道上装设有压力表来监测压力，储气罐上还装设有电节点压力表，来自动控制空压机的运行。

气系统运行巡视检查内容及要求主要有：

(1)压力表读数应在规定的工作压力范围内。

(2)空压机应工作正常，润滑油质、油位符合要求，出气口温度应不超过规定值。

(3)储气罐、压力管道及闸阀等应无漏气现象。

(4)气系统的安全装置、继电器和各种表计等，应工作可靠。

(三)供水系统

泵站供水系统主要供给主机组的冷却和润滑用水。通常在供水泵的进水侧管路上装设压力真空表、出水侧管路上安装压力表来监测压力，在冷却供水管和润滑供水管中装设示流器(示流信号器)和压力表来监测水的流动和压力。

供水系统运行巡视检查内容及要求主要有：

(1)压力表读数应在规定的工作压力范围内。

(2)供水泵及电动机应工作正常，轴承润滑油质、油位符合要求，轴承和填料密封处温度不超过规定值。

(3)供水泵、供水管道及闸阀等，应无漏水现象。

(4)示流器(示流信号器)等各种表计，应工作可靠。

(四)排水系统

泵站排水系统主要用于排除泵房内的渗漏水和水泵等水下设备检修排水。通常在排水泵的进水侧管路上装设压力真空表、出水侧管路上安装压力表来监测压力。

排水系统运行巡视检查内容及要求主要有：

(1)压力表读数应在规定的工作压力范围内。

(2)排水泵及电动机应工作正常，轴承润滑油质、油位符合要求，轴承和填料密封处温度不应超过规定值。

(3)排水泵、排水管道及闸阀等，应无漏水现象。

思考题

1.辅助设备开机前的检查内容有哪些？

2.压力油系统运行中的巡视内容有哪些？

3.气系统运行中的巡视内容有哪些？

4.供水系统运行中的巡视内容有哪些？

5.排水系统运行中的巡视内容有哪些？

项目五
电气二次系统运行维护

任务一　概　述

泵站的电气设备通常分为一次设备和二次设备,其控制接线又可分为一次接线和二次接线。

一次设备是指直接生产、输送和分配电能的高电压、大电流的设备,如发电机、变压器、断路器、隔离开关、电力电缆、母线、输电线、电抗器、避雷器、高压熔断器、电流互感器、电压互感器等。

二次设备是指对一次设备起监察、控制、保护、调节、测量等作用的设备,如继电保护装置、测量仪表、控制与信号元件、操作电源等设备。

一次接线又称主接线,是将一次设备相互连接而成的电路。

二次接线又称二次回路,是将二次设备相互连接而成的电路,主要包括电气设备的控制回路、测量监察回路、信号回路、继电保护与自动装置、同期回路和操作电源等。

泵站二次接线图数量较多,常用到的二次接线图的形式有原理接线图、展开接线图、安装接线图。

一、原理接线图

原理接线图为表示二次接线各元件之间的电气联系及工作原理的回路图,具有以下特点:

(1)与一次接线图相关部分画在一起,元器件以整体形式体现。能表明各二次设备的构成、数量及连接情况,图形形象直观,便于记录设计构思。

(2)将交流电压、电流回路和直流回路之间的联系,综合表达在一起。

(3)因未表明元件的内部接线、端子标号和导线连接方法,因此不能作为施工用图。

二、展开接线图

展开接线图是根据原理接线图绘制而成的。它将二次设备按其原理接线图和触点的接线回路展开分别画出,组成多个独立回路。它是安装、调试、检修的重要技术图纸,也是绘制安装接线图的主要依据。具有以下特点:

(1)按不同电源划分成多个独立回路。如交流电压回路、交流电流回路,按 A、B、C、N 相序分行排列;直流回路分为控制回路、信号回路、合闸回路、测量回路、保护回路等。在这些回路中,各继电器动作顺序自上而下、自左到右排列。

(2)在图形上方用文字说明回路的名称、用途等,便于读图和分析。

(3)各导线和端子都有统一规定的回路编号和标号,便于分类查线施工。

三、安装接线图

安装接线图是控制保护等屏(柜、台)制造厂家生产加工和现场安装施工用的图纸,也是运行、试验、检修的主要参考图纸。它是根据展开接线图绘制的,包括屏面布置图、屏后接线图和端子排图几个部分。

运行人员根据二次接线图进行试验、检修与维护。二次接线图是泵站技术工人必须熟悉的技术图纸资料。

任务二 电流互感器

一、原理接线

电流互感器原理图,如图 5-1 所示。

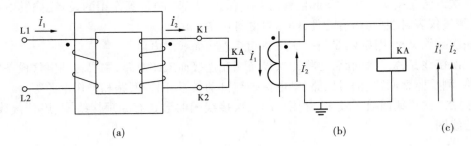

图 5-1 电流互感器的极性、正方向和相量图

电流互感器一次电流与二次电流之间的数值关系为

$$I_1 \approx \frac{N_2}{N_1}I_2 \approx K_i I_2 \tag{5-1}$$

其中,K_i 为电流互感器的变流比。

对电流互感器一、二次绕组的同极性端子都应标记。通常用 L1 和 K1、L2 和 K2 分别表示一、二次绕组的同极性端子,如图 5-1 所示。如只需标出相对极性关系,也可在同极性端子上标以"●"或"*"号。电流互感器一次和二次绕组的极性习惯用减极性原则标注。

二、电流保护的接线方式

电流保护的接线方式是指电流保护中的电流继电器与电流互感器二次绕组的连接方式。为了便于分析和保护的整定计算,引入接线系数 K_w,它是流入继电器的电流 I_{KA} 与电流互感器二次绕组电流 I_2 的比值,即

$$K_w = \frac{I_{KA}}{I_2} \tag{5-2}$$

（1）三相三继电器接线方式,如图 5-2 所示。

三相三继电器接线方式的接线系数在任何短路情况下均等于 1。这种接线方式主要用于高压大接地电流系统,保护相间短路和单相短路。

（2）两相两继电器接线方式,如图 5-3 所示。

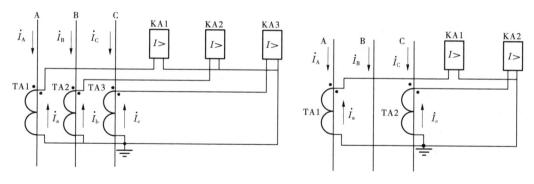

图 5-2 三相三继电器接线   图 5-3 两相两继电器接线

两相两继电器接线方式的接线系数在各种相间短路时均为 1。此接线方式主要用于小接地电流系统,作相间短路保护用。

（3）两相一继电器接线方式,如图 5-4 所示。

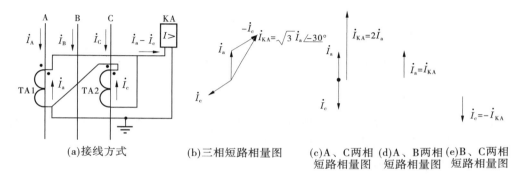

(a)接线方式   (b)三相短路相量图   (c)A、C两相 (d)A、B两相 (e)B、C两相
                                    短路相量图   短路相量图 短路相量图

图 5-4 两相一继电器接线及相量图

两相一继电器接线方式可反应各种相间短路,但其接线系数随短路种类不同而不同,保护灵敏度也不同,主要用于高压电动机的保护。

三、电流互感器使用注意事项

（1）电流互感器在工作时其二次侧不得开路。
（2）电流互感器的二次侧有一端必须接地。
（3）电流互感器在连接时,要注意其端子的极性,所谓"减极性"标号法。

四、电流互感器二次侧严禁开路的原因及危害

（一）工作原理

电流互感器正常工作时,二次回路近于短路状态。这时二次电流所产生的二次绕组磁动势 F_2 对一次绕组磁动势 F_1 有去磁作用,合成磁势 $F_0 = F_1 - F_2$ 不大,合成磁通 φ_0 也不大,二次绕组内感应电动势 e_2 的数值最多不超过几十伏。因此,为了减少电流互感器的尺寸和造价,互感器铁芯的截面是根据电流互感器在正常工作状态下合成磁通 φ_0 很小

而设计的。

（二）电流互感器二次侧严禁开路的危害

（1）使用中的电流互感器如果发生二次回路开路，二次绕组磁动势 F_2 等于零，一次绕组磁动势 F_1 仍保持不变，且全部用于激磁，合成磁势 $F_0 = F_1$，这时的 F_0 较正常时的合成磁势（$F_1 - F_2$）增大了许多倍，使得铁芯中的磁通急剧地增加而达到饱和状态。铁芯饱和致使磁通波形变为平顶波，因为感应电动势正比于磁通的变化率 d_φ/d_t，所以这时二次绕组内将感应出很高的感应电动势 e_2。二次绕组开路时二次绕组的感应电动势 e_2 是尖顶的非正弦波，其峰值可达数千伏之高，这对工作人员和二次设备及二次电缆的绝缘都是极危险的。

（2）因铁芯内磁通的剧增，铁芯损耗增大，造成严重发热，也会使电流互感器烧毁。

（3）铁芯剩磁过大，使电流互感器的误差增加。

任务三　电压互感器

一、电压互感器的原理

电压互感器的一次电压与二次电压之间有下列关系：

$$U_1 \approx \frac{N_1}{N_2} U_2 \approx K_u U_2$$

电压互感器一、二次绕组间的极性按照减极性原则标注。如图 5-5 所示，用相同脚标表示同极性端子，当只需标出相对极性关系时，也可在同极性端子上示以"●"或"＊"。

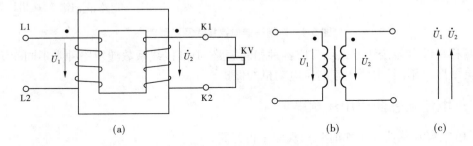

图 5-5　电压互感器的极性、正方向和相量图

二、电压互感器常用的接线方式

（一）星形接线

这种接线方式能满足继电保护装置取用相电压和线电压的要求，如图 5-6 所示。

（二）不完全星形接线

这种接线方式可得到三个线电压，比采用三相星形接线经济，能满足继电保护装置取用线电压的要求，它的缺点是不能测量相电压，见图 5-7。

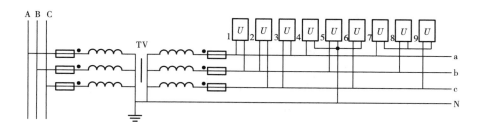

图 5-6　电压互感器的星形接线

（三）$Y_0/Y_0/$△接线

此种接线可由一个三相五柱式电压互感器和三个单相三绕组电压互感器构成,也叫万能接线,如图 5-8 所示。

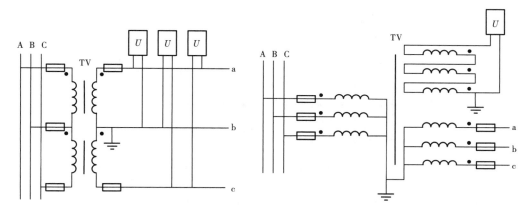

图 5-7　电压互感器的不完全星形接线　　　　图 5-8　$Y_0/Y_0/$△接线

三、电压互感器的使用注意事项

(1)电压互感器工作时其二次侧不得短路,必须装设熔断器进行短路保护。

(2)电压互感器的二次侧有一端必须接地。

(3)电压互感器在连接时也应注意其端子的极性。

任务四　电气控制及测量回路

一、断路器基本的控制回路

断路器基本跳、合闸控制回路如下:

(1)手动操作的断路器控制回路,如图 5-9 所示。

(2)采用电磁操作机构的断路器控制回路,如图 5-10 所示。

控制开关 SA 的触点图见表 5-1。

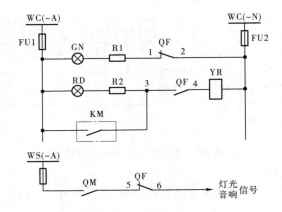

图 5-9　手动操作的断路器控制回路

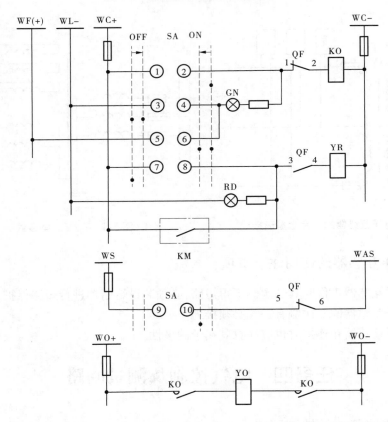

WC—控制小母线；WL—灯光指示小母线；WF—闪光信号小母线；WS—信号小母线；
WAS—事故音响信号小母线；WO—合闸小母线；SA—控制开关；KO—合闸接触器；
YO—电磁合闸线圈；YR—跳闸线圈；KM—出口继电器触点；QF1~6—断路器 QF 的辅助触点；
GN—绿色指示灯；RD—红色指示灯；ON—合闸操作方向；OFF—分闸操作方向

图 5-10　采用电磁操作机构的断路器控制回路

表 5-1　控制开关 SA 触点图

SA 触点编号		1-2	3-4	5-6	7-8	9-10
手柄位置	分闸后　↑		×			
	合闸操作　↗	×		×		
	合闸后　↓			×		×
	分闸操作　↖		×		×	

注:"×"表示触点接通。

（3）采用弹簧操作机构的断路器控制回路,如图 5-11 所示。

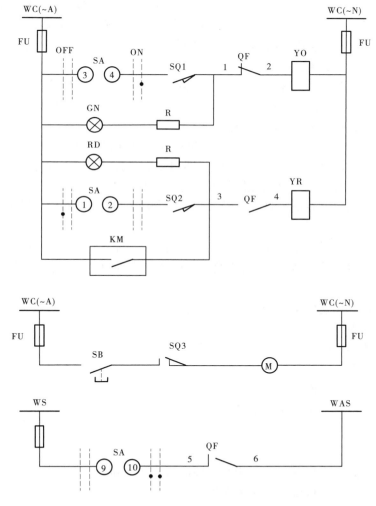

WC—控制小母线;WS—信息小母线;WAS—事故音响信号小母线;SA—控制开关;
SB—按钮;SQ—储能位置开关;YO—电磁合闸线圈;YR—跳闸线圈;QF1~6—断路器辅助触点;
M—储能电动机;GN—绿色指示灯;RD—红色指示灯;KM—继电保护出口触点

图 5-11　采用弹簧操作机构的断路器控制回路

二、中央信号回路

泵站中央信号系统是泵站监控系统的一部分,是监视泵站电气设备运行的一种信号装置。它由事故信号和预警信号两部分组成,根据电气设备的故障特点发出音响和灯光信号,告知运行人员迅速查找并做出正确判断和处理,保证设备的安全运行。

被监测设备正常运行时,中央信号系统显示设备的运行状态;设备发生事故时,中央信号系统发出各种信号指示运行人员迅速判明故障的性质、范围和地点,以便做出正确处理。每种信号装置都由灯光信号和音响信号两部分组成。

灯光信号由信号灯与光字牌构成。

音响信号由蜂鸣器与电铃构成。事故信号采用蜂鸣器,一般故障采用电铃。

事故信号指设备发生了事故,如事故跳闸、指示灯亮、蜂鸣器鸣笛。

一般故障(预告信号)指设备运行中出现异常情况,如设备过负荷、绝缘降低、温度过高等,光字牌闪亮、电铃响。

事故信号与故障信号通常安装在中央控制室,所以称为中央信号系统。

在发生事故时,为避免干扰值班员进行事故处理,一般情况下事故发生后及时将音响信号解除,保留灯光信号直至事故处理结束。

常见的故障信号有:电动机和变压器过负荷;电动机回路一点接地;变压器瓦斯动作,油温过高,风机故障;励磁系统故障;电压互感器二次回路断线(保险熔断);回路绝缘损坏;控制回路断线;直流电压过高、过低;事故音响回路断线及其他情况。

运行人员可以根据音响与灯光信号及时准确分析判断,并采取处理措施解除故障,处理好事故。

对运行中的电气设备不仅要通过测量表计监测其工作状态,还要用各种信号显示其运行的状态。发生故障时,除保护装置做出相应的反应外,信号系统应能告知值班人员,以便及时处理。

信号回路按其用途的不同分为如下几种:

(1)事故信号。

(2)故障(预告)信号。

(3)位置信号。

(4)指挥信号与联络信号。

中央复归不能重复动作预告信号回路,见图5-12。

三、测量监察回路

测量监察回路是电气测量仪表相互连接而形成的回路。

电气测量仪表的准确度等级见表5-2。

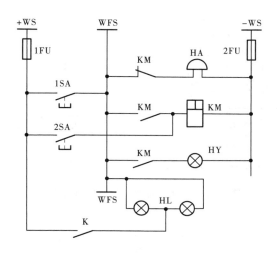

图 5-12　中央复归不能重复动作预告信号回路

表 5-2　电气测量仪表的准确度等级

序号	测量仪表名称	准确度等级	备注
1	发电机交流仪表	1.5	
2	线路及其他交流仪表	2.5	
3	有功电能表	1.0	
4	无功电能表	2.0	
5	直流仪表	1.5	
6	频率表	±0.05 Hz	在 49~51 Hz 测量范围内基本误差

（一）变配电装置中测量仪表的配置

变配电装置中测量仪表的配置见图 5-13~图 5-15。

（1）在供配电系统每一条电源进线上，必须装设计费用的有功电能表和无功电能表及反映电流大小的电流表。通常采用标准计量柜，计量柜内有计算专用电流、电压互感器。

（2）在变配电所的每一段母线上，应装设电压表 4 只。

（3）35/6~10 kV 变压器应在高压侧或低压侧装设电流表，有功、无功功率表，有功、无功电能表各一只。

（4）3~10 kV 配电线路上，装设电流表，有功、无功电能表各一只。

（5）低压动力线上应装一只电流表。照明和动力混合供电的线路上照明负荷占总负荷 15%~20% 以上时，应在每相上装一只电流表。

（6）并联电容器总回路上，每相装设一只电流表，并应装设一只无功电能表。

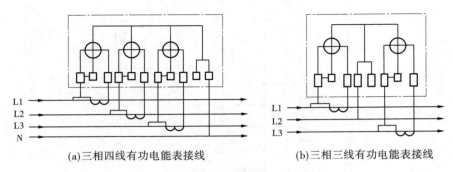

(a)三相四线有功电能表接线　　　(b)三相三线有功电能表接线

图 5-13　变配电装置中测量仪表的配置

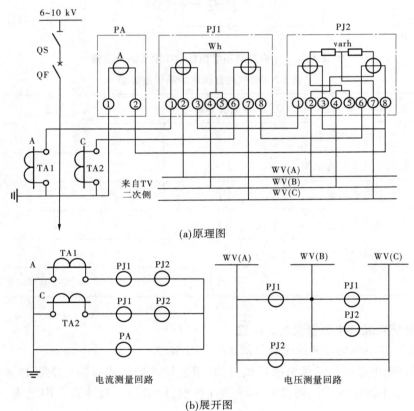

(a)原理图

(b)展开图

图 5-14　6~10 kV 高压测量仪表电路图

(二) 交流绝缘监察回路

绝缘监察装置的原理接线图如图 5-16 所示,在变电所每段母线上装一台三相五柱式电压互感器或三台单相三绕组电压互感器。其二次侧的两个绕组,一个接成星形,在其二次绕组上接三只电压表,测量各相电压;另一个接成开口三角形,在开口处接一只过电压继电器 KV,反映单相接地时出现的零序电压。

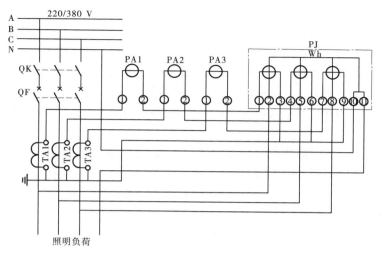

TA—电流互感器； PA—电流表； PJ—三相四线有功电能表

图 5-15　220/380 V 低压测量仪表电路图

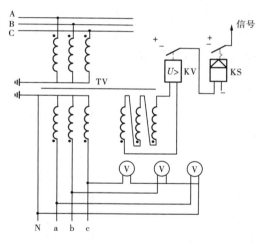

图 5-16　小电流接地系统绝缘监察装置原理接线图

电网正常运行时,三相电压对称,三只电压表为读数相等的相电压,开口三角形的开口处电压接近于零,过电压继电器 KV 不动作。

当电网中任一相发生单相金属性接地时,接地相对地电压为零,与其对应相的电压表指零,非故障相对地电压升高为正常时的 $\sqrt{3}$ 倍,与其对应相的电压表读数升高为线电压。同时,在开口三角形的开口处将产生近 100 V 的零序电压,过电压继电器 KV 动作,接通信号回路,发出灯光和音响信号,以便工作人员及时处理。

工作人员可根据接地信号和电压表的读数,判断是哪一相发生单相接地故障,但不能判断是哪一条线路发生了单相接地故障,因此绝缘监察装置是无选择性的。为了找出故障线路,必须由工作人员依次短时断开各条线路,并继之以自动重合闸将断开线路投入。当断开某一线路时,三只电压表读数恢复为相电压,零序电压信号消失,即说明该线路就是接地故障线路。

绝缘监察装置可以利用接于母线电压互感器二次侧相电压上的三个电压继电器构成,也可以利用接于开口三角形侧的反映零序电压的一个过电压继电器构成。同时为了判别故障相,便于寻找故障点,在中央信号控制屏上还装有三个接于相电压的绝缘监测电压表,正常情况下三个电压表读数相同,当出现接地时,故障相电压表读数降低,其他两相电压表读数升高。因此,值班人员在听到警铃响、看到光字牌之后,就很快知道哪一相发生接地故障。

注意:①电压互感器高压侧绕组必须接成星形,且中性点接地;低压侧一组绕组接成星形,一组绕组接成开口三角形,同样每个低压绕组必须接地。②电压互感器可以用三个单相互感器,也可以用一个三相五柱式互感器,切不可用三相三柱式互感器。

(三)直流系统绝缘监察装置

泵站中,利用直流电源作为操作控制电源的直流系统比较复杂,往往通过各种型号电缆线路与屋外配电装置的端子箱、操作机构等连接,发生接地机会较多。直流系统发生一点接地时,由于形成回路没有短路电流流过,熔断器不会熔断,仍能继续运行。但是,这种接地故障必须及早发现,否则当发生另一点接地时,有可能引起信号、控制、继电保护和自动装置等回路的不正确动作,需要装设经常性的直流系统绝缘监察装置。

该装置分为信号和测量两部分,都是根据直流电桥工作原理构成的。正常情况下,直流母线正负极对地绝缘电阻相等,电桥平衡,继电器不动作。如果某一极的绝缘电阻下降,电桥就失去平衡,继电器中就有电流流过,当电流足够大时,继电器动作发出预警信号。

测量部分由三个等值电阻、一个电压表和一个切换开关组成。其中一个电阻带有电位计,平时切换开关断开,电位计滑动触头处于电阻中间位置。正常情况下,系统两极对地绝缘电阻相等,电桥平衡,电压表上指示为零。当发出报警信号时,绝缘遭到破坏,值班人员根据发生故障极性,将转换开关分投至正负极,通过调整滑动触头,使电桥处于新的平衡,分别测出正负母线对地电压,换算成对地绝缘电阻值,加以处理。

另外,值班人员每小时至少要对运行设备巡查一次,通过设备运行声音及运行状况,判别设备运行情况。每班整理运行记录,发生大事件及时报告并存档。

任务五　电气二次系统检查与维护

一、检查及维护内容

(1)清扫盘柜(屏)内及端子排的积尘,保持端子及盘柜(屏)清洁;检查盘柜(屏)上的各种元件的标志是否齐全,不应有脱落等现象。

(2)各指示灯具、仪表应完好,无缺损,保护压板在要求的位置上。

(3)绝缘电阻应符合规程要求。

(4)断路器的辅助触点应无烧伤、氧化、卡涩等现象。

(5)所有接线端子、压板应无松动、锈蚀,配线固定卡子无脱落。

电气二次
系统检查

（6）继电器接点应无烧伤，线圈外观无异常，运行正常。

（7）各种操作部件位置正确，动作灵活，接触良好，部件完整。

（8）电压、电流互感器二次侧接地完好；二次侧交直流控制回路及电压互感器的熔断器应良好。

（9）信号继电器是否掉牌，掉牌后是否能复位，警铃、蜂鸣器等声响设备是否良好。

（10）各类保护电源是否正常。

二、操作回路维护一般原则

二次操作回路维护，除必须遵守《电业安全工作规程》外，还必须遵循以下原则：

（1）至少有两人进行工作，且必须有明确的工作目的和工作方法。

（2）必须根据现场实际情况和图纸进行操作。

（3）在机组运行时，只有在必须停用保护装置时，才允许停用保护装置，且停用的时间应尽量短。雷雨天气不得将保护装置退出。

（4）如果进行整组试验，应事先查明是否与运行断路器有关；对变压器保护装置进行试验，应先切除对应机组的压板，以免影响机组运行。

（5）拉开直流回路的熔断器时，应先拉开电源正极，后拉开电源负极，或正负极同时拉开。

（6）测量二次回路电压时，必须使用高内阻电压表，禁止用灯泡代替仪表。

（7）在运行中测量电源回路上的电流时，应事先检查接头及引线是否良好，并应防止电流回路开路发生人身和设备事故。通常应通过试验端子测量电流，测量仪表应用螺钉连接，操作人员站在绝缘垫上进行。

（8）工作中使用的工器具大小要合适，并且工具上的金属部分应尽量不外露，以免发生短路。

（9）停电作业时，要验证电源确已断开，并应挂警示牌；在未断开电源的电路上工作，应避免触电。

（10）如果需连接线路，如拧动螺栓、拆动二次线或松动压板，必须先核对图样，并做好记录和标志，工作结束后应立即恢复，并做全面检查。

（11）需要拆开检查继电器时，不允许随意调整继电器的机械部分。如果确需调整，则应在调整后进行电气特性试验。

（12）在二次回路维护作业结束后，应将作业情况详细记录在继电器试验簿上。

三、查找二次回路故障的方法

查找二次回路故障时，首先查明故障现象（发出的信号和光字牌的显示情况），然后分析故障原因，最后确定处理的方法和步骤。

二次回路故障检查常用缩小范围法，即把故障范围和故障点逐渐缩小进行检查，直至查出故障点。

以图5-17为例，如熔断器熔丝没有熔断，可将回路划分为几条，依次检查。首先，利用第Ⅰ回路控制整个回路动作，若被控元件不动作，可使用第Ⅱ回路控制回路动作，若被控元件动作,则故障在第Ⅰ回路上;若被控元件仍不动作,可使用第Ⅲ回路检查,此时若被控元件动作,则故障在第Ⅱ回路上;若被控元件仍不动作,则可能是第Ⅲ回路故障或被控元件自身故障。

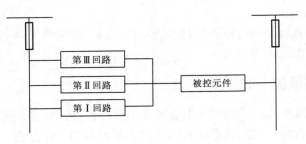

图 5-17　缩小范围检查图

思考题

1. 什么叫电气二次回路?包括哪些回路?
2. 电流互感器运行中为什么禁止开路?使用中的注意事项有哪些?
3. 电压互感器运行中为什么禁止短路?使用中的注意事项有哪些?
4. 交流绝缘监察回路的作用是什么?
5. 二次回路查找故障的方法有哪些?

项目六
泵站继电保护

任务一 继电保护配置

一、继电保护基本要求

在供电系统中,当发生故障时,继电保护装置迅速动作,将故障部分及时从系统中切除,保证非故障部分继续工作,或发出报警信号,以便值班人员检查并及时采取措施消除故障,以达到保护系统的目的。

根据设计规范要求,泵站的电力设备和馈电线路均应装设主保护和后备保护。主保护应能准确、快速、可靠地切除被保护区域内的故障;在主保护或断路器拒绝动作时,应分别由元件本身的后备保护或相邻元件的保护装置将故障切除。

泵站继电保护,必须满足选择性、灵敏性、可靠性、速动性等要求。根据泵站运行特点,基本要求如下:

(1)一般情况下应装设进线断路器,从进线处取得信号,一旦泵站内部发生故障,经保护装置作用于进线断路器,使得泵站故障控制在泵站内,不影响供电系统安全。

(2)不得设置自动合闸装置。泵站允许短时停电,不需要机组自启动,机组重新自启动将会给机组带来严重后果。为防止机组自启动,在系统中设置了低电压保护,使机组在失电后尽快与电源断开。

二、泵站继电保护配备

(1)泵站系统电压母线装设的保护有:

①带时限电流速断保护,动作时,断开进线断路器。

②低电压保护,动作时,断开进线断路器。

③单相接地故障监视,动作时,发信号。

(2)电动机相间短路保护类型有:

①2 000 kW 以下采用两相式电流速断保护装置,2 000 kW 及以上采用纵联差动保护装置。

上述保护装置均不带时限,动作于跳开电动机断路器。

②装设低电压保护,动作时限宜整定为 0.5 s,动作于断开电动机断路器。

③装设单相接地保护。当接地电流低于 10 A 时,既可动作于跳开断路器,也可动作于发信号。当接地电流等于或大于 10 A 时,动作于跳开断路器。

④装设过负荷保护,分两个时限设定,第一时限发信号,第二时限动作跳开断路器,其动作时限整定应大于机组启动时间。

⑤同步电动机应装失步、失磁保护。失磁保护瞬时断开,失步保护带时限断开。

⑥机组应装设轴承(瓦)温升保护,温度升高发信号,超过设定温限断开断路器。

(3)变压器保护类型。有电流速断保护、纵联差动保护(根据变压器容量确定)、过电流保护、过负荷保护、温度保护及瓦斯保护等。

泵站系统专用供电线路不应装自动重合装置。

上述各种保护装置,传统的均是采用分裂元器件组成,维护、调试工作量大,动作可靠性相对较差。随着现代电子技术的发展,对于常规保护,如过电流保护、过负荷带时限保护、低电压保护等,每台机组均设置于一个综合保护器内,纵联差动保护也设置于一个综合保护器内,非电量参数采集、控制也集中于一个综合保护器内,这些装置统称为微机继电保护装置。这种装置工作可靠性高,故障率低,接线简单、调试方便,可替代原有传统保护装置,在水利行业应得以广泛推广应用。

任务二　电力变压器的继电保护

一、变压器故障及不正常运行状态

变压器的故障分为油箱内部和油箱外部两种故障。油箱内部故障主要包括绕组的相间短路、单相匝间短路、单相接地故障等。变压器油箱外部的故障主要是绝缘套管和引出线上发生相间短路及单相接地故障。

变压器的不正常运行状态主要有:漏油造成的油面降低,变压器外部短路引起的过电流和外部接地短路引起的过电流,过负荷等。

针对变压器的故障和异常运行状态,应装设相应的继电保护装置。

二、电力变压器继电保护的配置

(1)变压器的瓦斯保护。
(2)变压器的电流速断保护。
(3)变压器的纵联差动保护。
(4)变压器的过电流保护。
(5)变压器的过负荷保护。
(6)变压器的温度保护。

三、变压器的瓦斯保护(气体保护)

瓦斯保护是保护油浸式电力变压器内部故障的一种主要保护装置。按《电力装置的继电保护和自动装置设计规范》(GB/T 50062—2008)规定,800 kVA 及以上的油浸式变压器和 400 kVA 及以上的车间内油浸式变压器均应装瓦斯保护(气体保护)。

气体保护装置主要由气体继电器构成。当变压器油箱内部故障时,电弧的高温使变压器油分解为大量的油气体,气体保护装置就是利用这种气体来实现保护的装置,见图6-1。

(一)气体继电器的结构和工作原理

目前,国内采用的气体继电器有浮筒挡板式和开口杯挡板式两种型号。

(二)气体保护的安装和运行

气体继电器安装在变压器的油箱与油枕之间的联通管上,如图6-2所示。为了使变压器内部故障时产生的气体能通畅地通过气体继电器排往油枕,要求变压器安装时应有

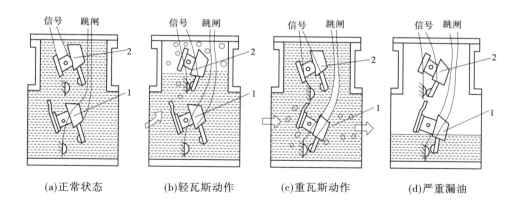

(a)正常状态　　　(b)轻瓦斯动作　　　(c)重瓦斯动作　　　(d)严重漏油

1—下开口杯;2—上开口杯

图 6-1　气体继电器工作原理示意图

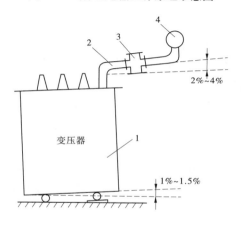

1—油箱;2—联通管;3—气体继电器;4—油枕

图 6-2　气体继电器在变压器上的安装方式

1%~1.5%的倾斜度;变压器在制造时,联通管相对于油箱上盖也应有 2%~4% 的倾斜度。

　　变压器气体保护动作后,运行人员应立即对变压器进行检查,查明原因,可在气体继电器顶部打开放气阀,用干净的玻璃瓶收集蓄积的气体(注意:人体不得靠近带电部分),通过分析气体性质可判断故障的原因和处理要求。

(三)瓦斯保护的原理接线路器跳闸

　　瓦斯保护的接线原理如图 6-3 所示。为了防止变压器内严重故障时因油速不稳定,造成重瓦斯触点时通时断的不可靠动作,必须选用带自保持电流线圈的出口中间继电器KCO。在保护动作后,借助于断路器的辅助触点 $1QF_1$ 和 $2QF_1$ 来解除出口回路的自保持。在变压器加油或换油后及气体继电器试验时,为防止重瓦斯误动作,可利用切换片 XB,使重瓦斯暂时改接到信号位置,只发信号。

　　瓦斯保护只能反映变压器油箱内部范围出现的故障,对油箱外套管与断路器引出线上的故障它是不能反映的。因此,瓦斯保护不能单独作为变压器的主保护,通常是将瓦斯保护和纵联差动保护配合,共同作为变压器的主保护。

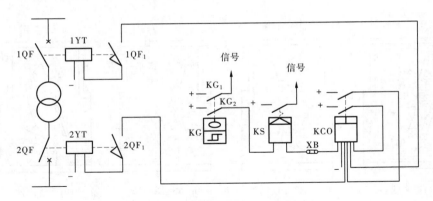

图 6-3　瓦斯保护原理接线图

四、变压器的电流速断保护

对容量较小的变压器,在电源侧装设电流速断保护,与瓦斯保护配合,就可以反映变压器内部和电源侧套管及引出线上的全部故障。

图 6-4 所示为变压器电流速断保护原理接线图,电源侧为 35 kV 及以下中性点非直接接地电网,保护采用两相不完全星形接线方式。

保护的动作电流按下列条件计算,并选择其中较大者作为保护的动作电流。

(1)按大于变压器负荷侧母线上(k_1 点)短路时流过保护的最大短路电流计算,即

$$I_{op} = K_{rel} I_{k1.\,max}^{(3)} \tag{6-1}$$

式中　K_{rel}——可靠系数,对于 DL–10 系列,电流继电器采用 1.3~1.4;

　　　$I_{k1.\,max}^{(3)}$——最大运行方式下变压器负荷侧母线上三相短路时,流过保护的最大短路电流。

(2)按大于变压器空载投入时的励磁涌流计算,即

$$I_{op} = (3 \sim 5) I_{N.\,B} \tag{6-2}$$

式中　$I_{N.\,B}$——变压器保护安装侧的额定电流。

保护的灵敏系数按 k_2 点(保护安装处)发生两相金属性短路时进行校验,即

$$K_{sen} = \frac{I_{k2\cdot min}^{(2)}}{I_{op}} \geqslant 2 \tag{6-3}$$

式中　$I_{k2\cdot min}^{(2)}$——最小运行方式下,保护安装处两相短路时的最小短路电流。

电流速断保护动作后,瞬时断开变压器两侧的断路器。

电流速断保护具有接线简单、动作迅速等优点,但当系统容量不大时,保护区很小,甚至保护不到变压器电源侧的绕组,如负荷侧 k_1 点发生故障时,只能靠过电流保护动作于跳闸,结果延长了动作时间,因此电流速断保护不能单独作为变压器的主保护。

五、变压器纵联差动保护

双绕组变压器的纵联差动保护单相原理接线如图 6-5 所示,它是按比较被保护变压器两侧电流的大小和相位的原理来实现的。

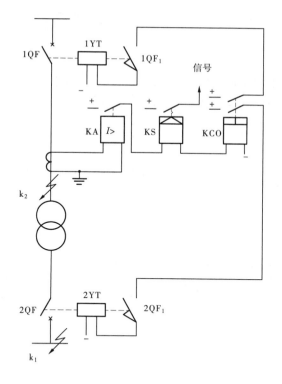

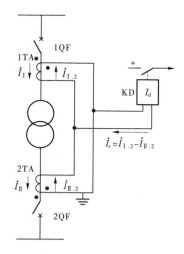

图 6-4 变压器电流速断保护原理接线图　　图 6-5 纵联差动保护单相原理接线图

从图 6-5 中可见,正常运行和外部短路时,流过差动继电器的电流为 $\dot{i}_r = \dot{i}_{I.2} - \dot{i}_{II.2}$,在理想情况下,其值等于零。但实际上由于两侧电流互感器特性不可能完全一致等原因,仍有电流流过差动回路,即为不平衡电流 i_{unb},此时流过差动继电器的电流 $\dot{i}_r$ 为

$$\dot{i}_r = \dot{i}_{I.2} - \dot{i}_{II.2} = i_{unb} \tag{6-4}$$

要求不平衡电流尽可能小,保证保护装置不会误动作。

当变压器内部发生相间短路时,在差动回路中由于 $\dot{i}_{II.2}$ 改变了方向或等于零(无电源侧),这时流过差动继电器的电流为 $\dot{i}_{I.2}$ 与 $\dot{i}_{II.2}$ 之和,即

$$\dot{i}_r = \dot{i}_{I.2} + \dot{i}_{II.2} \tag{6-5}$$

该电流为短路点的短路电流,使差动继电器 KD 可靠动作,并作用于变压器两侧断路器跳闸。

变压器的纵联差动保护的保护范围是构成变压器差动保护的两侧电流互感器之间的变压器及引出线。由于差动保护对区外故障不反应,因此差动保护不需要与保护区外相邻元件在动作值和动作时限上互相配合,所以在区内故障时,可瞬时动作。

六、变压器的过电流保护和过负荷保护

变压器相间短路的后备保护可根据变压器容量的大小和保护装置对灵敏度的要求,采用过电流保护、低电压启动的过电流保护、复合电压启动的过电流保护等方式。对于单

侧电源的变压器,保护装置安装在变压器电源侧,既作为变压器本身故障的后备保护,又反映变压器外部短路引起的过电流。

(一)过电流保护

过电流保护一般用于容量较小的降压变压器,其单相原理接线如图 6-6 所示。保护装置的动作电流应按躲过变压器可能出现的最大负荷电流 $I_{L·max}$ 来整定,即

$$I_{op} = \frac{K_{rel}}{K_{re}} I_{L·max} \tag{6-6}$$

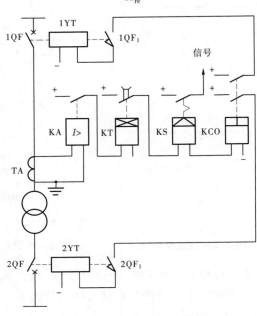

图 6-6 过电流保护单相原理接线图

式中 K_{rel}——可靠系数,一般采用 1.2~1.3;

      K_{re}——返回系数,一般采用 0.85;

      $I_{L·max}$——变压器的最大负荷电流。

      $I_{L·max}$ 可按下述两种情况来考虑:

(1)对并列运行的变压器,应考虑切除一台变压器以后所产生的过负荷。若各变压器的容量相等,可按下式计算:

$$I_{L·max} = \frac{m}{m-1} I_{N·B} \tag{6-7}$$

式中 m——并列运行变压器的台数;

      $I_{N·B}$——变压器的额定电流。

(2)对降压变压器,应考虑负荷中电动机自启动时的最大电流,即

$$I_{L·max} = K_{ss} I_{L·max} \tag{6-8}$$

式中 K_{ss}——自启动系数,其值与负荷性质及用户与电源间的电气距离有关,在 110 kV 降压变电站,对 6~10 kV 侧,$K_{ss}=1.5~2.5$,对 35 kV 侧,$K_{ss}=1.5~2.0$;

$I_{\text{L·max}}$——正常运行时的最大负荷电流。

保护装置的灵敏度校验：

$$K_{\text{sen}} = \frac{I_{\text{k·min}}}{I_{\text{op}}} \qquad (6\text{-}9)$$

式中 $I_{\text{k·min}}$——最小运行方式下，在灵敏度校验点发生两相短路时，流过保护装置的最小短路电流。

在被保护变压器受电侧母线上短路时，要求 $K_{\text{sen}} = 1.5 \sim 2.0$；在后备保护范围末端短路时，要求 $K_{\text{sen}} \geq 1.2$。

保护装置的动作时限应与下一级过电流保护配合，要比下一级保护中最大动作时限大一个时限级差 Δt。

(二)过负荷保护

变压器的过负荷，在大多数情况下是三相对称的，所以过负荷保护只须用一个电流继电器接于一相电流即可。为了防止外部短路时不误发过负荷信号，保护经延时动作于信号。变压器过负荷保护的原理接线图如图 6-7 所示。

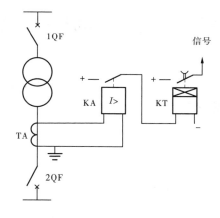

图 6-7 变压器过负荷保护的原理接线图

过负荷保护的动作电流，按躲过变压器的额定电流整定，即

$$I_{\text{op}} = \frac{K_{\text{rel}}}{K_{\text{re}}} I_{\text{N.B}} \qquad (6\text{-}10)$$

式中 K_{rel}——可靠系数，取 1.05；

K_{re}——返回系数，取 0.85。

变压器过负荷保护的动作时限比变压器的后备保护动作时限大一个 Δt。

七、变压器的温度保护

当变压器的冷却系统发生故障或发生外部短路和过负荷时，变压器的油温将升高。油温高将促使变压器绕组绝缘加速老化，影响其寿命。因此，《变压器运行规程》规定：上层油温，正常情况下不应超过 85 ℃，最高允许值为 95 ℃。容量在 1 000 kVA 及以上的油浸式变压器和 315 kVA 及以上的车间内变压器，通常都要装设温度保护，如图 6-8 所示。

可动指针与黄针重合:发出预告音响信号,并启动风扇;

可动指针与红针重合:发出事故音响信号,并跳闸。

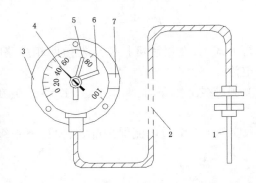

1—受热元件;2—铜质连接管;3—温度计;4—可动指针(黑色);
5—定位指针1(黄色);6—定位指针2(红色);7—接线盒

图6-8　变压器的温度保护

任务三　电动机的继电保护

一、电动机的故障和不正常工作状态

(一)电动机常见的故障状态

(1)定子绕组相间短路。

(2)定子绕组单相接地。

(3)单相绕组的匝间短路。

(二)电动机常见的不正常工作状态

(1)过负荷。

(2)电压暂时消失或短时电压降低。

(3)同步电动机失步运行。

二、电动机保护的配置

500 V 以下的中小型异步电动机的使用非常广泛,它们的保护装置力求简单、可靠。对于容量在100 kW 以下的电动机,广泛采用熔断器和自动空气开关作为电动机相间故障和单相接地保护。对于容量在100 kW 以上的大容量低压电动机,可配置专门的保护装置。

根据规程规定,6~10 kV 的高压电动机应配置的继电保护如下:

(1)定子绕组相间短路保护:①无时限电流速断保护;②纵联差动保护。

(2)定子绕组单相接地保护。

(3)过负荷保护。

(4)低电压保护。

(5)同步电动机的失步保护。

电动机上述五种保护中,定子绕组相间短路保护是必不可少的,其余保护可根据电动机的容量、重要性及工作条件考虑是否装设。失步保护只适用于同步电动机,其余四种保护既适用于异步电动机,又适用于同步电动机。

三、电动机的电流速断保护和过负荷保护

对于容量在 2 000 kW 以下的高压电动机和容量在 100 kW 以上的低压电动机,无时限电流速断保护作为防御相间故障的主保护。对于生产过程中容易发生过负荷的电动机,要装设过负荷保护。

(一)保护装置原理接线图

对于不易过负荷的电动机,可采用电磁型继电器构成无时限电流速断保护,保护装置的原理接线图如图 6-9 所示。保护装置可采用两相不完全星形接线方式,见图 6-9(a);当保护的灵敏度能满足要求时,可优先采用两相电流差接线方式,见图 6-9(b)。为了使保护不仅能反应电动机定子绕组相间短路,而且还能反应电动机与断路器之间的引出线上的相间短路,电流互感器尽可能装在断路器侧。

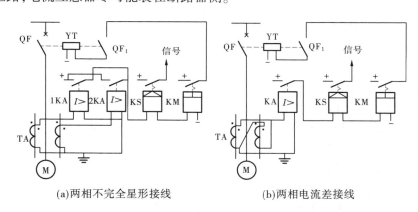

(a)两相不完全星形接线　　　　　　(b)两相电流差接线

图 6-9　电动机无时限电流速断保护原理接线图

对于容易过负荷的电动机,则采用感应型电流继电器来构成无时限电流速断和过负荷保护。其瞬动部分(电磁部分)作为反应定子绕组相间短路的电流速断保护,动作于跳闸;其反时限部分(感应部分)作为过负荷保护,延时动作于信号。保护装置的原理接线图如图 6-10 所示。图 6-10(a)为直流操作电源的保护原理接线图,图 6-10(b)为交流操作电源的保护原理接线图。

在图 6-10(b)中,感应型电流继电器具有速断和反时限的动合、动断切换触点,保护和操作电源共用一组电流互感器。电动机正常运行时,通过电流继电器 KA 的电流小于其动作电流整定值,KA 不动作,其动断触点将跳闸线圈短接;当发生相间短路(或过负荷超过一定时限)时,电流继电器 KA 动作,其动合触点闭合、动断触点断开,电流互感器二次短路电流流入跳闸线圈,断路器跳闸(该继电器应采用动作时动合触点先闭合、动断触点后断开,否则将造成电流互感器短时二次侧开路,这是不允许的)。由于图 6-10(b)所示接线采用交流操作,不需要直流操作电源及相应的连接电缆,而且在电动机断路器的操作机构上易于实现,所以应用比较广泛。

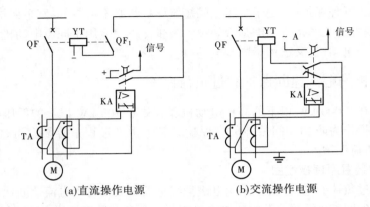

(a)直流操作电源　　　　　　　(b)交流操作电源

图 6-10　电动机无时限电流速断保护和过负荷保护原理接线图

(二) 无时限电流速断保护的整定计算

无时限电流速断保护的动作电流按躲过电动机最大启动电流 $I_{\text{st.max}}$ 来整定,即

$$I_{op} = K_{rel} K_{ss} I_{N\cdot M} \tag{6-11}$$

电流继电器的动作电流为

$$I_{op\cdot r} = \frac{K_{rel} K_{con} K_{ss}}{K_{TA}} I_{N\cdot M} \tag{6-12}$$

式中　K_{rel}——可靠系数,采用电磁型电流继电器时,取 $1.4 \sim 1.6$,采用感应型电流继电器时,取 $1.8 \sim 2$;

　　　K_{con}——电流保护的接线系数,当采用两相不完全星形接线时,$K_{con} = 1$,当采用两相电流差接线时,$K_{con} = \sqrt{3}$;

　　　$I_{N\cdot M}$——电动机的额定电流;

　　　K_{ss}——电动机的启动倍数,可查有关产品样本或手册。

对于同步电动机,无时限电流速断保护的动作电流,除应躲过启动电流外,还应躲过外部短路时同步电动机输出的最大三相短路电流(同步电动机瞬时向附近短路点反馈的最大三相短路冲击电流)。

电动机无时限电流速断保护的灵敏度可按下式校验:

$$K_{sen} = \frac{I_{k\cdot min}^{(2)}}{I_{op}} = \frac{K_{con} I_{k\cdot min}^{(2)}}{K_{TA} I_{op\cdot r}} \tag{6-13}$$

式中　$I_{k\cdot min}^{(2)}$——系统在最小运行方式下,电动机出口两相短路电流;

　　　K_{con}——电流保护的接线系数,AB 或 BC 相短路时,取 $K_{con} = 1$(最小值)。

根据规程规定,最小灵敏系数不小于 2。

(三) 过负荷保护的整定计算

过负荷保护的动作电流应按躲过电动机的额定电流来整定,并且考虑到当短时间的过负荷消失时,在电动机流过额定电流的情况下,继电器能够返回,因此保护装置的动作电流按下式计算:

$$I_{op\cdot r} = \frac{K_{rel} K_{con}}{K_{re} K_{TA}} I_{N\cdot M} \tag{6-14}$$

式中　K_{rel}——可靠系数,当保护装置动作于信号时,取 1.05~1.1;作用于跳闸或减负荷时,取 1.2~1.25。

　　　　K_{re}——继电器的返回系数。当采用电磁型继电器时,取 0.85;当用采用感应型继电器时,取 0.8。

过负荷保护的动作时限应按躲过电动机启动电流的持续时间整定,一般取 15~20 s。

四、电动机的纵联差动保护

电动机纵联差动保护的基本原理同变压器纵联差动保护一样,而需要采取的措施和整定计算相对简单一些。电动机两侧的电流互感器要求同型号、同变比,准确度级为 D 级,并且在通过电动机的启动电流时能满足 10%误差的要求。

(一)原理接线图

电动机纵联差动保护一般采用两相式接线,其原理接线图如图 6-11 所示。根据电动机的容量不同,接入差动回路的继电器可以用电磁型电流继电器,也可以用 DCD-2 型差动继电器。

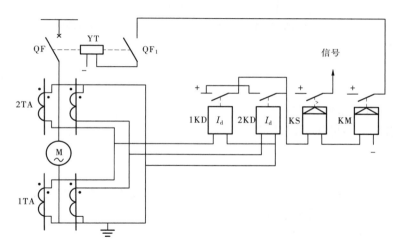

图 6-11　电动机纵联差动保护的原理接线图

(二)电动机纵联差动保护的整定计算

为了防止电流互感器二次回路断线时,保护装置误动作,保护装置的动作电流应按躲过电动机正常运行,电流互感器二次回路断线时,通过保护装置的最大负荷电流来整定。即可按电动机的额定电流来整定,即

$$I_{op \cdot r} = \frac{K_{rel}}{K_{TA}} I_{N \cdot M} \qquad (6\text{-}15)$$

式中　K_{rel}——可靠系数,对电磁型电流继电器,取 1.5~2;对 DCD-2 型差动继电器,取 1.3。

五、电动机的单相接地保护

电动机单相接地保护原理接线图如图 6-12 所示,电缆头的保护接地线应穿过 TAN 的铁芯窗口。当电源电缆为两根及两根以上时,应将各个零序电流互感器的二次侧串联接到电流继电器上。

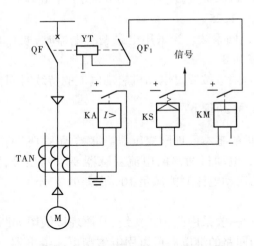

图6-12　电动机单相接地保护原理接线图

为了保证在电网的其他出线上发生单相接地时,保护不误动作,保护的动作电流应按大于保护范围外发生单相接地故障时,电动机本身及其配电电缆的最大接地电容电流 $3I_{0 \cdot M \cdot max}$ 来整定,即

$$I_{op \cdot r} = \frac{K_{rel} 3I_{0 \cdot M \cdot max}}{K_{TA}} \tag{6-16}$$

式中　K_{rel} ——可靠系数,取 $4 \sim 5$。

保护装置的灵敏度按下式计算:

$$K_{sen} = \frac{3I_{0 \cdot M \cdot max}}{K_{TA} I_{op \cdot r}} \tag{6-17}$$

式中　$3I_{0 \cdot M \cdot max}$ ——系统最小运行方式下,电动机内部发生单相接地故障时,流过保护装
　　　　　　　　 置的最小接地电容电流。

要求灵敏度 $K_{sen} \geqslant 1.5 \sim 2$。

六、电动机的低电压保护

在电网电压降低或中断后的恢复过程中,电动机可能要自启动,因而会产生很大的启动电流,有可能烧毁电动机,应采取保护措施。

（一）对低电压保护装置的基本要求

（1）当母线出现对称和不对称的电压下降,且低于保护整定值时,低电压保护装置应可靠动作。

（2）当电压互感器发生一次侧单相及两相断线或二次侧各种断线时,保护装置不应误动作,并能发出电压互感器断线信号。在电压互感器断线期间,如果母线又发生失压或电压下降到整定值,低电压保护装置仍应正确动作。

（3）电压互感器一次侧隔离开关因误操作被断开时,低电压保护装置不应该误动作,应发出电压互感器断线信号。

(二)低电压保护装置的原理接线图

电动机低电压保护装置原理接线图如图 6-13 所示。图中低电压继电器 1KV、2KV、3KV 及时间继电器 1KT、信号继电器 1KS、中间继电器 3KC 构成次要电动机的低电压保护,以 0.5 s 跳闸。低电压继电器 4KV、时间继电器 2KT、信号继电器 2KS 及中间继电器 4KC 构成不允许长期失电后再自启动的重要电动机的低电压保护。1KV~4KV 都接在线电压上,3KV~4KV 采用的熔断器 4FU、5FU 的额定电流比 1FU~3FU 的额定电流大两级,电压互感器高压侧隔离开关 QS、低压侧刀开关 QK 的辅助触点控制着低电压保护的直流回路。

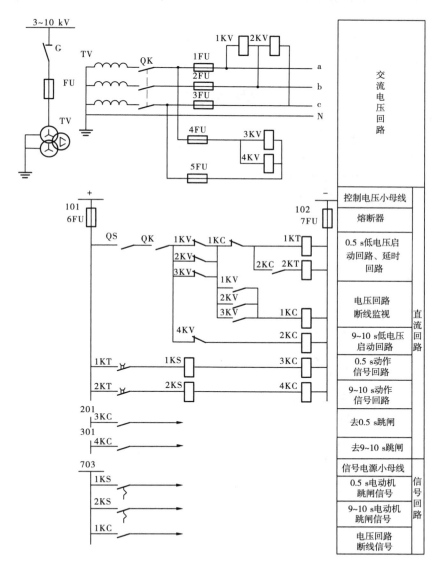

图 6-13 电动机低电压保护装置原理接线图

(三)低电压保护的整定计算

(1)对于不参加自启动的次要电动机,其动作电压按$(0.6\sim0.7)U_{N\cdot M}$整定,即

$$U_{op\cdot r} = (0.6 \sim 0.7)\frac{U_{N\cdot M}}{K_{TV}} \tag{6-18}$$

式中　$U_{N\cdot M}$——电动机的额定电压;

　　K_{TV}——电压互感器的变比。

动作时间取 0.5 s。

(2)对于不允许长期失电后再自启动的重要电动机,其动作电压按$0.5U_{N\cdot M}$整定,即

$$U_{op\cdot r} = 0.5 \times \frac{U_{N\cdot M}}{K_{TV}} \tag{6-19}$$

动作时间取 9~10 s。

思考题

1.继电保护动作的要求是什么?

2.变压器一般配置哪些保护?

3.电动机一般配置哪些保护?

4.什么是变压器的瓦斯保护?

项目七
电气预防性试验

任务一　概　述

电气设备的绝缘,在制造运输过程中,有可能发生意外事故而残留有缺陷;在长期的运行中,有可能受到外界环境很多不利影响而形成新的缺陷。一种是制造时潜伏的,另一种是使用中在外界条件的作用下逐步形成的,如工作电压、过电压、潮湿、污染、机械、受热、化学反应等的作用。由这些因素造成的缺陷大致有两类:一类是集中性缺陷。这类缺陷比较明显,危害也比较大,如绝缘子瓷质开裂,电动机绝缘局部磨损、挤压破裂,设备由于局部放电绝缘逐步损伤,机械损伤等。一类是分布性缺陷,电气设备整体绝缘性能下降,如受潮、老化、劣化等。通过试验的方法能把隐藏的缺陷检查出来。

电气预防
性试验

电气设备绝缘试验是保证电气设备可靠工作的检验手段。电气设备的出厂试验、安装时的交接验收试验和运行中定期进行的绝缘预防性试验,都是为了检验电气设备绝缘是否可靠这一目的。

预防性试验是泵站运行中对电气设备绝缘好坏进行的检验,它是判断电力设备能否继续投入运行并保证安全的重要措施。通过电气预防性试验,可以发现运行中电力设备的隐患,预防事故发生或电力设备损坏。对于大型泵站或多级泵站的管理单位,由于管理的电气设备多、检修任务重,应建立电气实验室。在交接验收后,日常管理中要按照《电力设备预防性试验规程》(DL/T 596)的规定执行,建立的电气实验室应能完全满足规程所规定的试验要求。中型泵站可以不设电气实验室。

一、预防性试验类型

泵站高压绝缘试验的方法很多,大致可分为非破坏性试验和破坏性试验两类。非破坏性试验是指在较低的电压下测定电气设备绝缘的某些特性(如绝缘电阻、介质损耗、局部放电、电压分布等)及其变化情况,从而判断设备在制造加工过程中和运行中出现的绝缘缺陷。破坏性试验是模仿设备绝缘在运行中实际可能碰到的危险的过电压状况,对绝缘加上与之等价的高电压来进行试验,从而考验绝缘的耐压强度。破坏性试验对考验电气设备绝缘的工作可靠性、发现绝缘的缺陷是有效的,但在试验中有可能损坏设备的绝缘,因而称为破坏性试验。为尽可能避免试验过程中损坏设备,常在耐压试验之前先进行一系列的非破坏性试验,作初步分析判断,发现问题及时处理。

二、对设备进行的试验项目

(一)非破坏性试验

根据预防性试验规程要求,按周期年限,对设备进行试验。该项试验一般是在较低的电压(或者是接近额定电压)情况下进行的。试验项目主要有测量设备绝缘电阻、泄漏电流、介质损耗因数(tanδ)和线圈直流电阻等。目的是判断设备绝缘状况的好坏,及时发现可能的绝缘老化、劣化现象。同时,对油绝缘介质按规定进行预试。这些项目的试验均在设备停电的情况下进行,一般在冬季空气相对干燥、湿度小的条件下完成。

电力设备绝缘电阻的测量,是常规性试验中应用最广,也是最直接、最简单的试验方法。它是利用在电力设备绝缘上加的直流电压与流过设备上稳定体积的泄漏电流的比值,在仪表上直接读出数值。读出的绝缘电阻值高,表示绝缘良好;若绝缘电阻值下降(与原始试验值对比),表示该设备绝缘已经受潮或发生老化、劣化,由此决定其是否能投入运行或修理。通过测量绝缘电阻可以及时发现电力设备绝缘是否存在整体受潮,整体老化、劣化等贯穿性缺陷。

(二)破坏性试验

在高于工作电压情况下进行的试验称为破坏性试验。试验时在设备绝缘上施加规定的电压(逐次升高),考验设备绝缘对此电压的耐受能力,这种试验常称为耐压试验,主要包括交流耐压和直流耐压。在设备交接或运行中必要情况下才做这类试验。应先进行非破坏性试验,再进行破坏性试验。破坏性试验结束后,还应进行相关非破坏性试验检查,以避免不应有的绝缘击穿事件发生。

常规试验项目较多,但对于某一具体设备并不是每一项目都做,只需按《电力设备预防性试验规程》(DL/T 596)要求进行即可。

设备在不同条件下运行,其绝缘发展趋势不尽相同,因此要根据多个项目的试验结果,并结合平时的运行情况和历史试验数据综合分析后,才能对绝缘状况及缺陷性质得出较科学的结论。仅根据某一项试验不一定能够给出较确切的判断。

注意:预防性试验一定要考虑温度(包括空气温度和设备本身的温度)与空气相对温度的影响。

任务二　电气试验条件及要求

一、对试验人员及试验工作的要求

(一)对试验人员要求

(1)必须具有良好的素质,并具有熟练的试验操作技术。

(2)了解常用电气材料的名称、规格、性能及用途。

(3)了解泵站一次系统的主接线和相关辅助系统的接线。

(4)熟悉被试设备的名称、规格、基本结构、工作原理和用途。

(5)熟悉试验设备及仪器仪表的基本结构、工作原理和使用方法,并能排除一般故障。

(6)能正确完成试验接线、操作及测量,熟悉外界影响的因素,并加以消除。

(7)能对试验结果进行计算、分析,并做出正确的判断。

(二)试验工作要求

(1)制订详细的工作计划。

(2)做好周密的工作准备。

(3)合理地整理试验场地。

（4）试验接线清晰明了，没有错误。

（5）操作顺序有条不紊，连接恰当。

（6）试验的善后工作完善。

（7）试验记录详细。

（8）填写的试验报告规范。报告一般应包括下列内容：①试验名称、目的要求和采用的技术规范；②被试设备名称、运行编号和相关技术参数；③试验时间和大气环境条件（温度、湿度、气压等），如是油浸式变压器还要注明上层油温等；④试验设备名称及重要试验仪器编号；⑤试验接线及示意图、试验部位、试验项目及原始试验数据；⑥必要时，将试验结果（如绝缘电阻、直流电阻、介质损耗因数角）换算到 20 ℃值；⑦主要试验人员、记录人、试验负责人签名。

二、试验中的安全措施

试验中的设备大多数是安装在现场，被试设备的对外引线、外壳接地、附近设备运行情况，以及人员和周边堆放杂物等情况都会增加试验工作的复杂性。同时，试验时对被试设备施加高电压，以及人员操作等环节的工作，要求试验人员在现场必须具备完善的安全措施后才能开展。

（1）现场必须执行工作票制度。

（2）现场必须装设遮栏或围栏，悬挂安全警示标牌，并派专人看守；被试设备两端不在同一地点时，另一端应派专人看守。

（3）高压试验工作不得少于两人，负责人应由有经验的人员担任；试验前负责人应对全体参试人员详细布置安全事项。

（4）拆开电气设备接头，应做好标记，恢复连接后应做检查。

（5）试验器具金属外壳应可靠接地，高压引线应尽量缩短，必要时用绝缘物支撑牢固。为了保证高压回路任何部分不对接地体放电，高压回路与接地体必须留有足够的距离。

（6）试验装置电源开关，应使用明显断开的双极开关，并保证有两个串联断开点和可靠的过载设施。

（7）加压前，必须认真检查系统接线，核对所用仪器仪表正确无误，试验人员在规定的岗位，非试人员在安全区域外。加压过程中，应有人监护，试验人员精力应集中，随时警惕异常情况的发生。

（8）变更接线或试验结束，应首先降下电压，断开电源，放电，将升压装置高压部分短路接地。

（9）未装接地线的大电容试品，应先做放电试验；进行高压直流试验时，每告一段落或试验结束后，应将被试品对地放电数次后方可接触。

（10）试验结束后，试验人员应拆除装设的接地线和遮栏或围栏，并对被试设备进行检查和清场。

任务三 电气预防性试验项目

电力设备的基本试验项目主要有测量设备直流电阻、测量设备绝缘电阻与吸收比、测量设备的泄漏电流及测量介质损耗因数等。

一、测量设备直流电阻

《电力设备预防性试验规程》(DL/T 596)规定,对于电动机、变压器,在交接、大修或必要时,都必须测量其绕组的直流电阻,且相间差别不大于 2%,或与初次测量值比较其差别不大于 2%。变压器在调整分接头开关位置,断路器、刀开关等设备大修时,为确定其维修质量,必须进行接触电阻测量。常用检测设备是电桥,电桥的灵敏度和准确度都较高。电桥一般分交流电桥和直流电桥两大类,而直流电桥又分单臂电桥和双臂电桥两种。

单臂电桥不宜用来测量 0.1 Ω 以下的电阻。测量直流电阻时除应注意量程选择外,还应注意以下几点:

(1)测量前,认真阅读产品使用说明书,并估测设备电阻大小,选择合适比率桥臂。

(2)测量前,调校检流计指针,使其归零。

(3)连接线要拧紧,避免增大接触电阻,产生测量误差。连接导线应尽量使用截面较大、长度较短的铜线,以减小连接线电阻,提高测量准确度。

(4)测量时,先按电源键,操作时先粗调按钮,调比例臂,待检流计接近零时,再微调,待检流计指零后读数。

(5)电桥电池电压不足会影响测量精度,需更换。外接电源应注意其极性,并串联一个保护电阻。

(6)调平衡过程中,不要把检流计按钮"按死",待调到接近平衡时,才可将按钮锁定微调。

(7)电桥使用后,应先拆除电源,再拆除被测电阻,最后将检流计锁扣锁上,防止搬运中震断游丝。

(8)双臂电桥精度较高,一般用来测量 1~10 Ω 的低电阻。在使用中,不得将电位接头与电流接头接于同一点,否则会产生测量误差。双臂电桥工作电流很大,测量时操作动作要快,以免耗电过多。测量结束后应立即切断电源。

交流电桥主要用来测量交流等效电阻、电感和电容等参数,泵站实际应用不多。现在常用直流电阻测试仪测量直流电阻。

二、测量设备绝缘电阻与吸收比

(一)兆欧表

常用的测量仪表为兆欧表。常用的兆欧表多数为手摇的,所以兆欧表又称摇表。目前,数字兆欧表(又称电动摇表)也在许多大中型泵站中得到应用。兆欧表的额定电压要与被测电力设备的工作电压相适应。

1. 分类

泵站中常用的兆欧表是按测试电压等级分的,有以下两种:

(1)低压兆欧表:50 V、100 V、250 V、500 V、1 000 V,ZC90 型兆欧表属于该类型。

(2)高压兆欧表:2 500 V、5 000 V、10 000 V,CJC-3000 型兆欧表属于该类型。

2. 兆欧表使用方法及注意事项

(1)测量中,应尽量选用最大输出电流为 1 mA 及以上的兆欧表,使得测量的结果较为准确。兆欧表的最大输出电流即是兆欧表的容量。在比较绝缘电阻测量结果时,不应忽视兆欧表容量的影响。除此之外,还应在同容量仪表测量下比较测量结果。

(2)环境温度与湿度。电力设备绝缘材料因在不同程度上含有水分和溶解于水的杂质而构成电导电流。随着温度升高,会增加绝缘介质内部结构的杂质导电性能,从而使其绝缘电阻指数函数值显著下降。受潮严重的设备,绝缘电阻随温度变化更大。因此,摇测绝缘电阻时,要记录环境的温度与湿度。

(3)与电压等级相适应。用兆欧表测量电力设备绝缘电阻时,兆欧表的电压须与设备额定工作电压相一致。因为绝缘材料的击穿电场强度与电压有关,所以用低于额定工作电压的兆欧表摇测的绝缘电阻,测出的结果可能有误差,用高于额定工作电压的兆欧表测量低压电力设备,可能会损坏绝缘。一般情况下,额定电压 500 V 以下的设备,选用 500 V 或 1 000 V 兆欧表;额定电压 500 V 以上的设备,选用 1 000~2 500 V 兆欧表;测量绝缘子时,应选用 2 500 V 及以上兆欧表;测量低压电气设备绝缘电阻时,可选用 0~200 MΩ 量程的兆欧表。

(4)测量电容性试品时,要在兆欧表的"线路"端子 L 与被试品间串入一只高压硅整流二极管,用以阻止被试品对兆欧表放电,消除在测量过程中表针的摆动,同时也不影响测量精度。在读取稳定读数后,先取下测量线,再停止摇动。

(5)高压兆欧表在表壳玻璃上配接的铜导线,不要随意拆除,它能消除静电荷对指针的引力。另外,在用表面没有屏蔽措施的兆欧表测量绝缘电阻时,测量过程中,不能用手或布擦拭表面玻璃,否则会因摩擦而产生静电荷,静电荷对表针及其位置有影响,从而影响测量结果。

(6)兆欧表的 L 和 E 端子的接线不能对调,否则对测量结果有影响。正确的接法是 L 端子接被试设备(被试品)与大地绝缘的导电部分,E 端子接被试设备(被试品)的接地端。

(7)兆欧表与被试设备(被试品)间的连线不能绞接或拖地,否则会产生测量误差。

(8)测量前应将兆欧表进行一次开路或短路试验,检查摇表是否良好。将两连接线开路,摇动手柄,指针应指在"∞"处;把两指针短接,指针应指在"0"处。符合上述条件,则兆欧表良好;否则,不能用。

测量电缆对地的绝缘电阻或漏电流较严重的设备时,就要使用"G"端。将"G"端接屏蔽层或外壳。这样就使得流经绝缘表面的电流不再流过兆欧表的测量线圈,而是直接流经"G"端构成回路,这样测得的绝缘电阻只是电缆绝缘的体积电阻。

(9)测量设备绝缘电阻的线路接好后,按顺时针方向转动摇把,摇动的速度由慢逐渐转快,当转速达到 120 r/min 左右时,保持匀速转动,并且要边摇动边读数,不能停下来读数。

（10）兆欧表在未停止转动之前或被测设备未放电之前，严禁用手触及。测量结束时，对设备进行放电，方法是使用接地线与被测设备短接。禁止在雷电时或带电的高压设备附近测绝缘电阻，测量过程中被测设备上不能有工作人员。

（二）测量方法及注意事项

设备的绝缘电阻及吸收比，是判断设备绝缘是否满足安全运行的重要指标。任何电气设备在用电过程中，都存在着受热和受潮的现象，其结果是使绝缘材料老化，绝缘电阻降低，从而造成电力设备漏电或短路事故的发生。为了避免电气事故的发生，就要经常测量各种电力设备的绝缘。

电力设备的绝缘是由各种绝缘材料构成的。通常把作用于电力设备绝缘上的直流电压与流过其中稳定体积的泄漏电流之比定义为绝缘电阻。电力设备绝缘电阻高，表示其绝缘良好；绝缘电阻下降，表示其绝缘已经受潮或发生老化和劣化。测量绝缘电阻可以及时发现电力设备绝缘是否存在整体受潮、整体劣化和贯通性缺陷。

对于电容量比较大的电力设备，在用兆欧表测其绝缘电阻时，把 60 s 时的绝缘电阻值与 15 s 时的绝缘电阻值之比称为吸收比，用 $K = R_{60}/R_{15}$ 表示。根据测量设备的吸收比，可以判断电力设备的绝缘是否受潮。因为绝缘材料干燥时泄漏电流成分很小，绝缘电阻由充电电流决定。

在摇到 15 s 时，充电电流比较大，于是这时的绝缘电阻 R_{15} 就比较小；摇到 60 s 时，根据吸收特性，这时的充电电流接近饱和，绝缘电阻 R_{60} 就比较大，所以吸收比就比较大。如果绝缘受潮，泄漏电流就大大增加，随时间变化的充电电流影响就比较小，这时泄漏电流和摇动的时间没有什么关系，R_{60} 与 R_{15} 就很接近，吸收比就下降。这样通过所测得的吸收比的数值，可以初步判断电力设备的绝缘受潮状况。

《电力设备预防性试验规程》（DL/T 596）中关于测量绝缘电阻和吸收比的规定如下：

（1）电动机无论大修、小修时，都要测量绕组绝缘电阻和吸收比。额定电压 3 000 V以下，电动机室温下绝缘电阻值不应低于 0.5 MΩ；额定电压 3 000 V 以上，电动机交流耐压试验前，定子绕组在接近运行温度时，绝缘电阻值不应低于电动机额定电压运行时的电阻值（MΩ）；投运前室温下（包括电缆）也不应低于电动机额定电压运行时的电阻值（MΩ）；转子绕组不应低于 0.5 MΩ。

3 000 V 以下的电动机用 1 000 V 兆欧表，3 000 V 及以上的使用 2 500 V 兆欧表。500 kW 以上的电动机应测量吸收比，吸收比不应低于 1.3，即 $R_{60}/R_{15} \geq 1.3$。

（2）互感器（电压、电流）投运每 1~3 年或大修，或认为必要时，均要测量绕阻的绝缘电阻。每次测量的绝缘电阻值与初始及以前历次测量值相比，不应有显著变化。投运每 1~3 年或大修、或认为必要时，采用 2 500 V 兆欧表进行测量。

（3）对于电力电缆，主绝缘电阻、电缆外护套绝缘电阻及电缆内衬层绝缘电阻，要求重要的电缆每年测量 1 次；一般电缆，3.6/6 kV 及以上的每 3 年测量 1 次，3.6/6 kV 以下的每 5 年测量 1 次。但电缆外护套及内衬层的绝缘电阻值要求每千米绝缘电阻值不应低于 0.5 MΩ。

（4）直流系统绝缘电阻一般采用 500 V 或 1 000 V 兆欧表测量,在大修时或更换接线时,对直流小母线和控制盘的电压小母线,要求在断开所有并联支路时测得的值不应小于 10 MΩ。二次回路的每一支路和断路器等操作机构回路测得的值不小于 1 MΩ;在比较潮湿的地方允许降到 0.5 MΩ。

（5）对于电力变压器,绕阻的绝缘电阻及吸收比,投运每 1~3 年或大修时,或认为必要时均要进行测量,采用 2 500 V 或 5 000 V 摇表。每次测量的绝缘电阻值都要换算到同一温度下,并与前一次测量结果进行比较,看有无明显变化。电阻换算公式:$R_2 = R_1 \cdot 1.5^{(t_1-t_2)/10}$,吸收比值应在 10~30 ℃内不低于 1.3。

三、测量设备的泄漏电流

测量泄漏电流与测量设备的绝缘电阻原理相同,只是测量泄漏电流时施加在被试设备上的直流电压比兆欧表的额定输出电压高,测量中所采用的微安表的准确度比兆欧表高,同时,还可以随时监视泄漏电流变化,所以发现设备绝缘的缺陷较兆欧表测量更有效。影响测量结果的重要因素是杂散电流,对于绝缘良好的被试设备(试品),内部泄漏电流很小。要消除这一影响因素,必须采取屏蔽措施,接线中的高压微安表及引线就要加屏蔽;被试设备(试品)表面泄漏电流较大时,加的屏蔽应予消除。

根据试验结果判断设备绝缘状态的好坏。将试验电压值保持规定的时间后,微安表的指针没有向增大的方向突然摆动,即可认为被试设备(试品)无破坏性放电,试验通过。

温度对泄漏电流的影响极其显著。因此,在做试验时最好在与以往试验相近的温度条件下进行,以便于分析比较。

泄漏电流的数值与设备的绝缘性、状态、结构及容量等因素有关。因此,不能仅从泄漏电流的绝对值泛泛地判断设备绝缘是否良好,重要的是根据其温度特性、时间特性、电压特性及长期以来的变化趋势来进行综合分析。

测量泄漏电流能发现电力设备绝缘贯通的集中缺陷、整体受潮或有贯通的部分受潮,以及一些未完全贯通的集中性缺陷、开裂、破损等。

试验方法是用高压整流管或泄漏试验变压器,将产生的直流高压直接加到被试设备(试品)上获得。

四、测量介质损耗因数

介质损耗是指绝缘介质在交流电场作用下的能量损失,可在一定的电压和频率下反映绝缘介质内单位体积中能量损耗的大小,与介质体积尺寸大小无关。数值上为介质中的电流有功分量与无功分量的比值,大小用介质损失角的正切值 tanδ 表示,是一个无量纲数。利用介质损失角的正切值 tanδ 的结果可判断电气设备绝缘状况,且比较灵敏。

tanδ 在测量中的影响因素有电磁干扰、温度、试验电压、试品电容等。tanδ 与介质温度、湿度、表面脏污、缺陷体积大小有关。对 tanδ 的分析可判断绝缘是否普遍受潮、绝缘油或固体有机绝缘材料是否普遍老化。tanδ 与试验电压的关系曲线可判断绝缘介质中是否存在较多气隙。对于 tanδ 的分析,一是与历年测试结果比较,二是与同类设备比较,看它们之间有无明显差异。另外,还应与其他绝缘试验结果进行全面综合分析判断,以确定被试品的绝缘状况。

一般使用 QS 型西林电桥测量被试品的 tanδ。这是传统测量方法,测试程序复杂,操作较困难,工作量大,易受人为因素影响。现在我国已发明了一种新型测量装置,即介质损耗测试仪,能在现场方便、准确地测量被试品的 tanδ。

介质损耗测试仪是发电厂、变电站等现场或实验室测试各种高压电力设备介质损耗正切值及电容量的高精度测试仪器。仪器为一体化结构,内置介质损耗测试电桥、可变频调压电源、升压变压器和 SF₆ 高稳定度标准电容器。测试高压源由仪器内部的逆变器产生,经变压器升压后用于被试品测试。频率可变为 45 Hz 或 55 Hz、55 Hz 或 65 Hz,采用数字陷波技术,避开了工频电场对测试的干扰,从根本上解决了强电场干扰下准确测量的难题,同时适用于全部停电后用发电机供电检测的场合。该仪器配以绝缘油杯可测试绝缘油介质损耗。

任务四 交流耐压试验

一、概述

交流耐压试验是鉴定电力设备绝缘强度好坏程度最有效和最直接的方法。常规方法是用试验变压器升高电压对被试品进行加压。升压过程按照规程要求进行,在选择试验变压器时应从以下几点考虑:

(1)试验变压器输出电压高于被试品试验电压。

(2)试验变压器额定输出电流应大于被试品所需的电流。被试品电流可按其电容估算:$I_s = U_s\omega C_x$,其中 C_x 包括被试品电容和附加电容。

(3)试验变压器容量。根据试验变压器输出额定电流与额定电压,确定试验变压器的容量 $P = IU$。

二、交流耐压试验注意事项

(1)试验时,周围环境温度不宜低于 5 ℃,空气相对湿度不宜高于 80%。

(2)试验时,加到标准试验电压后的持续时间,若无特殊说明均为 1 min,其他按有关设备试验规定执行。

(3)升压必须从零开始,切不可冲击合闸。在 75% 试验电压之前,升压速度可以任意,自 75% 试验电压开始,升压速度应均匀,约按每秒 2% 试验电压升压。耐压试验后,迅速均匀降压到零,然后切断电源。

(4)任何被试品在耐压试验前,应测量绝缘电阻,合格后再进行试验。

(5)试验接线接好后,经检查确认,然后开始试验。

(6)升高过程中应密切监视高压回路,监听被试品有何异响,升至试验电压,开始计时并读取相关数值,时间到后,迅速均匀降压并切断电源。试验中如无破坏性放电或击穿发生,则认为通过试验。

三、试验过程应注意分析的事项

对绝缘良好的设备,交流耐压试验不应有击穿、放电或其他异常现象,但试验中应密切监视。

(1)试验回路中接入电流表指示突然上升,说明被试品已被击穿。有两种特殊情况:①当被试品的容抗 X_C 与试验变压器漏抗 X_1 之比等于 2 时,虽然被试品已击穿,但电流表的指示不变;②X_C 与 X_1 之比小于 2 时,被试品击穿后,试验回路的电抗增大,电流表指示反而下降。通常 $X_C \gg X_1$,不会出现后一种情况,只有在被试品容量很大,试验变压器容量不够时,才可能发生,这时应按高压端电压表指示数值判断,此时,电压表数值下降。

(2)根据试验中控制回路的状况进行分析。如果过电流继电器整定值适当,当被试品击穿时,过电流继电器动作,自动控制开关跳闸;整定值过小,电容电流的充电作用就能使开关跳闸;整定值过大,即使试品放电或小电流击穿都不会跳闸。过电流继电器的整定值一般为试验变压器整定电流的 1.3～1.5 倍。

(3)根据被试品的状况进行分析。被试品发出击穿响声或断续放电声音,出现冒烟、焦臭、闪弧、燃烧都要立即停止加压,查明原因。如果是绝缘部分发生上述现象,说明绝缘已存在缺陷或被击穿。

同时,还应注意一些其他事项:电压谐振、试验电压波形、试验场所周围环境等。

任务五　接地电阻及其测量

测量输、配电线路杆塔,独立避雷针接地等小型接地装置工频接地电阻用 ZC-8 型接地电阻仪,它不能用来测量大面积变电所、泵房接地网接地电阻。对于大面积接地网工频接地电阻,采用伏安法测量。测量接地电阻只能用交流测量。因为土壤导电通常是经过水溶液,如果用直流测量,则会在正负电极上电解成气泡,减小了导电截面,增加了电阻,影响测量精度。

一、伏安法测量接地电阻

如图 7-1 所示,接通电源后,电流沿 R_x 和电流极构成回路。如果 S_y 和 S_1 都足够大,使 R_x 和电流极的对地电位互不影响,并使电压极处于零电位处,可根据电压表和电流表读数求得接地电阻。

伏安法测量准确度较高,测量范围可为 0.1～100 Ω,缺点是需用专用交流电源和敷设接地极,准备工作量较大。伏安法测量过程中接地极附近地面有分布电位,应注意防止跨步电压触电。

二、用接地电阻仪测量接地电阻

接地电阻测量仪又叫接地摇表,工程中常用接地电阻仪测量接地电阻,其接线图如图 7-2 所示,图 7-3 为 ZC-8 型接地电阻仪外观。

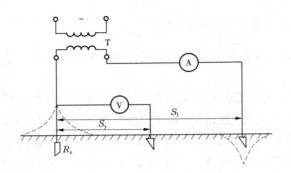

T—测量用电源变压器;R_x—被测接地装置;S_y 和 S_1—电压极和电流极与 R_x 的距离

图 7-1　伏安法测量接地电阻

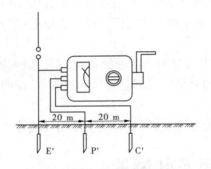

图 7-2　接地电阻仪测量接地电阻

图 7-3　接地电阻仪外观

任务六　电气设备常规试验项目

一、电力变压器

电力变压器绝缘试验包括绝缘电阻、吸收比、泄漏电流、介质损失角的正切值、绝缘油和交流耐压试验。另外,还有几个比较重要项目:变压器绕阻的直流电阻测量、变压器的极性和组别试验等。

二、互感器

互感器的试验项目分为绝缘试验和特性试验两大类,包括绝缘电阻试验、直流电阻测量、tanδ 值测量及交流耐压试验。

三、高压断路器

高压断路器试验有机械特性试验、三相同期试验(检查断路器三相动作的同期性)等机械方面的试验。电气方面的试验包括测量绝缘电阻、测量介质损失角正切值 tanδ、测量泄漏电流、高压耐压试验、绝缘油耐压试验(油断路器)、测量导电回路直流电阻,以及断路器最低分合动作电压等。

四、电力电缆

对电力电缆进行绝缘试验及故障探测是保证其安全运行的重要措施。其试验项目有:测量绝缘电阻、直流耐压试验、测量泄漏电流、检查电缆相位、电缆故障探测。

五、电容器

电容器的试验项目有:测量绝缘电阻、测量电容值。

六、避雷器

避雷器的试验项目有:测量绝缘电阻、密封性检查、阀型避雷器电导电流测量及串联元件的非线性系数计算、工频放电电压测量。

七、接地装置

接地装置的试验项目有:接地电阻测量。

八、绝缘油

绝缘油的试验项目有:理化试验和电气特性试验。理化试验包括闪点测量,水分、机械杂质和游离碳测量,酸性测量,水溶性酸和碱测量。电气特性试验包括电气强度试验、介质损失角正切值 $\tan\delta$ 的测试。

思考题

1. 为什么要进行电气设备预防性试验?
2. 高低压电气设备的绝缘电阻应满足什么要求?
3. 兆欧表的电压等级应如何选择?为什么?
4. 兆欧表的使用过程中注意事项有哪些?

项目八
泵站微机监控与自动化

任务一　泵站微机保护

泵站微机保护是计算机数字控制技术在泵站自动控制系统中的应用,它有两个特点:一是自动控制系统中的控制器被计算机取代,二是信号输入由模拟量改为数字量。微机自动监控系统使泵站在生产过程中的各种操作、控制、监视、巡检和调节能够在无人参与或少人参与的情况下,按预定的计划或程序自动进行。

一、可编程控制器

(一)概述

可编程控制器,英文称 Programmable Controller,简称 PC。为了与个人计算机的 PC (Personal Computer)相区别,在 PC 中增加了 L(Logic)而写成 PLC。

(二)特点

1. 编程方法简单易学

梯形图是可编程控制器使用最多的编程语言,其电路符号和表达方式与继电器电路原理图相似。梯形图语言形象直观,易学易懂。

2. 功能强,性能价格比高

一台小型可编程控制器内有成百上千个可供用户使用的编程元件,可以实现非常复杂的控制功能。与相同功能的继电器系统相比,它具有很高的性能价格比。

3. 硬件配套齐全,用户使用方便,适应性强

可编程控制器产品已经标准化、系列化、模块化,配备有品种齐全的各种硬件装置供用户选用,用户能灵活方便地进行系统配置,组成不同功能、不同规模的系统。可编程控制器的安装接线也很方便。

4. 可靠性高,抗干扰能力强

可编程控制器用软件代替大量的中间继电器和时间继电器,仅剩下与输入和输出有关的少量硬件,接线可减少到继电器控制系统的 $1/10 \sim 1/100$,因触点接触不良造成的故障大为减少。

5. 系统的设计、安装、调试工作量少

可编程控制器用软件功能取代了继电器控制系统中大量的中间继电器、时间继电器、计数器等器件,使控制柜的设计、安装、接线工作量大大减少。

可编程控制器的梯形图程序一般采用顺序控制设计法。这种编程方法很有规律,容易掌握。对于复杂的控制系统,梯形图的设计时间比继电器系统电路图的设计时间要少得多。

6. 维修工作量小,维修方便

可编程控制器的故障率很低,且有完善的自诊断和显示功能。可编程控制器或外部的输入装置和执行机构发生故障时,可以根据可编程控制器上的发光二极管或编程器提供的信息迅速地查明产生故障的原因,用更换模块的方法迅速地排除故障。

7. 体积小,能耗低

对于复杂的控制系统,使用可编程控制器后,可以减少大量的中间继电器和时间继电器,小型可编程控制器的体积仅相当于几个继电器的大小,因此可将开关柜的体积缩小到原来的1/2～1/10。

(三)分类

1. 按结构类型分类

可编程控制器发展很快,目前,全世界有几百家工厂正在生产几千种不同型号的PLC。为了便于在工业现场安装,便于扩展,方便接线,其结构与普通计算机有很大区别。通常从组成结构形式上将这些PLC分为两类:一类是一体化整体式PLC,另一类是结构化模块式PLC。

2. 按I/O点数分类

见表8-1。

表8-1　PLC按I/O点数分类

分类	超小型	小型	中型	大型	超大型
I/O点数	64点以下	64～128点	128～512点	512～8 192点	8 192点以上

3. 按功能分类

见表8-2。

表8-2　PLC按功能分类

分类	主要功能	应用场合
低档机	具有逻辑运算、定时、计数、移位、自诊、监控等基本功能,有的还具有 AI/AO、数据传送、运算、通信等功能	开关量控制、顺序控制、定时/计数控制、少量模拟量控制等
中档机	除上述低档机的功能外,还有数制转换、子程序调用、通信两网功能,有的还具备中断控制、PID 回路控制等功能	过程控制、位置控制等
高档机	除上述中档机的功能外,还有较强的数据处理、模拟量调节、函数运算、监控、智能控制、通信联网等功能	大规模过程控制系统,可构成分布式控制系统,实现全局自动化网络

(四)PLC 的组成与基本结构

可编程控制器主要由中央处理器模块、存储器模块、输入输出模块、编程器和电源等几部分构成,如图8-1所示。

(五)PLC 的工作原理

PLC 的工作方式有周期扫描方式、定时中断方式、输入中断方式、通信方式等。最主要的方式是周期扫描方式。

1. 上电处理过程

PLC 上电后,要进行第一次上电的初始化处理。CPU 进行的初始化工作,包括清除内部继电器区,复位所有的定时器,检查 I/O 单元的连接等。

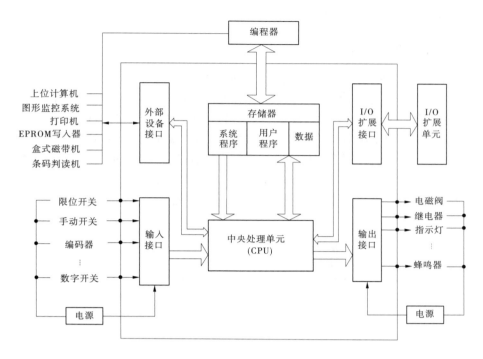

图 8-1　可编程控制器的组成

2. 共同处理过程

在上电处理通过以后，要进到这一步。共同处理的主要任务是复位监视定时器，检查 I/O 总线是否正常，检查扫描周期是否过长，检查程序存储器是否有异常，如果有异常，根据错误情况，发出报警输出或者停止 PLC 的运行。

3. 通信服务过程

当 PLC 和微机构成通信网络或由 PLC 构成分散系统时，需要有通信服务过程。

4. 外部设备服务过程

当 PLC 接有外部设备(如编程器、打印机等)时，则需要进行外部设备服务过程。

5. 程序执行过程

该过程执行用户程序存储器所存的指令。从输入映像寄存器和其他软元件的映像寄存器中将有关元件的通/断状态读出，从程序的第 0 步开始顺序运算，每次结果都写入对应的映像寄存器中。因此，各元件的映像寄存器的内容随着程序的执行在不断地变化(输入元件除外)。输出继电器的内部触点的动作由输出映像寄存器的内容决定。

6. I/O 刷新过程

这个过程可分为输入信号刷新和输出信号刷新。输入信号刷新为输入处理过程，输出信号刷新为输出处理过程。输入处理过程将 PLC 全部输入端子的通/断状态，读入输入映像寄存器。在程序执行过程中，即使输入状态变化，输入映像寄存器的内容也不会马上改变。直到下一扫描周期的输入处理阶段才读入这一变化。此外，输入触点从通断状态变化至稳定状态时，输入滤波器还有一个响应延迟。输出处理过程将输出映像寄存器的通/断状态向输出锁存继电器传送,成为 PLC 的实际输出。

二、泵站微机监控系统

泵站微机监控系统包括上位机系统和下位机系统,或者说叫现地层(机组 LCU 上的可编程控制器)和全站控制层(操作员工作站),也就是通俗说的中控室微机和 LCU 自动化屏。

如图 8-2 所示的泵站自动化监控系统是一个完整的分布式、实时过程控制系统,正常运行方式下系统可由泵站主控计算机控制,也可由远方管理处调度中心进行统一调度、操作与控制。站级计算机控制系统作为一个泵站内自控节点,通过通信线路与调度网络结合在一起,完成对本站各设备运行状态、电力参量、水测参量、报警信息等工况、数据信息的监测及历史运行记录数据查看、报表打印、分析等功能。

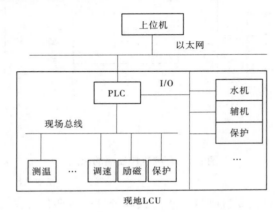

图 8-2 泵站自动化监控系统结构图

各泵站建设有公有 LCU 柜及机组 LCU 柜,与前端测控装置进行通信,通信的形式有开关量信号、模拟量信号等,同时 PLC 系统通过网络模块与上位机系统进行数据交换。各串口通信智能设备通过通信服务器进行串口与 TCP/IP 网络的协议转换,进入 PLC 系统。

三、微机保护装置组成

微机保护指的是以数字式计算机(包括微型机)为基础而构成的继电保护。微机保护包含嵌入式单片机、可编程控制器、工控机等多种方式。

(一)微机保护装置的硬件结构

根据配电系统微机保护的功能要求,微机保护装置的硬件结构框图如图 8-3 所示。它由数据采集系统、微型控制器、存储器、显示器、键盘、时钟、通信、控制和信号等部分组成。

数据采集系统主要对模拟量三相电流和开关量断路器辅助触点等进行采样。模拟量经信号调理、多路开关、A/D 转换器送入微型控制器(Micro-Controller),开关量经光电耦合器、I/O 口送入微型控制器。A/D 变换器一般采用 10~12 位 A/D 变换器。

微型控制器国内习惯称单片机,通常采用 16 位微型控制器,如 80196 系列。

存储器包括 EPROM、RAM、EEPROM。EPROM 存放程序、表格、常数,RAM 存放采样数据、中间计算数据等,EEPROM 存放定值、事件数据等。

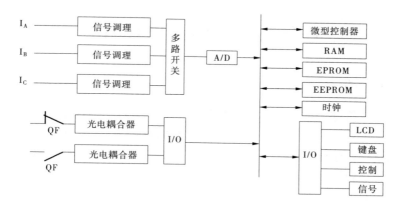

图 8-3 微机保护装置结构框图

时钟目前均采用硬件时钟,如 DS1302 时钟芯片。它能自动产生年、月、日和时、分、秒,并可对时。

显示器可采用点阵字符型和点阵图形型 LCD 显示器,目前常采用后者,用于设定显示、正常显示、事故显示等。

键盘已由早期的矩阵式键盘改用独立式键盘,通常设左移、右移、增加、减小、进入等键。

开关量输出主要包括控制信号、指示信号和报警信号。

（二）微机保护装置的软件系统

微机保护装置的软件系统(见图 8-4)一般包括设定程序、运行程序和中断微机保护功能程序三部分。

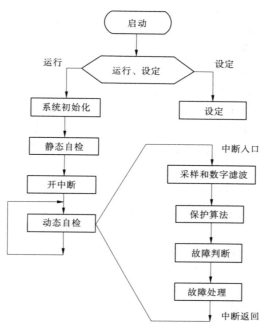

图 8-4 微机保护装置软件系统

任务二　泵站综合自动化

一、泵站自动化与信息化的需求

泵站自动化与信息化包括三个方面的建设任务,即计算机监控系统建设、视频监控系统建设和信息管理系统建设。在计算机监控系统和视频监控系统已完善的基础上,重点对信息管理系统进行建设,包括网络及通信系统、运行调度系统和业务应用系统等。

一般来说,泵站自动化与信息化建设有如下需求:

(1)泵站电气设备的自动控制、测量、保护、监视、通信方面。其内容包括:泵站高压送、变电系统,泵站 0.4 kV 配电系统,泵站直流系统,主机励磁系统,电动机的综合保护系统。

(2)泵站及重要辅助系统的自动控制、测量、保护、监视、通信方面。其内容包括:为主机配套的油系统的控制[例如:水泵叶片调节压力油系统、快速闸门液(油)压操作系统、润滑油系统、齿轮箱冷却油系统等],为主机组配套的气系统的控制[为真空破坏阀(虹吸式泵站)所配的低压气系统、为水泵叶片调节配套的压力油及其他气动工具用的中压储能气系统],泵站水系统(为主机组配套的冷却水系统、泵站排水系统和消防用水系统等)。

(3)各种非电量的自动测量、监视、通信方面。其内容如下:水工安全方面的位移、沉降、扬压力、应力等各种监测,水文、水位、水情、水量、水质等各种监测,各种温度、湿度的监测,绝缘监测,各闸门开度、荷重等监测。

(4)泵站内、外部的通信网络、办公自动化、保安消防系统、安防系统。

(5)全站的视频监视系统及视频信息上传。根据以上纳入自动化系统的各项需求,将其进行分类、集成。按照流程框图要求设计自动化监控系统,使系统具备以下功能:控制、保护与调节功能,数据采集与处理功能,设备运行在线监视功能,事故预告与报警功能,数据远传与系统管理功能。

(6)运行调度系统。根据泵站运行调度的实际需要,构建泵站运行调度模型,开发相应的运行调度软件,并选择配置以下调度系统:单座泵站机组优化运行调度系统与多级(多座)泵站联合调度系统等。

(7)在前面(1)~(6)的基础上构建信息化的业务应用系统。可根据实际需要选择配置以下相应的业务应用系统:泵站远程计算机控制系统、泵站远程视频监视系统、泵站运行实时信息管理系统、水费征收管理系统、泵站水务公开系统、操作票管理系统、泵站基本信息管理系统、综合办公政务管理系统、电话语音查询系统、水雨情监测及气象预报采集系统、地理信息系统、工程建设与管理系统、大屏幕实时显示系统等。

二、泵站自动化系统中的测量控制对象

泵站自动化系统中的测量控制对象主要包括变电所、泵站、节制闸、辅助系统、公共参数测量系统等部分,上述部分主要的测量控制对象如下。

（一）变电所

变电所是泵站的动力源,对可靠性要求高,许多变电所包含变电站自动化系统或微机保护系统。此时变电所自动化系统是泵站自动化系统的一个子系统,泵站自动化系统对变电所的测控通过通信进行。变电所主要由主变压器、站所用变压器、各种断路器隔离开关、继电保护或微机保护、无功补偿装置、冷却风机等组成。

（二）泵站

主要包括泵站电动机、励磁系统、水泵、进出口闸门、叶片、机组振动噪声测量、拦污栅前后水位、出水闸门或拍门位置、水泵进出口压力、虹吸管真空度、机组流量。

（三）节制闸

主要包括节制闸的开度测量、开度控制(流量控制)。

（四）辅助系统

辅助系统由油、气、水三大系统组成,主要包括油压系统、高压气系统、低压气系统、排水系统、供水系统、抽真空系统等状态监测、压力、液位的采集和自动控制、主备切换逻辑。

（五）公共参数测量系统

泵站公共参数主要包括进出水池水位、间接供水池水位、抽排水流量和水量、机组运行统计参数等。

三、泵站自动化系统中的数据测量与控制

（一）模拟量的测量

1. 电量的测量

1）参数

主要为变压器、电动机和低压系统的电压、电流、有功功率、无功功率、功率因数、频率、有功电度。

2）测量方法

（1）采用电量变送器。

主要特点:

①实现简单,每个变送器智能测量一种参数,投资大,接线复杂;

②不能实现电量测量的综合;

③与自动化配合需增加 A/D 模块;

④抗干扰能力差。

（2）采用智能电表。

主要特点:

①与自动化系统直接通信,不需 A/D 模块;

②交流采样,精度高,可计算多种参数;

③功能多,抗干扰能力强;

④通信协议不同时会产生较大的工作量和问题。

2. 温度量的测量

主要为变压器的油温或铁芯温度、水泵电动机的定子温度、推力瓦温度、环境温度等,

主要采用温度敏感元件如 pt100、Cu50,建议使用 pt100,一般已经安装在设备中。

测量方法:

(1)直接配温度采集模块。对于关键温度检测点,建议直接配温度模块,这样机组 LCU 可以在第一时间监测到温度的突变,实施停机保护。

(2)适用智能温度监测仪。

3.压力、水位的测量

一般采用压力变送器或智能仪表。

4.闸门开度的测量

(1)采用相对式的角度编码器(以脉冲的形式输出)。应参考以下问题:

①累计量的保存、校正问题。

②采集站的扫描周期与累计量的不同步问题。

③闸门提升、降落的方向问题。

(2)采用绝对式的角度编码器(以格雷码形式输出)。

5.水力参数的测量

主要为水泵扬程、流量、效率、转速。

(1)扬程:通过水泵进出口压力计算。

(2)流量:流量计,通过经验公式计算更常见。

(3)效率:由计算确定。

(4)转速:转速仪,通过测速发电动机或脉冲计数,输出 4~20 mA 或串行通信。

(二)开关量的测量

开关量主要为各电气开关的状态信号、闸门行程开关信号、压力的上下限触点信号、示流信号、继电保护信号。

(三)泵站自动化系统中的控制

1.电气设备及开关的操作

泵站公用设备 LCU 监控的主要电气设备及开关为泵站变电所主变、站变、交/直流电源系统、高低压进线开关、母联开关。

2.闸门开度和流量的控制

闸门的开度控制使系统自动维持设定高度,当开度达到设定值时,自动停止,通常闸门开度通过电动机的启停控制实现。闸门流量控制是根据上下游水位差值和流量设定值自动调整闸门开度,使引水流量保持在规定的范围内。

3.机组启停控制

水泵机组分电动机和水泵两部分,水泵是由电动机带动的,是电动机的负载。开机时应首先打开进水阀门和真空破坏阀,将水泵的叶片角度调到最小,以减轻电动机的启动电流,在控制系统判断机组启动的各种条件均具备后再进入开机操作。在水泵机组运行起来后,控制系统应根据要求调整水泵的叶片角度,加大排水量,调整机组的运行状态,使机组工作在预定的工作状态。

4.油、气、水系统的压力液位控制

为保障机组和泵站的安全运行,油、气、水系统应维持一定的压力或液位,自动化系统应不停监测上述参数,使其维持在规定的范围内。

5. 叶片调节

调节叶片角度一般有两种方法:一种是由伺服电动机带动机械传动部件使叶片的角度发生变化;另一种是通过液压机构,带动叶片调整角度。前者调整迅速、控制方便,但是易发生水泵的冲击,常用于较小的水泵;后者调整缓慢,控制的滞后性较大,但水泵不易发生冲击,常用于较大型的水泵。

(四)自动化系统的功能

(1)数据采集与处理。

(2)安全运行监视。

(3)实时控制和调整。

(4)监视、记录和报告。

(5)事件顺序记录。

(6)正常操作指导及事故处理操作指导。

(7)数据通信。

(8)屏幕显示。

(9)泵站设备运行维护管理。

(10)泵站的优化运行。

(11)系统诊断。

(12)其他。

思考题

1. 可编程控制器的特点有哪些?

2. PLC 由哪几部分构成?

3. 泵站中自动控制的对象主要有哪些?

泵站机电技术项目式教程

检修管理篇 高级

韩晋国 主编

黄河水利出版社

·郑州·

内 容 提 要

本书依据泵站运行工职业技能标准和泵站工程相关规程规范，结合泵站现场设备，按照项目式教学内容组织编写。本书分为技术基础篇（初级）、运行维护篇（中级）和检修管理篇（高级）三部分，以适应不同层次人员需求。技术基础篇侧重机电设备的结构原理、基本操作和安全用电常识等方面；运行维护篇侧重机电设备的运行维护、控制保护及预防试验等方面；检修管理篇侧重于泵站机电设备检修、故障分析处理及综合管理等方面。

本书可供泵站技术人员和管理人员职业知识技能培训、岗位技术比武及职业技能鉴定使用。

图书在版编目（CIP）数据

泵站机电技术项目式教程：高级：检修管理篇/韩晋国主编. —郑州：黄河水利出版社，2021.6
ISBN 978-7-5509-2750-6

Ⅰ.①泵⋯　Ⅱ.①韩⋯　Ⅲ.①泵站-机电设备-检修-管理-教材　Ⅳ.①TV675

中国版本图书馆 CIP 数据核字（2020）第 135010 号

组稿编辑：简群　电话：0371-66026749　E-mail：931945687@qq.com

出 版 社：黄河水利出版社　　　　　　　　　　　网址：www.yrcp.com
　　　地址：河南省郑州市顺河路黄委会综合楼14层　　邮政编码：450003
发行单位：黄河水利出版社
　　　发行部电话：0371-66026940、66020550、66028024、66022620（传真）
　　　E-mail：hhslcbs@126.com
承印单位：河南瑞之光印刷股份有限公司
开本：787 mm×1 092 mm　1/16
印张：29
字数：670 千字
版次：2021 年 6 月第 1 版　　　　　　　　印次：2021 年 6 月第 1 次印刷
定价：138.00 元（全三册）

《泵站机电技术项目式教程》

编 委 会

主　编　韩晋国
　　　　（北京京水建设集团有限公司）
副主编　化全利
　　　　（北京市南水北调团城湖管理处）
　　　　卢长海
　　　　（北京京水建设集团有限公司）
　　　　钟　山
　　　　（湖北省樊口电排站管理处）
参　编　刘秋生　刘剑琼　张志勇　赵　岳　田　葛
　　　　（北京市南水北调团城湖管理处）
　　　　李春利　杨　栗　王学文　赵小山　王申广
　　　　（北京京水建设集团有限公司）
　　　　甘先锋　程　杰　许　浩　周　琳
　　　　（湖北省樊口电排站管理处）
　　　　余海明
　　　　（湖北水利水电职业技术学院）

前　言

技术提升与规范操作是泵站运行维护标准化管理的重要环节。在市场竞争日益激烈的今天,引导员工持续学习、提升运维水平、推动工作规范化进程、提高运维的核心竞争力具有极其重要的意义。

2019 年,北京市南水北调团城湖管理处组织北京京水建设集团有限公司联合湖北省樊口电排站管理处和湖北水利水电职业技术学院,编写了《泵站机电技术项目式教程》。本书共分为 3 册:“技术基础篇·初级”主要介绍水力机械、电工电子技术基础、工程识图、水泵技术等相关基础知识;“运行维护篇·中级”主要介绍水泵机组运行维护、电气设备运行维护、电动机运行维护、辅助设备运行维护等相关知识;“检修管理篇·高级”主要讲述水泵故障与处理、电气设备故障与处理、水泵机组的检修、电动机的检修等相关知识。该 3 册书通俗易懂、相辅相成、循序渐近,适合不同阶段的泵站运维人员学习,经过实际工作的检验,对于泵站的运行、维护、管理工作有一定的指导意义。

该教程中所涉及的专业技术知识案例来源于北京市南水北调密云水库调蓄工程梯级泵站运行维护工作中的具体实践,该工程是北京市内配套工程的一个重要组成部分,对于消纳南水北调来水、实现北京水资源优化配置具有重要作用。工程中泵站应用高新技术多、涉及专业广,站前调蓄能力弱、调度频繁,对维护人员专业化、规范化程度要求很高。为提高泵站运行、维护、管理水平,编者将泵站运行维护工作中的具体实践及宝贵经验,经反复提炼升华而形成本书。相信通过本书的学习及实践应用,将进一步提高泵站运行维护人员的技术水平,降低故障率,确保泵站运行安全。

在本书组织编写的过程中,北京市南水北调团城湖管理处充分发挥了运行单位的作用,北京京水建设集团有限公司管理人员、技术骨干、一线职工在调查掌握泵站设备性能及操作的基础上,提供了原始素材,并由专业技术人员进行编辑整理。该教程编写完成后,经专家组进行全面审核,且进行了不断修改、完善,最终得以出版。

希望通过本书的出版,为泵站运行、维护、管理工作提供一套实用性强、规范化程度高的书籍,以供其他类似泵站参考,互相学习借鉴,取长补短,共同进步。

鉴于本书编写时间较为紧迫,资料素材有一定的局限性,各位专业人士在阅读时,如发现错漏,请予以批评指正。最后,在此向帮助本书出版的专家、技术人员表示由衷的感谢!

编　者

2021 年 1 月

本教程在文中适当位置配有丰富的图片和视频等
资料,可通过扫二维码实现数字立体化阅读。

泵站开机巡视
停机操作流程

资源总码

目 录

前 言

技术基础篇　初级

检修管理篇　高级

项目一
水泵故障与处理

任务一 水泵运行技术要求

水泵是泵站的关键设备,管好用好水泵,保证水泵安全、可靠、低耗、高效地运转,是泵站机电设备管理的重要内容。

一、水泵的运行要求

(1)长期停用的水泵,投入供排水作业前,一般应进行试运行。

(2)运行中不能有损坏或堵塞叶片的杂物进入泵内,不允许出现严重的气蚀和振动。

(3)轴承、轴封的温度必须正常,润滑和冷却用的油质、油位、油温和水质、水压、水温都要符合要求。

(4)水泵运行中,管道(流道)上不允许有进气和漏水现象。

(5)泵房内外各种监测仪表和阀件等均应处于正常状态。

二、水泵运行前的准备与检查

(1)检查进水池吸水管的支撑是否稳定,拦污栅是否完整无缺。清除进水池内的杂物,以防开机后,杂物吸入泵体减少出水量或打坏水泵的部件。

(2)检查水泵、动力机的底脚螺栓是否拧紧,靠背轮与各个管道的连接法兰螺栓是否松动掉落。离心式水泵的吸水管道的各连接处应无漏气现象。

(3)盘车检查。用手转动靠背轮或皮带轮时,应松紧均匀。水泵不应卡死,否则应检查填料压盖螺栓的松紧,有无其他摩擦卡住的地方,以及泵体内是否进入异物。

(4)检查填料函内的盘根是否硬化变质,引入填料内的润滑水封管路有无堵塞。

(5)检查水泵轴承的润滑油脂是否充足干净,用机油润滑的轴承,油位应正常。用黄油润滑的轴承,油量不能太多或太少,其用量以占轴承室体积的 $1/2 \sim 2/3$ 为宜。机组盘车转动时,应倾听轴承有无杂音,查看滑动轴承油环是否转动带油。

(6)出水拍门与出水闸阀关闭应严密,并灵活可靠。离心式水泵开机前出水闸阀应关闭,轴流式水泵开机前出水闸阀应开启。

(7)检查水泵各部分的冷却管道是否水流通畅,冷却管道上的阀门是否启闭灵活,装有真空表、压力表时,其表针指示应在零位。

三、水泵运行的监视与维护

对于水泵运行中的监视,应按照运行的规定项目,监视流量、扬程、压力、真空区、温度、振动等参数,填写在"运行日志"中。

(1)水泵投入运行后,首先必须监视其运行是否平稳,音响是否正常。如果发现有过大振动或不正常的碰击音响,应停机检查。

（2）检查水泵的出水情况。非淹没式的出水管口，可查看其水流是否满管，出水是否平稳。淹没式的出水管口，应以没有气泡涌动与轰轰响声为好。

（3）轴流泵的橡胶轴承采用水泵自身的压力水进行冷却润滑，一般在水流不中断、水质基本清洁的条件下，不会产生温升过高的现象。运行中对上橡胶轴承的监视，只要查看并调节上填料压盖的螺栓，有滴水甩出即可。

（4）注意真空表、压力表读数是否正常。离心泵的吸水口处装有真空表，用来测定水泵吸水口处的真空度，以水银柱高的毫米数表示，未开机时真空表的指针在零位，表示水泵里外均处在大气压力作用下，吸水口处的真空度等于零。开机后真空表的指针逐步偏摆到一定位置后，就不再移动，表示吸水口处的真空区已稳定。

$$吸程 = 10.33 \times 指针读数/760 \quad （m）$$

压力表装在水泵的出水口处，运转正常后压力表指针稳定在一定位置，表示出水口处的压力高于大气压的程度。

$$出水扬程 = 压力表读数 \times 100 \quad （m）$$

运行中如果压力表、真空表的数值发生突然变动，应检查原因并设法消除。

在一般情况下，真空表的读数忽然下降，一定是漏气；指针读数摆动，很可能是进水池水位降落过低或进水管口被堵塞。尤其是带底阀装置的水泵，往往遇到滤水孔被柴草堵塞，而造成水泵出水量减少。

压力表指针摆动范围过大，也说明水泵运行不稳定。通常压力表的读数突然下降，很可能是动力机转速降低或泵体吸入气体造成的。此时，应注意检查进水管道、填料函等处有无漏气现象，加以处理。否则，出水量会减少，严重时甚至不出水。

（5）注意进出水池的水位，特别是进水池的水位应保持在设计水位以下。当进水池水位降得过低时，进水口产生涡流，可能把空气吸入泵内，对水泵运行非常不利。对于拦污栅前的柴草杂物也应经常打捞，以防止吸入泵内。

任务二 水泵的运行故障与处理

运行中的水泵可能会发生这样那样的故障，如不及时排除，听任故障蔓延、扩大，将会损坏部件，影响正常排水。水泵发生故障的原因很多，如空气的漏入、轴心不正、叶轮中吸有杂物等。这些情形，可由水泵的振动，动力机的过负荷，出水量的减少以及真空表、压力表指针的失常表现出来。

一、水泵运行故障的原因与处理方法

处理水泵故障首先要正确判断产生故障的原因，然后针对性地采取必要的处理方法。现分别将离心泵（混流泵）、轴流泵的故障原因与处理方法列于表1-1、表1-2中介绍如下。

表 1-1　离心泵与混流泵的运行故障与处理方法

故障现象	产生原因	处理方法
1. 水泵转动部分卡死,不能运行	(1)制造质量低劣,泵轴弯曲,泵轴或叶轮的机械强度不够,致使水泵的口环间隙不均,转动部分受到摩擦或卡死。 (2)装配错误。定位、找平、找正不符合要求,使转动部件失去间隙。 (3)填料压盖上得过紧,盘根受压抱紧或咬死泵轴。 (4)泵内零件破裂,卡住叶轮或泵轴。 (5)转动部件锈死或被柴草杂物阻塞	(1)校正轴承,更换或修理口环。 (2)重新装配。 (3)调整填料压盖螺丝的松紧度。 (4)更换破损零件。 (5)除锈或清理柴草杂物
2. 启动负荷太大	除 1 的各项原因外还有:水泵启动时,出水闸阀未关闭,形成全负荷启动	关闭闸阀,重新启动
3. 运行时,轴功率太大,动力机超负荷	除 1 的(1)、(2)、(3)项原因外还有: (1)动力机与水泵配套不当,动力容量过小。 (2)转速过高。 (3)运行操作时的失误,引起过负荷。如长时间关闭出水闸阀运转使口环磨损,产生热膨胀,失去间隙	(1)调整配套,更换动力机。 (2)设法降低转速(调整皮带轮的大小或更换动力机)。 (3)正确执行操作顺序,遇到故障停机检查
4. 水泵启动后不出水	(1)充水不足或抽气不彻底。 (2)进水管道、填料函或真空管道漏气严重。 (3)水泵实际吸水扬程超过了允许吸水扬程(包括水泵的安装位置太高或进水池水面太低,以及管道水力损失太大等原因造成)。 (4)水泵底阀锈死,不灵活,进水口与叶轮的槽道被柴草杂物阻塞。 (5)进水管道安装不正确,往往因弯管或偏心接头安装错误造成管路中存有空气囊,影响进水。 (6)抽水站的总扬程超过了水泵的总扬程。 (7)水泵的叶轮方向不对。 (8)水泵的转速太低。 (9)叶轮螺母及键脱出。 (10)出水管阻塞	(1)继续充水或抽气。 (2)堵塞漏气部位,压紧或更换填料。 (3)降低水泵的安装高程,或抬高进水池水位,必要时,简化进水管的接头,减少管道水力损失。 (4)处理底阀,清除柴草杂物。 (5)重新改装进水管道,清除隆起部分,使水泵从吸水口向进水池的水平管道上有 5‰的下降坡度。 (6)更换水泵,使水泵的总扬程略高于抽水站实际需要的总扬程。 (7)重新调整动力机与水泵的传动方向:用电动机作动力机的,可将三相电源的任意两相接线对调;用皮带传动的,可由开口传动变为交叉传动。 (8)调整水泵转速(皮带传动的可改变皮带轮直径)。 (9)修理、紧固。 (10)清除阻塞物

续表1-1

故障现象	产生原因	处理方法
5. 出水量逐渐减少	(1)影响水泵不出水的诸多因素,在不严重的情况下,也是水泵出水量减少的原因。 (2)运行日久、叶轮损坏、口环磨大,致使叶轮口环间隙过大。 (3)进水条件不好,进水管的淹没深度不够,使进水池水面出现漩涡,空气被吸入泵内	(1)参照水泵不出水的故障原因,进行检查分析,加以排除。 (2)及时修补或更换叶轮、口环。 (3)改善进水条件或调整进水管,使其淹没深度合适
6. 填料函密封不良(漏水、漏气严重)或填料函发热	(1)目前广泛使用油浸石棉绳盘根,纤维短,结构松散。更换的周期过长,容易使盘根干枯硬化,运行时盘根很快就被磨烂,失去效用。 (2)更换盘根时盘根接头未接好,缠法有错误。 (3)填料压盖上得过紧或过松,压不紧盘根。 (4)水封环在函内的位置不正确,没有对准水封管口,或是水封管口阻塞,使轴封水不能畅通循环,影响盘根的润滑与冷却。 (5)填料压盖与泵轴的配合公差过小,或因轴承损坏,叶轮本身不平衡,运转时轴线不直,造成泵轴与填料压盖直接摩擦而发热。 (6)泵轴或轴套本身磨损过多,大大减少了与填料函中盘根的接触面积,使盘根失去了止漏作用	(1)及时更换已损盘根。 (2)重新缠放盘根。 (3)适当调整填料压盖的松紧程度或增减盘根层数。 (4)重新调整水封环的位置,检查并清洗管路。 (5)车大填料压盖内径,或更换轴承,校正泵轴轴线。 (6)更换轴套或修理泵轴
7. 轴承过热以致损坏	(1)轴承本身磨损,间隙过大。 (2)轴承与轴颈、轴承座配合不良,检修时由于装配方法不妥,轴承损伤,或安装位置不正确,造成轴承偏磨。 (3)滑动轴承的油环折断或卡住不转,不能形成油膜。 (4)润滑油油质不合格或不清洁,有脏污。 (5)添加的油量过多,或是油量不足,漏油太多。 (6)皮带传动的,皮带拉得太紧,也可能使轴承受力不均,发热。	(1)更换轴承。 (2)重新检修、调整。 (3)修理或更换油环。 (4)清洗轴承后换用合格的润滑油。 (5)减油或加油,使油量适中。 (6)调整放松皮带

续表 1-1

故障现象	产生原因	处理方法
8. 运转时产生振动与噪声	（1）水泵基础不坚固,底脚螺丝松动。 （2）传动装置不良,或泵轴弯曲,使水泵动力机的轴线不正。 （3）轴承损坏或间隙过大。 （4）进出水管固定不牢。 （5）水泵叶轮本身不平衡或运转中叶轮个别槽道被杂草阻塞或损坏,造成叶轮转动时水动力的不平衡引起振动。 （6）叶轮与泵壳发生摩擦。 （7）气蚀影响	（1）加固基础,拧紧螺丝。 （2）重新校正。 （3）修理或更换轴承。 （4）加强管道支架。 （5）进行叶轮静平衡试验,或清除柴草,更换叶轮。 （6）检修、调整。 （7）通过试验逐步清除

表 1-2　轴流泵的运行故障与处理方法

故障现象	产生原因	处理方法
1. 启动后不出水	（1）安装扬程过高。 （2）出水管道堵塞。 （3）叶片淹没深度不够。 （4）叶片旋转方向不对,叶片装反或水泵转速太低。 （5）叶轮与泵轴的固定螺丝松脱,使叶轮与泵轴脱离,或叶片固定螺帽松脱,叶片滑动。 （6）叶轮叶片缠绕大量柴草杂物,或叶片被硬质杂物打碎损坏,从叶片根部断裂。 （7）进水池淤积严重,使水泵口被淤泥堵塞	（1）更换水泵。 （2）清理出水管道。 （3）降低安装高程或抬高进水水位。 （4）改变水泵的旋转方向,检查叶片的安装位置,或设法增加水泵转速。 （5）重新检修,紧固螺帽。 （6）清除杂草、更换叶片。 （7）排水清淤
2. 水泵出水量减少	除 1 的（1）、（3）、（6）项原因外还有： （1）叶片的边缘磨损,使叶片与叶轮外壳的间隙过大,增加了回水损失。 （2）叶片安装角度太小	（1）磨损不太严重的叶片,可采取提升泵轴,抬高叶片中心高程,使其与叶轮外壳的间隙缩小的方法补救;磨损严重的,只有及时修补或更换叶片。 （2）调整叶片安装角度
3. 轴功率过大,动力机超负荷	（1）叶片安装角度太大。 （2）进水池水位过低,水泵的叶轮淹没深度不够,使水泵扬程增高。 （3）出水管部分堵塞,拍门开启度太小,或是装有出水闸阀的闸门没有完全开启。 （4）转速过高。 （5）轴承磨损,泵轴弯曲使转动部位不灵活,叶片与叶轮外壳摩擦。 （6）叶片上缠绕柴草杂物。 （7）动力机选配不当,泵大机小。 （8）水源含沙量太大,增加了水泵的输出功率	（1）改变叶片安装角度。 （2）抬高进水池水位或降低安装高程。 （3）清理管道,拍门加装平衡装置。 （4）采用皮带传动的可改变皮带轮的大小,使转速符合要求。 （5）更换磨损轴承,校正泵轴。 （6）清除杂物,严禁无拦污栅引水。 （7）重新选配动力机。 （8）含沙量超过 12% 的,不宜抽水

续表 1-2

故障现象	产生原因	处理方法
4. 水泵运转产生振动和噪声	除 3 的(2)、(5)、(6)项原因外,还有: (1)水泵基础不稳定,底脚螺丝松动。 (2)安装质量差,水泵机组不同心。 (3)叶片缺损,或是各个叶片的安装角度不一致。 (4)泵轴的轴承颈镀铬层和橡胶轴承磨损,运转时,轴在橡胶轴承内摇动。 (5)推力轴承装置内的轴承损坏或缺油。 (6)气蚀影响	(1)加固基础,拧紧螺丝。 (2)重新调整安装。 (3)修补更换叶片。 (4)修理水泵,更换橡胶轴承。 (5)修理轴承或加油。 (6)根据现场实际,区别对待

二、处理水泵故障时注意事项

(1)当水泵发生一般的运行故障时,应尽可能不停机,以便在运转过程中检查故障情况,正确分析产生故障的原因。

(2)检查故障时,应有计划、有步骤地进行。因水泵运行时的故障影响因素多,所以应先检查容易发生、容易判断的故障原因,然后再检查比较复杂的故障原因。

(3)在进行不停机的故障检查时,应注意安全,只允许进行外部的检查,听音手摸均不能触及旋转部分,以免造成人身事故。

(4)水泵的内部故障,只有在不拆卸机件不能完全判明时,才拆卸机件进行解体检查。在拆卸检查的过程中,应测定有关配合间隙等技术数据,并提出改进措施。

(5)对于突如其来的严重的水泵运行故障,例如由于水锤压力作用,打坏出水管道或逆止阀摇臂等事故,值班人员应沉着冷静,迅速无误地停止动力机的运转,尽可能地防止事故扩大,并采取措施防洪排水,确保人身、设备安全。

任务三 机组运行故障及处理

不同机组在运行中出现故障的现象也不一定相同。因此,应对机组出现的故障作具体分析,下述机组运行常见故障分析及处理措施供参考。

一、轴承温度过高

对于采用水润滑橡胶轴承的水泵,水导轴承冷却水出水管水温过高则是由于润滑水量太小,或是水质不清洁、轴承内混入杂质等原因引起的。

电机水导轴承或推力轴承温度过高,可能的原因有油冷却器散热不良,如油冷却器堵塞、水量过小等;还有润滑油油质不合乎要求,推力瓦受力不均匀,导轴瓦间隙调整不当,轴瓦研制质量不合乎要求等原因。轴承温度过高使润滑油质分解,摩擦面油膜失效,严重时导致烧瓦事故。

二、水导瓦烧瓦

(一)原因

(1)润滑水的水量不足或水质太差。

(2)橡胶轴承本身的缺陷,如橡胶浇铸质量太差,有严重缺陷而导致损坏;或橡胶本身配方不当,造成橡胶过硬或过软,导致摩擦高温烧坏或磨坏。

(3)安装检修质量太差。

①安装或检修中轴承间隙过小,使润滑水液膜不易形成,轴承因干摩擦而烧坏。

②垂直同心度偏差太大,摆度大,造成运行中大摆动,产生碰撞,超过橡胶轴承允载能力。

③橡胶轴承与导叶体轴承配合太松或固定螺栓紧固不够,在长期运行中,因振动而使轴承松动损坏。

(二)处理措施

(1)提高润滑水质量,特别是对于多泥沙河流,作为润滑水源,应用沉沙池等办法对河水做净化处理。有条件的地方可利用地下清洁水或专用净化水塔作为润滑水源。

(2)合理布置技术供水系统,保证润滑水的可靠性,同时还必须考虑供水设备的备用系数。对润滑水采用间接供水方式比较适当。

(3)提高运行质量,及时检查、调整水压力,重要阀门要一一编号,并悬挂警告牌,严防误动作。要经常清理滤水器,供水管道应设置旁通阀,经常排除管道中的污物。

(4)防止供水系统生长水生物,是保证橡胶轴承安全运行的重要措施。有些泵站采用管道涂防锈漆的办法来防止水生物生长,效果较好。

(5)严格控制安装或检修的标准,注意检查橡胶轴承部件本身的质量,防止杂质和油污侵入橡胶轴承。

(6)橡胶轴承高温烧坏时,不宜立即向轴承浇水,以免轴颈不锈钢淬冷产生裂纹。此时应立即停机,待轴承温度下降后,再向轴承充水,然后拆下轴承修理。

三、叶片角度调节不灵活

(一)原因

叶片角度调节不灵活的主要原因是:

(1)活塞环过紧,调节时叶片跳跃转动。

(2)活塞环过松,活塞上、下腔不能严格分开,操作油压过低,调节时叶片转动缓慢。

(3)回油不畅,造成叶片调节不灵活。

(4)活塞轴密封不严,内外油管漏油。

(5)供油压力不足,或调节器部分漏油过大。

(6)调节器调节转动部分有卡阻现象。

（二）处理措施

（1）合理调节活塞环的松紧程度。

（2）保证进回油管路的通畅。

（3）检查活塞轴密封情况，要求密封紧密。

（4）检查压力油罐油压，及时补气保证油压。

（5）受油器及各操作油罐等部位密封紧密，防止漏油。

四、机组摆度增大

（一）原因

（1）水导轴承间隙过大导致摆度增大，而摆度增大又会加剧水导轴承的磨损，使摆度进一步增大。

（2）主轴局部受到摩擦，如水封填料压紧不均匀，单边过紧使摆度大的一侧局部温度升高，法兰连接螺栓因受热而伸长，从而引起机组轴线改变。

（3）镜板受热后摩擦面翘曲变形使摆度增大，或由于油温升高而使推力轴承衬垫变形造成摆度增大。

当在机组运行中发现摆度增大时，要认真分析原因，采取相应的措施进行处理。

（二）处理措施

（1）合理调整水导轴承间隙，使其满足规范要求。

（2）检查主轴摩擦情况，合理调整水封填料压紧程度。

（3）检查镜板和推力轴承衬垫是否变形，并作处理。

五、机组运行中的振动

运行稳定性是衡量水泵机组工作性能的重要指标。水泵机组振动的表现形式，有扬程和负荷的波动、水压力的脉动、流道内水锤的振动、机组转动部分的振摆、机组支承部分的弹性振动、机组壳体部分的弹性谐振等。

究其振动的原因，主要有机械因素引起的振动、电磁力因素引起的振动和水力因素引起的振动等。

（一）转轮间隙不等引起的振动

转轮间隙不等会使主轴产生径向振摆。由于流过不均匀间隙的水的流速不等，导致间隙中压力不等，而使大轴产生周期性振摆。

转轮间隙不等，则流过转轮间隙的水的流速也不等。间隙小的流速大，压力小；反之流速小，压力大。压力大的必然把转轮推向压力小的一侧，使转轮出现径向位移，这个径向位移又靠长的弹性轴（相对而言）来还原，周而复始，引起振动。

随着转轮的旋转，其间隙值出现不断的变化，而引起周期性的压力脉动，脉动的频率等于主轴的旋转频率，脉动的振幅变化规律近似于正弦波。压力脉动与扬程、转速、动态间隙变化值的大小成正比，与间隙的大小成反比。也就是说，转轮间隙大，压力脉动引起的振动就小，但是间隙太大，漏损水量也就大，机组效率就会降低。动态间隙变化值的大小,取决于转轮的同心度偏差的大小、水导间隙的大小和主轴摆度的大小。

(二)叶片角度不同步引起的振动

叶片角度不同步,一是制造原因,农机大多制造粗糙,不但浇铸后不予加工,仅作表面处理,而且翼型扭曲面也往往各片不一致,因而叶片与水流的接触面不一样,位置不一样,使叶栅流量不等,流态不一,造成转轮后的水流碰撞,引起振动,当然也降低效率;二是叶片安装角度不统一,特别是全调节叶片,叶片更难调整一致,同样会造成水力的不平衡而引起振动。

(三)气蚀引起的振动

气蚀是水流形成的,而水流紊乱又与流道、叶片形状、角度、扬程、淹没深度等有关。水流变化引起压力变化,进口及叶片的正背面产生气泡,进入高压区受挤压而爆裂,冲击力作用在叶片和泵壳内壁面,再受反作用力的影响,引起振动,并伴有噪声。

(四)启动过程引起的振动

这种振动,对于虹吸式流道而言,是机组启动时,虹吸形成的过程,也就是残存在流道内的空气的排除过程。振动过程的长短,取决于出水侧水位的高低,水位高,可抽的真空值就少,流道内残存的空气就多,排气的时间就长,振动的时间也就长。

这种振动,对于采用拍门的平直管式流道,就是一种阻尼式的水锤振动。

这种振动一般来说是难免的,但时间毕竟是短暂的,相对来说这对机组的影响不是很大。若想减轻这种振动,只有采用平直管式流道,并在出水口水位低于流道出口高程时启动,这种条件很难满足。

(五)其他水力因素引起的振动

(1)引水渠道不直,水流在进水池中发生流向改变,引起一连串的漩涡,将空气带入,引起振动。

(2)拦污栅堵塞,使过水断面减小,流速相对增加,降低进口压力,提高了相对速度,给气蚀的发生提供了条件。

(3)采用的肘形进水流道存在缺陷(设计的或施工的),水流在进入转轮之前,发生急剧转弯,使进口流速分布不为轴对称。转弯半径小的一侧流速高于转弯半径大的一侧。因此,压力分布也不为轴对称。其结果是转弯半径小的一侧的间隙气蚀严重,并且这种不为轴对称的水流压力,使转轮产生径向振动。

(4)进水流道表面不光滑,如突出的水泥块,残存的模板、铁钉、钢筋头等,都会破坏流态造成漩涡,出现紊流而引起振动。

(5)运行工况点的选择,没有考虑扬程的变化,叶片进口速度三角形发生改变而引起气蚀振动。

(6)安装原因或厂房沉陷原因,引起旋轮同心度的偏离,除产生间隙气蚀外,还会出现径向振动。

(7)对于虹吸式流道,出水流道密封不严,如水封、进水孔、真空破坏阀、抽真空设备的阀门等漏气,除降低效率外,也会因气体渗入,影响流态的稳定性而引起振动。

思考题

1. 离心泵、轴流泵运行中常见故障有哪些？该如何处理？
2. 水泵运行过程中应监视哪些内容？
3. 水泵轴承温度过高的原因及处理措施有哪些？
4. 水泵机组摆度增大的原因有哪些？
5. 泵站机组运行中常见故障有哪些？该如何处理？

项目二
电气设备故障与处理

任务一　电气设备运行技术要求

一、电动机相序检查

相序是三相交流电相位的顺序,是交流电各相电流、电压的瞬时值从负值向正值变化经过零值的依次顺序。相序影响电动机旋转方向。正常情况下判定电动机旋转方向时,相序正确,电动机正转;反之,电动机反转。电动机反转不仅影响电动机正常效率,还会对电动机造成损坏。有的设备为了防止电动机相序接反造成损坏,在电动机上安装有相序保护器。当相序正确时,相序保护器中的继电器吸合,电动机正常运行;相序不对,保护器中的继电器及时将电动机电源断开,对电动机起到保护作用。

对相序要求严格的电气设备,除安装相序保护器起到保护作用外,还应在设备投入运行前,用相序检测仪(表)检测电源的相序是否符合设备运行要求。相序检测仪(表)检测相序的方法是将相序检测仪的三根线与电源三相一一对应接触,通过蜂鸣器及 LED 灯显示,反映当前相序接入是否正确,接触正确,检测仪显示正常。

二、电气设备保护整定值的调整

电气设备保护整定值在设计时通过计算确定后,如果电网系统及保护对象的参数没有改变,保护的整定值是绝对不允许调整的。要调整保护整定值,必须通过重新计算确定,且调整后的保护整定值必须符合相关要求。在试验时,为了试验的需要可以进行调整验算。

对保护整定值的管理一般规定是:

继电保护整定值的变更,应按定值变更通知单执行,并依照规定的日期完成,并注明原因。如依据二次系统运行方式的变化,需要变更运行中保护装置的整定值,在定值通知单上说明,定值通知单应有计算人及审核人签字并加盖"继电保护专用章"才有效。对定值检验品的管理要求是:微机保护装置的检验应充分利用其自检功能,主要检验自检功能无法检测的项目;对新安装设备,全部和部分检验的重点应放在微机继电保护装置的外部接线和二次回路上,微机保护装置检验工作宜与被保护一次设备的检修同时进行。

三、高压隔离开关、断路器的日常检修内容

(一) 高压隔离开关

高压隔离开关主要由传动和转动、导电主回路(动、静刀触头)、支持绝缘子等部分组成。其工作原理是通过操作机构分合隔离开关的动、静刀触头来导通和断开导电回路。隔离开关在电气回路中起隔离作用,它本身无灭弧能力,只有在无负荷电流情况下才能分合电路。

隔离开关的检修一般与断路器的检修同时进行,检修的内容包括以下几个方面:

(1)清扫支持绝缘子表面的灰尘,检查绝缘子表面是否掉釉、破损,有无放电闪络痕

迹和裂纹,绝缘子铁、瓷结合部是否牢固等,发现问题,及时更换。

(2)清洁触头表面,应光滑无放电、灼伤痕迹,发现问题,及时处理。

(3)检查触头或刀片上的附件是否齐全,有无破损。

(4)检查软连接部件有无折损、断肢等现象。

(5)检查开关和引线是否牢固,有无过热现象。

(6)检查并清扫操作机构和传动部分。

(7)检查传动部分和带电部分距离是否符合要求,定位器与制动装置是否牢固,动作是否正确。

(8)检查压环是否变形,连接件是否牢靠。

(9)检查底座是否结实,接地是否良好。

(二) 断路器

断路器在分断电负荷时将电弧熄灭。断路器的结构根据所选择的灭弧介质不同而不同,泵站中常用到的有油断路器、真空断路器与 SF_6 断路器。

断路器的作用是接通与切断负荷电流。

高压断路器的结构分为四个部分,即导电回路、灭弧装置、绝缘与支撑系统和操动机构,另外还包括传动装置和控制系统等部件。

油断路器是用绝缘油(变压器油)作为灭弧和绝缘介质的。

真空断路器是用真空熄灭电弧的,它具有开距短,体积小,重量轻,电寿命和机械寿命长,维护少,无火灾和爆炸危险等性能,近年来发展很快,在中等电压领域使用很广泛,是配电开关无油化最好的换代产品。

SF_6 断路器是用 SF_6 气体作为灭弧介质的。

断路器的分合闸动作都需要一定能量,标准规定断路器的电磁操动机构、分闸线圈和合闸接触器线圈最低动作电压不得低于额定动作电压的 30%,不得高于额定电压的 65%;为了保证断路器的合闸速度,合闸线圈最低动作电压不得低于额定电压的 80% ~ 85%。

对分闸线圈和接触器线圈的低电压规定,是因为这个线圈的动作电压不能过低,也不得过高。如果过低,在直流系统绝缘不好、两点高电阻接地的情况下,分闸线圈或接触器线圈两端可能引入一个数值不大的直流电压,会引起断路器误分闸和误合闸;如果过高,则会因为系统故障,使直流母线电压降低而拒绝分合闸。

针对不同断路器的检修项目、标准、工艺和周期,可以参看国家相应标准与导则。

四、检查直流系统运行中的参数

蓄电池直流系统正常情况下是采用浮充电方式运行的,在对蓄电池进行维护(大放、大充)或蓄电池初期投入或停用时间较长恢复使用时,均采用均衡充电法激活电池极板活性(复原或恢复)。一般情况下,直流系统运行中的参数是稳定的。当发现直流系统运行中参数不稳定或输出电压降低经调压仍不能升高时,检查晶闸管整流器(充电柜)交流电源电压是否过低,整流元件(可控硅或控制插件)是否损坏或触发脉冲消失,熔断器是否熔断,交流电源是否全相运行等。如输出电压过高,经调压后仍不能下降,可能是直流负荷太小,小于允许值,此时应将所有负荷投入。

五、电气设备检查方案的制订

制订电气设备检查方案时,首先应对电气设备现状进行调查,掌握电气设备存在的问题,分析大体原因,再编制相应的方案。检查方案的内容包括:①编制依据;②检查对象;③检查目的;④检查项目;⑤检查工具与仪器设备;⑥检查方法与步骤;⑦主要安全措施;⑧检查时间、地点及参加人员等。

任务二　电气设备故障诊断

电气设备故障的诊断,常采用传统的方法和先进的技术手段,对设备静止与运行状况下的参数进行监测和分析,判断设备是否存在异常或故障,故障的部位和原因及故障的趋势等,以确定合理的检修时间和方案,减少事故停机损失,提高设备运行的可靠性和发挥设备的效益,降低维修费用。

一、诊断方法

电气故障现象是多种多样的。例如,同一类故障可能有不同的故障现象,不同类故障也可能表现同种故障现象,这种故障现象的同一性和多样性给查找故障带来了复杂性。但是,故障现象是查找电气故障的基本依据,是查找电气故障的起点,因而要对故障现象仔细观察分析,找出故障现象中最主要的、最典型的方面,搞清故障发生的时间、地点、环境等。常用的电气设备故障诊断方法有:

(1)直接感知。有些电气故障可以通过人的手、眼、鼻、耳等器官,采用摸、看、闻、听等手段,直接感知故障设备异常的温升、振动、气味、响声、色变等,确定设备的故障部位。

(2)仪器检测。许多电气故障靠人的直接感知是无法确定部位的,而要借助各种仪器、仪表,对故障设备的电压、电流、功率、频率、阻抗、绝缘值、温度、振幅、转速等进行测量,以确定故障部位。例如,通过测量绝缘电阻、吸收比、介质损耗,判定设备绝缘是否受潮;通过直流电阻的测量,确定长距离线路的短路点、接地点等。

(一)直观诊断故障

利用眼、鼻、耳、手等感觉器官,来进行直接观察,温度、声音、颜色、气味是否异常,以判断电气设备的运行情况。通过这种直接观察,能将一些明显的故障立即诊断出来,或者能帮助我们分析和掌握故障发生的部位、危险范围、严重程度以及元器件损坏情况。对那些隐蔽而复杂的故障,通过我们所直接观察到的各种现象,也能为进行诊断和分析提供重要依据。因此,直接观察是诊断故障的十分重要的第一步。

1. 听一听

主要是听一听电气设备有没有异常的声音。

2. 嗅一嗅

主要是嗅一嗅电气设备有没有异常气味，特别是有没有出现绝缘材料烧焦的气味，一般电气部件都由绝缘材料组成，当绝缘材料被通过的大电流（超过额定电流数倍）烧伤或烧焦后，会发出一种刺鼻的臭味，追踪气味的发生处，能帮助我们查找故障源。

3. 查一查

主要是查一查电气设备是否出现异常的温度。各种电气设备，不管是静止型还是旋转型，只要流过电流，就会产生热量，这种热量使温度上升，但只要不超过额定温升就是允许的。电气设备能持续正常地运行，这种温度基本处于饱和状态，变化不会很大。如果发现某元器件或某部位的温度突然升高，发热、发烫，出现反常情况，表明可能出现故障或者有故障隐患存在，此时可根据热源去寻找故障点。检测电气设备的温度，通常采用如下方法：

（1）用手去摸一摸，凭感觉和经验来判断温度是否发生了异常。平时，要有意识地经常去体验设备的温度，掌握设备正常运行情况下的温度，因此只要用手去摸一摸（但必须注意安全），就能知道温度是否超出了允许的最高温度。根据经验，在通常情况下，能够用手摸设备耐受 10 s 左右的温度约为 60 ℃。

（2）对一些十分重要的部件或者特别需要监视的部位，可以安放温度计，用温度计来检测和监视它们的温度。

（3）对另外一些需要监视温度的部件或部位，不便安放温度计，也不能用手摸它。在这种情况下，可以贴上示温片或涂上示温涂料，根据它们的颜色随着温度的变化而发生变化的性能，就可以知道温度是否出现了异常。

（4）看一看有没有出现冒烟的情况，是否有被烧焦、烧黄或被烧得发黑的元器件。当过载和短路引起的大电流通过元器件（或零部件）时，轻者将元件烧得发烫，烤得变黄，重者将元器件（或零部件）烧得冒烟、发焦、发黑。对这种情况，可根据损坏的元器件，找出故障点，分析出故障原因。

（5）看一看熔断器是否熔断。如果发现熔断器熔断，应检查一下是哪一相被熔断。再细细地看一下熔芯被烧断的情况和被熔断的程度。如玻璃管熔断器，有的熔芯看上去是被慢慢熔断的，在被熔断分开的两个断点处显得比较粗壮，头上呈现椭圆形，玻璃管仍然很透明，并且没有任何被损坏的痕迹，也没有任何发黑发黄的现象。这些多数是由于过负载而造成的故障，而且从熔芯开始被熔化到熔芯被熔断，是经过了一定长的时间。而另一种情况则不然，一看就知道熔芯是被快速熔断的，由于流过的电流非常大，带有"爆炸"性，将熔芯烧熔，飞溅在玻璃管的四周，成粉碎状，玻璃管四周发黄发黑，甚至玻璃管有时被炸破。这种故障，多数是由于短路而造成的。短路情况不同，流过的短路电流大小不同，熔芯被熔化的状态是完全不同的，因此有经验的人一看就知道是短路还是过载。如果是短路，还能估计出短路发生源是在近处还是在远处。

（6）看一看所有的电压表、电流表和频率表的指示值。观察一下它们的指示值是否在规定的范围内，或者是否在正常的指示值内，它们的指针摆动是否稳定和正常。电表的指示值或电表的指针摆动情况发生异常，表明出现了故障。

（7）看一看有没有打火花的痕迹。有些地方由于接触不良,或者由于碳粒和铁粒等导电性灰尘存在,引起打火花,或者由于其他原因引起打火花。打火花也会危及元器件,引起故障。打过火花以后,总会有痕迹存在,可根据痕迹去查故障源。

（8）全面扫视一下,有没有明显损坏的元器件,从明显故障入手,进一步查清故障。

（9）观察一下,是否存在应该动作而又不动作的继电器和接触器,或者虽然动作了,但吸合不可靠,时而吸合,时而释放。或者继电器和接触器虽然得电吸合了,但其常开触头闭合不良,或者常闭触头断开不良。反之,继电器和接触器的线圈虽然失电了,但其动合触点不断开或其动断触点闭合不良;同时也观察一下是否存在不该动作的继电器和接触器发生了动作(即出现误动作)。一方面观察触头动作情况,另一方面也可以听听触头动作声音,必要时可借助万用表来进行检测。

（10）查一查有没有断线现象,或者有没有被损伤的导线。特别要仔细观察一下导线的绝缘外皮有没有损坏,有没有大电流流过导线而使其发热,导致导线外皮绝缘被熔化的现象,这能帮助我们判断故障的性质和寻找故障源。

（11）查一查有没有松动的连接螺丝和接插件(或转插件)。在长期的运行过程中,会由振动引起连接螺丝、接插件的松动,只要有松动,就会发生接触不良。另外,日久易引起弹簧的弹力不足,或者由于氧化等原因,插头与插座之间接触不良。只要有接触不良,就会出现间隙性的无规律的故障。

（12）查一查有没有发生变形、裂缝和损伤的元器件。

（13）查一查有没有虚焊或者焊点脱落现象。只要查出虚焊或焊点脱落的地方,故障源也就不难找到了。虚焊造成接触不良,焊点脱落造成断路,它们会直接造成故障。

（14）查一查有没有被腐蚀生锈的触点。触点被腐蚀氧化后呈铜绿色,也有一些出现灰褐色,变得粗糙和凹凸不平。发生氧化后,接触电阻增大,接触也就不良。

（二）仪表、仪器测量法

仪表、仪器测量法是用电气仪表测量某些电气参数的大小,经与正常的数值对比后来确定故障部位和故障原因。仪表、仪器测量法的具体方法如下:

（1）测量电压法。用万用表交流 500 V 挡测量电源、主电路线电压以及各接触器和继电器线圈、各控制回路两端的电压。若发现所测处电压与额定电压不相符合(超过10%以上),则是故障可疑处。

（2）测量电流法。用钳形电流表或交流电流表测量主电路及有关控制回路的工作电流。若所测电流值与设计电流值不符(超过 10%以上),则该相电路是故障可疑处。

（3）测量电阻法。即断开电源后,用万用表欧姆挡测量有关部位电阻值。若所测电阻值与要求的电阻值相差较大,则该部位有可能就是故障点。一般来讲,触头接通时电阻值趋于"0",断开时电阻值趋于"∞";导线连接牢靠时连接处的接触电阻亦趋近于"0",连接处松脱时,电阻值则为"∞";各种绕组(或线圈)的直流电阻值也很小,往往有几欧姆至几百欧姆,而断开后的电阻值趋于"∞"。

（4）测量绝缘电阻法。即断开电源,用绝缘电阻表测量电气元件和线路对地及相间绝缘值,电器绝缘层绝缘电阻应根据电压等级确定。绝缘电阻值过小,是造成相线与地、相线与相线、相线与中性线之间漏电和短路的主要原因,若发现这种情况应着重予以检查处理。

(三)其他诊断法

1. 对可疑对象进行重点检查

在第一步直观检查中,凡发现可疑的对象,或者对那些容易损坏的元器件进行重点检查。一般通过对它们的检查最容易发现故障,效果比较好。即便通过对它们的检查未发现故障,但对排除故障疑点、缩小故障的范围也有一定的作用。

2. 替换试探法

用相同的元器件分别去替换有故障嫌疑的元器件,看看故障是否被消除。以此逐步查找,逐步缩小故障范围,对最终暴露故障所起的效果很好,排障效率比较高。

3. 对比法

采用对比法能快速找出故障,这是通常采用的一种故障诊断方法,其效果很好,方法也比较简便。

4. 分段切割查找

对一些故障现象复杂、问题很多、涉及面很广、故障范围又不明的疑难故障,宜采用分段切割的方法来查找。它能分割故障,化复杂为简单,缩小故障范围,容易诊断。

这种方法更适用于闭环系统,如果在闭环系统中产生故障,可将反馈环节的连接线断开,使闭环系统成为开环系统。再进行观察检查,分析判断故障是发生在开环系统中还是反馈系统中。如果初步判断故障发生在开环系统中,则对开环系统进行逐级检查,找出故障部位,直至故障点。如果开环系统没有问题,则表明故障就发生在反馈系统,故障范围就缩小了,有助于加速查出故障点。

5. 逐级类推检查

根据不同情况,可以从输出端开始,逐级往前类推检查,也可以从输入端开始逐级往后类推检查,直至暴露故障。但无论采用哪一种检查方法,一般都应先检查该级的输出电压和输出电流。如果输出电压值、输出电流值都正常,则表示这一级的工作状态都正常,故障点不在这一级,而在它的前面(或后面)。因此,也用不着再去检查这一级的输入电压、输入电流及其他,可以直接往前级(或后级)推进,去检查上一级(或下一级)。

6. 敲击振动

在制造时由于虚焊造成接触不良,或者在使用过程中由于周围环境条件差,导致元器件、触点、触头腐蚀生锈,引起接触不良,造成电源装置运行时好时坏,发生无规则的间隙性故障。为了暴露故障和故障发生源,可使用敲击振动法。在做敲击振动时,可一个部分一个部分地进行,不要几个部分同时进行敲击,这样便于暴露故障源。

(四)红外线诊断技术

上述几种检测方法虽然简便实用,但每一种方法都不可能适用于所有电气设备各种故障的检测。红外线在线诊断技术能够适用于电气设备中各种热故障的检测,是一种先进的电气设备故障诊断技术。

红外线故障诊断设备的常用基本仪器有红外辐射测温仪、红外热源仪、红外线电视成像辅助的计算机图像处理系统。

热源仪的工作过程,是根据被测物体表面温度分布,借助红外辐射信号和光学系统,在红外探测器上构成图像,再由探测器将其转换为视频电信号,这个信号经前置放大器放大处理后,送到终端显示器,显示出被测物体表面温度分布的热图像。

诊断特点:①它是通过监测运行中的电气设备故障引起的异常红外辐射和异常温度来实现的,可以做到不停电,不改变系统运行状态,就可以监测到设备在运行状态下的真实信息,并可确保安全。②检测方法简单方便,同时还可以大面积快速扫描成像。③监测效率高,劳动强度低。但它也有不足,不能隔着金属板检测到板后设备的运行状态。

红外线诊断的判别方法:用红外线诊断电气设备故障时,根据不同的气象条件、环境温度、复合电流、发热部位等对现场测温可能造成的影响,进行对比分析,采取不同的推导方法,并进行综合分析判断,诊断出设备运行状态。常用的诊断方法有表面温度判断法、相对温差判断法、同类比较法、热谱图分析法、档案分析法和纵向比较法。

对同一设备的不同部位进行比较分析时,同一设备在正常情况下外表温度的分布是比较均匀和有规律的。当外表不同部位出现温差变化或异常时,会反映出内部缺陷、短路故障、发热故障、接触故障等。设备整体温度升高,常常反映出受潮缺陷、介损缺陷或线圈短路等故障。

有温度存在就有红外线摄影成像的可能。若带电设备有了热故障,其特点是过热点为最高温度,形成一个特定的热场,并向外辐射能量,利用这一机制,可以检测运行中的设备触点发热故障、设备内外故障等。

另外,利用紫外线成像技术可以检测电气设备的放电故障。这一技术检测不受日光干扰,能适应各种环境。

二、电气设备故障诊断、继电保护及预防性试验

(一)电气设备故障诊断

电气设备在正常状态时,具备其应有的功能,没有缺陷或缺陷不明显或缺陷程度仍处于容忍范围内。当缺陷发展到一定程度时,设备状态发生变化,性能恶化,但仍能维持工作,说明设备有异常。缺陷再进一步发展到使设备的性能和功能都有所丧失的程度,形成故障;设备功能完全丧失,无法进行工作,叫设备事故。

故障诊断是防患于未然,是设备处在继电保护装置动作之前的故障阶段,尚未造成事故。

(二)继电保护

继电保护的基本功能是,通过计算、设定好保护装置的动作值,当设备的运行参数或状态达到或超过整定值后,保护装置报警或切断电路,以防止事故或阻止事故扩大。它只局限于事故和严重的故障。

(三)预防性试验

电气设备预防性试验要求在出厂前、交接验收时及运行中定期进行。对其试验数据的分析执行预试规程的要求,以及与设备本身历次所测数据比较,和同类设备测量数据比

较,得出预试结论。

预试结果有其不足:①所施加的直流电压与交流电压能否等效?②对于高电压、大容量的电气设备,低电压的预防性试验方法能否有效真实地将绝缘局部故障反映出来?③绝大部分试验项目需要停电进行,是否科学合理?④至今未得到绝缘结构的电气强度与非破坏性试验参数之间的直接函数关系,故障诊断的依据主要靠经验积累和实验室数据,准确性怎样?

在线故障检测,在运行电压下获取设备状况参数,有条件时,所有预试项目均可进行在线检测,如变压器、互感器、断路器、避雷器、绝缘子、电力电缆、旋转的电机等电气设备。同时,也可以将上述设备和各自在线监测装置有机地组合成一体,构成一个绝缘在线监测系统。目前,在线监测和故障诊断正在成为电力系统综合自动化的一个重要组成部分。

三、电气设备在线状态监测与故障诊断技术

(一)相关概念定义

(1)状态监测。就是利用各种传感器和检测手段对反映设备运行状态的物理、化学量进行检测,其目的是判明设备是否处于正常状态。其定义为:一种利用设备在需要维护之前存在一个使用寿命的特点的检测方法,充分利用整个设备或设备某些重要部件的寿命特征,开发应用一些具有特殊用途的设备,并通过数据采集及数据分析来预测设备状态发展的趋势。状态监测主要通过在线方式进行,以离线方式为辅。状态监测包括保护性监测和维护性监测。保护性监测是通过对常规参数的监测,来了解设备工况,即在故障敏感部件处设置一些专用的监测器,以便及时反映设备状态,避免严重事故发生;维护性监测是通过在线或离线检测和试验,发现缺陷,避免严重事故发生。

(2)故障诊断。专家根据状态监测所得到的各种测量值及其运算处理结果所提供的信息,采用所掌握的关于设备的知识和经验,进行推理和判断,从而提出对设备的维修处理的建议。即通过状态监测来收集特征量,用故障诊断来分析判断特征量。依据分析结果,进行纵向(和历史数据)和横向(和同类设备)比较,制订维修方案,实施状态维护。

(二)状态监测与故障诊断系统的组成与功能

监测与诊断包括以下基本过程:信号检测、数据采集、数据处理、诊断。通过各种传感器(如光、电、温度、振动、流量、化学等)检测出设备的状态信号,并使其可被传输、转换、采集、处理,然后由数据采集单元采集并存储于存储器中。传送载体可能是电缆或光缆,为了提高其抗干扰能力,多采用光缆或数字信号传输。数据采集可以采用三种方式:采集信号波形、采集信号峰值和记录峰值超过阈值的脉冲。进行数据处理,主要是抑制干扰,保留或增强有用信号,提炼信号特征。依据所得的特征信号,采用各种诊断方法,如模糊逻辑、人工神经网络、专家系统等得出诊断结果。

目前,国内运行的电气设备在线监测装置大体可分为两大类:集中式微机在线监测系统和分散式在线监测系统。集中式微机在线监测系统将被测信号通过电缆引入设在中央控制室的微机在线监测屏,进行集中监测,并迅速完成对监测数据的处理和分析。其突出

优点是可以对所有被监测设备实施定时或巡回自动监测,运行方式灵活,易于扩展,监测容量大,便于建立专家诊断系统。用于发电厂、变电站、泵站的综合自动化。分散式在线监测系统是利用专用的测试仪器,从固定安装在电气设备附近的专用传感器上取得信号就地进行测量,其优点是结构简单、价格较低、便于推广。

(三)常用的在线监测与诊断技术

目前,在我国发电厂、变电站、泵站等常用的在线监测技术有局部放电监测技术、介损监测技术、油色谱监测技术、红外线成像技术等;常用的诊断技术有专家诊断系统、人工神经网络、模糊理论等。

(四)红外线成像技术能检测的电气设备热故障

红外线成像监测技术可以远距离、不接触、准确、实时、快捷地在不停电、不解体的情况下,对电气设备进行在线监测和诊断电气设备运行中的大多数热故障。运行中的电气设备发热源有电阻损耗发热、介质损耗发热、铁损耗发热等情况。设备故障形式多种多样,总的可以分为外部故障和内部故障两大类。

1. 设备外部故障

有长期暴露在大气中的各种裸露电气接头,因接触不良等原因引起的过热故障,以及设备表面污垢或机械力作用引起绝缘性能降低导致的过热故障。如:

(1)各种裸露接头、线夹、导电板外连接及软连接不良引起的过热。

(2)动静触头结合不良引起的过热和转动体过热。

(3)支撑绝缘子、穿墙套管、支撑管发热缺陷。

(4)导线松股或断股引起的电阻体不均匀发热。

(5)变压器因漏磁产生的涡流损耗而引起的过热。

2. 设备内部故障

设备内部故障点产生的热量通过热传导和对流,引起故障点周围导体或绝缘体材料温度升高。内部故障较隐蔽,时间较长,不易很快被发现。大体由如下原因引起:

(1)导体内部连接不良。

(2)断路器内部动静触头接触不良。

(3)充油设备内部绝缘不良,设备缺油。

(4)避雷器内部受潮及阀片老化。

(5)瓷瓶绝缘劣化或污垢缺陷。

任务三　异步电动机运行故障及处理

异步电动机的故障现象很多,原因也各不相同,大体可分为电气故障和机械故障两类。

一、异步电动机的电气故障

电气故障是多种多样的,主要有接地、短路和断路三种。

(一)绕组接地

绕组接地是电机绕组绝缘受到损坏后,导体和铁芯、机壳相通,使电机运行时机壳带电。某相接地后,电流将明显增大,该相熔丝会烧毁,严重时绕组发热毁坏线圈或造成相间短路,使电动机无法运行。若电动机接地不良,还会造成人身触电事故。

造成绕组接地的原因可能有:修造时绕组嵌线质量不高,损坏了局部槽绝缘或导体绝缘;电动机机械加工质量不高,定子、转子铁芯相擦,产生高温烧焦槽绝缘而接地;电动机长期高温运行,使槽绝缘老化发脆,槽绝缘被击穿;绝缘受潮,绝缘性能降低从而导致绕组接地,等等。所以,对较长时间未使用的电动机要进行绝缘电阻的检查,运行中的电动机也要定期检查绝缘电阻,发现绝缘电阻下降要及时进行烘焙干燥处理,以免绕组接地扩大事故。对接地绕组,必须及时处理。

(二)绕组短路

绕组短路是指导线的绝缘损坏后造成相邻的两根导线直接相通,它包括本相线圈的匝间短路和相与相之间线圈接触处的相间短路。线圈发生匝间短路,短路线匝中的电流就会迅速增加,这部分线匝的温度不断升高,致使该线匝的绝缘烧焦,电动机还会产生不正常的噪声,如不及时处理,事故会扩大以致损坏电机。绕组发生相间短路,定子电流会急剧增大,迅速烧毁线圈绝缘,使电动机冒烟或跳闸。

因匝间短路而烧毁的线圈可作局部处理,若绝缘已老化,应全部换新绕组。因相间短路而烧毁的绕组要全部更换,并注意相间绝缘,选用耐热等级合适的绝缘材料和套管。

(三)绕组断路

三相电动机一相绕组断路,就是前面分析的单相运行。电动机绕组内部是否存在一相断路可用万用表进行检查。电源线路各相都接有电流表时,可观察三相电流的变化,若一相电流表为零,或电动机三角形接法时一相电流大于另外两相电流,就可知电动机在单相运行。三相电动机绝不允许单相运行,应及时修复断路处。

二、异步电动机的机械故障

异步电动机的机械故障主要有:轴承过热、漏油;轴承损坏;传动装置的皮带太紧或联轴器装配不正;风扇风叶断缺、松动;转轴弯曲,转子偏心;机座或端盖发生裂纹;等等。机械故障产生的原因除制造质量本身有问题外,大多是使用、修理拆装不当。因此,修理电动机时应采用正确的拆卸装配方法,轴承要做好维护、定期清洗和换油。

归纳上列原因和现象,电动机故障不外乎两大类:一类是机械方面的故障,如轴承磨损等,转子与定子相碰等;另一类则是电气故障,如定子绕组的短路、断路或接地和转子笼条及端环破裂等。机械故障在接通电源后故障现象存在,拉开电源后故障现象仍然存在。

如果拉开电源后故障现象没有了,则是电气方面的故障。各类电气故障还各有不同的特点,例如短路时发热很快,局部发热严重,时间稍长就会冒烟。断路时如果定子绕组为单路连接,在运动中还会转动,但出力减少或电流增大,停机后再合闸不能启动。如果是两路并联的绕组,则还可能启动,但三相电流不平衡,转矩也减小。如外壳带电,用验电笔很容易发现。转子笼条或端环发生故障则三相电流不稳,时高时低,指针成周期性摆动,同时电动机振动很大,转矩减小。因此,必须学会分析判断的方法,掌握其特点,做到"稳""准"地处理故障。

三、电动机烧毁的原因

当前中小型泵站烧毁电动机大多数是由以下原因引起的。

(1)单相运行。

烧毁电动机多为单相运行所致,其主要原因是:

①保险丝压得不实,没有接牢靠或有损伤,形成保险丝熔断。

②在高负荷季节,变压器的出口低压保险片容易烧断。

③刀闸和启动设备接头烧伤、松动及接触不良。

④导线接头松脱,尤其是铅铝接头处,接触面容易腐蚀,而使电阻增大,容易烧断。

⑤低压线断线。

(2)过负载。

电动机超过铭牌出力,"小马拉大车",多因采用了不配套的电动机或高扬程的水泵。

(3)制造不良。

电动机制造中有隐患,如绝缘有薄弱环节,轴承不合格等。

(4)管理维修不善。

四、电动机运行故障分析处理

电动机的运行故障与负载、周围环境、维护保养及电动机的结构形式有关,要及时分析出故障的原因及故障的特点,分析的方法一般是:

(1)了解电动机的性能及其特点。

(2)注意事故发生的怪声、振动、发热、冒烟、焦味等现象。

(3)根据各处确定可能产生的故障的性质,再进一步分析故障原因。

(4)在初步分析的基础上,进一步通过检查、试验或测量,来加以确定。

为了便于发生故障后及时判断出原因和进行排除,现将电动机中常见的故障及产生的原因和消除方法介绍如下,见表2-1。

表 2-1　异步电动机故障现象、原因及处理方法

故障现象	可能原因	消除方法
1. 电动机不能转动	(1)线路中有断线或一相接触不良好。 (2)电压过低。 (3)负载过大。 (4)电动机机械故障。 (5)接线错误。 (6)定子绕组一相断线。 (7)定子绕组短路。 (8)绕组接地	(1)全部检查电源至电动机线路。 (2)检查熔断器并更换熔丝。 (3)修理烧损触头。 (4)检查电源电压是否与电动机铭牌电压一致。 (5)调整电源电压。 (6)调整补偿器抽头。 (7)清洗或更换轴承。 (8)核对电动机接线,有无三角形接线误接为星形,或绕组一相反接。 (9)检修断线,定子多发生在接线盒附近,转子多发生接头松脱、铜条脱焊或铝条断裂,以及短路端环开裂。 (10)检修短路。 (11)检修接地绕组
2. 启动或运行时定子与转子间冒火花或烟气	(1)定子与转子中心未对准,气隙不均匀。 (2)轴承磨损。 (3)空气间隙中留有杂质	(1)测量电动机气隙。 (2)检查调整轴承间隙或更换新轴承。 (3)检查并予以清理
3. 电动机过热或冒烟	(1)电动机过载。 (2)通风不良。 (3)电源电压和频率与电动机不符。 (4)绕组有短路。 (5)绕组有接地。 (6)电动机启动单相运转。 (7)接线芯错误。 (8)转子铁芯与定子铁芯相摩擦	(1)检查过载程度,适当减轻负载。 (2)清理通风口,或增添通风设备。 (3)检查电压与电动机铭牌是否相符,调整电源电压。 (4)检修短路。 (5)检修接地绕组。 (6)检查电源是否一相断线,定子绕组有无断线。 (7)认真核对电动机接线要求。如误将星形接成三角形,无论负载大小都会发热。原为三角形误接为星形,无负载电动机不过热;带负载后,便迅速发热。电动机一相反接,温度也会急剧上升。 (8)检查气隙与检修轴承

续表 2-1

故障现象	可能原因	消除方法
4. 电流表指针周期性摆动	(1)滑环装置接触不良。 (2)转子绕组内部绝缘损坏	(1)检修电刷与弹簧装置。 (2)检修转子绕组接头。 (3)检修断裂或脱焊的铝条或铜条。 (4)修理开路的短路环
5. 电动机剧烈振动	(1)安装不良。 (2)轴承磨损。 (3)转子绕组破坏,磁性不对称。 (4)联轴器松动,不同心	(1)检查校正安装质量。 (2)调整或更换轴承。 (3)应检修转子绕组。 (4)检修和校正电动机与水泵联轴器
6. 轴承发热	(1)轴承润滑不良。 (2)轴承磨损、腐蚀、破裂。 (3)滑动轴承间隙过小。 (4)轴承中心未校正好,皮带轮过紧,联轴器未校正好。 (5)轴承盖螺丝紧力不均匀。 (6)油环慢转或停转。 (7)油环脱离轨槽。 (8)油量不足或过多	(1)清洗或更换新油。 (2)更换新轴承。 (3)检查调整滑动轴承间隙。 (4)重新检查调整轴承中心。 (5)均匀地紧固各螺丝。 (6)检查油环和油质,油质黏度太大应更换,油环损坏应修理。 (7)重新安装或调整油环。 (8)检查后酌情加油或放油至规定量
7. 电刷冒火或油环发热	(1)电刷研磨不好或压力不足。 (2)电刷与滑环污垢。 (3)油环不圆或不平。 (4)使用电刷型号不符合要求。 (5)电刷在刷握内不能自由转动,卡得过死	(1)重新研磨后,调整弹簧压力。 (2)用洁净的棉布清洗干净,磨光滑动面。 (3)精车并磨光。 (4)更换适宜的电刷型号。 (5)研磨修理电刷
8. 绕线式电动机转速降低	(1)启动变阻器未全部切除。接头松脱,触头压力不足。 (2)电刷脱落,电刷弹簧失效,压力太小,电刷的截面面积太小或质量不符合要求。 (3)转子绕组断线或由启动设备接到转子上的导线断线,接头松脱	(1)检查出断线地方,立即予以修理。 (2)检查出原因后予以更换或校正。

任务四　同步电动机运行故障及处理

选取三相同步电动机常见启动故障处理实例如下。

案例1　某企业有一台新安装的三相同步电动机,在其启动前应做哪些准备工作?

由于三相同步电动机的单机功率较大、工作电压较高和结构较为复杂等原因,故对新安装、经大修或停用时间较长的同步电动机,在其启动前均应做好下述准备工作。

1. 首次启动

新安装同步电动机的第一次启动称为首次启动,在其首次启动前应做好如下准备工作:

(1)应采用干燥压缩空气对电动机内、外及电气控制箱等进行清扫工作;检查定子、转子绕组绝缘表面、集电环及各零部件是否正常;调整电刷压力,清洁集电环表面,以保证接触良好。

(2)仔细检查轴承和润滑系统。其轴承内应油质清洁、油流及油速正常而畅通,油标中的油面应处于标准线以上。

(3)检查和测试同步电动机定子、转子绕组的相间及对地绝缘电阻,看其绕组绝缘强度是否符合运行要求。

(4)应对同步电动机定子回路的启动控制电器及转子励磁装置,进行仔细检查和绝缘测试。看这些装置工作的可靠性,以及其相间和对地绝缘是否符合要求。还应对各种保护继电器进行整定及测量仪表的调整等。

(5)按技术要求做好励磁装置与同步电动机的调试,如脉冲、移相、投励和灭磁等环节的调试和整定等。

(6)检查励磁装置各环节是否能正常投入运行。如励磁电压和励磁电流的调节是否均匀平稳,投励和灭磁情况是否及时、准确到位等,并在此基础上做好励磁装置的试运行工作。

(7)应按说明书或制造规定所允许的同步电动机连续启动次数,以及两次启动的最短间隔时间来进行启动,以免因频繁或误操作而造成同步电动机和控制设备高温烧损。

经过上述的准备工作以后,即可进行同步电动机系统试车。在试运行过程中应认真观察各个环节的运行情况,如果出现异常现象则应立即停机进行全面检查和处理。若系统试车正常,即可作加载试运行,当加载试运行也合格后,则电动机就可正常投入运行。

2. 重新启动

同步电动机若经过检修或停用一段时间后要再次启动,此时则称为重新启动。而重新启动同步电动机则应做如下准备工作:

(1)用干燥压缩空气将电动机内、外及控制箱中的灰尘杂物清扫干净,并将电动机定子、转子绕组绝缘表面及集电环清理干净。

(2)仔细检查控制箱定子主回路各种保护电器的灵敏度和可靠性。

(3)对励磁装置的励磁电压和励磁电流进行调整,并检查灭磁装置是否正常工作。

(4)检查集电环及电刷磨损情况和压紧弹簧的压力等是否符合技术要求。

经过上述准备工作后,同样应进行空载和加负载试运行。只有在这些试运行合格后,电动机才可以投入正常运行。对于同步电动机在日常运行中短暂停机后的再启动,一般只要调整好励磁装置的励磁电压和励磁电流,以及灭磁装置工作正常,电动机就可以投入运行。

案例2　有一台三相同步电动机接通电源后,发生不能启动和运行的故障。

通常,造成同步电动机不能启动和运行的故障,一般有以下几个方面的原因。

1. 电源线路电压过低

供电线路的电压过低致使电动机启动转矩大幅下降,因而造成电动机不能启动和运行。对此,应适当提高电源电压,以增大电动机的启动转矩。

2. 电动机本身的故障

同步电动机本身故障有机械和电气两类。机械故障主要有轴承损坏和端盖螺丝松动等,致使转子下落而与定子铁芯相擦。对此则应更换轴承或重新调整紧固端盖螺丝,以使定子、转子间保持均匀气隙并运转自如。其电气故障则主要为定子、转子绕组的故障,这时可仔细检查电动机定子、转子绕组有无断路、开焊和连接不良等故障,并视具体情况对症处理。

3. 控制装置的故障

此类故障多为励磁装置的直流输出电压调整不当或无输出,造成电动机的定子电流过大,致使电气保护装置跳闸或引起电动机失磁运行。此时,应检查励磁装置的励磁电压、励磁电流是否正常等。

4. 拖动机械的故障

被拖动的机械负载卡住,从而使电动机不能启动和运行。此时则应转动电动机转轴进行仔细检查,查看转动是否灵活、机械负载是否存在故障,然后视机械负载的故障情况对症处理。

经检查,该例电动机不能启动和运行的原因为电源电压过低,调高变压器输出电压后,同步电动机即已顺利启动并正常投入运行。

案例3　有一台同步电动机采用异步启动法启动,在进行异步启动并投入励磁电流后却难以牵入同步。

通常情况下,同步电动机在异步启动并投入励磁电流后牵入同步困难的故障,多为以下原因所造成。

1. 励磁绕组有短路故障

同步电动机励磁绕组存在短路故障,因而不可能产生额定磁场强度,致使电动机只能在低于同步转速下稳定运行而不能牵入同步。

2. 电源电压过低

当电源电压过低时,同步电动机启动后其励磁装置的强励环节未能动作,因而影响了电动机牵入同步。

3. 励磁装置的故障

同步电动机异步启动均应在其转子转速不低于同步转速的95%时牵入同步。因而电动机难以牵入同步,常见的是励磁装置投入励磁过早,即投入励磁时电动机转子的转速过低,而投励过早的原因则在于励磁装置的投励环节存在故障。此外,若电源电压正常而励磁装置有故障,则还可能出现励磁电流低于额定励磁电流的情况,从而导致电动机电磁转矩太小而不能牵入同步的故障。

经全面检查测试该例电动机及电控装置,排除了电源电压过低和励磁装置产生故障的原因,从而分析判定电动机励磁绕组极可能存在短路故障。在励磁绕组上施加励磁电流,并用直流电压表测量各励磁绕组电压进行比较来检查。若各个励磁绕组(集中式磁极绕组)电压基本相同,即说明励磁绕组没有短路故障;如果其中有一个绕组的电压明显较小,则说明该励磁绕组存在短路故障。在找出该电动机励磁绕组准确的短路位置并用同等绝缘予以修复后,电动机即在异步启动、投励后顺利牵入同步,并以同步转速正常运行于供电线路上。

案例 4 有一台同步电动机运行时有温升过高的故障。

同步电动机运行时温升过高的检查处理,可参照异步电动机进行。此外,由于同步电动机的结构特点和工作特性,其运行时温升过高还可能有以下两点原因。

1. 供给励磁绕组的励磁电流不合理

同步电动机在额定功率下运行时,应合理调整其励磁绕组的励磁电流。因为,若同步电动机励磁绕组的电流过大,则其铜损会增加,从而导致励磁绕组过热;而若励磁绕组的电流过小,又将使定子绕组的电流过大并发热。

2. 励磁绕组匝间短路或接错

同步电动机的转子励磁绕组发生匝间短路,或者绕制方向错误和接线不正确等。

经对该例同步电动机作全面检查后,确定其故障为励磁绕组个别线圈绕向有误,从而导致励磁绕组的接线不正确。在找出励磁绕组故障位置并予以重接后,电动机运行时的温升明显降到规定值以内,该电动机的故障得以排除。

案例 5 有一台同步电动机运行时的振动很大,已有可能危及机组的安全运行。

对于同步电动机运行时振动太大的故障,除与异步电动机运行时振动过大的原因相同或相似外,因其结构特点和工作方式与异步电动机的差异,还有以下几个方面。

1. 转子磁极装置松动

若同步电动机转子磁极上的励磁线圈、绝缘层、磁极键、极间垫铁等装配不当,必将在转子高速旋转中出现松动,因不平衡导致电动机在运行过程中发生振动过大的故障。

2. 励磁绕组匝间短路严重或接错

同步电动机转子励磁绕组个别磁极线圈存在严重匝间短路或接错,均将会因转子磁路的严重不平衡而产生转子振动过大的故障。

经现场对该例电动机的全面仔细检查,其故障现象除与异步电动机定子、转子间气隙不均,因而引起电动机振动过大的情况相似外,逐一排除了转子励磁绕组匝间短路、励磁绕组接反及机械负载不平衡等因素。因此,在对转子上的励磁绕组、磁极键、极间垫铁等进行全面检查并加以紧固,以及重做静平衡试验和消除机械方面的不平衡因素后,该同步电动机运行中振动过大的故障已得到修复。另外,在对电动机定子和转子之间空气间隙进行检查时,一般可采用塞尺测量。通常,应使转子各个磁极顶部与定子间的空气间隙不超过平均空气间隙的±5%。

案例6　有一台同步电动机运行较长时间后,集电环出现严重磨损的现象。

通常,同步电动机的集电环出现严重或异常磨损现象,其常见的原因主要有以下几个方面。

1. 电刷与集电环接触不良

电刷弧度与集电环不吻合、电刷压力过大或过小、集电环表面有油污杂质等,均有可能造成电刷与集电环接触不良,从而导致电弧过大而烧蚀严重。

2. 大气污染造成集电环表面电解腐蚀

工作环境存在较为严重的大气污染,从而加剧了集电环表面的电解腐蚀致使电刷与其接触不良。

3. 使用的电刷型号规格不符合规定

电动机修理中更换电刷时,未按原装电刷选用同型号规格的电刷,而是选用了额定电流密度较低的电刷。电刷工作电流偏高即造成其温度过高,从而加速了电刷与集电环的异常磨损。

对该例同步电动机进行仔细检查后,发现集电环严重磨损系因电动机在一次大修中更换电刷时,未安装原装型号规格的电刷所致。通过车削集电环表面和重新更换与原装电刷相同型号规格的电刷,该同步电动机集电环严重磨损故障彻底根除,且运行十分良好。

任务五　直流系统故障及处理

一、失压的原因

直流系统失压,大体原因有:

(1)电源部分:单体蓄电池开路、蓄电池组整体失效导致端电压下降或蓄电池整体容量不足。

(2)充电设备(柜)存在问题:充电设备电压的日常整定值偏高,如直流系统告警中间继电器,整定值偏高,造成继电器动作,断开直流电源充电设备;固有程序设定与蓄电池个数搭配不当,引起蓄电池充电电压过高,引起过充;充电机故障等原因造成充电设备问题。

(3)直流系统外部接地故障导致电压下降或失压。

(4)线路中熔丝熔断,开关设备接触不良等。

二、处理方法

针对查找出的问题,逐一处理。蓄电池组损坏,更换或检修蓄电池组;蓄电池表面爬电,清扫干净端盖上的污垢;充电设备损坏,更换充电设备;熔丝熔断,查出原因后更换等。

重要的是加强对直流系统的运行维护。

(1)加强对直流系统在线监测,加强对蓄电池端电压、内阻、容量等运行状态的测试,有效判断蓄电池的运行情况。对于绝缘监测装置,可考虑使用在线式绝缘检测或便携式直流接地检测仪检测。

（2）定期对蓄电池组进行核对性放电试验。

（3）每年进行一次直流熔丝和空气开关的普查核对工作,确保熔丝、空气开关级差选配合理。

（4）经常检查充电柜运行情况,并进行定期电气试验。

任务六　电气系统事故短路类型

一、短路类型

电气运行中由于各种原因,系统会经常出现各种故障,使设备正常运行状态遭到破坏。短路就是系统运行中常见的严重故障。系统发生短路的原因大体有：

（1）电气设备、元件的损坏。如设备绝缘老化,设备本身缺陷,正常运行时被击穿,以及设计、安装、维护不当造成的设备缺陷最终发展成短路等。

（2）自然的原因,如设备遭受雷击(感应雷、直击雷、雷电波侵入),绝缘被击穿等。

（3）人为事故,如带负荷拉闸造成相间弧光短路,带接地刀闸合闸造成三相金属性短路等,人为疏忽接错造成短路,以及小动物进入带电设备内部造成短路等。

三相系统中,可能发生的短路故障有三相短路、两相短路、单相短路和两相接地短路等。

三相短路称为对称短路,其他称为非对称短路,单相短路次数最多,三相短路次数最少。三相短路电流最大,危害也最大。

二、短路后果

当发生短路时,短路阻抗比正常运行阻抗小很多,使短路电流值为正常工作电流值的十倍甚至几百倍以上。它给设备与系统带来的危害有：

（1）巨大的短路电流短时间内通过导体会产生很大的热量,形成很高的温度,极易造成设备过热而烧坏。

（2）短路电流的电动力效应导致导体间产生很大的电动力,引起设备损坏,使事故进一步扩大。

（3）短路会引起系统电压急剧下降,对用户带来很大影响。

（4）发生不对称短路,会对附近其他设备产生强烈干扰。

（5）短路时会造成停电事故,给国民经济带来损失。

三、短路计算的目的

短路计算的主要目的有以下几个方面：

（1）选择和校验电气设备。计算三相短路冲击电流有效值,校验电气设备的电动力稳定性;计算三相短路电流稳态有效值,校验电气设备及载流导体的热稳定性;计算三相短路容量,校验断路器的分断能力等。

（2）确定保护装置的整定值。在知道其他短路电流分布的情况下,计算短路故障支路内的三相短路电流值,校验装置的灵敏度,就要分别计算出最大与最小运行方式下最大短路电流值与最小短路电流值,同时还要计算出接地点(考虑到金属接地)三相、两相、单相接地短路电流值。

(3)在选择与设计系统电气接线时,短路计算可为不同方案进行技术比较提供参考,以确定是否采取限制短路电流措施。

思考题

1. 电动机日常运行中监视的项目有哪些?
2. 电动机常见的故障有哪些? 该如何处理?
3. 电气设备故障的诊断方法有哪些?
4. 简述直流系统失压故障原因及处理方法。

项目三
水泵机组的检修

水泵机组检修

任务一　概　述

一、机组检修的目的

为了使泵站更好地服务于工农业生产及人民生活,泵站所有机电设备应具有很高的运行可靠性,保证经常处于良好的技术状态。因此,对泵站所有的机电设备,必须进行正常的检查、维护和修理,更换或修复易损件,消除隐患,保证运行的可靠性、稳定性,提高设备的完好率和利用率。

二、检修前的准备工作

检修前,全面收集整理检修项目及所耗材料、备品配件、所耗工时、资金。搞好人力资源的安排。编制易损零部件及备品计划,对每台机组的机电设备及辅助设备,都应根据出厂资料,建立易损零部件台账。备品及配件计划中设备型号应与出厂资料相同,根据备品计划采购零部件。

西台上泵站
检修报告

三、机组检修的分类

水泵机组检修,一般可分为日常维护和定期检修两大类。而定期检修又根据其检修内容不同分为局部性检修、机组解体大修和扩大性大修三种。

前柳林泵站
大修报告

(一)日常维护

日常维护是经常性的,有的则是循环重复性的工作,是机组正常安全运行的保证,主要目的是延长机组大修周期和提供大修依据。所以,它是一种消除和防止机组运行过程中可能发生的故障的有计划的维修工作,也称为预防性检修。它既不要求分解机体,也不要求拆卸比较复杂的和尺寸较大的机件。其工作内容,除《安全运行操作规程》中规定的外,一般是指:

(1)检查并处理易于松动的螺栓或螺帽,如定子硅钢片穿芯螺栓螺帽,主机室风机螺栓,拍门铰座螺栓、轴销、销钉,供、排水泵盘根,空压机阀片等。

(2)油、水、气管接头,阀门渗漏处理。

(3)电机碳刷、滑环、绝缘等的检查处理。

(4)检查下游拦污栅前有无阻水杂物。

(5)环形管冲洗。

(6)保持电动机干燥,摇测电动机绝缘。

(7)查看上、下游检修门吊点是否牢靠,门侧有无卡阻物、锈蚀及磨损情况。

(8)闸门启闭设备维护。

(9)行车维护。

(10)机组及设备本身清洁,周围环境卫生。

(二)定期检修

定期检修是泵站机电设备管理的一个重要组成部分,主要是解决运行中出现的问题;或者尚未出现问题,按规定必须检查检修的项目或零部件。定期检修又分局部性检修、机组解体大修和扩大性大修三种。

1. 局部性检修

局部性检修是指运行人员对可直接接触的部件、传动部分、自动化元件及机组保护设备等进行检修,一般安排在检修周期内、运行间隙中或冬季检修期。主要项目有:

(1)全调节泵调节器铜套与油封的检查处理。

(2)水泵导轴承及其密封装置的检查处理。

(3)各部件温度计、仪表、继电保护等检查、校验。

(4)上、下导轴承油槽油位及透平油取样化验,根据化验结果处理。

(5)轴瓦间隙及瓦面检查。

(6)制动部分检查处理。

(7)机组各部紧固件的检查。

(8)油冷却器外观检查及通水试验。

(9)气蚀情况和泥沙磨损情况的检查。

(10)测量叶片与叶轮外壳间隙。

(11)叶轮法兰、叶片、主轴连接法兰漏渗油情况。

(12)集水廊道水位自控部分准确度的检查及设备维护。

(13)厂房沉陷、位移、倾斜的观测。

2. 机组解体大修

机组解体大修,也就是通常说的机组大修。机组大修是一项有计划的管理工作,主要解决运行中出现的需经检修方能消除的设备重大缺陷,以恢复机组各项技术指标。

机组大修包括解体(拆卸)、处理(测量、记录、分析、修理)和再安装三个环节。

在规定的大修周期内,如果运行情况表明机组并未产生明显的异常现象,同时又可预计在以后相当长的时期内仍能可靠地运行,则可适当延长大修周期。机组大修应对水泵机组各部件分解、检查、处理;更换易损件、修补磨损件;必要时对机组的水平、摆度、同心等进行重新调整。

3. 扩大性大修

当厂房由于不均匀沉陷或地震而引起机组轴线偏移、垂直同心度发生变化,甚至固定部分也因此而受影响,埋藏着严重事故隐患时,或者由于零部件严重磨损、损坏,导致整个机组性能及技术经济指标严重下降时,必须对整机(包括固定部分)全部解体,修复、更换、调整零部件,并进行部分改造,重新调整机组水平、摆度、同心度等。必要时对水工部分进行修补。

四、大修周期

机组的大修周期,要根据机组运行的特点及实际情况来确定。如泵站建设的地点、环境(温度、湿度、风、沙等)、水质(含泥水量、污染程度等)、机组水泵轴承(橡胶轴承、巴氏合金轴承)等都要予以综合考虑。

根据部颁《泵站技术规范》技术管理分册规定,大修周期:主水泵为 3~5 年或运行 2 500~15 000 h,主电机为 3~8 年或运行 3 000~20 000 h,并可根据具体情况提前或推后。

对于用于农田排灌的季节性泵站,有充足的时间来进行机组检修或大修,就不需要规定明确的大修周期和严格的检修分类。

任务二 中小型水泵机组检修

一、水泵的拆卸

(一) BA 型泵的拆卸

1. 泵盖的拆卸

泵盖是用对拉螺栓与泵体连接在一起的,拧下螺母,即可卸下泵盖,如锈得难以取下,可利用起螺专用工具,将泵盖顶开后再取下。

2. 叶轮的拆卸

拆卸叶轮时,用专用扳手拧下叶轮螺母(注意拧的方向应与水泵工作时叶轮的旋转方向相反),取下止退垫圈,叶轮即可从轴上拆下来。当拿不下来时,可用套管套住轴头,用手锤轻轻敲打套管头,稍加松动,即可拆开。若叶轮已锈在轴上,可用煤油浸洗后再拆。

3. 联轴器(或皮带轮)的拆卸

联轴器(或皮带轮)与轴配合较紧,用键固定在轴上。拆卸时用专用工具把联轴器(或皮带轮)慢慢地从轴端拉下来。拉时,丝扣要顶正水泵轴头,使联轴器(或皮带轮)均匀受力,不要被拉钩扳裂,更不能用铁锤猛打猛敲,以免造成泵轴、轴承和联轴器的损坏。如果拆不下来,可用棉纱沾上汽油,沿着联轴器(或皮带轮)四周燃烧,使其受热均匀膨胀,这样便容易拆下。但为了防止轴与联轴器一起受热膨胀,应用湿布把泵轴包好,再用冷水淋浇湿布。

4. 泵壳和填料函的拆卸

叶轮拆下后,把与泵壳连接的填料压盖松开,然后将泵壳与托架间的连接螺丝一一拧下,即可拆开泵壳。再用铁丝从填料盒中将填料和水封环一一钩出,从泵轴上取下轴套及挡水圈。

5. 轴与轴承的拆卸

先拆下轴承盒上的前后两个轴承盖,然后用一木块垫在泵轴装叶轮的那一端,隔着木板用小锤朝联轴器(或皮带轮)方向敲打轴头,就可以把泵轴与轴承一起拆下。从轴上取下轴承时,要特别小心,不得使轴承受损,一般是用拉拔器来拆轴承,注意拉拔器的钩要抓住轴承内圈,否则容易将轴承拉坏。如果轴承内圈与泵轴接合很紧,可将轴承加热膨胀后拆下,其方法是预先将机油加热到 100 ℃ 左右,然后把油装在壶里,注入轴承内圈,等内圈受热膨胀后便容易拆下。在操作时,热油可能滴在轴上,应事先将轴用石棉或硬纸盖住,并在下面放只油盆,用来盛往下滴的机油。

（二）Sh 型泵的拆卸

Sh 型泵在进行内部检修时，比其他泵都方便，不需要拆下进出水管路，只要掀开泵盖就可进行。

1. 泵盖拆卸

先松开泵体两边的填料压盖螺丝，把填料压盖向两边拉开，然后拆开泵盖。泵盖拆下后，就可看到泵体内部的全部零件。

2. 联轴器和转子的拆卸

联轴器的拆卸，在拆泵盖前后都可以。拆卸转子时，先拆下泵轴两端的轴承体压盖，即可将整个转子取下。在取下轴承体压盖时要注意保护好，取下转子时也要注意不要碰伤叶轮和轴颈。中型水泵要用钢丝绳吊下转子，并在轴颈处垫厚纸保护，以防损坏。取下的转子放在木板上。

3. 转子各部件的拆卸

先拆下泵轴两端的轴承与轴承盖连接的螺母，将两个轴承体卸下，用专用工具松开后面固定轴承的两个圆螺母，用拉拔器拉下两端滚动轴承。

拆下滚动轴承后，将轴承盖、护环、填料压盖、水封环、填料套等小零件一一从泵轴的左右方向退下，然后将轴套拆下。

最后拆叶轮，先把装在叶轮上的两个减漏环拆下，然后用压力机把叶轮压出。如果没有压力机，可将叶轮放平垫好，用木槌将泵轴敲下。

（三）DA 型泵的拆卸

拧下两个轴承体下方的四方螺塞，放出轴承体内的润滑油。拧下其他所有四方螺塞，放空泵内积液。拆下弹性联轴器、回水管及水封管。从进水段和尾盖上拆下轴承部件，拆下两边的挡水圈、填料压盖，钩出填料和填料环。从出水段上拆下尾盖，拧下两边轴套螺母，拆下轴套，卸下平衡盘。拆下拉紧螺栓，卸下出水段。然后逐级退出叶轮、键、水泵中段和叶轮挡套，一直拆到进水段。从中段拆下导叶，从导叶上拆下导叶套，从后段拆下出水导叶、平衡环和平衡套。从进水段和中段拆下密封环。

（四）HB 型泵的拆卸

先将泵盖拆下，用专用扳手顺着叶轮的转向拧下轴头上的反向螺母，拆下外舌止退垫圈，卸下叶轮。把皮带轮旁的锁紧螺母拆下，再用拉拔器把皮带轮慢慢地从泵轴上拉下来。放出轴承体内的润滑油，将轴承体与泵体的连接螺钉松开，就可把轴承体连同泵轴一起取下（注意泵轴在抽出泵体时，最好用手托住轴套，以防碰伤），从泵轴上取下填料压盖并退出轴套。从泵体抽出泵轴后，里面的填料即可钩出。接着进行轴承体内部的拆卸，先把轴承和填料压盖卸下，再拆轴承前后两只轴承端盖，再将连同轴承的轴从轴承体中退出来，然后用拉拔器从轴上拆下滚动轴承。

（五）轴流泵的拆卸

不同类型的轴流泵，拆卸方法略有不同，但基本上是类似的。

拆下进水喇叭口，拧下导水锥上的六角螺母，拆下导水锥，把横闩旋转一个角度，即可把整个叶轮拆下来。在拆卸叶轮时需用专用工具把固定叶轮的轴头螺母拧下，拆卸时注意泵轴上的键不要丢掉。叶轮拆下后，就可以把泵轴向上方抽出，把导叶体与泵轴的连接螺栓一个个拆下,导叶轮就可以取下来。再用套筒扳手把橡胶轴承与导叶体的连接螺钉拆去,就可把橡胶下导轴承取下来。再拆弯管上的填料压盖,钩出填料,松开连接螺丝,拆下填料盒,最后取出橡胶上导轴承。

二、水泵拆卸后的清洗和检查

水泵在检修时,将必须拆除的零部件拆除后,应进行如下清洗和检查:

(1)清洗水泵和法兰盘各接合面上的油垢和铁锈,清洗拆下的所有螺丝。

(2)刮去叶轮内外表面和口环等处的水垢和铁锈,要特别注意清除叶轮流道内的水垢。

(3)清洗泵壳内表面,清洗水封管、水封环,检查其是否堵塞。

(4)用汽油清洗滚动轴承,刮去滑动轴承上的油垢,用煤油清洗擦干。

(5)将橡胶轴承擦刮干净,然后涂上滑石粉。橡胶轴承不能用油类清洗。

(6)在清洗过程中,对水泵各部件应做详细的检查,以便确定是否需要修理或更换。

①检查泵壳内部有无磨损或因气蚀破坏而造成的沟槽孔洞,检查水泵外壳有无裂纹损伤。

②检查叶轮有无裂纹和损伤,叶片和轮盘有无因气蚀和泥沙磨蚀而形成的砂眼或孔洞,或因冲刷磨损使叶片变薄,检查叶轮入口处是否有严重的偏磨现象。

③检查口环和叶轮进口外缘间的径向间隙是否符合规定的要求,口环是否有断裂、磨损或变形。

④检查水泵轴、传动轴是否弯曲,轴颈处有无磨损或沟痕。

⑤检查轴承。对滚动轴承,要检查滚珠是否破损或偏磨,内外环有无裂纹,滚珠和内外环之间的间隙是否合格。对滑动轴承,则应检查轴瓦有无裂纹和斑点,检查轴瓦的磨损程度及轴与轴瓦之间的间隙是否适当。对橡胶轴承,应检查橡胶轴承的磨损程度,有无偏磨和偏磨的程度,有无变质发硬。

⑥检查填料是否需要更换,填料压盖有无裂缝、损坏。

三、主要部件的检修

(一) 泵壳的修理

泵壳都是用生铁铸造,因受到机械力或热应力的作用而出现裂缝,亦可能受气蚀作用而损坏。如果损坏严重,应予更换,如损坏程度较轻,可以进行修补。

在不受压或不起密封作用的部位(如法兰盘的接合面上),为防止裂缝继续扩展,可在裂缝两端各钻一直径为 3 mm 的钻眼,以消除局部应力集中。

在受压的地方则应进行焊补。铸铁件的焊补又分冷焊和热焊两种。冷焊只能用于焊缝不很严密的又受力不大的地方,如机座等;热焊适用于受力较大或需要密封的地方。

(二) 泵轴的修理

泵轴大部分用优质碳钢制成,检查时,如发现裂缝或轴表面有较严重磨损,足以影响轴的机械强度时,都应重新换装新轴。如发现轴有细小弯曲或轻微磨损、拉沟,仍可修复使用。

采用滑动轴承的泵轴轴颈,往往因润滑不良,润滑油带进铁屑、砂粒等而使轴颈擦伤或磨出沟痕,或者由于轴承安装歪斜而产生不均匀磨损。当轴的磨损量小于 1 mm 时,可进行车削或磨削;大于 1 mm 时,一般用镀铬、镀铜、镀不锈钢等来修复,然后车或磨到标准尺寸。

(三)轴承的修理

轴承在整个水泵运行中承受较大的力,是水泵中易损坏的一个零件。

滚动轴承一般平均使用寿命在 5 000 h 左右,如果使用过久或维护安装不良,就可能造成磨损过限、座圈裂损、滚珠破裂,以及滚珠和内外圈之间的间隙过大等问题。

轴承径向间隙可用 0.03 mm 的塞规测定,滚动轴承径向间隙标准见表 3-1。

表 3-1　滚动轴承径向间隙标准

轴承直径（mm）	径向间隙（mm）		
	滚珠轴承	滚柱轴承	极限值
20~30	0.01~0.02	0.03~0.05	0.10
35~50	0.01~0.02	0.05~0.07	0.20
55~80	0.01~0.02	0.06~0.08	0.20
85~120	0.02~0.03	0.08~0.10	0.30
130~150	0.03~0.04	0.10~0.12	0.30

滑动轴承的轴瓦是用铜锡合金铸造的,是最容易磨损或烧毁的零件。一般轴瓦合金表面的磨损、擦伤、剥落和熔化等面积超过轴瓦接触面积的 25% 时,应重新浇铸轴承合金(巴氏合金)。当低于上述数值时予以焊补,焊补时所用的巴氏合金必须和轴瓦上的巴氏合金牌号完全相同。另外,如果轴瓦出现裂纹或破裂,以及当轴承间隙超过表 3-2 的规定时,都必须重新浇铸轴承合金。

表 3-2　滑动轴承的轴颈与轴瓦的间隙值　　　　　　　　　（单位:mm）

轴径	间隙	
	转速<1 500 r/min	转速>1 500 r/min
30~50	0.075~0.160	0.170~0.340
50~80	0.095~0.195	0.200~0.400
80~120	0.120~0.235	0.230~0.460
120~180	0.150~0.285	0.260~0.530
180~200	0.180~0.330	0.300~0.600

(四)叶轮的修理

水泵叶轮由于受泥沙、水流的冲刷、磨损,常形成沟槽或条痕,有时因受气蚀破坏,叶片常出现蜂窝状的孔洞。如果表面裂纹严重,有较大的砂眼或穿孔,因冲刷而使叶轮壁变薄,影响机械强度,叶片被固体杂物击毁或叶轮入口处有严重的偏磨时,一般需要更换新叶轮。如果对水泵性能和强度影响不大,可以用焊补或涂补环氧树脂的方法进行修理。

（五）轴向密封装置（填料函）的修理

轴向密封装置包括轴套和填料的修理。

填料装置的轴套（无轴套时则为泵轴），磨损较大或出现裂痕时，应换新品，若无轴套，可将轴颈加工镶套。

填料大多采用油浸石棉绳，用久以后就会失去弹性，因此检修时必须更换新的。填料压盖、挡环、水封环磨损过大或出现沟痕时，也应更换新件。

（六）承磨环（口环）的修理

口环若破裂，或它与叶轮间的径向间隙超过表3-3规定时，应进行修理或更换。

表3-3　叶轮与口环之间的径向间隙　　　　　　　　　　（单位：mm）

口环内径	叶轮与口环的装配间隙 （半径方向）	磨损后的间隙 （半径方向）
80～120	0.090～0.220	0.48
120～150	0.105～0.255	0.60
150～180	0.120～0.280	
180～220	0.135～0.315	0.70
220～260	0.160～0.340	
260～290	0.160～0.350	0.80
290～320	0.175～0.375	
320～360	0.200～0.400	

四、水泵机组的装配

水泵零部件清洗、检查、修复之后，便可以装配成整机，以备运行。

（一）BA 型泵的装配

BA 型泵的装配顺序，大体上与拆卸时相反。

首先把轴承装上泵轴，轴承内径与泵轴是紧密配合的，装配前应先把轴承放在机油中加热到 120 ℃左右，等受热膨胀后再套到泵轴上（注意在两个轴承之间套上定位套，用以固定滚动轴承的位置）。轴承装好后，用木榔头敲击轴头，将轴承装入托架上，穿上挡油圈，再套上轴承盖，并固定螺丝，后轴承与盖板之间要留一定间隙，一般为 0.25～0.50 mm（因为后轴承是不承受轴向力的）。拧紧盖板螺母时要垫上纸垫。

装泵壳之前要把挡水橡皮圈、填料压盖和水封环套在轴上，泵壳本身要先将漏环压装好，并用平头螺丝固定，然后与托架连接。拧螺母时，要注意左右、上下交替进行。填料要一圈一圈地放进去，要求平整服帖，各圈的切口应相互错开。水封环要对准水封管口，压盖的松紧度要适当。

叶轮是用键和叶轮螺母固定在轴端上的，装配时先将键放在轴的键槽中，再用木榔头敲打，将它装在轴上，然后装上止退垫圈，拧紧叶轮螺母，并将止退垫圈一边撬起来贴紧于叶轮螺母的侧面。装叶轮时,应用量具检查叶轮外缘的摆动范围(应在 0.12 mm 以内),装好后要求叶轮能在泵壳内灵活转动,而无碰撞和摩擦。

装联轴器时,先将键放在轴的键槽中,再装联轴器。安装时,可在它的外侧垫上木块,用锤子隔着木板敲打。为了不损伤轴承和不使水泵移动,在叶轮螺母处应垫一木块,顶在墙上,直到装好。

将减漏环压入泵盖内侧,用平头螺丝固定,最后将泵盖装上泵壳。在拧紧螺母时,同装泵壳时一样,要上下、左右交替进行,以免螺母受力不均匀。

(二)Sh 型泵的装配

Sh 型泵的装配,基本上分为转子装配与吊装,以及泵盖吊装两步进行。

首先进行转子吊装,在泵轴中间的键槽内放上键,压上双吸叶轮,套上轴套。注意叶轮和轴套之间要放密封纸垫,以防止空气漏入叶轮进口。然后拧上轴套螺母,套上填料套、水封环,装上填料压盖,再装轴承挡套及轴承端盖;放上纸垫后,把滚珠轴承压装上,拧上定位轴承内圈的两个圆螺母,装好轴承体;最后把两个双吸密封环压装在叶轮的两侧,整个转子就装配完毕。

吊装转子体前,先在泵体上铺一层密封纸,并装上双头螺丝和四方螺丝。吊装时应注意对正位置,叶轮上的双吸密封环要正好嵌入泵体槽内,轴承体应放在泵体两端支架的止口上,将转子慢慢放下,盖上轴承体压盖,套上弹簧垫圈,拧紧螺母即可。然后用轴套螺母来调整叶轮位置,使叶轮中心对准泵体中心,调整后用扳手拧紧轴套螺母,再装上填料及水封环。

然后吊装泵盖,泵盖吊装到位后,拧紧螺母时,要前后、左右交替进行。最后装上填料压盖,它的压紧程度要适当,一般可在水泵运行时再作调整。在轴的联轴器一端放入键,顺着键压入联轴器。

(三)DA 型泵的装配

将密封环分别紧密地装到进水段和中段上,把导叶套装在导叶上,然后将导叶固定到所有的中段上去,将出水导叶、平衡环和平衡套分别装在出水段上。

将装好轴套甲和键的轴穿过进水段,并顺键推入叶轮、叶轮挡套,在中段上铺一层青壳纸,装上中段。再顺键推入次级叶轮、叶轮挡套。重复以上步骤将所有叶轮、叶轮挡套及中段装完。将出水段装到中段上,然后拉紧螺栓将进水段、中段和出水段紧固在一起。装上平衡盘及轴套乙,拧上轴套螺母,并将尾盖紧固在出水段上。

顺次放入填料函里的填料、填料环、填料压盖及挡水圈,并将轴承甲、乙部件分别紧固在进水段和尾盖上。装好后,当平衡盘接触平衡环时,使针尖对准轴上的绿色刻线,并注意填料环串水孔中心对准水封管中心。装上水封管、回水管、弹性联轴器部件及所有的四方螺塞。装完后,在轴承体内注入 2 号或 3 号锭子油,油面应在油标两刻线之间。

(四)HB 型泵的装配

HB 型泵的装配与离心泵基本一样,其装配顺序与拆卸时相反。将滚动轴承压装上泵轴,然后一并装入轴承盒内,套上轴套及靠近轴套的轴承压盖,再套上填料压盖,装上两轴承压盖,拧紧螺帽,并把整个轴承盒装上泵体(注意应先在泵体穿轴处放上填料)。拧紧连接螺母时,也应上下、左右交替进行,逐步上紧。

装好叶轮外舌止退垫圈,拧紧轴头反向螺母,叶轮装上后要能在泵壳内灵活转动,叶轮外缘的摆动幅度不应过大。装上泵盖,检查与调整叶轮与泵盖之间间隙应符合规定,一般应在 0~0.15 mm 范围内。

(五)轴流泵的装配

轴流泵的装配基本上与拆卸的步骤相反。首先把橡胶轴承装进导叶体轴孔和出水弯管的穿轴孔处,拧上螺丝,固定橡胶导轴承;把填料盒装到出水弯管上部,然后把导叶体装到泵座上,并前后、左右对称拧紧连接螺栓,另外不要忘记垫上纸垫。随后将泵轴自上而下穿进泵体内,到规定位置后,把叶轮装在泵轴下端,用专用工具拧紧轮毂体螺母,装上横闩、螺栓、导水锥,拧紧固定导水锥的六角螺母。注意叶轮四周的间隙要均匀,一般半径方向间隙为 0.85~1.2 mm(对于不同大小的轴流泵,这个数值是不同的)。装上进水喇叭管,最后把填料一圈一圈地放入填料函内,压紧填料压盖,装上引水管,轴流泵就装配完毕。

任务三 大型水泵机组检修

大型水泵机组的检修,同样分为日常维护及定期检修,本任务着重介绍大型水泵机组解体大修的内容。

一、机组的拆卸

机组拆卸的原则是先外后内,先上后下,先部件后零件。具体应注意以下几个方面的问题:

(1)各部件的相对结合处,要依次打上印记以便回装。

(2)零部件拆卸时,先拆销钉,后拆螺栓;总装时,先装螺栓,后装销钉。螺栓应集中存放在油箱中以防丢失、锈蚀。

(3)各零部件除结合面和摩擦面外,都应清扫干净,涂防锈漆,油槽及充油容器内壁应涂耐油漆。

(4)各管道或孔洞口,拆卸后均应用木塞或盖板堵住,有压力的管道应加封盖,以防脏物、泥沙掉入,或漏水、漏气、漏油,造成污染、浪费。

(5)注意法兰面垫片和 O 形密封圈的拼接或胶接形式,以便安装时按原状配合。

(6)行车和起吊工具如钢丝绳等,要进行全面检查并试吊,以确保安全。

(7)进行上下交叉作业时,要戴安全帽,要注意人身和设备安全。

(8)注意废油回收,以免造成污染和浪费,以及便于防火。

二、易损件检查修复

(一)水泵轴颈磨损的修复

1. 轴颈磨损量的测量

轴颈磨损量的测量常用方法:一是用外径千分尺分别测量同一轴颈上未磨损部位与

磨损部位的外径,得出磨损量;二是用百分表分点测量,得出轴颈的偏磨值及其方位;三是盘车测量。

对于采用橡胶轴承的轴颈,若单侧偏磨值大于 0.5 mm,则要对轴颈进行处理。

2. 轴颈磨损的修复

轴颈磨损修复的方法有三种,即喷镀、镶套和堆焊。

1) 喷镀

喷镀是利用高速气流熔化的金属液体喷射到被镀表面来填补缺陷。喷镀质量的好坏,主要取决于被镀表面的清洁程度和粗糙度。喷镀操作要求:一是合理选择喷镀材料,满足镀层硬度高、耐磨性好、抗腐蚀性强、收缩小等要求。若用电喷,常选用 ϕ 1.6~1.8 mm 的 420 号不锈钢焊条;若用气喷,常选用 ϕ 2.3 mm 的同类型焊条。二是合理选择工件与喷枪之间的相对线速度和喷枪的移动量。轴颈表面处理完后,应检查轴颈尺寸并与未喷镀时的尺寸比较,其差值即为喷镀层的厚度。直径小于 150 mm 的轴颈,其喷镀层应为 0.8 mm;直径大于 150 mm 的轴颈,其喷镀层则为 1 mm。

2) 镶套

镶套有整体套和分半套两种。整体套只适用于轴的一端小于镶套内径,套可从轴的一端套入,轴套与经过加工的轴颈为动配合,轴套内径比轴颈大 0.2 mm,用环氧树脂充填黏合。

分半套是将不锈钢套分成两半在轴颈上拼焊固定。具体做法是,将轴套合缝处开坡口,并在轴颈上开键槽,嵌入两只铜键,然后用不锈钢焊条将接缝焊死,同时利用铜传热快的原理,使焊缝迅速冷却而使镶嵌的轴套牢牢抱紧主轴,最后作表面处理,使圆度、光洁度达到要求。

3) 堆焊

用不锈钢焊条在轴颈处堆焊,以恢复原有尺寸,然后进行切削和研磨,以达到原有的圆度和光洁度。堆焊热量大,容易使轴变形,因而使用不多。

(二) 气蚀破坏的修复

1. 气蚀破坏的测量

气蚀破坏的测量,包括气蚀区在叶片上的相对位置、气蚀面积、气蚀深度和失重等的测量。测量结果要作详尽记录。

2. 气蚀的修复

常采用堆焊的方法进行气蚀的修复。经验证明,含铬为 12% 以上的不锈钢焊条,抗气蚀性能较好,补焊后叶片型线准确、表面光滑、组织细密,抗气蚀性能强。

叶片经焊补修复后应达到如下要求:

(1) 经探伤检查,叶片的各部位均不得有裂纹、气孔等缺陷。

(2) 叶片曲率变化均匀,表面光滑,不应有凹凸不平之处。

(3) 打磨后的补焊层不得有深度超过 5 mm、长度大于 50 mm 的沟槽和夹纹。

(4) 抗气蚀层不应薄于 3 mm,若焊两层则不薄于 5 mm。

(5) 叶片经修型处理,与样板的间隙应在 2~3 mm 以内,且间隙值与间隙高度之比小于 2%。

（6）经堆焊处理的叶片，其光洁度愈高愈好，至少不低于▽8。

（7）补焊后的叶片要做静平衡试验，以消除不平衡重量。

（三）金属瓦的挂瓦工艺

当电动机导轴瓦或水泵导轴瓦的轴承合金脱落或发生烧瓦事故之后，要对轴瓦进行挂瓦或浇铸巴氏合金。金属瓦的挂瓦工艺基本相同。挂瓦工艺过程如下：

（1）材料：瓦衬常用 ChSnSb11-6 锡基轴承合金，焊剂由氯化铵 1 份、氯化锡 1 份、氯化锌 12.5 份、水 23.6 份混合而成。

（2）将干净的瓦坯放入预热炉中加温至 300~350 ℃，刷一层焊剂，立即放入 300~350 ℃的锡锅中均匀地搪上一层（大件可直接搪锡），以便挂瓦。

（3）将搪过锡的瓦坯清理干净，放入胎具或模具中，放入瓦坯内（指水导轴承）或置于可旋转架上，用石棉布垫堵好。

（4）将温度为 430~460 ℃ 的锡基合金溶液（呈孔雀蓝色），倒入瓦坯上浇铸，若是不用模具浇铸水泵导轴瓦，则需一面倒合金溶液，一面旋转置于架上的瓦坯，直至厚度（包括加工量）达到要求，停止浇溶液，但仍需旋转，直至冷却。

（5）浇铸后，用水在胎具四周冷却（大件则自然冷却），同时从熔炉中取出烙铁，不断加热上层合金表面，保证合金补缩，以防止因里层、外表冷却速度不同而出现气孔和灰渣。

（6）挂瓦后，应松查合金与瓦坯有无脱壳现象，要求总脱壳面积不大于总面积的 15%，且不应集中于一处。

（7）全部结束，可对轴瓦刮削、研磨。

（四）电动机导轴瓦等的检查处理

上导轴瓦、下导轴瓦、推力轴瓦磨损的原因和主轴轴颈磨损原因基本相同，因其为稀油润滑，所以磨损极小，而维修量也极小，只有在事故和磨损极度严重的情况下，才进行挂瓦大修。

1. 轴瓦一般性维修和保养

（1）不需研刮。轴瓦保持规定的接触点数，且无明显磨损时，只需清理干净，烘干绝缘瓦托，瓦面不必研刮。这种情况一般指上、下导轴瓦。

（2）补充刮瓦。轴瓦运行后，巴氏合金表面局部位置，如推力瓦抗重螺栓周围等，接触面积大，有很多连续相接，这说明瓦面有一定磨损，也反映了受力后局部变形。这时只需将连续接触点，用弹簧刮刀进行修整，不必重新修刮和研磨，这样省工省时，能保持瓦盖合金厚度，对轴瓦运行更加有利。

（3）轴瓦研刮。经长期运转或因安装检修问题而造成的轴瓦偏磨，表现在瓦面无接触点，这种情况应按安装方法重新研刮。

（4）导轴瓦、推力轴瓦边缘磨损也是一种常见现象，一般可重新刮修后运行。

2. 轴瓦更换和修复

（1）运行过程中推力轴瓦烧坏，应急办法可用备用瓦更换，但每次最多只能换两块瓦。若换三块瓦，应重新盘车调整水平。

（2）经过长期运行的机组有下列情况之一者，也必须更换轴瓦或重新浇铸巴氏合金。

①定转子间隙不均匀度（其最大或最小气隙与平均气隙之差与平均气隙之比），一般不得超过±10%，当气隙相差大于上述值，且轴承有明显的磨损时。

②轴承相互间差别过大时。

（3）因事故烧瓦，瓦面受高温熔化，其硬度发生变化，应重新刮瓦修复。

（4）熔焊处理。瓦面局部出现条状沟或轴电流使瓦面严重损坏时，采用熔焊办法处理。

（五）镜板研磨

推力瓦严重磨损或烧坏，会直接对镜板产生影响。油中硬质金属杂物和镜板钢材中的杂质，都会损坏镜板表面。长期运行的机组，镜板表面光洁度也会减退。安装不正确所造成的镜板平面翘曲等问题，在进行机组解体大修时都应检查。

镜板的不平度可以用水平尺配合塞尺进行检查，也可用百分表进行检查，一般不得大于 0.03 mm。严重翘曲的镜板应返厂重新加工。

（1）镜板局部缺陷和不严重损伤的处理。在安装维修过程中，对镜板局部机械损伤和不平，常用刮磨方法处理。可先用平头刮刀刮平机械伤痕和凸起处，再用零号砂布进行打磨，最后用水平板研磨膏推磨，直至合乎标准。

（2）镜板研磨。镜板经过长期运行，表面光洁度减退，从而增加推力轴瓦与镜板之间摩擦力。为恢复和提高镜板表面的光洁度，可用小平板外包呢布加研磨膏人工研磨，也可用磨镜板机研磨。

三、装配

装配在机组解体大修工作中，实际上就是除固定部分外的所有零部件的再安装、调试，其顺序与拆卸相反，应是先下后上，先内后外，顺序进行。

（一）水泵转轮的吊装

水泵转轮组装一般都在检修间进行，重部件借助行车操作。半调节转轮组装比较简单，只需将经过几何尺寸测量的叶片按确定的角度安装在轮毂上，拧紧螺栓，并用环氧树脂密封螺栓部位后即可用行车吊入转轮室（视现场条件可直接从机坑吊入，也可由吊物孔吊到水泵层，然后平移就位）。全调节泵比较复杂，一般采用倒装然后翻身。

转轮组装完成后，按规定进行油压试验，合格后可用行车由吊物孔吊到水泵层，然后平移至转轮室，使上端面基本水平。接着吊入泵轴，让下法兰距转轮一定距离时悬吊固定，再从泵轴中空孔吊入下操作油管，并与转轮活塞连接好，进行油压试验合格后，即将泵轴吊起缓慢下降，与轮毂上端法兰连接，拧紧螺栓，并予固定。泵轴上法兰面应比实际安装高程低 5～10 mm。

（二）电动机转子的吊装

电动机转子是机组中最重的部件，也是安装过程中最后吊入的最大部件。其基本步骤如下：

（1）检查吊具、行车、吊钩等是否安全可靠。

（2）调整制动器顶面高程，可用水准仪测量，也可测量制动器顶面与其基础平面间的高差，用手扳动旋转螺母进行调节，使其处于统一的需要的高度上。没有制动器的机组，可用四只千斤顶支承。

（3）吊起转子，高度很小时停止，以试验起吊设备和行车制动器的灵敏性。如此起升、下降数次，平移后调整水平，然后升高 1 m 以清扫转子法兰面和螺钉、止口等，再顺机组一侧行走到定子上面，徐徐下降，进入定子，当转子磁极接近定子铁芯时，即停止，找正中心。然后将事先准备好的 8~12 块竹制或胶木板制的小于间隙厚度的垫条（宽约 30 mm，长约 900 mm），均匀分布在定转子之间，上下移动，以防碰撞，直至转子平稳地落在制动器或千斤顶上。

（4）转子吊装结束，即将上机架吊起安装，完成后，则应根据确定的高程测量定子铁芯中心和转子磁极中心高差值是否符合要求，不符合要求应予以调整。

（5）推力头安装。推力头是与主轴连接的旋转部件，它把旋转部件的重量、水推力传给静止的固定部件。推力头应当与主轴配合紧密，并有良好的同心度，其下端面与主轴线具有良好的垂直度。它与主轴多为过渡配合连接，并有卡环定位。为了保证配合良好，安装时必须精确测量配合处的实际公差尺寸，在同一室温下，用经过校正的内、外径千分尺测量推力头内孔与主轴配合处的尺寸，检查是否满足过渡配合的要求。一般而言，套装后的推力头与主轴之间应有 0~0.08 mm 的间隙，在这样小的间隙下，推力头是不能顺利套入主轴的。因此，必须采用其他方法，目前常见的套装方法为：

①压入法。借用制造厂家提供的推力头专用拆装工具，将推力头螺杆压入就位。

②热套法。将推力头封盖严密，进行加热，使孔径膨胀，配合间隙增大到 0.3~0.5 mm，拆封吊起，用框式水平仪或合像水平仪找平，并用白布擦拭推力头底面和孔。然后吊至主轴上部，对好中心，徐徐下落，当轴已进入孔内时则应急速下降，一次到位，让其自然冷却，恢复常温后再装卡环。此时吊装设备方能卸下，吊具归位。

对于中型机组，一般采用镜板与推力头先连接后套装的方法；对于大型机组，镜板已经吊入，落在基本调平、其高程已符合实际安装高程的推力瓦上，待推力头压入后，再将转子放下使磁场中心符合安装要求。卡环装好后还应复查推力头与镜板之间的间隙，若与预定值相符，则按要求放好绝缘垫，对号装入安位销，最后拧紧组合螺栓，将转子部分的重量转移到推力轴承上。

（三）主轴连接

大型水泵机组电动机主轴与水泵主轴多采用外法兰连接。主轴连接一般放在电动机轴线找正之后，也可以先进行连接，再进行机组整体轴线的找正。

主轴连接方法虽然不同，但步骤一样，即先连接后紧固。连接的方法也不外乎提升法与顶起法两种。

提升法是借助吊具或专用螺杆将水泵转动部分提升，使泵轴上法兰靠近电动机轴下法兰，穿上螺栓连接。

顶起法是将千斤顶放置在水泵底座上，顶动转轮体上升达到两轴连接的目的。

思考题

1.机组检修的目的是什么？机组检修是如何分类的？

2.编制机组检修时所需的配件计划的依据是什么？

3.大型水泵机组大修一般分几个阶段？各阶段的重点是什么？

4.大型机组拆卸、装配的原则分别是什么？

项目四
电动机的检修

电动机除日常运行维护外,还要进行定期检修。电动机定期检修分大修和小修两种。

任务一　电动机的小修

电动机的小修是对在不抽出转子的情况下所进行的保养工作。一般中小型泵站的电动机每年保养 2~4 次,大型泵站的电动机小修一般在日历 1~2 年,运行时数 2 000 h 后进行。小修主要是对电动机的易磨、易损零部件进行清洗检查、维护修理或更换调试等。

一、小修主要内容

小修的主要内容包括如下几项。

(1)清扫除尘。电动机各部分和附属设备,都要清除灰尘及污垢。这些东西最容易影响电动机的散热和减弱电动机的绝缘性能,清扫时可用抹布揩拭。内部有条件时可用压缩空气吹净,无条件时可用手风箱或鼓风机清除。

(2)测量绝缘电阻。

(3)维修滑环和电刷。滑环和电刷必须良好地接触。应检查弹簧压力是否合适,滑环表面有无黑斑,有无变形或偏心。如有这些现象,应进行研磨或更换同型号电刷。

滑环研磨时可利用相同半径的一块弧形木板,木板上面垫以砂布,进行打光磨平。严重的偏心或凸凹不平,送到修配厂去车光,车光后再用上述方法精密地将滑环面磨光。

电刷发热而裂开或磨损严重,在更换同型号电刷时每次不宜超过总数的 1/3。不同型号电刷在更换时必须统一换掉,否则,因电阻不同而产生发热引起故障。电刷的压力要平衡,压力大小可用弹簧秤来测量。测量时可用一纸条嵌在电刷下,拉动弹簧至纸条能抽出时的拉力即为电刷压力。

(4)镜板及推力轴承、电机的两端导轴承、承重螺丝,以及轴承油缸内冷却器的检查和修理。

(5)电动机引出线和电线接头的检查或更换。

(6)检查和测量定子与转子间隙。

电动机的间隙不能太大,太大会引起空载电流的增加,同时电动机产生振动。凡能检查气隙的电动机应在进行小修前进行检查,方法是用塞尺或特制的工具,由转子两端,分上、下、左、右四个位置进行测量,塞尺插入定子铁芯深度以不少于 1/3 铁芯长度为宜,塞尺表面不应有油垢,且不能放在槽线与扎线处,必须使塞尺按电动机轴的方向插入电动机定子和转子的铁芯间隙。各种电动机气隙平均值如表 4-1 所示。所测圆周上各点的气隙如果能够调节,最大值与最小值的差不应大于平均值的 10%。

如果发现转子存在偏心,则由于偏心各点的磁性吸力不同,气隙最小的部分吸力最大,造成侧向拉力,转子受了侧向拉力便向该面弯转,于是气隙更小,若不及时发现,最后的结果就是转子擦上定子。气隙过大或偏心超过允许范围,说明轴承松动或磨损,应进行调整或更换新轴承。

表 4-1　电动机气隙平均值

转子直径（mm）	气隙（mm）	转子直径（mm）	气隙（mm）
50	0.2	450	0.90
150	0.4	1 000	1.30
250	0.6	2 000	2.0
350	0.7		

（7）检查电动机及其传动装置的各种螺栓的紧固程度，发现螺栓松动或皮带断裂、搭扣磨损应紧固处理，联轴器不同心应进行调整。

（8）电动机的干燥。电动机的绝缘电阻过低必须干燥，一般常用的是外部干燥法，也可采用外部干燥法与电流干燥法同时进行。

二、小修主要项目

小修的主要项目应包括：

（1）冷却器的安装与大修。

（2）上下油槽的处理、换油。

（3）滑环的加工处理。

（4）制动器和液压减载系统的安装与大修。

（5）轴瓦间隙及磨损情况的检查处理。

任务二　电动机的大修

一、大修周期

电动机的大修周期应根据电动机的技术状态和零部件的磨损、老化程度及运行维修条件等确定，一般在日历 3~8 年，运行 3 000~20 000 h 后安排。各地可根据电动机具体情况提前或推后。

二、大修的内容及步骤

电动机的大修一般是指必须抽出电动机转子才能进行保养维护的项目，各泵站应根据泵站规模、电动机结构及运行情况确定其大修项目。常见的大修项目包括电动机线圈及其垫片检查或更换，电动机转子插入后安装数据的重新调整等。在日常保养中，如发现由于技术、备品配件及经营等问题无法解决的项目，或在运行中因事故而发生的必须抽出转子的项目，均可列入大修项目。

（一）定期检查的主要项目

定期检查的主要项目应包括：

（1）上、下油槽润滑油油位，并取样化验。

（2）机架连接螺栓、基础螺栓有无松动。

（3）冷却器外观有无渗漏。

（4）滑环有无伤痕及电刷磨损情况。

（5）制动器、液压减载系统有无渗漏，制动块能否自动复归。

（6）测温装置指示是否正确。

（7）油气水系统各管路接头是否严密，有无渗漏。

（8）轴承受油器的绝缘情况。

（9）电动机轴承有无甩油现象。

（10）电动机干燥装置完好情况。

（二）大修项目

1. 定子

（1）定子各部位螺丝、端部绕组绑线和垫木检查、清扫及检修。

（2）定子绕组引线及套管检查及维修。

（3）铁芯松动处理。

（4）定子圆度调整。

（5）定子合缝处理。

（6）槽楔的检修和通风沟的清扫。

（7）绕组的喷漆。

（8）电气预防性试验。

（9）同轴度的调整与测量。

2. 转子

（1）转子各部位的清扫检查。

（2）碳刷、刷架，集电环及引线等的清扫、检查，车磨或更换。

（3）更换转子引线。

（4）转子找静平衡。

（5）磁极接头或绕组匝间短路处理。

（6）转子喷漆。

（7）电气预防性试验。

（8）测量空气间隙。

3. 轴承

（1）更换油冷却器铜管或更换油冷却器，油冷却器做水压试验。

（2）油槽涂漆。

（3）轴承各部清扫检查，轴瓦研刮或更换轴承。

（4）推力瓦找水平及受力调整。

（5）导轴承间隙测量与调整。

（6）轴承绝缘测量。

4. 机架

(1)机架各部清扫检查。

(2)机架组合面处理,中心水平调整。

5. 励磁装置

(1)励磁机各部位检查与调整。

(2)可控硅或硅整流励磁系统的检查、调整及试验。

(3)电气预防性试验。

6. 机组轴线

(1)机组盘车检查,调整轴线。

(2)受油器操作油管轴线的操作、调整。

(3)大修前后测量各部摆度和振动。

7. 制动装置

(1)制动闸分解检查,耐压试验。

(2)制动闸块的检查与更换。

(3)制动闸块与制动环间隙测量和调整。

8. 其他

(1)管路系统外观的检查、更换,调压试验和除锈涂漆等。

(2)主要闸门的分解、检查及处理。

(3)各部温度计、压力表的校验或更换。

(4)机组的清扫检查。

(三)大修的步骤

(1)做好拆卸前的检查:

①测量绝缘电阻;

②测量轴承间隙;

③测量定子与转子的气隙。

(2)拆开电动机,抽出转子。

(3)吹刷通风沟、污垢和尘土。

(4)检查绕组槽内及端部情况、出线头的紧固情况、鼠笼式转子铜条和端环的焊接情况、线头与端环的连接情况。

(5)紧固各部螺丝,处理松动的铁芯和楔条。

(6)处理和包扎绕组绝缘的损坏部位,检查绕组绝缘老化情况。

(7)清理滑环与刷握,更换磨损电刷,检查滑环磨损情况。

(8)包扎电动机引线电缆,修理故障的引线电缆头和拉接线柱。

(9)清洗轴承,处理轴承漏油,调整或更换轴承。

(10)清擦传动装置,更换损坏零件。

(11)修理轴承盖及配制螺丝,处理端盖及轴和轴颈故障。

（12）组装电动机,测量定子与转子间气隙。

（13）调整刷握和电刷压力。

（14）检查和安装外壳接地线。

（15）进行大修后的预防性试验,项目如下:

①测量绕组的绝缘电阻和吸收比。

②测量绕组的直流电阻。额定电压 1 000 V 以上的电动机各相绕组直流电阻差值不应该超过最小值的 2%。1 000 V 以下的电动机不作规定。

③额定电压 1 000 V 以上电动机做定子绕组直流耐压试验,并测量出泄漏电流。

试验电压在检修后或检修时部分更换了绕组的用 $(2\sim2.5)U_H$（U_H 为额定电压）,全部更换了绕组后用 $3.0U_H$。

施测电压应在 $0.5U_H$、$1.0U_H$、$1.5U_H$、$2.0U_H$ 和 $2.5U_H$ 值时停留 1 min,读取 1 min 范围内的泄漏电流值（微安）。在分析记录时若有下列情况则说明绕组绝缘不良。

A. 泄漏电流在各加压值随时间延长而增大。

B. 各相泄漏电流互不相等,差值超过 30%,与前一次相比较（有资料时）有显著增大。

C. 同一相邻加压阶段泄漏电流与所加电压不成比例上升,而且超过 20%。

容量 500 kW 以下电动机泄漏电流不作规定。

④定子绕组的交流耐压试验:大修不更换绕组和局部更换定子绕组,其交流耐压试验电压应取 $1.5U_H$,但不低于 1 000 V。对于交流耐压试验电压 1 000 V 的定子绕组,可用 2 500 V 摇表测量。

全部更换定子绕组后,其耐压试验电压应满足 $2.0U_H+1 000$ V,但不低于 1 500 V,小型电动机大修以后条件不许可时,一般只摇测绝缘电阻就行了。

⑤绕线式电动机转子绕组的交流耐压试验:大修不更换转子绕组或局部更换绕组时试验电压 1 000 V,全部更换转子绕组时,试验电压 1 500 V。

（16）电动机空转运行必须在装配结束以后,经过详细检查确认无误后进行,时间不少于 1 h,并观察空载电流、运行声音、各部温度及三相电流是否平稳。有千分表时可测量电动机的振动情况。

绕线式电动机还应注意电刷是否冒火花,滑环温度是否过高。

（四）大修总结报告

电动机在完成大修以后,应写出大修总结报告,作为技术档案保存。大修总结报告应包括下列内容:

（1）大修概况。大修概况可按表 4-2 填写。

表4-2　泵站机组大修表　　　　　　　　年　月　日

电动机型号			制造厂			制造日期		
容量			额定电压			转速		
水泵型号			制造厂			制造日期		
停用日数	计划		年　月　日到　年　月　日共　天					
	实际		年　月　日到　年　月　日共　天					
人工	计划	工时		费用		计划	元	
	实际	工时				实际	元	
两次大修间运行时间		抽水　小时			调相　小时		发电　小时	
两次大修间小修		次		两次大修间事故检修			次	

（2）大修前后主要安装技术指标：

①中心测量记录；

②机组同心测量记录；

③大轴摆度测量记录；

④电动机空气间隙测量记录；

⑤电动机冷却器水压测量记录；

⑥电动机磁场中心测量记录；

⑦推力瓦水平测量记录；

⑧导轴承检查记录及间隙测量记录；

⑨水泵叶轮及叶轮室气蚀检查记录及间隙测量；

⑩水泵叶轮油压试验记录。

（3）大修前后运行技术指标：

①荷重机架最大垂直振动；

②荷重机架最大水平振动；

③上导轴承最大摆度；

④主轴连接法兰处最大摆度；

⑤叶轮室最大垂直振动；

⑥叶轮室最大水平振动；

⑦轴承振动值（卧式机组）；

⑧定子绕组最高温度；

⑨推力瓦最高温度；

⑩上导瓦最高温度；

⑪下导瓦最高温度；

⑫水导瓦（油轴承）最高温度。

（4）大修前后的设备评级及原因。

（5）检修工作评语。

（6）检修工作总结。

①大修中消除的主要缺陷和采取的主要措施；

②设备的重要改进及效果；

③人工和费用的简要分析；

④大修后尚存在的主要问题及准备采取的措施；

⑤主要试验结果和分析；

⑥其他。

思考题

1. 电动机的检修如何分类？

2. 电动机的小修、大修周期各是多少？

3. 电动机的小修的内容和大修的内容是什么？

4. 电动机的大修步骤是什么？

项目五
机组的安装与调试

机组安装

任务一 安装高程的确定

机组的主要安装高程是指水泵叶轮中心高程和电机磁场中心高程。其中,叶轮中心高程是整个机组安装高程的基准。它在水工建筑物的设计中已定出,随着水泵底座的固定就位,该高程便已确定。由于工件的加工误差和各部件组装后的累积误差等因素影响,磁场中心高程必须要经过沿主轴方向各部件的精确测量后才能确定。

一、泵轴长度测量

用钢尺测量泵轴两端法兰面之间的距离,即为泵轴长度,一般要在不同方位测量,测得的结果为 l_1、l_2、l_3、l_4,取其平均值作为泵轴的实际长度 L_1(mm)。

二、转轮测量

主要测量部位是转轮与泵轴结合法兰面至轮毂上所刻转轮叶片中心线的距离,同样要沿各个方位测取 4 个数值,取平均值 L_2(mm)作为实际尺寸。具体测量方法如图 5-1 所示。

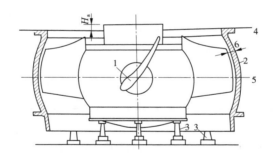

1—叶轮;2—叶轮外圈;3—螺杆千斤顶;4—钢琴线;5—叶轮中心;6—叶轮与叶轮外壳间的间隙

图 5-1 水泵叶轮、叶轮外壳预装图

测量时用 5 只千斤顶把叶轮顶起,调整叶轮上端面水平,然后把叶轮外壳合起来,调整支撑叶轮外壳的千斤顶,使与叶片球面上、中、下三点间隙相等。测量叶轮与外壳的水平中心至叶轮与泵轴连接法兰面的距离 L_2 和叶轮外壳顶部法兰面至叶轮与泵轴连接法兰面的距离 H_a,并记录叶片间隙值,供安装参考。如果与设计偏差过大,应与制造商协商解决。

三、定子测量

通过测量,定出磁极中心位置,即定子上法兰面至磁极水平中心的距离 L_3(mm),如图 5-2 所示。为获得 L_3,要测出定子上法兰面至定子硅钢片顶端尺寸 a 和硅钢片长度 b,然后用公式 $L_3 = a + \frac{1}{2}b$ 计算。

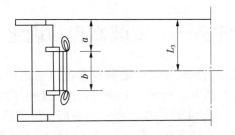

图 5-2　定子测量示意图

为了获得 a、b，一般将硅钢片内圆 20 等分，用深度尺测量 a_i、b_i，将结果记入表 5-1，然后计算平均值。

$$\bar{a} = \frac{1}{20}\sum_{i=1}^{20} a_i \tag{5-1}$$

$$\bar{b} = \frac{1}{20}\sum_{i=1}^{20} b_i \tag{5-2}$$

表 5-1　定子磁场中心相对高差测量记录　　　　　（单位:mm）

测点编号	1	2	…	20	平均值
定子上法兰面至硅钢片顶端距离 a_i	a_1	a_2	…	a_{20}	$\bar{a}$
平均硅钢片长度 b_i	b_1	b_1	…	b_{20}	$\bar{b}$
定子上法兰面至磁极水平中心距离 L_3			$L_3 = \bar{a} + \dfrac{1}{2}\bar{b}$		

四、转子磁场中心至磁轭上平面距离的测量

转子磁场中心即转子磁极水平中心。转子的磁极较多，一般取 20 个磁极采用相对高差法测量，如图 5-3 所示，转子磁场中心至转子磁轭上平面的距离为 L_4(mm)。

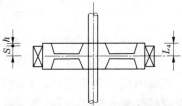

图 5-3　转子磁场中心测量示意图

$$L_4 = h + S/2 \tag{5-3}$$

同样地，h 和 S 的值也由平均值确定，即

$$\bar{h} = \frac{1}{20}\sum_{i=1}^{20} h_i \tag{5-4}$$

$$\bar{S} = \frac{1}{20}\sum_{i=1}^{20} S_i \tag{5-5}$$

测量记录与计算表的格式如表 5-2 所示。

表 5-2　转子磁场中心至磁轭上平面距离测量

测点编号	1	2	...	20	平均值
磁轭上平面至硅钢片顶距离 h_i	h_1	h_2	...	h_{20}	$\bar{a}$
磁极磁钢片长度 S_i	S_1	S_2	...	S_{20}	$\bar{b}$
磁轭上平面至磁场中心距离 L_4	$L_4 = \bar{h} + \dfrac{1}{2}\bar{S}$				

五、转子磁场中心至电机轴法兰面距离的测量

转子运到现场后,一般在特制的支架上水平放置,用拉线的方法量出磁轭上平面至轴法兰的距离 H,如图 5-4(a)所示,反复测量几次,取平均值,则转子磁场中心至电机轴法兰面距离 L_5(mm)可由公式求得

$$L_5 = H - L_4 \tag{5-6}$$

若转子已吊入泵房电机层转子检修孔,如图 5-4(b)所示状态放置,测量方法有所不同。从图中可得出

$$L_5 = H_1 - H' - L_4 - t \tag{5-7}$$

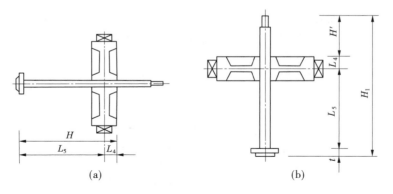

(a)　　　　　　　　　　(b)

图 5-4　转子测量示意

由于测量较多,累积误差也大,这种方法不如图 5-4(a)的测量方法准确。

六、定子安装高程的确定

经过上述一系列的测量,定子的安装高程便可确定,电机磁场中心的安装高程也就随之而定。

如图 5-5 所示,定子上法兰面至叶轮中心的距离为

$$L = L_1 + L_2 + L_3 + L_5 \tag{5-8}$$

七、定子、转子间磁场中心相对高差的确定

如图 5-6 所示,定子上法兰面与转子磁轭上平面高程差值 H_e 的确定,对于推力瓦的高程调整及分析计算定子、转子磁轭中心的相对高差具有实际意义。

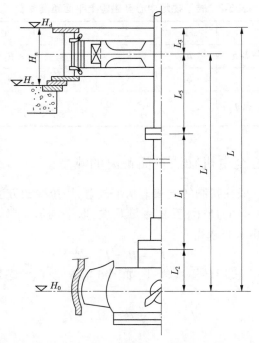

$\triangledown H_0$—叶轮中心实际安装高程；$\triangledown H_e$—定子基础板安装高程；H_n—定子高度；$\triangledown H_d$—定子安装高程

图 5-5 定子安装高程计算示意图

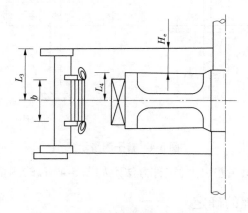

图 5-6 定子和转子相对位置示意图

图 5-6 中，当定子、转子磁场中心相重合时，转子磁轭上平面至定子上法兰面的高差 $H_e = L_3 - L_4$。

根据安装质量标准的规定，转子磁场中心不能高于定子磁场中心，也不得低于硅钢片有效高度的 0.5%。

$$H_e \leqslant H_p \leqslant H_e + 0.005b \tag{5-9}$$

式中　H_p——实测的定子上法兰面与转子磁轭上平面的高差，mm；

　　　b——定子磁极高度。

八、在机坑的预装测量法

对于半调节的泵轴与转轮为轴孔连接的机组,因预装工作量不大,起吊容易,可以在机坑直接预装。

将导叶体安装高程确定,并调至基本水平,将泵轴与吊下的叶轮连接并吊至适当的位置,合上叶轮外壳,上、下调整叶轮,使测量的叶片上、下部位与外壳的间隙基本相等。

将泵轴上平面实际所在高程∇H_b,引至周围高程点附近,一般不小于2点。用相对高差法测出转子磁极中心至电机轴下法兰面距离L_5,定子磁极中心至定子上法兰面的距离L_3和定子高度H_n。

定子基础板的实际安装高程为:$\nabla H_e = \nabla H_b + L_5 + L_3 - H_n$。

定子上平面的实际安装高程为:$\nabla H_b = \nabla H_d + L_5 + L_3$。

其他部件如底座、受油器、下机架、制动器等的安装高程可由上述基准高程,根据图纸要求进行推算。

任务二　轴瓦研刮及镜板研磨

一、轴瓦研刮

轴瓦研刮宜在室内进行,场地要求清洁干燥,室温变化不宜太大,以防止镜板生锈及轴瓦变形。

每块瓦在未刮之前都应仔细检查,瓦面若有较大的气孔都要补焊,较小的气孔可将周围刮成斜坡,瓦表面的砂粒要清除干净,以免损坏镜板和轴颈。如果轴瓦内夹有较多的砂粒,就不能使用。此外,还应检查巴氏合金与瓦胎接触的紧密程度,检查时可用煤油涂在巴氏合金与瓦胎的结合缝处,然后擦干煤油,涂抹粉笔灰。如果结合处的粉笔灰出现油迹,即表明两者的结合是不牢固的,不合格的瓦应立即熔掉重新浇铸。

轴瓦的刮削工作主要是手工操作,可以达到相当高的精度和光洁度,但由于手工刮削的劳动量大,因而其加工量应尽量小,一般在0.05~0.1 mm范围内。

(一)推力瓦研刮

一般按下述两道工序进行。

1. 研磨

推力瓦刮削时,应通过研磨显出高点进行刮削。推力瓦的研磨工作最好在研磨机上进行,如图5-7所示。先把推力轴承座置于事先放好的木台上,在呈三角形方位的抗重螺栓上,放好3块推力瓦,用无水酒精或苯把瓦面和镜板接触面擦干净,将镜板面朝下吊放在推力瓦上,调整镜板水平在0.2 mm/m以内,然后通过螺栓把镜板和旋转臂连成一体。为便于工作,从地面到瓦面的高度要适当,一般以600~800 mm为宜。

上述工作结束后,即可对轴瓦进行研磨,使镜板按机组旋转方向转3~5圈,然后用起重葫芦吊开镜板,把推力瓦放在专制的平台上,进行推力瓦的刮削工作。

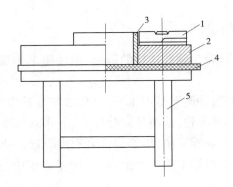

1—推力瓦;2—镜板;3—专用导向圈;4—羊毛毡;5—专用架

图5-7　推力瓦研磨示意图

2. 刮削

刮削时,首先是粗刮,经过几次研刮,瓦面呈现均匀而光滑的接触状态,接着就可以进行精刮。精刮时,按照接触情况,用刮刀依次刮削,刀痕要清晰,前后两次刮削的花纹应大致垂直,最大最光的点应全部刮掉,中等接触点挑开,小点暂时不刮。这样经过几次研磨之后会使大点分成多个小点,中等点变成两个点,小点变成大点,无点处也出现小点,点的大小在 0.2 cm² 左右。每次刮完一遍都要把瓦面擦干净,按上述方法再将瓦进行研磨。经过多次反复,当接触点达到要求后,再以抗重螺栓为中心,将瓦中心研刮两遍,第一遍刮瓦宽的1/2,第二遍刮瓦宽的1/3,其目的是减少瓦在运行中产生的温度变形。然后对照图纸修刮进油边,非进油边刮出倒角,如图5-8所示。

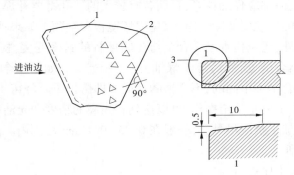

1—推力轴瓦;2—刀花;3—进油边

图5-8　轴瓦修刮进油边示意图　（单位:mm)

当3块瓦或1块瓦研刮合格后,随之换上未刮的瓦继续进行上述工作,直到刮完所有的瓦。

当机组盘车合格后,由于轴瓦受到一定的负载和温度的影响,瓦面接触可能有变化。因此,应再次抽出推力瓦,检查接触情况,进行补充刮瓦。

(二) 导轴瓦研刮

导轴瓦的研刮一般是在主轴竖立之前的横放状态下进行的。研刮前,将主轴轴颈清洗干净,在轴颈上绕4~5圈麻绳(也可以加铝箍)导向,如图5-9所示。用无水酒精和苯再次清洗轴颈,同时也擦洗轴瓦,把轴瓦扣在轴颈上,往复研磨6~12次,然后将瓦放在刮刀架上,按刮削推力瓦的同样方法进行刮削,直到合乎要求。对于分块式导轴瓦,要求有2个1 cm² 接触点,每块瓦局部不接触面积,每处不大于轴瓦面积的2%,总和不能超过该轴瓦总面积的8%。刀花深度一般为0.03~0.05 mm。

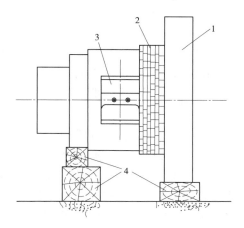

1—推力头;2—绳箍;3—导向瓦;4—垫木

图 5-9　导轴瓦研磨示意图

导轴瓦研刮合格后,在轴颈表面涂油,并用白布或塑料布缠绕保护,瓦面上均匀地涂一层纯净的凡士林油,用白纸贴盖或装箱保护。

二、镜板研磨、抛光

镜板是高精度、高光洁度的部件,在运输保管及轴瓦研刮中会造成其生锈或损伤,这时需对镜板抛光、研磨。

镜板表面锈蚀深度在0.005 mm左右,或仅有个别小锈斑的轻微锈蚀,可以在工地上进行研磨或抛光处理。按图5-7的布置,在瓦轴上支起3块推力瓦,保持其水平在0.02 mm/m以内,瓦上包一层呢布,上面涂一层调好的研磨膏,并将镜板放在其上,同研磨推力瓦一样转动镜板,每研磨30 min需加研磨膏一次。

有个别小锈斑的镜板,在研磨以前应将其锈斑用精油石(粒度在30目以上)或天然油石磨去,面积可较锈斑稍扩大一点,磨成带有斜坡的凹形,实际上是省去这部分的受力作用,因此磨去的这部分面积不应太大。

常用来抛光的是粒度在400目以上(或粒度是微粉级的)的超精研磨膏,如果研磨膏干硬,可加进合格的透平油调配。若研磨除锈很困难,可在调配的研磨膏内加2%的盐酸。不过在将镜板锈蚀除净后,必须注意清洗干净,同时还要用未加盐酸的研磨膏再研磨一次。

抛光后的镜板表面涂猪油或其他不含水且无酸碱性的油脂,用描图纸盖上,再盖毛毡,镜面朝上,水平放置。

任务三　机组固定部分的埋设

机组固定部分的埋设是指水泵底座、导叶体、填料函衬圈及电动机安装基础板的埋设。在固定件埋设之前,应先做好基础埋设。

一、基础垫板的埋设

根据垫板承担的不同负载和作用,合理选择垫板的规格和数量。水泵基础和电机定子基础板,分别承受水泵重量和停机时水倒流产生的水平力,及电机、泵轴、叶轮及叶片上水的重量及推力,为此需要埋设垫板。不考虑二期混凝土受力,垫板与第一期混凝土应有75%以上的接触面。

垫板厚度一般选用 8~15 mm(可用钢板或 HT10-26 灰口铸铁),双面刨平,整板长度一般应比基础板径向长度大 3~5 cm,这样垫板的宽度就可以确定。

为了准确确定固定件的安装高程,基础板和基础垫板之间应加楔形垫铁进行调整,改变楔形垫铁搭接长度,使厚度发生变化。楔形垫铁有以下两种结构:

(1)普通楔子板。一般选用 1/10~1/25 斜率的模子板,双面加工,精度▽5,成对使用。其大小端面厚度按下式计算:

$$h_D = h_C + L/50 \tag{5-10}$$

式中　h_D——楔子板大端厚度,mm;
　　　h_C——楔子板小端厚度,mm;
　　　L——楔子板总长度,mm。

一般情况下,楔铁比垫铁薄 1 cm 左右,长度应比垫铁稍长或相等,搭接时不得小于2/3 楔铁长度,调整高度在 4 mm 以上。

(2)螺栓调节式楔子板。在模子板一端上加上螺杆、螺母,可用扳手进行调节,如图 5-10 所示。

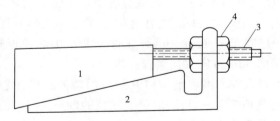

1—上垫铁;2—下垫铁;3—调节螺杆;4—螺母

图 5-10　可调垫铁

基础垫板埋设,应根据水泵中心安装高程和电机安装高程及楔形垫铁尺寸进行推算。高程误差控制在 2 mm 以内,水平误差在 0.1~0.2 mm/m 以内,达到要求后四周抹砂浆并养护,砂浆厚度应保证为 50~80 mm。

基础螺栓的埋设,一般是与有关连接件一起吊入时进行,螺栓应在预留孔中,以便调整。考虑螺孔边有架空现象,每只基础螺栓需配两组垫铁,保证固定件受力均匀。

二、底座的埋设

底座埋设的要点是控制其高程、中心、水平。

水泵叶轮中心线高程通常被测放在机坑旁墙壁上,这时只要量出叶轮外壳球面内壁刻记中心到其下部与底座之间的距离 M,便可得底座平面的安装高程,即

$$\nabla H = \nabla H' - M \tag{5-11}$$

式中　　∇H——底座平面的安装高程,mm;

　　　　$\nabla H'$——叶轮中心线高程,mm。

考虑底座与外壳间有止水橡皮及测量误差的影响,通常底座的安装高程误差要求控制在 3 mm 以内。

按电机层上所测放的中心十字线,向下吊垂线,使底座中心与该垂线吻合,一般中心误差不超过 2 mm,即 $r \leqslant 2$ mm,如图 5-11 所示。

底座的水平度初校可以用水准仪监视进行。精校时,要采用框式水平仪,其方法是将水平仪锁定在经过精确加工的水平梁上,取水平梁某一端为读数端,在读数端读出水平仪中气泡移动的格数 A_1,将水平梁调头(转 180°),仍在原读数端读出气泡移动格数 A_2,则底座的水平度误差为

图 5-11　底座中心测量示意图

$$\Delta h = \frac{A_1 + A_2}{2} C \cdot D \tag{5-12}$$

式中　　Δh——底座的水平度误差,mm/m;

　　　　C——框式水平仪精度,mm/m·格;

　　　　D——水平梁两端支点间距离,m。

底座的水平度误差一般按 0.05 mm/m 控制。

底座的调整是靠厂家随水泵配置的千斤顶进行的,调整好后,千斤顶不必取出,将底座上地脚螺丝螺母稍拧紧,然后沿底座周边分布钢筋并加固底座,再浇筑基础二期混凝土。浇筑时不宜使用振捣器,以免不慎将底座碰松,宜采用人工捣固的方法。10 d 后再复校,底座的高程、中心、水平均符合要求后,才可承重。

三、导叶体的埋设

先将导叶体拉入机坑中,用行车提起,把叶轮外壳推进,然后将底座、叶轮外壳和导叶体三大件连接。连接前,各接触面之间必须嵌入止水橡皮。在导叶体和叶轮外壳间还必须垫有蹄形垫铁,垫铁上、下面分别贴有一层 0.15 mm 厚的纸垫,以使导叶体与外壳之间留有间隙,便于外壳的开启。

上述工作完成之后,要测量调整叶轮外壳与水导轴窝的垂直同心度(方法后述),同时也要测量橡胶轴承结合面的水平度,最后的工作便是加固并浇筑二期混凝土。

四、填料函衬圈的埋设

填料函衬圈的埋设可与导叶体的埋设同时进行,其要点及方法同底座的埋设。

五、电机固定部分的埋设

通常先将电机的基础板、下机架及定子连成一体后,再调整定子和水泵固定件的同心度及定子安装高程。

根据定子的安装高程,推算基础板的下平面高程。因此,事先在每块基础板下均布6~8块垫铁供调整用。待垂直同心度调整好后,将基础板下垫铁焊接牢固,然后浇筑二期混凝土。

任务四　固定部分垂直同心度的测量与调整

机组的安装高程确定之后,必须调整水泵和电机各固定部件的平面位置,使各部件的中心点重合在一条理想的铅垂线上。一般做法是,先确定一个基准件(常以导叶体的水导轴窝的中心线作基准),用求心器内径千分尺来测定通过该基准的中心铅垂线,然后以该铅垂线为标准来调整被测部件的中心。

一、测量工具和方法

在被测的固定部件的中心位置悬挂一条钢琴线,下端系一重锤,重锤浸入油桶中以求稳定。钢琴线上端接在可移动的求心器上,将求心器作前后左右的微量移动,可调节钢琴线的平面位置。用干电池、耳机、电线与钢琴线串联成一个简单的电流回路。当内径千分尺的尖端与钢琴线接触时,回路接通,耳机发出声响,内径千分尺上的读数即为部件圆周上该点与铅垂线的距离,沿圆周东西南北四个方位测量并做好记录,可反映该部件中心点对铅垂线的偏离情况,供调整时用。测量装置如图 5-12 所示。

测量装置中,重锤应有 12~15 kg,钢琴线选择直径为 0.16~0.38 mm 的钢丝,中间应没有接头和曲折,选用普通 2 000 Ω 阻抗的耳机一副,油桶内装有一定黏度的油(一般常用机油和柴油的混合油)。

测量的精度是保证调整准确的前提,如果测量本身的误差超过同心度允许的偏差,就无法保证安装精度。因此,进行重锤同心度测量时应注意以下几方面:

(1)求心器及求心器架安装要平稳,注意对地绝缘,装设遮栏,严防碰撞。调节求心器钢琴线位置时,人不能站在支架上,应另立站人的脚手架。

(2)油桶放置要平稳。重锤应尽量居于桶中心,不要使重锤与桶壁相撞。此外,在电机层风道、密封层等漏风处,加设必要的挡风设施,以免风吹动钢琴线,影响测量精度。

(3)悬挂的钢琴线应清理干净,无打结或曲折现象,被测部件的测点处应无油污、铁锈,并将被测点以小圆圈标记。

(4)测量时,千分尺测杆的一端与部件测点紧靠,测头对准钢琴线做上、下、左、右圆弧运动。如图 5-13 所示,一边调整千分尺长度,一边对着钢琴线划圈,从大圈逐渐缩到一

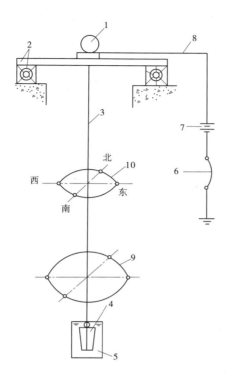

1—求心器;2—支架;3—钢琴线;4—重锤;5—油桶;
6—耳机;7—干电池;8—电线;9—基准部件;10—被测部件

图 5-12　垂直同心度测量示意图

点上。当从耳机中发出微小的"咯咯"声响时,应立即停止调节,然后将千分尺反向调节,缩短 0.01 ~ 0.02 mm。这时耳机内无声,再将千分尺调到原来的读数,同样发出声音。此时,读数作为测点到钢琴线的垂直距离,做好记录。

(5)每次测量时,由 3 人进行,1 人扶在测杆尾端紧靠测点,1 人戴耳机持测杆(千分尺),1 个人做记录。为保证所测数据的准确性,每次测量时,应由同一人施测。

二、几个偏差的基本概念

(1)同心偏差。指被测部位的东西向

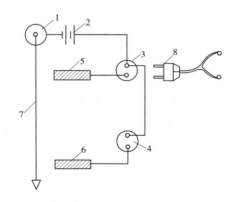

1—求心器;2—干电池;3、4—插座;5、6—部件;
7—钢琴线;8—插头

图 5-13　测量垂直同心度接线方式

差值和南北向差值。如图 5-14 所示,被测部位的各向测点读数值为 R_1、R_2、R_3、R_4,则有

$$X_a = R_1 - R_3, \quad Y_a = R_2 - R_4$$

式中　X_a——被测部件上(或下)部在东西方向上的同心偏差;

Y_a——被测部件上（或下）部在南北方向上的同心偏差。

（2）中心偏差。指被测部件的中心离开基准中心的距离。如图 5-15 所示，中心偏差 Δr 可近似为

$$\Delta r = \sqrt{\left(\frac{X_a}{2}\right)^2 + \left(\frac{Y_a}{2}\right)^2} = \frac{1}{2}\sqrt{X_a^2 + Y_a^2} \tag{5-13}$$

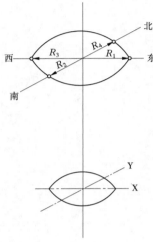

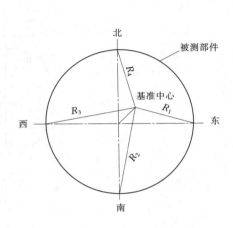

图 5-14　同心偏差测量示意图　　　　　　　　图 5-15　中心偏差示意图

（3）垂直偏差。是指被测部件上下两个圆面在同一方向上各测量值之差，如图 5-16 所示，各向垂直偏差为

$$\Delta_东 = R_1 - R_5；\quad \Delta_南 = R_2 - R_6；\quad \Delta_西 = R_3 - R_7；\Delta_北 = R_4 - R_8$$
$$X = \Delta_东 - \Delta_西 = X_a - X_b；\quad Y = \Delta_南 - \Delta_北 = Y_a - Y_b$$

式中　X——部件上、下部在东西方向上的倾斜值；

　　　　Y——部件上、下部在南北方向上的倾斜值。

三、导叶体与叶轮外壳的垂直同心度测量调整

如图 5-15 所示，以外壳中心为基准，测量水导窝的同心度（测量前要先调整好水平，以保证导叶体的垂直度）。初调中心时，可在导叶体东西和南北向拉十字线，测量十字线交叉点至基准中心（钢琴线）的距离即 Δr，然后移动导叶体，使十字线中心与基准线中心重合。这时，就可用内径千分尺来精确校正同心偏差了。导叶体在东西、南北方向移动时，其移动量可采用如下近似公式计算：

$$\Delta X = X_a/2；\quad \Delta Y = Y_b/2$$

式中　ΔX、ΔY——沿东西、南北方向的移动量。

$\Delta X > 0$，移动方向为东→西；$\Delta X < 0$ 时，移动方向为西→东；$\Delta Y > 0$ 时，移动方向为南→北；$\Delta Y < 0$ 时，移动方向为北→南。

四、定子垂直同心度的分析和调整

在定子硅钢片圆周上分出东、西、南、北四个方向，并在各方向的硅钢片上、下端定出测量点，如图 5-17 所示。定子和基准轴心的位置有如下三种关系：

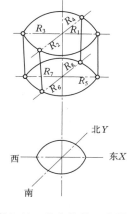

（1）垂直同心度。硅钢片中心与基准中心重合，或中心偏差在允许范围内，如图 5-17（a）所示，以关系式表达如下：

同心偏差

$$X_a = Y_b, \quad X_b = Y_a$$

垂直偏差

$$\Delta_东 = \Delta_西 = \Delta_南 = \Delta_北 = 0$$

倾斜值

图 5-16　垂直偏差示意图

$$X = Y = 0$$

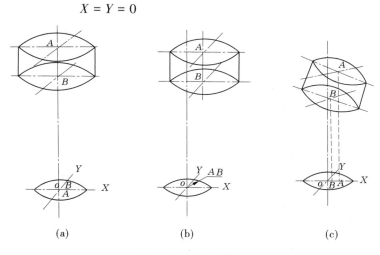

(a)	(b)	(c)

图 5-17　定子位置图

（2）错位。定子自身是垂直的，其自身轴线平行于基准轴线，如图 5-17（b）所示。
同心偏差

$$X_a = Y_a \neq 0 \ 或 \ X_b = Y_b \neq 0$$

垂直偏差

$$\Delta_东 = \Delta_西 = \Delta_南 = \Delta_北 = 0$$

倾斜值

$$X = Y = 0$$

错位的调整方法同导叶体的调整方法一样，需要用千斤顶将定子沿东西方向和南北方向作平移，注意移动时用百分表监视移动量，同时还要在定子上面用百分表监视垂直方向的窜动量。

（3）倾斜。非垂直同心，也非错位的情况就是定子倾斜，如图 5-17（c）所示。
此时，同心偏差

$$X_a \neq X_b \quad \text{或} \quad Y_a \neq Y_b$$

倾斜值

$$X \neq 0 \quad \text{或} \quad Y \neq 0$$

垂直偏差

$$\Delta_{\text{东}} \neq 0 \text{ 或 } \Delta_{\text{西}} \neq 0 \text{ 或 } \Delta_{\text{南}} \neq 0 \text{ 或 } \Delta_{\text{北}} \neq 0$$

倾斜的调整常分两步进行,先将定子调平,消除倾斜,使之变成错位的情况,然后对中,消除错位。

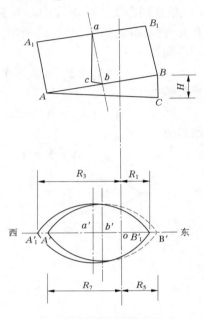

调平的方法有两种:其一,如果定子上法兰面与硅钢片是垂直的,要求制造时的精度高,可以调整定子的上法兰平面的水平度,一般控制在 0.05 mm/m 以内;其二,先计算倾斜值,再进行调整,这种方法比较复杂,主要是倾斜方位难以确定。在实际工作中,常常同时采用这两种方法,互相补充,互相校验。

如图 5-18 所示,为发生在东西方向上的倾斜情况,其倾斜值的计算如下:

测得上圆东西方向之读数为 R_1、R_3,下圆东西方向的读数为 R_5、R_7,设上、下测点的距离 $ab = h$,硅钢片内圆直径 $\overline{AB} = d$、倾斜值 $\overline{BC} = H$。则:

图 5-18 倾斜值计算示意图

上圆中心至基准线的距离为 $\overline{a'o} = R_3 - R_1$,下圆中心线的距离为 $\overline{b'o} = R_7 - R_5$。

故两圆心在平面上的投影距离为:

$$\overline{a'b'} = \overline{a'o} - \overline{b'o} = R_3 - R_1 - (R_7 - R_5) = \Delta_{\text{西}} - \Delta_{\text{东}} = Z$$

在 $\triangle ABC$ 及 $\triangle abc$ 中,由于 $ab \perp AB$,$bc \perp BC$,则有 $\triangle ABC \backsim \triangle abc$,从而

$$\frac{\overline{BC}}{\overline{bc}} = \frac{\overline{AB}}{\overline{ab}} \quad \text{且} \quad \overline{bc} = \overline{a'b'}$$

设 $H = \overline{BC}$,部件底面的最大倾斜值(mm);$Z = \overline{bc}$,部件的最大中心偏差值(mm);$d = \overline{AB}$,部件底面的直径(mm);$h = \overline{ab}$,相当于两测点间的距离(mm)。得到

$$\frac{H}{Z} = \frac{d}{h}$$

所以最大倾斜值为 $H = dZ/h$。

五、固定部分垂直同心度安装资料整理

对照表 5-3 将各部件的垂直同心度测量记录逐一填写,并将质量标准附后。

表 5-3　某号机组垂直同心度测定记录

测量部位	测量方向					
	南	北	南北	东	西	东西
电动机上机架						
定子铁芯上部						
定子铁芯下部						
水泵上橡胶轴承						
水泵下橡胶轴承						

　　　测量：_____　　　记录：_____　　　验收：_____

（1）测量单位：0.01 mm。

（2）测量标准：电动机上、下机架部位其垂直同心度不超过±1.0 mm。

六、定子椭圆度的分析及调整

从定子的垂直同心度记录上,可以计算定子硅钢片内径的椭圆度 $D_{椭}$:

$$D_{椭} = (R_1 + R_2) - (R_3 + R_4) \qquad (5\text{-}14)$$

式中　R_1、R_2——定子硅钢片内径,同一直径方向上部(或下部)测量值;

　　　R_3、R_4——定子硅钢片与 R_1、R_2 垂直方向上部(或下部)测量数值。

内径小于 4 m 的定子,一般做成整体结构,如发生较大的椭圆度,应同厂家商量解决。

对于直径较大的定子,一般做成分瓣结构,垂直同心度测量的测点数应增加,一般只测量铁芯上、下两个横断面,每瓣定子的每一个断面不应少于 3 个测点,接缝处必须有测点。无论是整体铁芯,还是分瓣铁芯,其椭圆度不应大于设计空气间隙的 5%。

调整分瓣定子椭圆度利用千斤顶强迫机座受力变形,根据其偏差值,迫使相应部位向中心移动,在其正面和两翼用千斤顶顶住,操作时注意支墩能否支承较大压力,否则应采取加强措施,具体布置见图 5-19。

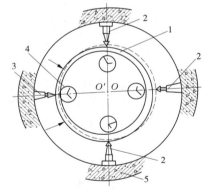

1—分瓣定子;2—支撑千斤顶;
3—调节千斤顶;4—监视百分表;
5—混凝土墙壁;O—机组中心;O'—定子椭圆中心

图 5-19　定子椭圆度调节示意图

七、28CJ-58 型轴流泵机组的安装程序

28CJ-58 型轴流泵机组的安装程序见图 5-20。

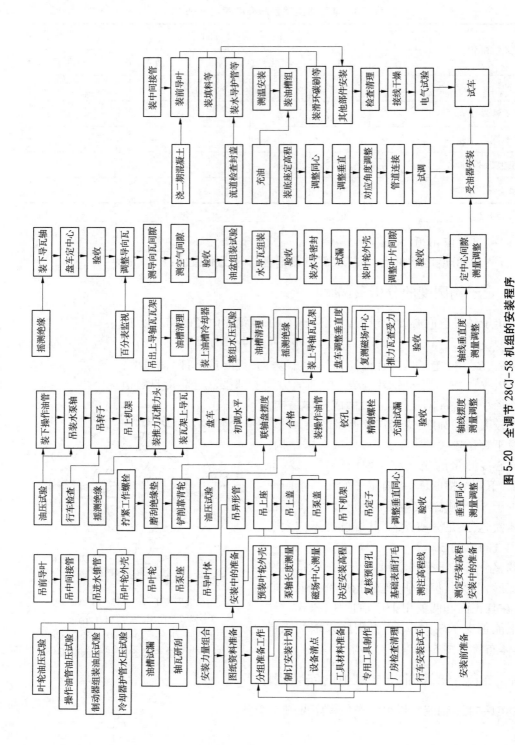

图 5-20　全调节 28CJ-58 机组的安装程序

任务五　机组轴线的测量与调整

立式机组的总轴线由电动机轴线和水泵轴线组成。推力头与镜板将总轴线支承于推力瓦上。如果镜板的摩擦面与总轴线绝对垂直，镜板摩擦面本身又是绝对水平的，且组成轴线的各部件又没有曲折偏心现象，则机组将在理想的理论中心线上稳定旋转。但是，由于加工制造、运输、保管、安装等因素影响，机组轴线绝不可能与理想的理论中心线重合，因而，机组在运行过程中的轴线便会围绕理论中心线旋转，形成一个圆锥体。在轴线上任意一点都可以测得一个锥度圆，这个锥度圆称为该点的摆度圆，摆度圆的直径称为该点的全摆度。

同样，如果镜板摩擦面与电动机轴线是垂直的，而电动机轴与泵轴的连接处由于联轴器组合面与轴线不垂直而引起轴线曲折，则机组在运行时，轴线便从曲折处开始，出现偏离中心的锥形摆度圆，产生摆度。

当摆度值超过某一范围时，主轴便与轴承发生偏磨，机组在运行中就会由于摆度影响而产生剧烈振动，加剧机件的磨损和疲劳损坏，降低机组效率，缩短机组使用寿命，严重时会造成主轴承烧毁、主轴断裂等重大事故。

因此，机组轴线摆度的大小是鉴定安装质量的重要标准，为了使机组稳定而安全可靠地运行，必须对机组轴线进行测量和调整。

摆度测量就是用盘车的方法对已装好的机组轴线垂直度的鉴定校正。通常是在轴线最能反映偏差的典型部位装上千分表(或百分表)，再用人为的或机械的办法使机组转动部分缓缓转动，通过千分表量读数，计算后得摆度。

盘车一般分为两个过程，即单盘车(电动机与水泵轴连接前，调整电动机轴线)和联合盘车(电动机和水泵连接后，调整机组总轴线)，两种盘车都要测水平度。

一、盘车前的准备

(1)检查电动机空气间隙，一般用 3 mm 厚竹片或胶木片沿转子空气间隙扫一周，检查有无杂物。

(2)在上导轴瓦和推力轴瓦上涂一层猪油或猪油调料作润滑剂。

(3)在上导轴颈(推力头上平面)及电动机法兰处沿圆周分八等份，依次编号，上下对应，不得错位。

(4)上导轴瓦按东、南、西、北选四块进行间隙调整，间隙一般为 0.03~0.05 mm，其余导轴瓦暂不装设。

(5)盘车前用千分尺检查推力头与镜板之间的绝缘垫厚度，使厚度不均匀度控制在 0.03 mm 以内。

二、盘车方式

(1)人力盘车。在电动机转子轴端或推力头上安装专用的盘车架，插以钢管构成力臂，然后由人力推动，使机组转动部分缓慢旋转。这是一种常用的方法。

（2）机械盘车。在推力头上安装专用的盘车架,缠绕钢丝绳,用滑轮改变作用力的方向,利用行车或卷扬机牵引,使机组转动部件旋转。

（3）电动盘车。在电动机定子及转子线圈内通入直流电,产生电磁力,在电磁力的相互作用下,使机组转动部分旋转。这种方法需要大功率的直流设备和开关。

（4）液压减载盘车。适用于装有液压减载轴承的机组,它是利用推力轴瓦中心油孔,注入压力油使镜板稍稍浮起,再施以少许人力,使机组转动部分旋转。

三、盘车校水平、测摆度

（一）校水平

1. 测量方法

在盘车架上装悬臂水平架,在悬臂端安放框式水平仪,随转动部分缓慢旋转,在已编号的 8 个点上,依次停止,记录读数,测量水平度。

2. 测量步骤

（1）调平 3 块推力瓦（称基准瓦）,使水平仪在 3 块瓦的方位上读数相等。

（2）将水平仪气泡调零居中,然后盘车,使水平仪依次停止在 3 块推力瓦方位,并将推力瓦逐一调平,使水平仪中气泡居中不动。

（3）检查推力瓦抗重螺栓的松紧情况,用扳手和手锤调整,使之受力均匀。这项工作应由一人进行,注意用力均衡,还应用水平仪监视。

（4）检查磁场中心,使定子、转子磁场中心高差符合规定要求。

（5）水平度符合要求后,锁上锁片,锁紧抗重螺栓,注意不要碰动螺栓,操作时仍需要用水平仪监视。

（6）再复校水平度,将结果记录下来,一般按前述编号的 8 个点进行,水平仪读数不超过 0.02 mm/m,即认为符合要求。

（二）测摆度

1. 摆度产生的原因

（1）镜板摩擦面与整根轴线不垂直。当轴线回转时,轴线必然偏离理论回转中心线,如图 5-21 所示,而轴线上任意一点测得的锥度圆,就是该点的摆度圆,摆度圆直径即构成该点的摆度。

（2）法兰面与轴线不垂直。当轴线旋转时,便从折弯处形成锥形摆度圆,从而产生摆度,如图 5-22 所示。

（3）如果整体轴线与镜板摩擦面垂直,而整体轴线偏离理论旋转中心线,轴线旋转时,依然会形成摆度圆,如图 5-23 所示,从而形成摆度（大型机组）。

2. 过大摆度对机组运转的影响

（1）轴线的倾斜使机组重心发生改变,增大了离心惯性力,在运转中对推力轴承将产生周期性的不均匀负载,引起机组振动。

（2）使主轴和导轴承四周间隙不均匀,恶化了导轴承工作条件,使瓦温升高,也使其密封受到影响。

（3）严重的可能引起固定部分和转动部分碰撞,使机组不能正常运行。

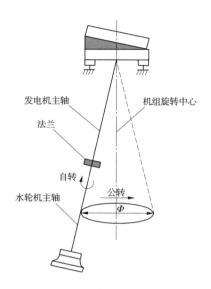

图 5-21　镜板摩擦面与轴线不垂直

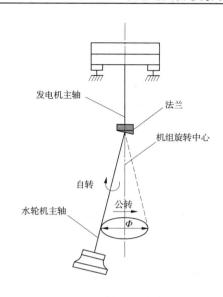

图 5-22　法兰组合面发生曲折

3. 测量方法

在推力轴颈 X、Y 方向成 90°各架设百分表 1 块，在电动机轴法兰盘校正槽处按推力头 X、Y 方向也各架百分表 1 块，各表指派专人读数、记录。然后按 8 点逐点盘车，每次盘 3 圈，当车盘至起始点时，检查百分表是否回"零"，若不回"零"，则其误差不应超过 0.04 mm。

摆度计算时，常采用第 3 圈所测数据。因为到第 3 圈时，推力瓦和镜板之间的油膜比较均匀，测量误差较小。

4. 摆度计算

1）全摆度计算

同一测量部位对称两点百分表读数之差称为全摆度。

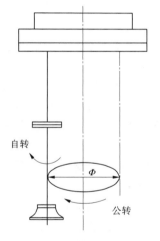

图 5-23　轴线偏离旋转中心

上导处的全摆度

$$\varphi_{a} = \varphi_{a_{180}} - \varphi_{a_0} = e \qquad (5\text{-}15)$$

式中　φ_{a}——上导处的全摆度，mm；

$\varphi_{a_{180}}$——上导处旋转 180°时百分表读数，mm；

φ_{a_0}——上导处旋转起始点的百分表读数，mm；

e——主轴径向位移量。

法兰处的全摆度

$$\varphi_{b} = \varphi_{b_{180}} - \varphi_{b_0} = 2J + e \qquad (5\text{-}16)$$

式中　φ_{b}——法兰处的全摆度，mm；

$\varphi_{b_{180}}$——法兰处旋转 180°时百分表的读数，mm；

φ_{b_0}——法兰处旋转起始点的百分表读数,mm;

J——法兰与上导之间的倾斜值,mm。

2)净摆度(相对摆度)计算

同一测点(一般指上导处)上、下两部位摆度之差称为净摆度。

法兰处的净摆度

$$\varphi_{ba} = \varphi_b - \varphi_a = (2J + e) - e = 2J \qquad (5\text{-}17)$$

式中　φ_{ba}——法兰处的净摆度,mm;

其他符号意义同前。

3)倾斜计算

法兰处相对上导的倾斜值为

$$J = \frac{\varphi_{ba}}{2} \qquad (5\text{-}18)$$

如果没有其他干扰因素,则法兰处 8 个点上的百分表读数应成正弦曲线规律,并可从正弦曲线上找到最大的摆度值及方位。在实际工作中,往往存在着许多干扰因素,使正弦曲线不规则。当正弦曲线发生较大突变时,说明所测数值不准,需要重新盘车测量。这也是检查测量数值是否准确的一种方法。

5. 摆度调整

摆度调整就是设法消除倾斜值,一般的方法是刮削绝缘垫。

绝缘垫刮削的步骤如下:

(1)盘车后得出正确记录,确定绝缘垫的应磨数字及方位。

(2)顶起转子,松开推力头与镜板的连接螺栓,取出绝缘垫,按摆度测定方位将绝缘垫均分为 8 等份,做出记号,并记好绝缘垫与推力头的接触面。

(3)按研磨最大方位直径均分为 5 等份,将垫分成 5 个区域,并注意测点编号。

(4)将绝缘垫放在平面上,用外包毛毯的小铁块,在已略涂黑粉的绝缘垫上研磨,以便显出高点。

(5)用特制的外径千分尺分区域测量高点,做好记录,同时也记在绝缘垫上。

(6)按计算的各区域应磨数字及各区域测得的数字,用小平板压细砂纸磨去高点和应磨部位,直至检查合格。

(7)按原记号将垫放入推力头与镜板之间,方位及正反面均应正确,绝缘垫与推力头、镜板之间应干净清洁。

(8)落下转子,均匀紧固螺栓。

(9)再行盘车,直至摆度符合标准。

通常绝缘垫的刮削量应在 0.10 mm 以内,当刮削量超过 0.10 mm,或已刮多次,绝缘垫已薄,再刮易造成绝缘垫挠曲不平时,可采用镜板和推力头之间加楔形垫的方法,当然最好还是更换新的绝缘垫。

(三)整体盘车调整机组总轴线

单盘车合格后,即可进行整体盘车。就是将水泵轴与电动机轴连接后进行盘车,方法同单盘车。并在水泵轴颈处与上、下导轴颈和法兰处相对应地加两只百分表,以测水导处的摆度。

整体盘车的过程，就是调整机组总轴线的过程，由于机件加工、装配及其他原因所造成的误差，总轴线可能呈现各种状态。

不论总轴线的曲折情况如何，只要上下导、法兰、水导摆度符合质量标准即可。如果轴线曲折很小，而摆度较大，也可采用刮削绝缘垫的方法兼顾调整。如果刮削绝缘垫达不到要求，也可处理主轴法兰接合面，一般是对泵轴法兰面进行刮削。

四、影响盘车的因素及常见问题的处理

(一)推力头与主轴配合较松,卡环厚薄不均

推力头和主轴的配合，一般都是基孔制过渡配合，过盈量一般以 0.03~0.05 mm 为宜。装配中，压装力愈来愈大，推力头每进一步都伴有"咚"的声音，此现象说明推力头和主轴配合是合适的。

如果推力头和主轴间存在间隙或过盈量甚微，推力头装配时稍加压力或靠其自重便可轻易装入，盘车时各测点摆度会经常变动，只要顶一下转子，摆度就向不同方向变化，如出现这种情况，需要调换推力头。此时推力头松动常伴有卡环松动，这时盘车也很难符合标准。

(二)推力头底面和轴线不垂直

尽管绝缘垫的厚度是非常均匀的，但因推力头底面本身倾斜，盘车时仍有较大的摆度。这时可用刮削绝缘垫的方法消除这种影响。

(三)镜板翘曲或表面呈波纹状

镜板是高光洁零件，在加工过程中，由于机械精度和其他震源的干扰，表面可能呈现过大的纹状波。这种波纹的存在，增加了镜板与推力瓦的摩擦力，因而增加了盘车阻力，给运行带来不利影响，但这种情况并不多见，较多见的是镜板翘曲。

(四)推力瓦面不平

盘车时很快就调整好了推力瓦水平度，但由于以后测摆度盘车中，主轴频繁启动、停止，出现不均匀的轻微的冲击和振动，有时会使抗重螺栓有些微松动(指抗重螺栓锁片在盘车时未锁的情况下)，推力瓦失去水平。观测摆度时，虽然百分表的读数较大，但各点的净摆度并不很大，这是由于推力瓦的不平造成主轴的倾斜。若出现这种情况，只需重新调整推力瓦水平度即可解决。

(五)抗重螺栓松动或破坏

由于加工制造及运行中各瓦受力情况的差异，抗重螺栓可能出现松动甚至破坏，盘车时摆度值波动无规律，运行时，摆度严重超过标准，或出现异常声响。此时应拆开检查，根据产生的问题修补或更换。

五、联轴器螺栓铰孔,复测水平、摆度

机组轴线调整合格后，便进行联轴器螺栓铰孔，按螺栓直径配备铰刀，每拆一个螺栓铰一个孔，铰完一孔即装精制螺栓并紧固，紧固力要基本一致。铰孔的数目一般为法兰连接螺栓的一半，并对称进行铰削。完成后，再盘车检查推力瓦水平度，以分析机组轴线垂直情况，并检查调整机组总轴线的摆度。

六、机组转动部分移中

机组盘车是使各转动部分轴线重合于总轴线,但是机组转动部分轴线还必须与固定部分轴线重合,这样才能保证各部件间隙符合要求,这种方法称为转动部分移中,有的也叫对称中心,基准仍是水泵的水导轴瓦。常用方法如下:

用内径千分尺测量水泵导轴颈、导轴瓦的水平距离,为使测量准确,在导叶体内架两只互成90°的百分表,指针对准轴颈并调零,以监视测量的大轴是否位移。将东、南、西、北四个方向上的测量结果记录下来,进行计算,得出偏移方位和数值。计算时,应考虑泵轴在该点上的净摆度值,近似计算公式为

$$X = \frac{R_3 - R_1 + J_x}{2} \tag{5-19}$$

$$Y = \frac{R_2 - R_4 + J_y}{2} \tag{5-20}$$

式中　X——泵轴沿 X 轴方向上的移动量,mm;

　　　Y——泵轴沿 Y 轴方向上的移动量,mm;

　　　J_x——测点在 X 轴方向上的净摆度,mm;

　　　J_y——测点在 Y 轴方向上的净摆度,mm;

　　　R_1、R_2、R_3、R_4——东、南、西、北四个方向测量的距离,mm。

当 $X>0$(或 $Y>0$)时,沿 X 轴(或 Y 轴)正方向移动,否则向负方向移动。

移中时,一般是利用上导轴瓦进行,在上导轴颈处架设两只互成90°的百分表,以监视主轴位置。调整时,按计算出的 X、Y 值用上导瓦支承螺栓推动轴颈移动,监视百分表,使其读数变化值等于 X 或 Y 值。每移一次,测量一次,反复进行,直至合格。

即使在上导瓦全部调好间隙后,为稳妥起见,还必须在水导轴颈处再测量一次中心偏移情况。

七、轴承的安装与调整

(一)轴承绝缘

大型同步电动机,不论是立式还是卧式,主轴都不可避免地处于不对称的脉冲磁场中运转,这种不对称磁场通常是由于定子铁芯合缝,定子硅钢片接缝,定子、转子空气间隙不均匀等多种因素所引起的。当主轴旋转时,总是被这种不对称磁场中的交变磁通所交链,从而在主轴中感应出电动势,并通过主轴、轴承、机座而接地,形成环形短路轴电流。

防止这种轴电流对轴承的侵蚀,必须设法将轴与外界绝缘,以切断轴电流的回路。加强绝缘措施,不外乎增设绝缘垫与绝缘套管。如在镜板和推力头间、导轴瓦架与机架之间加绝缘垫,支座固定螺钉及销钉加绝缘套管等。所加绝缘物需事先清洗烘干,并逐个检查其绝缘性,合格才能安装。推力轴承安装完毕,需用 500 V 摇表检查,要求轴承对地绝缘电阻不低于 0.5 MΩ。

（二）推力轴承的安装与调整

1. 刚性支柱式推力轴承安装

按图纸要求及编号安装各推力瓦的抗重螺栓和推力瓦，并在瓦面上抹一层干净的熟猪油或二硫化钼作润滑剂，并以三块互成三角形的推力瓦来调整镜板的标高和水平，用方形水平仪在十字方向测量镜板水平度，使其水平度在 0.02～0.03 mm/m 的范围内。采用类似的方法将其他各块推力瓦都调整到规定高程的同一水平面内。

2. 液压支柱式推力轴承安装

液压支柱式推力轴承是利用油箱的弹性和整体密闭作用，各个油箱的油压可以不断地重新分配，使整个推力轴承受力均衡，达到稳定运行的目的。

3. 推力轴承的受力调整

机组轴线处理合格后，即可进行推力轴承的受力调整。推力轴承的受力调整应和机组转动部分的垂直度调整结合起来进行。进行受力调整的目的是使每块推力瓦受力基本均匀，防止个别推力瓦因负荷过重而过度磨损或烧损。

（三）导轴承的安装与调整

机组轴线调整合格后，即可进行导轴承的安装。

电动机导轴承的安装，要求与水导轴承有良好的同心度，以维持机组的实际回转中心。

电动机导轴瓦间隙的调整，是根据设计间隙、盘车摆度及水导实际间隙来计算的。

当水导轴承已按摆度调整到应在的位置时，悬吊型电动机上导轴颈已处于中心位置，可按设计间隙调整，而下导轴瓦则需考虑摆度的影响来调整。

1. 轴承间隙的测量

轴承间隙测量在机组转动部分中心位置调整完毕，空气间隙测量合格之后进行。在测量过程中，一定要保证转动部分轴线的中心位置正确。常用的方法有塞尺法、推轴法、推轴承法。

2. 电动机导轴承的安装与调整

电动机导轴承安装之前应先检查导轴承的绝缘，并在瓦面上涂透平油保护，按编号放在油槽绝缘托板上，装导轴瓦时应由两人对侧同时进行，并在轴颈互成 90° 装两只百分表监视主轴的径向位移，用楔形垫铁将水泵叶轮固定，从装瓦到轴承间隙调整结束，主轴应保持原位不变。调整导轴瓦间隙可以瓦背与支承螺栓球面之间的间隙为准。

3. 水泵导轴承及其密封装置的安装与调整

目前我国大型水泵机组使用的水泵导轴承，主要有水润滑的橡胶轴承和油润滑的轴承。

（1）橡胶轴承。橡胶轴承安装前应进行试装，目的在于测量轴承尺寸、椭圆度和锥度，同时测量轴颈外径，找出配合间隙。根据间隙值的大小、椭圆度和锥度，分别对轴承体分瓣组合面、橡胶瓦与轴承体结合面，以及橡胶面的接角进行检查，要求接触良好，无间隙。

轴承间隙调整合格，水封即可安装。橡胶轴承水封有石棉盘根水封和平板橡胶水封两种。石棉盘根水封包括盘根箱和盘根环，安装盘根箱时要保证盘根箱与轴颈的间隙均匀，最小间隙不应小于 2 mm；在安装石棉盘根时要分层分圈填入，不能成螺旋形，每卷接头应斜接，各层的接口要错开 120°，盘根压环的紧度以机组运行时从盘根处有少量滴水为宜。

（2）油润滑轴承。目前我国大型水泵,采用毕托管稀油筒式轴承较多,因为它有运行稳定、振摆小的优点。干油润滑轴承在一些卧式水泵机组中仍有采用。

稀油筒式轴承为金属轴承,要求与轴有较好的同心度和合理的间隙,安装调整要求严格,特别是轴承密封应能将油水严格隔离。

稀油筒式轴承安装包括轴瓦研刮、间隙调整和轴承安装。

①检查轴瓦面接触点分布情况并进行修刮。如此反复数次,要求轴瓦面接触点分布均匀,在 20 mm×20 mm 面积内有 5 个接触点,有接触点的总面积不应少于轴瓦总面积的75%。

②间隙调整。筒式轴承间隙适当,可以获得最小的摩擦系数,减少摩擦损失,降低轴承温度。间隙太大,将影响机组的稳定性,使摆度振动增大;间隙太小,会造成润滑油量的不足,提高轴承温度,使油质劣化,甚至破坏油膜、烧毁轴承。

③轴承安装前,主轴颈要经过抛光处理,以减少摩擦。

轴承安装时要注意位置,由于轴承是安装在转动油盆内,由转动油盆内的油供其润滑及带走热量冷却,所以转动油盆必须要先预装,并进行煤油渗透试验。安装时要测量转动油盆至导叶体与轴承体接合面的高差,并计算转动油盆盖与轴承体间的距离,这个距离应大于顶转子的抬起高度。

八、空气间隙和叶轮间隙的测量与调整

在转动部分的中心位置确定之后,就要对电动机的空气间隙和水泵叶轮间隙进行测量和调整,检查是否安装标准,必要时要进行校正。

（一）空气间隙的测量与调整

定子铁芯与转子磁极之间的间隙称为空气间隙。空气间隙是否符合要求,除取决于设备本身的制造工艺优劣外,还取决于安装质量的好坏。安装质量好坏主要反映在垂直同心是否准确,定中心过程有无差错等。

根据安装标准的规定,最大、最小空气间隙与平均空气间隙的差值均不能超过平均空气间隙的±10%。否则,间隙不等,引起磁拉力不均匀,导致机组运行时摆动,因此必须对空气间隙进行测量与调整。

测量空气间隙可采用楔形竹塞尺与外径千分尺配合使用,也可使用气隙塞规。

空气间隙一般都能符合要求,也可能发生异常情况而不合格,其原因如下:

1. 安装不符合要求

定子的垂直同心最大偏差超过规定允许值;转动部分的中心定得不准确,超过规定值。根据立式机组的结构特点,要保证空气间隙值在允许范围内,就必须使电动机定子、转子的中心轴线在允许范围内的铅垂线上。为满足这一要求,通常是以水导轴颈对其轴窝的中心位置进行调整,这就是转动部分定中心的工序。如果定中心发生差错,势必影响空气间隙的正确性。定子的垂直中心位置是根据水导轴窝的中心位置来进行测量调整的,如果定子水导轴窝的垂直同轴度发生差错,也将影响空气间隙。另外,转子的中心线与水导轴颈的中心线是否在同一铅垂线上也是一个影响因素。这是由机组轴线测量与调整及转动部分垂直度的测量和调整来决定的,即使水泵定中心正确,转动部分轴线的垂直

度不符合要求,也将导致空气间隙不合格。有时由于厂房地基沉陷不均匀,导致已调整好的固定部分的垂直同心度发生变化,使机组固定部分的中心不在同一铅垂线上。在这种情况下,虽将转动部分的垂直度调整合格,也难使空气间隙符合要求。

安装误差对空气间隙的影响,在测量记录上必然可以反映出来。此时,可根据具体情况予以调整,方法一般采用:

(1)移动定子使空气间隙合格,并使其中心与水导轴窝的中心在同一铅垂线上。

(2)检查调整转动部分轴线的垂直度,重新定轴线的中心,以满足空气间隙的要求。

2.设备本身的缺陷

具体表现有:

(1)定子失圆。一是安装前检查发现,二是在测垂直同心时反映出来,只要将相对测点半径之和进行相互比较,便可得出其椭圆值。椭圆值小,可自行调整;椭圆值大,则需与厂家联系。

(2)转子磁极失圆。这在安装前检查时就可利用测圆工具测出其失圆度,然后通过楔形垫板进行处理。

测量空气间隙必须上、下同时进行,从其测量记录上可分析是否存在一边大、一边小的现象(定子、转子相对倾斜的现象),若存在,必须调整,绝对不能马虎。因为当空气间隙的不均匀度超过一定范围时,间隙小的地方磁拉力增加,间隙大的地方磁拉力减小,在这种不平衡力的作用下,间隙大的进一步增大,小的更小,使电机在运行中产生剧烈振动引起故障,严重时会导致转子轴颈外弯曲,定子和转子相碰,损坏铁芯和绕组。另外,在间隙小的地方,磁通量增加引起铁芯损耗增加,由此引起铁芯和绕组过热,有破坏绝缘、烧坏绕组的危险。因此,对空气间隙的测量必须认真、准确,给予足够的重视。

(二)叶轮间隙的测量与调整

在叶轮外壳组装后即可对叶轮间隙进行测量。安装叶轮外壳时关键在于组合面上的垫片应摆放好,顺序是:先放垂直面的垫面(即两半接合面处),连接螺栓初紧,然后调整叶轮外壳法兰面在同一个平面上,放好垫片,此时可先拧紧叶轮外壳连接螺栓,再对称拧紧法兰与导叶体连接螺栓。垂直垫与水平垫应放平无皱,交接处接触良好,不允许有空隙或重叠,以免漏水。

用盘车方法测量每一叶片在东、南、西、北四个方位上与叶轮外壳之间的间隙,并记录。测量时可用塞尺或楔形竹塞尺配合外径千分尺进行。叶片间隙要求四周均匀,按规定叶轮间隙与实际平均间隙之差不应超过平均间隙的20%。由于转动部分的轴向力和水平推力会使转动部分略有下垂,故叶轮间隙最好是下部略大于上部。若为混流泵,下部间隙可适当放大。

叶轮间隙有时经测量对比发现不均匀,其原因为:

(1)在同一方位上,叶轮间隙均偏大或偏小,一般是由于叶轮外壳不同心或变形失圆造成的,可用千斤顶进行调整。

(2)同一叶片在叶轮外壳四周的间隙均偏大或偏小,这说明叶片外围失圆,叶片长短不一致。安装前可用叶轮测圆工具进行测量,找出失圆度,进行处理。

(3)叶片上下部间隙不均匀。若上部间隙太大,表明定子高程偏低;若上部间隙太小,则表明定子高程偏高。当出现这一情况时,可检查一下磁场中心,若条件允许,可用升高或降低推力轴承抗重螺栓的方法解决。此法只能进行微量调差,偏差值大应另用他法。

叶轮间隙测量验收,也是对安装过程中的垂直同心度、安装高程、定中心工序等的质量检查验收,是对安装工作的又一次检验。

九、调节器安装

安装调节器要在电动机安装完毕后进行,它是整个机组安装的最后工序,内容包括组装,高程、同心和水平的找正。调节器由受油器、配压阀、操作机构三部分组成。

调节器是将压力油系统的压力油,分配给水泵叶轮中的活塞,以调整叶片的安放角度。它安放在电动机上端的罩壳上。

调节器组装以调节器底座为基础,将操作机构、配压阀和受油器连接成整体,沟通油路。组装要求如下:

(1)组装前检查配压阀、受油器有无气孔砂眼,以免内腔导通影响叶片角度调节。

(2)检查密封部件有无破损残缺,要求油路密封可靠,受油器上的各油封轴承的不同轴度不应大于 0.05 mm。

(3)各操作机构动作灵活可靠,配合紧密,无卡阻现象。

调节器安装按以下步骤进行:

(1)确定调节器底座安装高程。以操作油管在零位时伸出电动机轴端的距离来决定底座的安装高程。若有偏差,可通过改变底座下绝缘垫厚度的方法来调整。

(2)在电动机罩壳上端面放绝缘垫,吊入调节器底座。

(3)用方形水平仪或框形水平仪测量底座的水平度,其水平偏差在底座平面上测量时不大于 0.05 mm/m,可以用在绝缘垫上加垫或修刮的方法使底座的水平度符合安装质量标准。

(4)安装上操作油管,并用同心架测量底座与上操作油管和外油管的同心度。同心度可调整底座,垂直度可修刮到操作油管的垫片。

(5)安装受油体,连接管道,调整叶片指示角度与实际叶片角度相符合。

(6)充油试验。在机组未运转时,通上 0.3 倍工作压力的压力油,使叶片调节灵活。

允许配压阀、外油管及操作油管铜套处有少量漏油,但压力油管、进油管安装接头处不应漏油。

调整角度的操作机构灵活无卡阻现象,上下调整后,角度值对应指示。

在规定的调节范围内,外油管不应该有整颈和卡阻现象。

(7)检查受油器对地绝缘电阻,在进水管无水时测量,应不小于 0.5 MΩ。

任务六　机组摆度计算

一、摆度的几个概念

(1)摆度(净读数):主轴某轴号百分表的读数,也称为绝对摆度,以"δ"表示。

（2）全摆度：主轴某一个测量部位处，直径方向对应两点的单侧摆度值之差，称为主轴在该直径方向上的全摆度。

（3）净摆度：主轴某测量部位处与限位导轴承处同轴号的单侧摆度值之差，称为该点的净摆度。

（4）净全摆度：主轴某测量部位处，某轴号的净摆度值与直径方向对应轴号的净摆度值之差，称为该部位该直径方向上的净全摆度。

（5）相对摆度：主轴某测量部位处，某轴号的净全摆度值除以限位导轴承中心至该测量部位的轴长。

二、摆度曲线绘制方法及摆度计算

（1）以测点号（轴号）为横坐标，以摆度值为纵坐标。选取比例尺，如横坐标以 1 mm 代替 2°，那么两个轴号相隔 45°就需要 22.5 mm，可以取 10 个轴号 9 个区间以使曲线完整、清楚；纵坐标用 1 mm 代替 0.01 mm。

（2）按要画曲线部位的各轴号的净摆度值与其相应的轴号，分别点入坐标内并依次连接成光滑曲线即为主轴盘车摆度曲线。

（3）自曲线的波峰和波谷作横坐标轴的平行线，两平行线之间的垂距即为主轴在该部位的最大净全摆度值。自曲线的波峰垂直下投所对应的轴号位置便是该最大净全摆度的方位。这时可依据横坐标作图，按比例尺算出哪一个轴号多少度多少分。

（4）曲线绘制完毕后，应检查：①X 和 Y 方向的两条曲线，哪一条更符合正、余弦曲线规律；②波峰、波谷所对应的轴号是否相差 180°；③有没有个别点偏离曲线，如有极个别点，可以删除。

（5）相对摆度的计算：相对摆度为法兰与水导轴承处的净摆度曲线的波峰、波谷垂距（mm）除以限位导轴承至法兰、水导轴承设表处的距离（m）。

立式水泵机组轴线允许摆度值见表 5-4。

表 5-4　立式水泵机组轴线允许摆度值

轴的名称	测量部位	机组转速（r/min）				
		100 以下	250	370	600	1 000
电动机轴	发电机上、下导轴承轴颈及法兰	相对摆度（mm/m）				
		0.03	0.03	0.02	0.02	0.02
水泵轴	水导轴承轴颈	相对摆度（mm/m）				
		0.05	0.05	0.04	0.03	0.02

三、机组摆度产生的根本原因

机组摆度产生的根本原因是轴线与镜板摩擦面的不垂直。主要因素有：

（1）推力头、卡环上、下两端面不平行。

（2）推力头与镜板间绝缘垫厚薄不均。

（3）镜板上、下两平面不平行。

（4）推力头底面与主轴的垂直度不好。

（5）发电机主轴与其下法兰端面不垂直,水轮机主轴与其上法兰端面不垂直或主轴本身弯曲。

处理办法：

（1）刮削绝缘垫。

（2）刮削推力头底面。

（3）刮削卡环。

（4）在推力头与镜板间加垫。

四、机组摆度测量实例

例：已知电动机上导至法兰两测点间的距离 $L_1 = 4$ m,法兰至水导两测点间的距离 $L_1 = 3$ m,推力头直径 $D = 1.6$ m,机组额定转速 $n = 150$ r/min。

表5-5为机组某次盘车记录。

表 5-5　机组盘车记录　　　　　　　　　　　　　　　（单位：0.01 mm）

测量部位		轴号							
		1	2	3	4	5	6	7	8
百分表读数（摆度）	上导 a	−4	−3	−2	0	−2	−2	−6	−8
	法兰 b	−4	−21	−28	−18	−17	−13	−18	−8
	水导 c	−3	−10	−29	−10	−11	9	20	13
净读数（净摆度）	法兰−上导	0	−18	−26	−18	−15	−11	−12	0
	水导−上导	1	−7	−27	−10	−9	11	26	21
相对点		1−5		2−6		3−7		4−8	
全摆度	上导 φ_a	−2		−1		4		8	
	法兰 φ_b	13		−8		−10		−10	
	水导 φ_c	8		−19		−49		−23	
净全摆度	法兰 φ_{ba}	15		−7		−14		−18	
	水导 φ_{ca}	10		−18		−53		−31	

（1）根据百分表读数（摆度）计算全摆度,根据净读数（净摆度）计算净全摆度。

（2）根据净读数（净摆度）在坐标曲线上绘制曲线,基本上为正弦曲线。也可直观地绘制出轴线的倾斜、曲折的主视图和俯视图。（略）

（3）根据曲线可以测量出最大的净全摆度值的大小和方位。

（4）计算相对净全摆度。

（5）如不符合要求,需要进一步计算绝缘垫的刮削（或加垫）厚度。

思考题

1. 机组的安装高程是指什么?
2. 安装高程如何确定?
3. 轴瓦研刮及镜板研磨如何进行?
4. 垂直同心度如何测量与调整?
5. 机组摆度产生的原因是什么?
6. 轴流泵机组安装步骤是什么?
7. 摆度如何计算及调整?

项目六
泵站微机监控系统故障及处理

任务一　监控系统组成及功能

泵站微机监控系统由三部分组成,分别为硬件部分、软件部分和控制对象。系统功能的实现要靠整个系统的软件、硬件的有机结合。系统的硬件主要由执行器、控制器、测量环节和数字调节器等组成;软件部分主要是一些工控组态软件或者是针对具体工程单独开发的软件。下面详细介绍泵站监控系统的组成。

泵站微机监控系统主要包括主机组检测和控制系统、辅机及公用设备检测和控制系统、水力检测系统、泵站变电站电气保护测控系统等。具有功能综合化、测量显示数字化、操作监视屏幕化、运行管理智能化的特点。

监控系统内各子系统和各功能化模块由不同配置的单片机或微型计算机组成,通过网络、总线将微机保护、数据采集、控制等各子系统连接起来,构成一个分级分布式的系统。

从功能上来说,泵站微机监控系统由以下几部分组成:监测系统、控制系统、保护系统、通信系统、管理系统。

一、泵站监测系统

泵站监测系统能对泵站用变电所、主机组、辅助设备、水工建筑物的各种电量、非电量的运行数据及水情数据进行检测、采集和记录,定时制表打印、存储、模拟图形显示。根据这些参数的给定限值进行监督、越限报警等,还应监视重要的非电力参数,并监视其变化趋势。

泵站监测系统具有事故追忆功能,发生事故时,自动显示与事故有关的参数的历史值、事故期间的采样值及相关的事件顺序。

二、泵站控制系统

系统能根据泵站当时的运行状态,按照给定的控制模型或者控制规律对变电所的变压器、主机组的启停、泵站辅助设备、节制闸等水工建筑物进行自动控制,也可根据泵站的需要实行远距离的调度和控制。

三、泵站保护系统

保护系统能对主变压器、所用变压器、站用变压器、主机组及母线进行自动保护。传统继电保护功能包括主机组保护、主变压器保护、站用变压器保护、联络线保护、其他保护。特殊的保护功能包括:通信功能、远方整定功能、保护功能的远方投切、信号传输及复归功能。

四、泵站通信系统

泵站中央控制室计算机系统能与泵站管理计算机系统通过通信线路连接在一起。泵站管理计算机系统可通过通信线路连接上级管理单位的计算机系统或者计算机网络,连接专用水情网络或者通过公共数据交换网络向上级管理部门提供数据或者查询服务。

五、泵站管理系统

系统能根据上级的调度指令控制机组的运行,根据泵站当前的水位数据,按照经济运行模式控制机组的运行并统计分析泵站阶段运行的情况,形成报表,通过通信线路向上级报告。其包括以下功能:与监督、测量有关的管理,与控制有关的管理,与保护有关的管理,其他管理。

任务二　监控系统运行要求

一、监控系统检查

监控系统的检查主要是对操作员工作站和通信工作站的计算机失电、有电源不能启动、启动后死机等故障进行检查。

(一)计算机失电、有电源不能启动故障的检查

(1)如果按下计算机的电源按钮,电源指示灯不闪烁或不指示,把插入计算机主机的电源线拔下,用万用表测量电源是否存在。如果没有电压,则电源出了问题,检查电源回路。

(2)如果电源回路正常,按下计算机的电源按钮,检查电源指示灯是否闪烁或指示。如果电源指示灯不闪烁或不亮,证明计算机主机的电源损坏,需更换计算机开关电源。

(3)如果计算机电源指示灯闪烁或指示,还是不能启动,一般情况下会在启动时出现"DOS"提示,提示硬盘损坏或系统丢失等。如果看不懂英文,我们可以用启动光盘来判断电脑哪里出了问题。在光驱里放入一张 Windows 系统光盘,现在的 Windows 系统光盘都带有 PE 启动功能,如果电脑能正常进入 PE 系统桌面,则说明计算机主板没有问题,内存条没有问题,那么可能是硬盘损坏或 Windows 系统损坏。在这种情况下,如果本站有两台以上相同型号的计算机,可以把另外一台计算机的硬盘拆下来,装在有问题的计算机上。如果开机正常,说明硬盘损坏或 Windows 系统损坏。这时如果重装系统,计算机运行正常,说明是系统问题;如果不能重装系统,说明硬盘损坏,需更换硬盘。

(二)计算机失电、启动后死机等故障的检查

计算机突然失电,对计算机的损坏非常大,常会造成硬盘损坏或系统文件丢失,容易引起各种问题。为此,可以通过一种最简单的方法解决:按下电源按钮后,计算机进入启动画面时,按键盘的 F8 键,会进入 Windows 高级选项菜单画面,用键盘向上键或向下键,选择"最后一次正确配置",按回车键确认,系统会自动修复。

由于现在的监控系统装有很多驱动、专用的软件及一些特殊的设置,一般的运行人员即使重装系统,电脑运行正常了,但是监控程序运行时会出现很多的问题,如监控程序不能运行、通信不正常、数据不刷新等,因此一般的运行人员很难解决。如果该电站或泵站有两台相同型号的电脑,这时可以采用"备份还原工具软件"或"ghost 工具",把正常的那台电脑的系统进行备份,用启动光盘的 PE 系统进入电脑,把备份系统复制到这台电脑,

用"备份还原工具软件"或"ghost 工具"，把备份系统还原到此电脑的 C 盘，还原后重新启动计算机，更改 IP 地址和计算机名即可解决监控程序不能运行、通信不正常、数据不刷新等问题。

二、监控系统主机组及公用系统的检查

监控系统主机组及公用系统检查主要对现地控制单元失电、有电源不能启动、启动后死机等故障进行检查。现在的电气设备装置一般不会出现现地控制单元失电这种情况，如果出现了这种情况，一般可以通过排除法进行解决，现举几个实例说明解决办法。

（1）微机保护装置有电源不能启动、启动后死机。现在的微机保护装置由几个插件，如电源模块、开入模块、采样模块、DSP 模块、液晶模块等组成，只要该电站或泵站有相同的装置，就能够检查出是哪个具体的模块出现了问题，一般情况下电源模块出现问题的概率比较大。首先更换电源模块看能不能解决，如能解决启动、启动后死机的问题，则说明电源模块有问题，只要厂家提供一块电源模块即可；如果现象还是不能解除，继续更换其他模块，直到现象解除，便可检查出是哪个模块的问题。

（2）LCU 屏的 PLC 有电源不能启动，启动后死机。现在的 PLC 模块大多数由直流 24 V 供电，一般都配置有直流 24 V 电源开关。首先检查开关电源输出的电压，如果电压不正常，低于 16 V 以下，则说明开关电源有问题，需更换开关电源；如果开关电源输出电压正常，则查看 PLC 的 CPU 上哪个指示灯亮了，如果是 RUN 指示灯不亮、ERH 指示灯亮，则说明 PLC 可能由于强干扰引起程序出错或模块出现了问题，这时必须把模块寄回厂家维修或联系厂家去现场解决。

（3）LCU 屏上 HMI（触摸屏）有电源不能启动、启动后死机。凡是出现下列几种情况均属于触摸屏出现问题，需寄回厂家进行维修：

①触摸屏 Power 指示灯不亮，工作电源输入正常。

②触摸屏 Power 指示灯亮，其他的指示灯正常，触摸屏无显示或显示模糊等。

③触摸屏 Power 指示灯亮，Comm 指示灯正常，显示正常，触摸屏触摸不起作用。

④触摸屏 Power 指示灯亮，Comm 指示灯闪烁不正常或不闪烁，画面显示正常，但是采样的遥信及遥测无刷新或无数据。这时可以把此触摸屏换到另一 LCU 屏上有触摸屏的地方试一下，如果还是同样的故障现象，说明触摸屏通信口有故障，需更换 PLC 通信模块。

三、监控系统日常维护

泵站微机监控系统属于自动化程度较高的系统，对其必须进行日常维护工作，主要措施有：

（1）对监控中心的监控控制设备派专人专管，要求非监控人员禁止操作。

（2）对监控设备经常擦拭保养。

（3）对每个摄像机所供电源的插座要经常检查，防止插头脱落。

（4）保证每个摄像机和监控中心的供电电压恒定。

（5）对低矮位置的摄像机尽量设有明显标志，提醒非监控管理人员禁止触碰。

（6）为防止触电事故的发生，长时间未启用的电力泵站，在开机前一定要检查电路。

电力泵站机组启动前要用摇表测量各绕组对机壳和各相绕组之间的绝缘电阻，如果其值达不到标准，说明电机绕组已受潮，必须进行烘干处理；同时要检查启动设备及其他有关电气装置是否良好，熔丝是否完好并符合要求，防护设施等是否安全可靠。

监控系统的检查与日常维护，应符合下列规定：

（1）检查微机监控系统及其通信网络系统，应运行正常。

（2）检查就地控制系统，运行应正常。

（3）检查各自控元件，如执行元件、信号器、传感器等，工作应正常。

（4）各级控制应正常可靠。

（5）监视系统应正常，调节控制可靠，图像清晰。

（6）显示、音响报警信号系统应正常可靠。

（7）UPS电源供电应正常，供电容量、时间符合产品要求。

（8）仪表、信道及电源的过电压保护应可靠、有效。

（9）如软件修改或重新设置，应将修改中或设置前后的软件分别备份，并做好修改记录。

（10）如运行中出现问题，应详细记录并上报。

任务三　微机监控系统常见故障与处理

一、自动化元件故障

一般励磁装置、油、水、气、示流器、流量开关等开关量信号，都是通过相关设备的接点与采集模块（如PLC）相连，在运行的过程中，由于所有的设备都是有电的，共用一个公共电源（如DC 24 V），因此用万用表打到相应的挡位测量各接点两端的电压即可知道是否有信号传输。如果有电压差，说明接点是断开的，没有信号，就要进一步查找断开点，查到后重新按要求接上即可；如果没有电压差，说明信号接点是接通的，有信号传输。

二、励磁装置、油、水、气、示流器、流量变送器等模拟量检查

变送器一般都是电流量传输（4~20 mA，0~20 mA等），也有电压量传输的（0~5 V，0~10 V等），检查的步骤可以参照以下进行：

（1）检查变送器的工作电源是否正常。如不正常，检查电源回路使之正常。

（2）模拟量的检查，如果是电流型的模拟量，一般都是DC 24 V电源，查看变送器输出设备端子上的电源是否正常，不正常，检查处理DC 24 V电源回路使之正常；DC 24 V电源正常的情况下，把万用表打到mA挡，插好笔线，测量电流的大小，改变要测量的外部信号的大小，电流是变化的，说明变送器输出正常，有信号传输。

三、微机保护系统故障检查

（一）装置液晶面板黑屏，指示灯全部没有指示

（1）检查需要带电运行的每个保护测控屏上各保护装置电源及控制电源空气开关是

否在合上状态。如果电源在断开状态,把空气开关电源合上即可。

(2)如果空气开关在合上状态,则用万用表测量空气开关的电压是否进入装置的电源输入位置。如没有电压,则为引入线有地方接触不良;如有电压,则为装置电源板的电源损坏。更换同类型的电源板后,如果还是无显示,再更换液晶显示板。如果显示正常,则说明液晶显示板有问题;如果还是无法消除装置液晶面板黑屏、指示灯全部没有指示现象,再依次更换其他的插件,直到哪一块插件正常了,说明那块插件有故障。

(二)装置的开入遥信没有显示

如隔离刀、温度信号、瓦斯信号等在监控系统上无显示。

(1)一般的保护装置有专用的遥信开关电源,检查遥信电源空气开关是否在合上位置,如果没有合上,把空气开关合上。

(2)如果空气开关在合上状态,还是没有显示,则检查遥信开关电源 DC 24 V 是否有输出。有电压输出,说明开关电源没有问题;如没有电压输出,则说明遥信开关电源损坏,需更换遥信开关电源。

(3)如果 DC 24 V 电源输出电压正常,则用万用表测量开入信号节点是否闭合。测量方法是红色表笔点到公共端+24 V,黑色表笔点到有信号输入的位置。如电压显示为 0 V 左右,则为对应的接点没有接通,属于外部故障,把辅助触点调节好即可解决问题。如隔离开关、温度信号计、瓦斯继电器的辅助触点。如电压显示为 24 V 左右,则为该装置的对应遥信点有问题,可以把该点的开入遥信线移到备用的遥信接点,检查遥信装置的遥信是否正常,正常的话,在后台监控系统更改信息,重新定义点号,即可解决。如在装置上还是没有显示,那么可能是开入的采样遥信板有问题,则需更换遥信板。

(三)保护装置液晶显示的数据与实际值有很大的误差

(1)如果是电压、电流显示有出入,先看保护单元参数设置的 TV(电压互感器)变比和 TA(电流互感器)变比是否与现场对应。如不对应,修改参数;如 TV 变比和 TA 变比是正确的,用电压表和电流表在装置的接线处测量是否与显示相对应。如果是对应的,则为外部输入电压或电流有问题(外部 TV、TA 有问题),如果不对应,则为装置 CPU 板或采样板有故障,需更换 CPU 板或采样板。

(2)如果电压、电流显示正确,而功率不对,查电压、电流的相序是否正确;如果功率数值是对的,而显示的正负是错误的,应改电流的极性。

(四)保护装置与后台通信中断

(1)打开监控系统的通信模块,查看是否有收发文本,如只有发没有收,则该装置没有与监控系统通信。

(2)查看保护装置的地址号设置和波特率是否和监控系统的定义相一致,不一致需修改单元设置的地址号或波特率。

(3)如设置是正确的,那检查是否通信线有问题。监控系统的通信模块在运行状态下,可以用万用表的直流电压挡测量通信线的两端电压是否变化。如果变化,说明通信线没问题;如没有变化,说明通信线有问题,可能是哪断线了,需要换通信线。

(4)以上几点是正常的,还是没有通信,则说明保护装置的通信部分出现了问题,需要与厂家联系解决。

（五）计算机的 CPU 降温风扇异常

遇到此问题的处理方法是给转轴加注润滑油。揭开转轴一端的纸片会看到转轴，加适量的缝纫机油（甚至是食用油）进行润滑，会大大降低 CPU 风扇的噪声。

（六）计算机不能正常启动，有报警声音

遇到此问题的处理方法是听声音，判断故障。电脑出现启动故障时都会发出不同的鸣叫声提示故障的部位，下面列举了 AMI BIOS 和 Award BIOS 鸣叫声的含义

（1）AMI BIOS 鸣叫声：

1 短：内存刷新失败。

2 短：内存 ECC 校验错误。

3 短：系统基本内存（第一个 64K）自检失败。

4 短：系统时钟出错。

5 短：CPU 出错。

6 短：键盘控制器错误。

7 短：系统模式错误，不能进入保护模式。

8 短：内存错误。

9 短：主板 ROM 或 EPROM 检验错误。

1 长 3 短：内存错误（如内存芯片损坏）。

1 长 8 短：显示系统测试错误（如显示器数据线或显卡接触不良）。

（2）Award BIOS 鸣叫声：

1 短：系统正常启动。

2 短：常规错误。应进入 CMOS Setup，重新设置不正确的选项。

1 长 1 短：内存或主板出错。

1 长 2 短：显示器或显卡错误。

1 长 3 短：键盘控制器出错。

1 长 9 短：主板 ROM 或 EPROM 错误（如 BIOS 被 CIH 破坏）。

不间断长鸣：内存未插好或芯片损坏。

响声不停：显示器未与显卡连接。

重复短鸣：电源故障。

思考题

1. 监控系统由哪些部分组成？

2. 应怎样对监控系统进行检查？

3. 监控系统日常维护的措施是什么？

4. 监控系统常见故障分析与处理方法有哪些？

项目七
泵站经济运行及工程管理

任务一　计划编制

泵站机电设备的运行维护管理有着严密的组织性和科学性,必须建立必要的组织机构和规章制度,才能确保泵站安全、正常运行。

建立健全精干的管理机构,制定合理的规章制度是避免事故,实行安全生产,提高运行水平的重要保证。

管理机构的各部门从事各项管理工作,其中运行班组是泵站的基层组织,抽水生产的各个环节都要通过班组来实现,运行班组的主要任务是操作、运用、维修、管理水工建筑物和机电设备,保证正常抽水并注意提高机组效率,降低抽水成本。技术科室是泵站技术领导指挥机构,负责掌握运行状况,解决和处理有关技术问题,组织泵站水工建筑物和机电设备的维护管理、技术培训,积累和分析运行资料,总结推广先进经验,开展技术革新和配套挖潜,编制和修改运行、检修、安全等方面的规章制度并检查其执行情况,编写生产和维修计划及总结等。有些泵站技术力量配备比较薄弱,重视也不够,因此技术上出现的问题较多,常发生事故,直接影响泵站的正常运行,值得引起注意。

一、泵站规章制度

泵站规章制度通常根据泵站的规模、自动化程度和机电设备的实际情况具体规定,主要有以下几种:

(1)岗位责任制。根据生产需要分别把管理人员安排在各岗位上工作,明确规定各自应负的责任,做到各司其职,各负其责。

(2)交接班制度。便于生产衔接,分清责任,保证正常运行。

(3)巡回检查制度。定时检查、监视、测量各项设备的运行情况并作出记录,及时发现缺陷,防止事故发生,随时积累运行资料和经验,建立技术档案,有利于机组的检修维护和事故的分析处理。

(4)日常维护制度。保持设备清洁整齐,做好停机保养,使设备随时处于良好的工作或待命状态。

(5)运行操作规程。明确水工建筑物和机电设备在运行前的检查和准备工作,开、停机操作程序,正常运行情况下的监视与维护,设备的故障与不正常的运行情况及其处理。

(6)现场安全操作规程。强调安全操作,明确安全注意事项和安全措施,执行运行操作票和检修工作票制度,并对工作人员定期进行安全工作考核。

(7)事故处理规程。故障发生时,针对各种不同情况组织抢险,限制事故的发展和扩大,消除事故的根源,做好事故前后有关记录,包括事故发生时间、名称、当时参数、当事人员和操作情况,现场出事经过,处理措施,造成损失等,以便查明原因,作出事故分析结论,提出改进意见。

(8)检修规程。制定主要设备的检修间隔、项目和内容,事故检修计划和具体要求、注意事项、准备工作及检修质量的检查与验收。

所有运行管理人员在参加泵站管理工作前,应熟悉泵站水工建筑物和机电设备性能,了解它的技术要求,并进行安全生产、规章制度和劳动纪律的教育、在独立操作前,应经考核合格后方能操作,有些泵站由于要求不严,常发生误操作引起事故,造成不应有的损失。

二、管理计划的编制

按照每年不同时期的抽水任务和检修任务,撰写和编拟管理计划。

(一)运行前的管理工作计划

它是保证机电设备安全地投入运行,并为值班工作创造良好条件的重要前提。

1. 运行前的准备

(1)用电计划申请:应根据灌溉季度的用水计划,结合电业部门用电管理要求,提出用电计划申请。

(2)燃油供应:按照柴油机使用的机油和柴油牌号,根据库存设备的容量,制订燃油供应计划。

(3)消耗材料的准备:泵站机械设备和电气设备在正常运行时磨损变质和损坏的部分零件和油料总称为消耗材料,它所用的数量应由消耗定额和生产时间来确定。泵站常用的材料有:

①黄油或称润滑脂,一般为钙基脂黄油和钠基脂黄油,采用滑动轴承的电动机和水泵还应备有润滑机油和透平油。

②水泵轴封填料,即止水盘根。填料用浸油或石蜡的棉纱或石棉绳制成,应按水泵不同规格型号选择。

③水泵配件:离心泵、混流泵的口环、叶轮,轴流泵的橡胶轴承及动叶片等,在运行中磨损较大,都必须按不同规格型号准备必要的配件。

④底阀密封法兰、皮衬及传动皮带、皮带扣、皮带蜡和各种保险丝。

(4)劳动保护用品、安全操作工具和仪表的准备:劳动保护用品包括线手套、工作服、橡胶绝缘手套、绝缘靴、橡皮垫及更换保险丝用护目镜等。安全操作工具包括高低压令克棒、高低压验电器、电杆脚扣和踩板等。仪表指运行时携带型仪表,包括钳形电流表、高低压摇表、万用表及电桥转速表等。

2. 机电设备运行前的检查

技术管理人员在灌溉季节前,必须组织班组人员对机电设备进行详细的大检查,发现缺陷作出记录并逐条落实处理措施,不断提高设备完好率,使各台设备处于完好状态。

(二)维修与检修计划的编制

机电设备的年度检修工作,每年分两次进行:夏灌前一次,以电气设备为主,并做好预防性试验;夏灌后一次,以机械设备为主,结合进行土建工程和其他辅助设备的检修。

年度的机电设备检修计划和预防性试验计划应由技术管理人员会同班组长现场拟定,经讨论修订后,由泵站管理单位研究批准实施,有的还应报请上级管理机构批准。

1. 年度机电设备检修计划的内容

(1)检修项目:指泵站检修的主要机电设备,包括电动机、柴油机、变压器、启动器、水泵及辅机设备。

(2)检修性质:分为事故检修和计划性(正常)检修。检修的性质应根据设备检修前的技术状况,参照有关规程并结合泵站的技术力量来确定。

(3)检修的主要内容和技术要求:应对检修的内容作扼要的叙述。如水泵解体更换叶轮、口环,环氧树脂修补气蚀等,柴油机解体搪削汽缸、打磨气门及调整气门间隙等,电动机的重绕线圈,以及油开关的解体打磨、更换触头等。

(4)特需的工具仪表:如电桥、千分尺等。

(5)检修需要的消耗材料及备件。

应按照检修项目,对消耗材料和备件的规格型号、单位和数量列表说明,作好准备。

(6)检修的进度安排:检修计划中,对检修设备和内容应根据管理人员的多少、技术熟练程度等,作好进度安排。站内检修的,最好提出日进度表。委托检修则应注明委托书和合同签订或商定的检修完成日期。

(7)完成计划的措施:应提出保证计划实施的有效措施,说明检修工作的组织领导、验收制度、应遵守的规章制度及工作中的注意事项等。

2. 电气设备的预防性试验计划

(1)预防试验项目:应按电气设备预防试验规程规定的设备试验周期确定,因此该项目只包括规定周期的电气设备。

(2)预防试验的形式有站内、委托、委托在站内三种形式。主要依据泵站的试验设备和技术力量来确定。

(3)试验的技术内容:一般应列出试验的技术名称,如绝缘电阻、交流或直流耐压试验等,站内试验可按设备分项列出,委托试验可只按设备列出主要的试验名称。

(4)需要的仪表和设备只列出站内需要的仪表和设备,委托试验由试验单位自理。

(5)预防性试验进度安排:应按照设备项目和试验内容作出安排,站内试验最好做出日进度表。其他预防性试验应提出完成的日期。

(6)完成计划的措施:应说明完成计划的切实可行的措施和组织领导等。

上述两种计划必须书面提出,以便批准后实施。

必须指出,预防性试验是检查电气设备的制造、安装和检修质量的主要方法,也是掌握设备的参数特性和及时发现设备缺陷的主要依据。因此,凡是新装的电气设备在交接时及投入运行的电气设备在检修后或运行一定期限后,均应做好预防性试验。有条件的泵站应自己按期做好该项工作,无条件的泵站也要采取积极有效措施,委托外单位进行。在做预防性试验工作中,必须坚持科学态度,对检验结果除按标准要求外,还应参考运行检修情况,综合分析,掌握设备绝缘变化的规律,健全技术资料档案,加强管理,以保证电气设备的正常安全运行。

(三)维修预算的编制

根据检修计划与预防性试验计划相应地编制维修预算。由于检修及预防性试验工作的工种和工时定额不完善,通常预算只是随计划提出的概算。预算的项目大体分为:

(1)机械设备:包括机械设备维修的主要备品备件及加工费用等。

(2)电气设备:电气设备维护检修使用的备品配件、消耗材料费及预防性试验费等。

(3)工具仪表购置:检修所需的工具、仪表购置费。

(4)土建工程维修所需的材料、工资费用等。

(5)其他开支:包括劳动保护等。

上述预算可用经验估算或参考有关产品样本、施工定额编制,通过编制预算确定经费数额。

三、运行班组的值班工作

运行班组的值班工作主要内容是:

(1)完成对机电设备的操作任务。

(2)完成对运行机电设备的不间断监视。

(3)处理运行中机电设备的故障。

(4)完成对机电设备的检修维护任务,保证机电设备处在良好的技术状态下运行。所谓良好的技术状态主要包括以下各项:

①绝缘强度符合要求。

②设备完整,机械强度符合要求。

③设备动作符合要求。

④设备处在高效率下运行,并能满足设计要求。

⑤填写好各种运行监视记录及检修维护记录。

四、设备运行的记录

作好设备运行记录对于进一步了解设备性能,改进管理水平,以及开展科学试验有着非常重要的意义。

运行日志是泵站班组成员在值班期间的生产记录,是一项非常重要的记录。电力泵站的运行日志包括以下内容:

(1)日期、班次、时间;

(2)水源含沙量及水位(包括进水池与出水池水位);

(3)母线电压;

(4)母线电流;

(5)机组负荷电流、功率因数、有功功率、无功功率;

(6)电动机的定子温度、轴承温度;

(7)水泵的轴承温度;

(8)电度表指示数、本班耗电量;

(9)水泵出水量及抽水量、扬程;

(10)变压器声音、油位及温度;

(11)室温;

(12)值班运行异常状况;

(13)运行人员及值班长。

五、事故记录与分析

机电设备运行期间发生影响抽水的异常现象称为故障。依照故障发生的原因和造成的后果可分为障碍和事故。事故是造成了设备的损坏或伴随有值班人员的伤亡。障碍只是运行中出现了异常现象,没有危及主要设备的运行或造成设备的损坏及人身的伤亡。

为了吸取教训,提高管理水平,对机电设备发生的各种故障,特别是重大事故必须认真对待,加以总结分析,及时提出改进意见。大中型泵站应建立事故调查规程和事故处理规程。

(一)作好记录

事故发生是有许多内在联系的。为了便于分析,值班人员必须作好事故前后的有关记录,其内容应包括:事故发生的时间、事故名称、事故的经过及处理、事故的损失,以及现场值班人员等。

(二)搞好分析

事故分析就是对机电设备故障进行调查研究,一般应从事故发生的现场经过、事故的处理措施、事故发生前的技术条件及操作人员的操作情况确定事故的原因,一般多以设备缺陷、未执行规章制度误操作及自然现象等来判断。

1.事故损失

分直接损失和间接损失,并以金额来计算。直接损失包括设备损坏费、因事故引起的设备大修更换安装费和试验费等。间接损失主要为设备中断后造成的农业减产损失。一般根据中断时间少抽水量(或少排灌地亩)和排灌区典型调查的单位地亩减产损失计算。

2.事故性质

根据事故原因,分为自然事故、责任事故和其他事故三类。如属责任事故,应进一步分清主要责任和次要责任。

(三)作出事故分析结论

应包括对管理工作的改进意见,由泵站领导审核通过,必要时报送上级管理部门。

六、技术资料整编

(一)机电管理应掌握的技术文件

(1)设备性能及产品说明书。收集主要设备,如变压器、电动机、油开关、启动器、柴油机、水泵,以及某些辅助设备,如真空泵、起重设备等的性能及产品说明书。

(2)机电设备的各种图纸。包括电力泵站的电气主接线图,继电保护装置图,单相设计图,电工计量回路图,反映线路的杆塔、线径、弧垂、金具和档距等数据的线路示意图,以及机械设备的安装大修图和主要配件、叶轮、轴套等标准尺寸图。

(3)电气设备试验单。

(4)用电申请和用电计划及供用电协议书。

(5)设备检修资料。

(6)设备运行资料。

(7)设备的维修费用。

(8)单项总结材料、工作计划及单项试验、安装等资料。

(二)技术资料整编内容

技术资料整编每年应进行一次,其主要内容有以下两项。

1.进行分类并建立设备档案

可根据资料分为基本资料、计划用电、运行资料及维修资料等，并按年度分类建立卷宗，作为设备档案。

运行资料要按年度和灌溉季节分别整编，包括全站运行时间、抽水量、耗电量，并核算不同时期的抽水成本。

2.进行资料的分析

通过对各种资料逐年积累和分析，掌握泵站各种设备的使用规律，进一步提出泵站的最经济运行方式，不断提高和改进管理水平。

任务二 泵站技术经济指标

泵站技术管理工作的评估，是根据国家规定的技术经济指标，以定量计算为依据进行考核的。同时，也为提高泵站管理水平、进行技术改造提供基本依据。泵站管理的主要任务是管好工程设备，充分发挥泵站的效益，促进经济发展，省水节能，降低排灌成本。为了加强泵站工程技术管理，把管理工作集中在泵站机电设备和泵站建筑物范围内，《泵站技术管理规程》（GB/T 30948—2014）规定的 8 项技术经济指标及计算方法如下。

（1）建筑物完好率，可按式（7-1）计算

$$K_{jz} = \frac{N_{wj}}{N_j} \times 100\% \tag{7-1}$$

式中 K_{jz}——建筑物完好率，即完好的建筑物数与建筑物总数的百分比；

N_{wj}——完好的建筑物数；

N_j——建筑物总数。

（2）设备完好率，可按式（7-2）计算

$$K_{sb} = \frac{N_{ws}}{N_s} \times 100\% \tag{7-2}$$

式中 K_{sb}——设备完好率，即泵站机组的完好台套数与总台套数的百分比；

N_{ws}——机组完好的台套数；

N_s——机组总台套数，对于有备用机组的泵站，计算设备完好率时，机组总台套数中可扣除轮修机组数量。

（3）泵站效率，可按式（7-3）或式（7-4）计算：

①测试单台机组

$$\eta_{bz} = \frac{\rho g Q_b H_{bz}}{1\,000P} \times 100\% \tag{7-3}$$

式中 η_{bz}——泵站效率；

ρ——水的密度，kg/m^3；

g——重力加速度，m/s^2；

Q_b——水泵流量，m^3/s；

H_{bz}——泵站净扬程，m；

P ——电动机输入功率，kW。

②测试整个泵站

$$\eta_{bz} = \frac{\rho g Q_z H_{bz}}{1\,000 \sum P_i} \times 100\%$$ (7-4)

式中　η_{bz} ——泵站效率；

　　　ρ ——水的密度，kg/m³；

　　　g ——重力加速度，m/s²；

　　　Q_z ——泵站流量，m³/s；

　　　H_{bz} ——泵站净扬程，m；

　　　P_i ——第 i 台电动机输入功率，kW。

注：泵站净扬程指泵站引水渠道（进水河道）末端到出水渠道（出水河道）首端的水位差。

（4）能源单耗，可按式（7-5）计算

$$e = \frac{\sum E_i}{3.6\rho \sum Q_{zi} H_{bzi} t_i}$$ (7-5)

式中　e ——能源单耗，即水泵每提水 1 000 t、提升高度为 1 m 所消耗的能量，kW·h/（kt·m）或 kg/（kt·m）；

　　　E_i ——泵站第 i 时段消耗的总能量，kW·h 或燃油 kg；

　　　Q_{zi} ——泵站第 i 时段运行时的总流量，m³/s；

　　　H_{bzi} ——第 i 时段的泵站平均净扬程，m；

　　　t_i ——第 i 时段的运行历时，h。

（5）供排水成本，包括电费或燃油费、水资源费、工资、管理费、维修费、固定资产折旧和大修理费等。泵站工程固定资产折旧率应按《泵站技术管理规程》（GB/T 30948—2014）附录 O 的规定计算。供排水成本的核算有三种方法，各泵站可根据具体情况选定适合的核算方法，分别按式（7-6）、式（7-7）、式（7-8）计算。

①按单位面积核算

$$U = \frac{f \sum E + \sum C}{\sum A} \quad [\text{元}/(\text{hm}^2 \cdot \text{次}) \text{ 或元}/(\text{hm}^2 \cdot \text{年})]$$ (7-6)

②按单位水量核算

$$U = \frac{f \sum E + \sum C}{\sum V} \quad (\text{元}/\text{m}^3)$$ (7-7)

③按 kt·m 核算

$$U = \frac{1\,000(f \sum E + \sum C)}{\sum G H_{bz}} \quad [\text{元}/(\text{kt} \cdot \text{m})]$$ (7-8)

式中　U ——供排水成本；

f——电单价,元/(kW·h),或燃油单价,元/kg;

$\sum E$——供排水作业消耗的总电量 kW·h 或燃油量 kg;

$\sum C$——除电费或燃油费外的其他总费用,元;

$\sum A$——供排水的实际受益面积,hm²;

$\sum G$、$\sum V$——供排水期间的总提水量,t、m³;

H_{bz}——供排水作业期间的泵站平均扬程,m。

(6)供排水量可按式(7-9)计算

$$V = \sum Q_{zi}t_i \tag{7-9}$$

式中 V——供排水量,m³;

Q_{zi}、t_i——泵站第 i 时段的平均流量和第 i 时段的历时,m³/s、s。

(7)安全运行率,可按式(7-10)计算

$$K_a = \frac{t_a}{t_a + t_s} \times 100\% \tag{7-10}$$

式中 K_a——安全运行率;

t_a——主机组安全运行台时数,h;

t_s——因设备和工程事故,主机组停机台时数,h。

(8)财务收支平衡率,是泵站年度内财务收入与运行支出费用的比值。泵站财务收入包括国家、地方财政补贴,水费,综合经营收入等;运行支出费用包括电费、油费、工程及设备维修保养费、大修费、职工工资及福利费等。财务收支平衡率可按式(7-11)计算

$$K_{cw} = \frac{M_j}{M_c} \tag{7-11}$$

式中 K_{cw}——财务收支平衡率;

M_j——资金总流入量,万元;

M_c——资金总流出量,万元。

任务三 综合技术性能分析与评价

一、设备综合技术性能分析与评价

设备(包括机电设备和金属结构设备)评级结果是考核泵站设备完好率的重要依据。泵站主管部门每年应组织技术人员、技术工人和管理干部对泵站各类设备进行全面的检查评级。检查中应根据《泵站技术管理规程》(GB/T 30948—2014)或《泵站安全鉴定规程》(SL 316—2015)的规定,对设备进行分类定级。

按照《泵站技术管理规程》(GB/T 30948—2014)的规定,设备完好率不应低于90%,其中与水泵机组安全运行密切相关的设备评级不应低于规程规定的二类设备标准。根据设备的完好程度,《泵站安全鉴定规程》(SL 316—2015)将泵站设备分为以下四个安全类

别：

一类设备：零部件完好齐全，主要参数满足设计要求，技术状态良好，能保证安全运行。

二类设备：零部件齐全，主要参数基本满足设计要求，技术状态基本完好，设备虽存在一定缺陷，但不影响安全运行。

三类设备：设备的主要部件有损坏，主要参数达不到设计要求，技术状态较差，存在影响运行的缺陷或事故隐患，但经大修或更换元器件能保证安全运行。

四类设备：技术状态差，设备严重损坏，存在影响安全运行的重大缺陷或事故隐患，零部件不全，经大修或更换元器件也不能保证安全运行，以及需要报废或淘汰的设备。

二、泵站建筑物综合技术性能分析与评价

建筑物评级结果是考核泵站工程完好率的重要依据。泵站管理部门每年应组织工程技术人员、技术工人和管理干部对泵站各类建筑物进行全面的检查评级。检查中应根据《泵站技术管理规程》（GB/T 30948—2014）或《泵站安全鉴定规程》（SL 316—2015）的有关规定，对建筑物进行分类定级。

按照《泵站技术管理规程》（GB/T 30948—2014）的规定，建筑物完好率应达到85%以上，其中主要建筑物的评级应不低于二类建筑物标准。根据建筑物的完好程度，《泵站安全鉴定规程》（SL 316—2015）将泵站建筑物分为以下四个安全类别：

一类建筑物：结构完整，运用指标达到设计标准，技术状态完好，无影响安全运行的缺陷，满足安全运用的要求。

二类建筑物：运用指标基本达到设计标准，结构基本完整，技术状态基本完好，建筑物虽存在一定损坏，但不影响安全运用。

三类建筑物：运用指标达不到设计标准，建筑物存在严重损坏，但经加固改造能保证安全运用。

四类建筑物：运用指标无法达到设计标准，技术状态差，建筑物存在严重安全问题，经加固改造也不能保证安全运用，以及需降低标准运用或报废重建。

任务四　泵站运行管理

一、机电设备运行管理

在泵站建筑物建设和机电设备安装等基本完成以后，泵站机组准备投入运行之前，应对所有的机电设备进行编号，并将序号固定在明显位置，旋转机械还应有明显的旋转方向标志，以便于对各机电设备进行运行监视、养护维修和设备管理。

新泵站建成后或老泵站改造完成后，应进行启动试运转，借以对泵站工程建设进行全面质量检查，同时对设备进行必要的调整试验，以便及时发现问题进行处理。启动试运转完成后泵站才能正式投入运行。

上次运行后长期停用和大修后的机组，投入正式运行前也应进行试运行，以检验设备

的技术状态是否完好,确保泵站安全运行。

(一)试运行

试运行前首先拟定启动试运行程序,运行人员应有明确分工,接受统一指挥。试运行过程必须注意安全。严格遵守试运行程序进行操作,并定时、全面系统地做好记录,以作为正常运行的依据。

试运行分启动前的检查与试验、空载启动、机组带负荷启动三个步骤,其具体程序应根据泵站规模、设计要求、自动化程度和机电设备的特点拟定。

1. 启动前的检查与试验

机组启动前,除应按照《泵站设备安装及验收规范》(SL 317—2015)规定的内容和要求对泵站主机组及其他机电设备进行检查和试验外,还应对引水渠,前池,进水池及进、出水流道进行检查,以保证运行过程中没有可能损坏或堵塞水泵的杂物进入泵内。

2. 空载启动

空载启动的主要目的是检查机组各部分的运转情况,测量机组振动与摆度,监视轴承运行情况;记录轴承温度,记录定子电流、有功功率、功率因数(或无功功率)、转子电压与电流等参数;检查油槽油面上升情况及外油管摆度等。空载试验应在进、出水流道无水的情况下进行。由于离心泵、部分金属蜗壳式混流泵和水泵导轴承无外供润滑水的轴流泵,不许在泵内无水的状态下运行,故一般不进行空载启动试验。

3. 机组带负荷启动

机组带负荷试运行的前提条件是空载试运行合格,油、气、水系统工作正常,叶片调节灵活(对于全调节泵),各处温升符合规定,机组振动、摆度在允许范围之内,无异常声响和碰擦声。经试运行小组同意,即可进行带负荷启动运行。

4. 机组连续试运行

在条件许可情况下,可进行机组连续试运行,其要求如下:

(1)单台机组运行,一般应在 7 d 内累计运行 72 h 或连续运行 24 h(均含全站机组联合运行小时数)。

(2)连续试运行期间,开机、停机不少于 3 次。

(3)全站机组联合运行时间,一般不少于 6 h。

(二)正式运行

机组试运行合格后泵站即可投入正式运行。泵站正式运行的内容和启动、停机步骤与试运行基本相同。根据《泵站技术管理规程》(GB/T 30948—2014)的要求,泵站机电设备在正式运行中还应符合以下规定:

(1)机电设备的操作应严格按规定的操作程序进行。

(2)机电设备启动和运行过程中应监听设备的声音及观察设备的振动,并注意其他异常情况。

(3)测量运行设备运行参数的仪表应至少每 1~2 h 记录一次,并应定期对运行设备进行巡视检查。

(4)机组运行的台数和运行中的工况调节应严格按调度命令执行。

(5)机组运行过程中可能发生这样或那样的故障,但是一种故障的发生和扩大往往是多种原因造成的。因此,在分析和判断一种故障时,不能孤立静止地、就事论事地看待,而应进行全面分析,找出发生故障的原因,这样才能及时准确地排除故障。

二、机电设备检修管理

机电设备检修管理是泵站机电设备保持完好技术状态,确保泵站安全、经济运行的重要保证措施。根据《泵站技术管理规程》(GB/T 30948—2014),机电设备的检修管理应符合以下规定:

(1)泵站管理单位应根据设备的使用情况和技术状态,编报年度检修计划。年度检修计划包括站内机电设备的大、小修和工程设施的大、小修两大部分。检修计划的主要内容一般包括检修项目、经费和材料及检修时间安排等。

(2)对运行中发生的设备缺陷,应及时处理。对易磨损部件的清洗检查、维护管理、更换调试等应适时进行。

(3)按照有关技术规定对主机组进行大修时,应对主水泵进行全面解体,主电动机应吊出转子,对其轴承等部件进行检修、更换或调试。

(4)严寒地区的泵站每年冬季对其机电设备、管道阀件及金属结构等,均应进行防冻维护保养。

三、建筑物管理

泵站建筑物的正常运用、维护和检修是建筑物管理的主要内容。泵站建筑物管理应符合以下规定:

(1)泵站建筑物管理应有明确的法定管理范围。

(2)泵站建筑物应按设计标准运用,当不得不超标准运用时,应经过技术论证,并采取可靠的安全应急措施。

(3)泵站建筑物应有防震措施。

(4)严禁在建筑物周边兴建危及泵站安全的其他工程或进行其他施工作业。

(5)应根据各泵站的特点合理确定工程观测项目。泵站工程的观测设施和仪表应有专人负责检查和保养,并对工程观测资料进行整理分析,以预测可能发生的工程事故,提早进行处理,避免事故发生。

(6)严寒地区的泵站建筑物应根据当地的具体情况,采取有效的防冻和防冰措施。

(7)泵站建筑物除做好正常维护外,还应根据运用情况进行必要的岁修和大修。

四、调度管理

优化调度是泵站实现经济运行的重要保证。优化调度方案的制订应在以下工作的基础上进行。

(1)供水泵站应根据用户或灌区的用水要求推求用水过程线,并编制用水计划;排水泵站应根据排水区的实际情况,通过调蓄演算,推求出不同降雨量、雨型的来水过程线,使泵站获得水文预报数据,以作出泵站运行调度的决策。

(2)各类泵站宜通过现场试验获取水泵装置特性曲线。

（3）应通过监测系统获取泵站运行的主要参数和水文气象资料。

（4）应分析和建立泵站与其他相关工程联合运行的水力特性关系。

（5）泵站的运行调度应符合以下准则的规定：

①应充分、合理利用泵站设备和工程设施，按照供排水计划进行调度。各泵站可根据具体情况以提水流量最大或成本最低，或装置效率最高等为目标，进行优化调度。

②排水泵站抢排期间应按泵站最大排水流量进行调度。

③扬程变化幅度大的泵站，应充分利用低扬程工况，按提水成本最低进行调度。

④扬程相对稳定的泵站，应在满足供、排水计划的前提下按机组装置效率最高进行调度。

⑤梯级泵站联合运行应按站（级）间流量和水位配合最优进行调度。

⑥若水泵运行发生气蚀和振动，应按改善水泵气蚀性能和降低振幅的要求进行调度。

⑦当流域（或区域）遇到超标准洪、涝或旱灾时，在确保工程安全的前提下，泵站管理单位应根据上级主管部门的要求进行调度，并有确保工程安全运用的应急措施。

五、安全管理

健全的安全管理组织是确保工作人员、设施设备安全的重要保障。各泵站管理单位应在各层组织建立安全管理网络，将安全管理真正落实到每个部门、班组和各个生产环节，并制定行之有效的安全管理制度。泵站的安全管理制度一般应包括运行值班制度、交接班制度、巡回检查制度、安全防火制度、设备与工程维护管理制度、泵站建筑物观测制度、安全保卫制度、安全技术教育与考核制度、事故应急处理制度、事故调查与处理制度、泵房清洁卫生制度等。

为确保运行和维（检）修安全，泵站主要设备的操作、现场检修、安装和试验应严格执行操作票制度，操作人员必须严格按照操作票上规定的操作内容和顺序进行操作。

泵站事故的处理应符合以下规定：

（1）尽快限制事故发展，消除事故根源，并解除对人身和设备的危险。

（2）将事故限制在最小范围内，确保未发生事故的设备继续运行。

（3）发生危及人身安全或严重的工程设备事故时，工作人员可采取紧急措施，操作有关设备，事后当事人必须及时向上级报告。

（4）根据现场情况，如调度命令直接威胁人身和设备安全，值班人员可拒绝执行，并申诉理由，同时向上级管理部门报告。

（5）泵站事故发生后的处理应按以下规定执行：

①工程设施和机电设备发生一般事故，泵站管理单位应立即查明原因，及时处理。

②工程设施和机电设备发生重大事故，泵站管理单位应及时报告上级主管部门，并协助调查处理，抢修工程和设备。

③发生人身伤亡事故时，泵站管理单位应及时报告上级主管部门，并保护好现场，由上级单位组织有关人员进行事故调查并作处理。

（6）事故发生后应填写事故报告，并报上级主管部门。

思考题

1. 泵站规章制度有哪些?
2. 维修与检修计划包括哪些内容?
3. 泵站技术经济指标有哪些? 如何计算?
4. 泵站设备分哪几个类别? 如何定义?
5. 泵站建筑物分哪几个类别? 如何定义?

参 考 文 献

[1] 李端明.泵站运行工[M].郑州:黄河水利出版社,2014.

[2] 徐泽林.泵站机电设备维修工与泵站运行工:上册(机械部分)[M].郑州:黄河水利出版社,1995.

[3] 雍家树.泵站机电设备维修工与泵站运行工:下册(电气部分)[M].郑州:黄河水利出版社,1995.

[4] 中华人民共和国水利部.泵站技术管理规程:GB/T 30948—2014[S].北京:商务印书馆,2014.

[5] 中华人民共和国水利部.泵站更新改造技术规范:GB/T 50510—2009[S].北京:中国计划出版社,2010.

[6] 中华人民共和国水利部.泵站设备安装及验收规范:SL 317—2015[S].北京:中国水利水电出版社,2015.

[7] 中华人民共和国水利部.泵站现场测试与安全监测规程:SL 548—2012[S].北京:中国水利水电出版社,2012.